ESAME DI MATURITA'

DAL 2008 AL 2018

(Tutti gli esercizi svolti passo a passo)

Autore: Luigi Giannelli

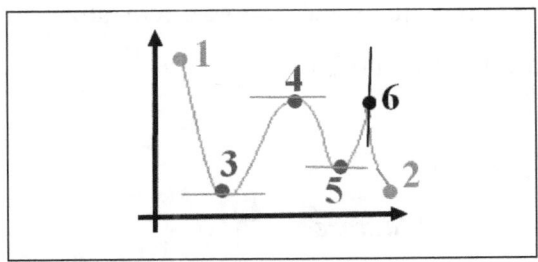

Editore: www.lulu.com

Questo libro è molto utile per chi si accinge a sostenere la prova di maturità ad indirizzo matematica.

In esso, infatti sono analizzati con cura e attenzione i quesiti proposti agli esami di maturità negli anni dal 2008 al 2018 , nei licei scientifici e sperimentali.

Questa nuova edizione contiene molti esercizi svolti mediante l'applicazione di formule algebriche e algoritmi fino a giungere alla soluzione dei problemi e dei quesiti.

Una utilità maggiore è ottenibile dalla spiegazione e applicazione delle derivate ed integrali riferiti all'uso pratico della vita.

Il formato quasi tascabile di questo volume lo rende idoneo ad essere utilizzato in qualsiasi luogo e circostanze.

Mola di bari, lì febbraio 2019 .

L'autore

Capitolo 1

(Studio delle funzioni)

Introduzione allo studio delle funzioni

Nello studio delle funzioni si parla spesso di punti *stazionari* e punti *estremanti*.

I punti *stazionari* sono quei punti di x_0 , punto centrale dell'intorno $I[a, b]$ della derivata prima $(f'(x) = 0)$, Massimo e minimo (detti assoluti o globali) e i flessi, da non confondere con i punti *estremanti* che sono minimo e massimo (detti relativi o

locali),

Max. ass. *Max. rel.*
min. rel.
min. ass.
colore rosso = stazionari
colore blu = estremanti

, allora diamo una definizione generale   :

$(0*)$

Definizione di punti stazionari o estremanti
■ *Diremo che x_0 è un punto stazionario se esso è un Max o un minimo assoluto (detti globali), o flessi cioè a tangente orizzontale , cioè $f'(x_o) = 0$*   ■ *Diremo che x_0 è un punto estremante se esso è un Max o min relativo (detti locali), cioè a tangente inclinata di $(m \neq 0)$, cioè $f'(x_o) \neq 0$*

Punti stazionari (Max , minimo o flesso)

I punti stazionari massimo e minimo per definizione sono a tangente orizzontale infatti in questi punti la funzione non è ne crescente ne decrescente "vale la regola di Fermat" cioè imponendo alla derivata prima di essere zero i risultai delle ascisse sono i punti in cui la funzione è massima o minimo, vedi

Teorema di Fermat:

Fermat non prende in considerazione il punto x_o , (massimo e minimo assoluti) ma punti diversi cioè $x_o \pm h$ (punti estremanti), e dimostra se in quei punti la derivata è nulla, la funzione è continua, vedi nota (*)

Recita: sia f(x) continua e derivabile *(1*)* un punto x_0 *estremante* (*cioè Max o minimo relativo*), interno all'intorno $I = [a, b]$, allora la derivata prima è $f'(x_o) = 0$

$(1*)$
> *Per stabilire se una funzione e derivabile in un punto stabilito dobbiamo solo e soltanto uguagliare il limite destro e sinistro del rapporto incrementale*
> lim sinistro = *limite destro*
> $$\lim_{h \to 0^-} \frac{f(x_0 + h) - fx_0}{h} = \lim_{h \to 0^+} \frac{f(x_0 + h) - fx_0}{h}$$

Esempio: si abbia la funzione $y = x^2$ e l'intervallo $I = [1, 3]$, e un minimo in $x_0 = 2$ dimostrare il teorema.

La derivata prima di $y = x^2$ è $m = y' = 2x$ inserendo $x_0 = 2$ si ha $m = y = 2 \cdot 2 \Rightarrow m = y = 4$ *(ordinata dell'estremante e coefficiente angolare m della tangente)*.

Il punto estremante , minimo relativo, ha coordinate $P(2,4)$ *(minimo relativo)* ,allora calcoliamo l'equazione della tangente $y - y_0 = m(x - x_0)$ cioè $y - 4 = 4(x - 2) \Rightarrow$

$y = 4x - 8 + 4 \Rightarrow y = 4x - 4$ *(equazione della tangente)*,

vedi figura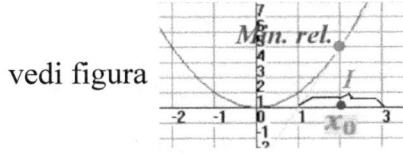

Nota; tale condizione non è necessaria in quanto può accadere che x_0 non sia un estremante (massimo o minimo) ma sia un flesso a tangente orizzontale come accade con la funzione $y = x^3$, infatti la derivata prima di $y = x^3 = 0 \Rightarrow y = 2x^2 = 0 \Rightarrow 2x^2 = 0 \Rightarrow$

$y = x^2 = \frac{0}{2}$ ossia $x = 0$ *(tangente orizzonta detto punto*

stazionario), vedi figura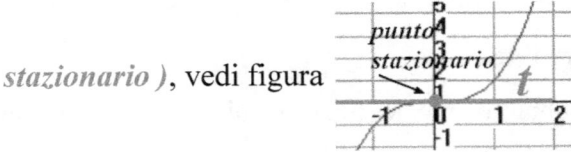

Ancora un altro teorema, diverso da Fermat e Lagrange è il teorema di Rolle in cui si afferma lo stesso principio su un intono [a, b] con funzioni perfettamente uguali, f(a) = f(b).

Teorema di Rolle:

Rolle sostiene la stessa tesi di Fermat, ma con il ragionamento inverso, cioè se la funzione è derivabile esiste almeno un punto (c) interno all'intervallo in cui la $f'_{(c)} = 0$.

Recita:

Allora esiste almenno 1 punto c interno all' intervallo(a, b)in cui
$y'_{(xo)} = 0$ *equivale* $(m = 0)$ *e tg parallela alla corda* $f_{(a)} = f_{(b)}$,

vedi figura 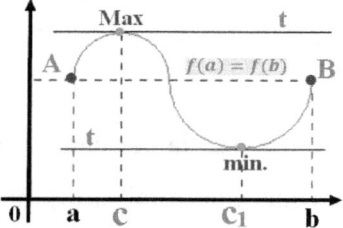 ,Le condizioni sono

$$\begin{bmatrix} (1) \; f(x) \; continua \; in[a, b] \\ (2) \; f(x) \; derivabile \\ (3) \; f(a) = f(b) \end{bmatrix}$$

Esempio: si abbia la funzione $y = -x^2$ e le l'intervallo $I = [-1, 1]$, dimostrare il teorema.

Controlliamo e verifichiamo che le funzioni siano uguali, si ha

$$\begin{bmatrix} f(a) = a^2 \\ f(b) = b^2 \\ c = f'(a) = 0; \; f'(b) = 0 \end{bmatrix} \Rightarrow \begin{bmatrix} f(a) = -(-1)^2 + 4 \\ f(b) = -(1)^2 + 4 \\ c = -2x = 0 \end{bmatrix}$$ ossia

$$\begin{bmatrix} f(a) = 5 \\ f(b) = 5 \\ c = 0 \end{bmatrix}$$. Sostituendo (c = 0) nella funzione f(x), cioè

6

$y = -x^2 + 4$ si ha $y = -0^2 + 4$ => $y = 4$, allora il punto di stazionamento ha coordinate

$P(0, 4)$, vedi figura

Teorema di Lagrange o valore medio:

Lagrange sostiene la stessa tesi di Rolle, afferma che esistono i punti interni dell'intervallo in cui la derivata si annulla $f'_{(c)} = 0$, ma sostiene che la retta passante secante f(x) dell'intercallo è parallela al punto un punto " c " interno all'intervallo e quindi $(m = m_1)$

Recita: preso un intorno $I = [a, b]$ esiste un punto " c " interno all'intervallo in cui la retta secante le funzioni dell'intervallo , è parallela alla retta del punto " c ", e quindi lo stesso coefficiente angolare

$$m = f'(x) = \overbrace{\frac{f_{(b)} - f_{(a)}}{b - a}}^{Derivata\ di\ f(x)}$$ *(f'(x) ovvero coeffic. m della retta in c)*

Esempio: si abbia la funzione $y = x^2$ e l'intervallo $I = [-1, 3]$, dimostrare il teorema.

7

Calcoliamo i dati $\begin{bmatrix} f(a) = a^2 \\ f(b) = b^2 \\ (b-a) = 3-(-1) \end{bmatrix}$ => $\begin{bmatrix} f(a) = -1^2 \\ f(b) = 3^2 \\ (b-a) = \frac{(3+1)}{2} \end{bmatrix}$

ossia $\begin{bmatrix} f(a) = 1 \\ f(b) = 9 \\ (b-a) = 2 \end{bmatrix}$.

Riportiamo tutti i dati nella formula $m = \frac{f(b)-f(a)}{b-a}$ => $m = \frac{9-1}{2}$ =>

$m = \frac{8}{2}$ ossia $m = 4$ *(coefficiente angolare delle due rette).*

La retta parallela secante la funzione passa per i punti $\begin{bmatrix} x_a = -1 \\ x_b = 3 \end{bmatrix}$

ci basta calcolare le coordinate di un solo punto, prendiamo $x_b = 3$ e calcoliamo la sua ordinata y, si ha $y_b = 3^2$ => $y_b = 9$.

Il suo punto ha coordinate $P_b(3,9)$

L'equazione della retta per [a, b] è $y - y_0 = m(x - x_0)$ allora si

ha $y - 9 = 2(x - 3)$ => $y = 2x - 6 + 9$ => $y = 2x + 3$

(equazione per [a, b]), vedi figura

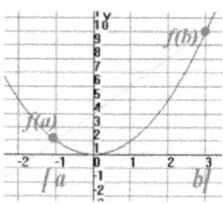

L'equazione della derivata della funzione avente (c = 2) risulta

$2 = f'(x)$ allora $2 = f'(x^2)$ => $2 = 2x$ => $x = \frac{2}{2}$ ossia

$x = 1$ *(ascissa della derivata)*

Sostituendo (x = 1) nella funzione si ha $y = 1^2$ =>

$y = 1$ *(ordinata della derivata)*

Le coordinate del punto c sono $P(1, \ 1)$, e l'equazione della retta

tangente in c è $y - y_0 = m(x - x_0)$ allora si ha $y - 1 = 2(x - 1)$ =>

$y = 2x - 2 + 1$ => $y = 2x - 1$ (equazione di P(1, 1)),

vedi figura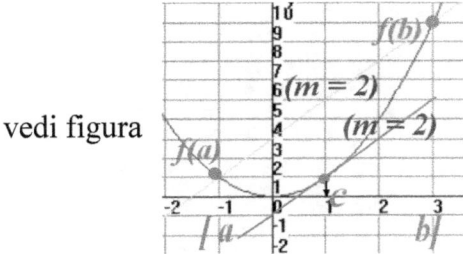

Teorema di Cauchy:

Cauchy , diversamente da fermat, Rolle e Lagrange prende in considerazione l'intervallo dell'intorno di due funzioni in cui la differenza delle funzioni per il prodotto delle rispettive derivate sono uguali.

Recita: siano due funzioni continue sull'intorno $I = [a,b]$ e derivabili dell'intorno aperto (a, b), allora esiste almeno un punto x_0 interno ad [a, b] tale che

$$[f(b) - f(a)] \cdot g'(x_0) = f'(x_0) \cdot [g(b) - g(a)]$$

Teorema di Weirstrass:

Recita:

Un intervallo chiuso [a, b] di una qualsiasi funzione continua ha sempre un massimo (in alto) e un minimo (in basso), valore minimo e un valore massimo, vedi figura

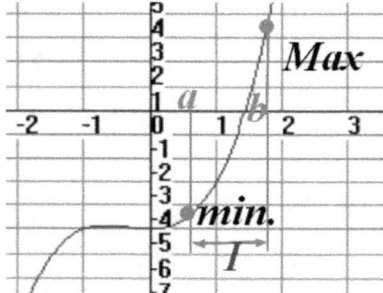

Teorema di De l'Hopital:

De l'Hopital è un teorema che esula dallo studio delle funzioni ma utile quando si deve affrontare il limite di un quozionte avente risultato numeri indeterminati, utile per la risoluzione.

Recita: se il limite è indeterminato $\frac{0}{0}$; $\frac{\infty}{\infty}$ privo di soluzioni, allora esistono di certo la soluzione se e solo se il limite del rapporto delle rispettive derivate $\frac{f'(x)}{g'(x)}$, allora questo è il limite cercato.

Massimo e minimo

Proprietà del Max e minimo:

Le proprietà sono: le sue coordinate (punti stazionari) massimo e minimo assoluto , l'orientamento delle concavità e l'equazione della tangente al punto stazionario di massimo o di minimo .

- Per ottenere i punti stazionari (massimo e minimo) si applica la derivata prima zero, $f'(x) = 0$ che fornisce le ascisse dei punti stazionari $(x_0;\ x_{01};\ x_{02}\ ...x_{0n})$, poi si inseriscono le scisse nella funzione f(x) per ottenere poi le rispettive y e comporre i punti di stazionamento $P(x_0, y_0)$ o più punti stazionari se le ascisse $(x_0;\ x_{01};\ x_{02}\ ...x_{0n})$ sono diverse, naturalmente anche i punti stazionari saranno diversi $P_1;\ P_2;\ ....P_n$.

- Per determinare il Max o il minimo si studiano le concavità della funzione mediante $f'(x) > 0$

$$\left[\begin{array}{c} \textbf{\textit{Diagramma delle concavita di }} (y' > 0) \\ \hline ----\downarrow ----- \odot + + + +\uparrow + + + + \\ \textbf{\textit{concava}} \quad \odot \quad \textit{covessa} \end{array} \right]$$

La lettura del grafico: è come studiare un diagramma cardiaco, per noi valgono le regole seguenti:

Si fa sempre riferimento ai punti stazionari, nel nostro caso abbiamo rappresentato un solo punto stazionario con il simbolo $\odot$, ce ne possono essere diversi, quindi si studiamo le concavità:

11

a sinistra e a destra di ciascun punto stazionario. La concavità (in alto o in basso) sono indicate dal verso delle frecce (colore blu verso il basso detto, concava), mentre le frecce di colore rosso verso l'alto, detto convessa), Infine con questi indicazioni siamo in grado di disegnare il grafico della funzione in oggetto.

• Per determinare l'equazione della tangente della funzione: retta passante per il punto stazionario si applica la formula $y - y_o = m(x - x_o)$., mentre *(m)* si ottiene risolvendo *(y' = 0')*.

Nota; Per definizione la tangente del massimo e del minimo è orizzontale , vedi i teoremi di Fermat, Rolle e Lagrange , alla fine di questo capitolo, paragrafo " Teoremi".

• Se una funzione è derivabile in un punto x_0 di $f(x)$ se il limite sinistro $-\infty$ e il limite destro $+\infty$ sono uguali tra loro

$$\overbrace{\textbf{lim sinistro} \quad = \quad \textit{limite destro}}$$
$$\lim_{h \to 0^-} \frac{f(x_0 - h) - f x_0}{h} = \lim_{h \to 0^+} \frac{f(x_0 - h) - f x_0}{h}$$ allora possiamo avere un

massimo un minimo o un flesso.

Esempio: la figura (A)  contiene un misto di massimi

$$e\ di\ minimi \begin{bmatrix} 1 => Max\ assoluto \\ 2 => minimo\ assoluto \\ 3 => minimo\ relativo \\ 4 => Max\ relativo \\ 5 => minimo\ relativo \\ 6 => una\ cuspide \end{bmatrix} =>$$

$$\begin{bmatrix} 1\ e\ 2\ sono\ punti\ stazionari\ esterni\ )\ privi\ di\ tg) \\ e\ vengono\ detti\ punti\ di\ globali\ o\ locali \\ 3,4,5\ sono\ punti\ stazionari\ interni\ a\ tg\ orizz. \\ 6\ \ \ \ \ \ \ \grave{e}\ una\ cuspide\ e\ ha\ la\ tangente\ verticale \end{bmatrix}$$

La domanda che porgeremo è dove cercare il massimo, il minimo o il flesso ?,

bene , premesso che la funzione f(x) è derivabile in un intorno [a, b]

$(1*)$
$$\begin{bmatrix} Per\ stabilire\ se\ una\ funzione\ e\ derivabile\ in\ un \\ punto\ stabilito\ dobbiamo\ solo\ e\ soltanto\ uguagliare\ il \\ limite\ destro\ e\ sinistro\ del\ rapporto\ incrementale \\ \lim\ sinistro \ \ = \ \ limite\ destro \\ \lim_{h \to 0^-} \frac{f(x_0 - h) - fx_0}{h} = \lim_{h \to 0^+} \frac{f(x_0 - h) - fx_0}{h} \end{bmatrix}$$

Allora si pone la derivata prima uguale a zero ($y' = 0$) e ottenere le ascisse,

poi inserire le ascisse nella funzione f(x) e ottenere i punti stazionari

$P_1; P_2; \dots . P_n$.

$(2*)$
$$\begin{bmatrix} se\ f'(x) > x_0)\ ,allora\ \grave{e}\ strettamente\ crescente\ e \\ abbiamo\ un\ Max\ se\ f'(x) < x_0)\ ,allora\ \grave{e}\ strettamente \\ decrescentee\ abbiamo\ un\ minimo\ se\ f'(x) = x_0), \\ allora\ \grave{e}\ un\ flesso\ a\ (tg\ orzzontale\ o\ verticale\ ) \end{bmatrix}$$

Ci sono funzioni che non hanno ne massimo e ne minimo: la retta

è una di queste funzioni, ogni punto su di essa equivale sempre al valore di x_0 assegnato.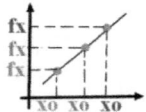

- L'annullamento della derivata prima $y'_{(fx)} = 0$ è una condizione non sufficiente e neppure necessaria per avere un punto di massimo e di minimo.

- Quando imponiamo la condizione $y'_{(f(x))} = 0$ e applichiamo lo studio della concavità,

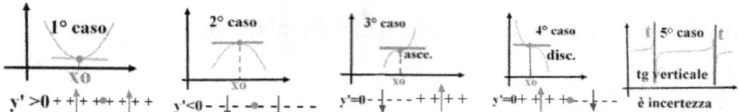

Per convenzione si considera freccia in su se il grafico è ascendente (concavità convessa); freccia in giù se il grafico è discendente (concavità concava).

Con lo studio delle concavità si verificano almeno 5 casi possibili.

Il primo e secondo caso sono ciascuno composte da 2 concavità convesse (verso l'alto) e concavità concave , (verso il basso) partendo da x_0 perché sono funzioni pari, una è la parabola $+x^2$ e l'altra è la parabola $-x^2$, al 1° CASO qualsiasi valore si assegni è sempre positivo in alto, al 2° CASO il contrario, qualsiasi valore si assegni è sempre negativo in basso.

14

$$\begin{bmatrix} \text{Una alternativa allo studio della derivata prima} \\ f'(x) = 0 \text{ per trovare il massimo. il minimo o il} \\ \text{flesso è lo studio delle derivate successive.} \end{bmatrix}$$

(3*) **Derivate successive**

$$\begin{bmatrix} \text{Si deriva sempre la funzione } y'\,;y''\,;y''\,;y''''\,;ecc. \\ \text{fino a che } x \text{ scompare} \\ \text{Si prendono in considerazione due derivate:} \\ \text{la precedente di quella nulla e la deriva nulla.} \\ \text{Si valuta il risultato della derivata nulla se} \\ y^n > 0 \text{ o } y^n < 0 \text{ e se } y \text{ è pari o dispari} \\ \text{e si decide come segue:} \end{bmatrix}$$

Se y^n è pari	$f^n(x) > 0$	È un minimo (tg = 0) non è un flesso
	$f^n(x) < 0$	È un massimo (tg = 0) non è un flesso
Se y^n è dispari	$f^n(x) > 0$	È un flesso ascend. a tg orizzontale (tg = 0)
	$f^n(x) > 0$	È un flesso discend.a tg orizzontale (tg = 0)
Nota : y^n è la derivata che annulla la funzione (il risultato è un numero reale)		

(3**)

flesso discendente

$$\begin{cases} a \text{ sinistra } (concavità\ sotto \downarrow la\ tg); a\ destra\ (concavità\ sopra \uparrow la\ tg) \\ a \text{ sinistra } (concavità\ sopra \uparrow la\ tg); a\ destra\ (concavità\ sotto \downarrow la\ tg) \end{cases}$$

flesso ascendente

Flesso della funzione

Per determinare un flesso di una funzione si studiano le derivate successive della funzione, molto utile è lo studio dell'annullamento della derivata seconda.

$$(4*)\begin{bmatrix} \blacksquare \ se \ f'(x) \ si \ annulla \ \ allora \ non \ \grave{e} \ un \ flesso \\ \blacksquare \ se \ f''(x) \ non \ si \ nulla \ allora \ \grave{e} \ un \ flesso \\ Nota: \ la \ derivata \ si \ annulla: significa \\ che \ la \ x \ non \ compare \ in \ y' \end{bmatrix}$$

Se $f''(x_0)$ è un punto di flesso in x_0 esiste di certo la derivata seconda $f''(x) = 0$, per cui le coordinate dei punti di flesso si trovano con gli zeri di questa derivata seconda, che sostituiti nella funzione f(x) si ottengono le ordinate y e i rispettivi punti di flesso, F_1; F_2; .... F_n.

Proprietà del flesso

- Le proprietà del flesso sono; la concavità (ascendente, discendente) e la tangente (orizzontale, verticale obliqua), ricercabili mediante le concavità della derivata seconda

- Per determinare le coordinate del flesso, si applica la derivata prima $(y'' = 0)$.

- Per determinare un flesso ascendente e discendente si studia il diagramma delle concavità mediante i segni della $y'' > 0$

Diagramma delle concavita di $(y'' > 0)$

$- - --\downarrow - - - - - \odot + + + +\uparrow + + + +$

concava $\odot$ *covessa*

- La lettura del grafico: è come studiare un diagramma cardiaco, per noi valgono le regole seguenti: si fa sempre riferimento ai punti stazionari, nel nostro caso abbiamo rappresentato un solo

punto stazionario con il simbolo ⊙, ce ne possono essere diversi,
quindi si studiamo le concavità: a sinistra e a destra di ciascun
punto stazionario. La concavità (in alto o in basso) sono indicate
dal verso delle frecce (colore blu verso il basso è concava,
mentre colore rosso verso l'alto è convessa) . Per determinare
l'equazione della tangente : retta passante per il punto del flesso
si applica la formula $y - y_o = m(x - x_o)$. mentre *(m)* si
ottiene risolvendo *(y' = 0')*

$$(6*) \begin{bmatrix} Denominatori: vanno\ posti\ diversi\ da\ zero \\ y = \frac{x}{x^2-4} => (D \neq 0) Radici\ pari: vanno\ posti \\ \geq 0 \quad (\ln(3-x) => (x \neq 3) Logaritmi: \\ vanno\ posti\ gli\ argimenti\ (> 0) => (x > 0) \\ Esponenziali:\ vanno\ posti\ (> 0) => \\ y = (x-1)^{sen(x)} \end{bmatrix}$$

Riportiamo in tabella i casi che spesso si trovano nello
svolgimento degli esercizi

18

TABELLA 1

$f(x)$	grafico	$y' = 0$	$y'' > 0$	concavità
x^2		$\begin{bmatrix} 2x = 0 \\ x = 0 \end{bmatrix}$	$[y = 2]$ $[2 > 0]$	Caso particolare f(x) pari è tutto positivo $++\uparrow + + 0 + +\uparrow$
$-x^2 + 3x + 2$		$\begin{bmatrix} -2x + 3 = 0 \\ x = \dfrac{3}{2} \end{bmatrix}$	$[y = -2]$ $[-2 < 0]$	Come sopra, segno (-) è tutto negativo $-\downarrow - - 0 - -\downarrow -$
x^3		$\begin{bmatrix} 3x^2 = 0 \\ x = 0 \end{bmatrix}$	$[6x = 0]$ $[x > 0]$	$-\downarrow - - 0 + +\uparrow +$
$-x^3$		$\begin{bmatrix} -3x^2 = 0 \\ x = 0 \end{bmatrix}$	$\begin{bmatrix} -6x = 0 \\ cambio\ segno \end{bmatrix}$ $[x < 0]$	$\overline{[x<0]}$ $+\uparrow + + 0 - -\downarrow -$
$arctg$		$\begin{bmatrix} y' = \dfrac{1}{x^2 + 1} \\ x = 0 \end{bmatrix}$	$\begin{bmatrix} \dfrac{-2x}{(x^2 + 1)^2} ; y = 0 \\ -2x > 0 \\ cambio\ segno \\ 2x < 0 \end{bmatrix}$	$+\uparrow + + 0 - -\downarrow -$ $\begin{bmatrix} 6x = 0 \\ x > 0 \end{bmatrix}$

Nota: Nei primi due casi le derivate y' e y'' non si annullano e sono (Max e minimo a tangente orizzontale)

IlIl 3°, 4° e 5° caso le derivate y' e y'' si annullano e sono (flessi a tg. orizzontale), Ricordiamo che esistono anche i flessi a tg. verticale e sono i punti di cuspide).

Vediamo alcuni esercizi applicativi per apprendere quanto asserito alle regole su esposte

Facendo attenzione al definizione che spesso viene chiesto durante la maturità e cioè controllare se ci troviamo nei casi seguenti di funzioni no definiti in qualsiasi campo reale:

ESERCIZI
(Massimo, minimo e flesso)

Per la risoluzione degli esercizi tenere conto dei teoremi e della definizione delle funzione come da seguente prospetto,

$$\begin{bmatrix} & (6*) \\ & Denominatori: vanno\ posti\ diversi\ da\ zero \\ y = \dfrac{x}{x^2-4} => (D \neq 0)Radici\ pari: vanno\ posti\ \geq 0 \\ (\ln(3-x)) => (x \neq 3) \\ Logaritmi:\ vanno\ posti\ gli\ argimenti\ (>0) => (x>0) \\ Esponenziali:\ vanno\ posti\ (>0) => y = (x-1)^{sen(x)} \end{bmatrix}$$

1   Si abbia la funzione $y = -x^2 + 1$ verificare la funzione con il teorema di Lagrange nell'intervallo aperto (-1, 2) e studiare il grafico.

Svolgimento:

Verifichiamo subito => *Se f(x) soddisfa le condizioni*

$$\begin{bmatrix} (1)\ f(x)\ continua\ in[a,b] \\ (2)\ f(x)\ derivabile\ in\ (a,b) \\ (3)\ f(a) \neq f(b) \end{bmatrix}$$

Si afferma che la funzione è continua nell'intervallo [-1, 2] perché si tratta di un polinomio, e per tale è anche derivabile nell'intervallo assegnato [-1, 2].

Allora dobbiamo calcolare la tangente della funzione   come

incremento di $y' = \frac{f_{(b)} - f_{(a)}}{b - a}$ per cui   calcoliamo i dati

$\begin{bmatrix} f(a) = -(-1)^2 + 1 => f_a = -1 + 1 \\ f_b = -(2)^2 + 1 => f_b = -4 + 1 \\ (b - a) = 2 - (-1) \end{bmatrix} => \begin{bmatrix} f(a) = 0 \\ f(b) = -3 \\ (b - a) = 3 \end{bmatrix}$ da inserire

in $y' = \frac{f_{(b)} - f_{(a)}}{b - a}$ si ha $y' = \frac{-3 - 0}{2 - (-1)} => y' = \frac{-3}{3}$ ossia $y' = -1$

(tangente ovvero coeff. m). Poiché $m = y' = -2x$ si ha $-1 =$

$-2x$ e si annulla in (x = c) allora $-1 = -2c => c = \frac{-1}{-2}$ ossia

$c = \frac{1}{2}$ *(ascissa dell'estremante)*, L'ordinata dell'estremante si

calcola sostituendo l'ascissa c nella funzione $y = -x^2 + 1 =>$

$y = -(\frac{1}{2})^2 + 1 => y = -\frac{1}{4} + 1 =>$

$y = \frac{3}{4}$ *(ordinata dell'estremante)*

Le coordinata dell'estremante sono $P(\frac{1}{2} . \frac{3}{4})$ *(estremante)*, vedi

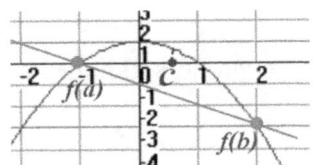

figura

Calco della tangente:

l'equazione della retta tangente ad un punto è la formula $y - $

$y_o = m(x - x_o)$: Si ricordi che $(y_o \ e \ x_o)$ sono le coordinate dell'estremante; m e ottenibile $y' = -2x$ per cui sostituendo (x = 1/2) nella derivata si ha $y' = m = -2(\frac{1}{2})^2 \Rightarrow$

$m = -1$ *(cefficiente angolare)*

Sostituendo (x = 1/2) e le coordinate del punto $P(\frac{1}{2}, \frac{3}{4})$

nell'equazione $y - y_o = m(x - x_o)$ si ha derivata

$y - \frac{3}{4} = -1(x_0) - \frac{1}{2} \Rightarrow y - \frac{3}{4} = -x_0 + \frac{1}{2} \Rightarrow y = -x_0 + \frac{1}{2} + \frac{3}{4}$

$\Rightarrow y = -x_0 + \frac{2+3}{4} \Rightarrow y = -x_0 + \frac{5}{4}$,

vedi figura
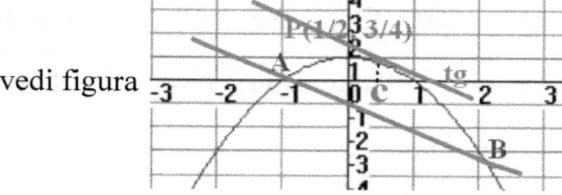

2   verificare il Teorema di Rolle per la funzione $y = x^3 + x^2 - 5x$ e l'intervallo

[-2.514, 2.086] e determinare il punto c che soddisfa la funzione

$f'_{(c)} = 0$. **Soluzione:**

Per verificare se nell'intervallo assegnato esiste almeno un punto derivabile con il teorema di Rolle dobbiamo controllare

$\begin{bmatrix} (1) \ f(x) \ continua \ in[a,b] \\ (2) \ f(x) \ derivabile \\ (3) \ f(a) = f(b) \end{bmatrix}$ cioè dimostrare il teorema.

Verifichiamo che le funzioni siano uguali, si ha

$$\begin{bmatrix} f(a) = a^3 + a^2 + 5a \\ f(b) = b^3 + b^2 + 5b \\ c = f'(a) = 0; \; c = f'(b) = 0 \end{bmatrix} =>$$

$$\begin{bmatrix} f(a) = -2,514^3 + (-2,514)^2 - 5(-2,514) \\ f(b) = 2,086^3 + (2,086)^2 - 5(2,086) \\ c = f' = (3x^2 + 2x - 5 = 0) \end{bmatrix} \text{risolvere in}$$

$$\begin{bmatrix} f(a) = 3 \\ f(b) = 3 \\ f'c = (3c^2 + 2c - 5 = 0) \end{bmatrix}.$$

Per verificare il teorema di Rolle dobbiamo porre la condizione

$f'_{(c)} = 0$, cioè sostituire nella terza el1quazione (x con c). si ha

$c = f' = (3c^2 + 2c - 5 = 0)$, si tratta di una

equazione di 2° grado che avrà soluzioni $c_{1,2} = \frac{-b \pm \sqrt{b^2 - 4aC}}{2a}$ ossia

$$c_{1,2} = \frac{-2 \pm \sqrt{2^2 - 4(3 \cdot -5)}}{2 \cdot 3} \;=> \; c_{1,2} = \frac{-2 \pm \sqrt{64}}{6} \;=> \; c_{1,2} = \frac{-2 \pm 8}{6} \;=>$$

$$\begin{bmatrix} c_1 = 1 \\ c_2 = -\frac{5}{3} \end{bmatrix} \textit{(ascisse degli stazionari)}$$

Sostituendo c_1 e c_2 nella funzione f(x), cioè $y = x^3 + x^2 - 5x$ si

ottengono le ordinate dei punti stazionari:

Per c_1 si ha $y_{c1} = (1)^3 + (1)^2 - 5(1)$ =>

$y_{c1} = 1 + 1 - 5 => y_{c1} = -3$ *(ordinata di c1)*

Per c_2 si ha $y_{c2} = (-\frac{5}{3})^3 + (-\frac{5}{3})^2 - 5(-\frac{5}{3})$ =>

$y_{c2} = 6,48$ *(ordinata di c2)*

I punti di stazionamento hanno coordinate

$$\begin{bmatrix} p_1(-\frac{5}{3}, 6{,}48) \\ p_2(1 - 3) \end{bmatrix}$$ *stazionari della funzione), **vedi figura***

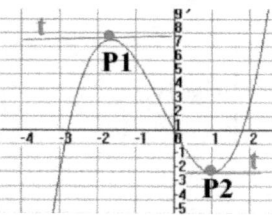

Si ricordi che le tangenti degli stazionari

sono orizzontali, vedi figura

3 verificare il Teorema di Rolle per la funzione $y = x^2 - 6x + 100$ e l'intervallo $[1, 5]$ e determinare il punto c che soddisfa la funzione $f'_{(c)} = 0$.

Soluzione:

Per verificare se nell'intervallo assegnato esiste almeno un punto derivabile con il teorema di Rolle dobbiamo controllare che le funzioni dell'intervallo siano uguali, per cui dobbiamo inserire le ascisse 1 e 5 dell'intervallo nella funzione f(x) assegnata $y = x^2 - 6x + 100$, cioè *Per* $(x = 1)$ si ha $y = 1^2 - 6(1) + 100$ =>
$y = 1 - 5 + 100$ => $y = 95$ *(punto a dell'inter.)*
Per $(x = 5)$ si ha $y = 5^2 - 6(5) + 100$ =>
$y = 25 - 30 + 100$ => $y = 95$ *(punto b dell'inter.)*

24

Il teorema di Rolle è soddisfatto, quindi per calcolare l'ascissa C dobbiamo inserirla nella condizione $f'_{(c)} = 0$, quindi la derivata prima di $y = x^2 - 6x + 100$ è $y' = 2x - 6$ ossia $2 \cdot c - 6$ =>

$2 \cdot c = 6 => c = \frac{6}{2}$ ossia

$c = 3$ *(ascissa del punto c interno all'intervallo)*

L'ordinata del punto si calcola sostituendo nella funzione assegnata $y = x^2 - 6x + 100$ il valore dell'ascissa c, cioè $y_c = 3^2 - 6(3) + 100 => y_c = 9 - 18 + 100 =>$

$y_c = 91$ *(ordinata di c)*

Il punto del punto stazionario ha coordinate

$P(3, 91)$ *(estremante della funzione)*

Per saper se è un Max o un minimo si studia il grafico delle concavità.

Poiché la funzione f(x) è pari il grafico risulta tutto positivo, cioè concavità verso l'alto, comunque dimostriamo ugualmente il grafico.

Studio della concavità:

Per determinare l'intervallo della crescenza e decrescenza si pone la condizione che $(y'_{(x)} > 0)$, cioè

$y' = x^3 - 3x^2 + 1 > 0$ => $3x^2 - 6x > 0$ si mette in evidenza

$3x(x - 2) > 0$ le soluzioni sono $\begin{bmatrix} 3x > 0 \\ x - 2 > 0 \end{bmatrix}$ => $\begin{bmatrix} x_1 > 0 \\ x_2 > 2 \end{bmatrix}$ *(sono*

le ascisse di due punti stazioanri)

Per determinare l'intervallo del Max e del minimo si ricorre allo studio della concavità: per le positive si disegna una freccia in su

↑ significa funzione crescente; per i negativi si disegna un freccia

in giù ↓ , significa funzione decrescente, vedi grafico,

$$\begin{bmatrix} (x > 0) --- (0) +++++++++ \\ \quad\quad \uparrow \quad\quad\quad \downarrow \quad\quad\quad\quad \uparrow \\ (x > 2) --------(2) +++++ \end{bmatrix}$$ cioè un

minimo 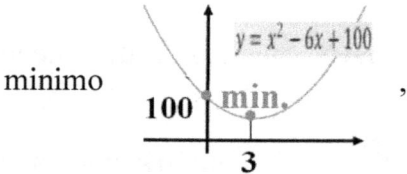 ,

Per $P_1(0,91)$ a sinistra cresce fino a (y = 91) e a destra decresce, allora è un minimo

4 Si abbiano le funzioni $f(x) = x^2$ e $g(x) = 2x + 1$ determinare il punto *c* nell'intervallo [1, 2] in cui il Teorema di Cauchy è fare la verifica.

Svolgimento:

Verifichiamo subito => *Se f(x) soddisfa le condizioni*

a) E' continua nell'intervallo [a, b] perche le funzioni sono polinomi

b) E' di conseguenza è anche derivabile nell'intervallo aperto (a, b)

Allora dobbiamo calcolare il rapporto incrementale delle due funzioni $\frac{f'(x)}{g'(x)} = \frac{f(b)-f(a)}{g(b)-g(a)}$ per cui calcoliamo tutti i dati:

$f'_x = 2x$ *(derivata di x^2)*

$g'_x = 2$ *(derivata di $2x + 1$)*

$f_a = (1)^2 => f_a = 1$ *(funzione del 1° punto dell'intervallo)*

$f_b = (2)^2 => f_b = 4$ *(funzione del 2° punto dell'intervallo)*

$g_a = 2(1) + 1 => g_a = 3$ *(funzione del 1° punto dell'intervallo)*

$g_b = 2(2) + 1 => g_b = 5$ *(funzione del 2° punto dell'intervallo)*

Calcoliamo i rapporti incrementa di Cauchy, si ha

$\frac{f'(x)}{g'(x)} = \frac{f(b)-f(a)}{g(b)-g(a)}$ tenendo cura di sostituire c con x nel primo

termine, si ha $\frac{f'(x)=2c}{g'(x)=2} = \frac{(2^2)-(1)^2}{(2\cdot2+1)-(2\cdot1+1)}$ sostituiamo c nel primo

membro e risolviamo i calcoli, si ha $\frac{2c}{2} = \frac{4-1}{5-3}$ ossia $c = \frac{3}{2}$ *(punto*

di scissa interno all'intervallo [1, 2])

Osservazioni:

L'intervallo calcolato $c = \frac{3}{2}$ è valido solo per l'intervallo [1, 2], modificando l'intervallo il valore di c sarà diverso, allora affermiamo che ogni intervallo ha un c diverso.

5 Si abbia la funzione $y = x^4$ calcolare i punti stazionari (Max. min e flesso) con il metodo delle derivate successive e calcolare il punto stazionario e la sua tangente con lo studio delle concavità.

Derivate successive:

Si ricorre al calcolo delle derivate successive quando la derivata prima è uguale a zero, ma l'ascissa è di un certo esponete, allora dobbiamo calcolare le derivate successive (y''; y''', ecc.) fino ad annullare l'ascissa x, seguiamo il seguente prospetto:

$f = x^4$		
$\begin{bmatrix} y' = 0 \\ x = 0 \end{bmatrix}$,	allora annullare l'ascissa con le derivate successive	
$y' = 0$	$y' = 4x^3$,	L'ascissa x^3 non è annullata, avanti
$y'' = 0$	$y'' = 12x^2$	L'ascissa x^2 non è annullata, avanti
$y''' = 0$	$y''' = 24x$	L'ascissa x non è annullata, avanti
$y^{IV} = 0$	$y^{IV} = 24$	L'ascissa è annullata con la derivata y^n pari

Ricerca dei punti stazionari:

i punti stazionari si ottengono ponendo la derivata prima a zero

($y' = 0$) cioè la derivata prima di $y = x^4 = 0$ => si ha $4x^3 = 0$

la soluzione è unica $[x = 0 \ ]$ *(ascissa)*

Sostituiamo (x = 0) nella funzione $y = x^4$, si ha

$[y = 0 \ ]$ *(ordinata)*

Il punto stazionario ha coordinate

$P(0,0)$ *(coordinate del punto stazionario)*

Si ricordi che la funzione f(x) è una funzione pari, e ha il primo

coefficiente pari positivo $+x^4$ allora il grafico ha le concavità

convesse, cioè tutte rivolto verso l'alto, vedi diagramma

$$(x=0) \ con \ f(x^4) \ pari$$

$\overbrace{+ + +\uparrow + + + + \quad \mathbf{(0)} + ++\uparrow + + + +}$, si tratta di un

minimo

Calcolo della tangente del punti stazionario:

Dobbiamo verificare se è vero che la tangente è orizzontale con la

l'equazione della retta passante per un punto: formula

$y - y_0 = m(x_0 - x)$.

Poiché non conosciamo il coefficiente angolare (m) e sappiamo

che equivale all'ordinata (y) della derivata prima lo calcoliamo sostituendo in essa l'ascissa (x = 0) del punto stazionario "minimo", si ha $m = y_0' = 4x^3 \Rightarrow y = 4 \cdot 0^3$ ossia $y = m = 0$ (ceffi. Angolare della retta) .

Inseriamo i dati nell'equazione $y - y_0 = m(x_0 - x)$, ossia

$y - 0 = 0(x_0 - 0) \Rightarrow$ $y = 0$ *(perfetto, la tangente è una retta orizzontale), I flessi non esistono*

vedi figura 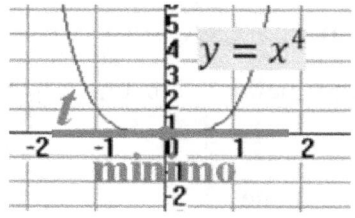 *Nota: La tangente è*

l'asse delle ascisse

6   Si abbia la funzione $y = x^5$ calcolare i punti stazionari (Max. min e flesso) con il metodo delle derivate successive

e calcolare il punto stazionario e la sua tangente con lo studio delle concavità.

Derivate successive:

Si ricorre al calcolo delle derivate successive quando la derivata prima è uguale a zero , ma l'ascissa è di un certo esponete, allora dobbiamo calcolare le derivate successive (y''; y''', ecc.)

fino ad annullare l'ascissa x, seguiamo il seguente prospetto:

30

$f = x^5$		
$\begin{bmatrix} y' = 0 \\ x = 0 \end{bmatrix}$,	allora annullare l'ascissa con le derivate successive	
$y' = 0$	$y' = 5x^4$	L'ascissa x^4 non è annullata, avanti
$y'' = 0$	$y'' = 20x^3$,	L'ascissa x^3 non è annullata, avanti
$y''' = 0$	$y''' = 60x^2$	L'ascissa x^2 non è annullata, avanti
$y^{IV} = 0$	$y^{IV} = 120x$	L'ascissa x non è annullata, avanti
$y^{IV} = 0$	$y^V = 120$	L'ascissa è annullata con la derivata y^n è dispari

Nota: poiché l'ascissa si è annullata con y^n dispari e con risultato maggiore di zero (120 > 0) il punto stazionario è un flesso discendente a tangente orizzontale, vedi nota (*) 1° capitolo " paragrafo introduzione ".

Calcolo dei punti stazionari:

I punti stazionari si determinano con la derivata prima (y' = 0) della funzione, cioè la derivata prima di $y = x^5$ => $y' = 5x^4$ cioè $5x^4 = 0$ => $[x = 0 \quad]$ *(ascissa del punto stazionario)*

Sostituiamo (x = 0) nella funzione $y = x^5$, si ha $[y = 0 \quad]$ *(ordinata del punto stazionario)*

Il punto stazionario ha coordinate $P(0,0)$ *(stazionario a tangente orizzontale)*

31

Il punto stazionario può essere un massimo un minimo o un flesso per cui determiniamo i segni delle concavità.

Studio delle concavità per (y' > 0)

La derivata prima (y' > 0) della funzione $y = x^5$ => $y' = 5x^4 >$ 0 cioè $x > 0$ da inserire nel grafico delle concavità, si ha

Studio delle concavità di (y' >0)

$$(x > 0) \ - - -\downarrow - - - -(0) + + +\uparrow + + +$$

Si osservi che a sinistra di (0) la concavità ha verso in basso, mentre a destra di (0) la concavità ha verso in alto, significa che *esiste un probabile flesso da calcolare* con un metodo molto semplice.

Studio della tangente:

La tangente del flesso è calcolabile con la formula

$y - y_o = m(x - x_o)$: Si ricordi che $(y_o \, e \, x_o)$ sono le coordinate del flesso; mentre

$$\left[\begin{array}{c} m \ si \ calcola \ con \ la \ derivata \ prima \ sostituendo \\ la \ coordinata \ x \ del \ flesso \end{array} \right]$$

Inserendo l'ascissa nella derivata prima $y' = 5x^4 = 0$ si ha $5x^4 = 0$ => $m = 0$ *(coeff. Ang.)*.

Sostituendo i dati nella formula $y - y_o = m(x - x_o)$ si ha

$y - 0 = 0(x - 0)$ =>

$y = 0$ *(equazione della tangente orizzontale)*.

Abbiamo dimostra che la tangente al flesso è orizzontale.

7   *Esempio:* controlliamo se la funzione x^2 è derivabile nel punto assegnato $(x_0 = 1)$

Risoluzione:

Per la derivabilità di una funzione si applicano i limiti vedi nota (1*) del Capitolo 1°, "paragrafo introduzione", si deve verificare che il limite destro e sinistro siano uguali , per cui inseriamo il valore di $(x_0 = 1)$ nell'uguaglianza dei limiti tenendo conto che f(x) è un quadrato, si ha $\lim_{h \to 0^-} \frac{f(x_0-h)^2 - fx_0^2}{h} = \lim_{h \to 0^+} \frac{f(x_0-h)^2 - fx_0^2}{h}$

cioè $\lim_{h \to 0^-} \frac{(1-h)^2 - (1^2)}{h} = \lim_{h \to 0^+} \frac{(1-h)^2 - (1^2)}{h} =>$

$\lim_{h \to 0^-} \frac{1-2h-1}{h} = \lim_{h \to 0^+} \frac{1-2h-1}{h} =>$

$\lim_{h \to 0^-} \frac{-2h}{h} = \lim_{h \to 0^+} \frac{-2h}{h}$, semplificando si ha

$\lim_{h \to 0^-} 2 = \lim_{h \to 0^+} = -2$ *(verifica perfetta, la funzione è derivabile nel punto $x_0 = 1$)*

Nota: la parabola è sempre derivabile perché è continua per tutti i reali zero compreso

8   controlliamo se la funzione $(x - 1)^{\frac{2}{3}}$ è derivabile nel punto assegnato $(x_0 = 1)$

Risoluzione:

Inseriamo il valore di $(x_0 = 1)$ nell'uguaglianza *(limite sinistro uguale limite destro)* tenendo conto che f(x) ha esponente 2/3, allora si ha

$$\lim_{h\to 0^-}\frac{f(x_0-h)^{\frac{2}{3}}-fx_0^{\frac{2}{3}}}{h}=\lim_{h\to 0^+}\frac{f(x_0-h)^{\frac{2}{3}}-fx_0^{\frac{2}{3}}}{h}\quad\text{cioè}$$

$$\lim_{h\to 0^-}\frac{\sqrt[3]{(-1-h)^2}-(1^{\frac{2}{3}})}{h}=\lim_{h\to 0^+}\frac{\sqrt[3]{(-1-h)^2}-(1^{\frac{2}{3}})}{h}\;=>\;\text{il quadrato}$$

della radice è identico al caso precedente , quindi si scrive

$$\lim_{h\to 0^-}\frac{1-h^{\frac{2}{3}}-1}{h}=\lim_{h\to 0^+}\frac{1-2h^{\frac{2}{3}}-1}{h}=>$$

$$\lim_{h\to 0^-}\frac{-h^{\frac{2}{3}}}{h}=\lim_{h\to 0^+}\frac{-h^{\frac{2}{3}}}{h}\;,\quad\text{il numeratore ha la potenza che}$$

predomina il numeratore, allora si ha $\lim_{h\to 0^-}\infty=\lim_{h\to 0^+}=\infty$

(verifica perfetta, la funzione è derivabile nel punto $x_0=1$)

Nota: la cubica è sempre derivabile perché è continua per tutti i reali zero compreso

9 Calcolare i punti di stazionamento massimo e minimo di $f(x)=x^2+2x$.

Ricerca dei punti stazionari:

Rammentiamo che quando la derivata prima (y') si annulla il quel punto di ascissa x_0 la funzione raggiunge la massima ordinata y , cioè il punto Max e viceversa, per cui il massimo e il minimo si ottengono ponendo pone $y'=0$ c, allora la derivata prima di $f(x)=x^2+2x$ è

$y'=2x+2=0$ e si risolve in $2x=-2$, una sola soluzione

$x=-1$ *(ascissa)*

Sostituiamo x nella funzione $f(x)=x^2+2x$, si ha

$y = (-1)^2 + 2(-1) \Rightarrow y = -1$ *(ordinata)*

Le coordinate del punto stazionario sono

$P_{(x0)}(-1,-1)$ *(punto stazionario della funzione)*

Ricerca del Max e minimo dei punti stazionari:

Poniamo $(y' > 0)$ cioè $y' = 2x + 2 > 0$ ossia $2x > -2$ $\Rightarrow$

$x > -1$. poiché la funzione assegnata e pari, primo coefficiente

$(+x^2)$ inserendo (x − 1) la funzione f(x) è sempre positiva, allora

il grafico ha le concavità , a sinistra e a destra di *(x = -1)* tutte

positive rivolte verso l'alto, vedi grafico seguente

diagramma delle concavità $(y' > 0)$

$(y = x^2 + 2x) + \;+\; + + \uparrow \;+\; + \;+ (-1) + \;+ + \uparrow + \;+\; +$

Allora affermiamo che si tratti di minimo , vedi figura

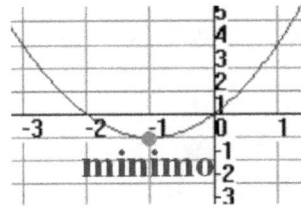 Si ricordi che la tangente è orizzontale,

possiamo dimostrarlo che passa per il punto minimo della

funzione.

Verifica:

L'equazione della tangente è la retta passante per un punto:

$y - y_o = m(x - x_o)$:

Si ricordi che $(y_o \; e \; x_o)$ sono le coordinate del minimo della

funzione; mentre il coefficiente angolare della retta è l'ordinata

35

della derivata prima $y' = m = 2x + 2$ allora sostituendo in essa

l'ascissa del punto stazionario (x = -1) si ha $m = 2(-1) + 2 \Rightarrow$

$m = -2 + 2 \Rightarrow m = 0$, quindi noto (m) e $P_{(x0)}(-1, -1)$

calcoliamo l'eq.ne sostituendo i dati in essa, si ha

$y - (-1) = 0(x - (-1)) \Rightarrow y + 1 = 0 \Rightarrow$

$y = -1$, vedi figura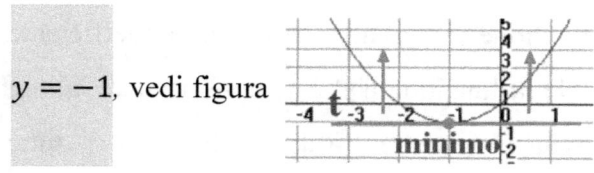

La verifica è perfetta ì, il punto stazionario è un minimo

2° metodo "Calcolo delle derivate successive ":

si calcola la derivata prima di $y = x^2 + 2x \Rightarrow$

$y' = 2x + 2$ cioè non nulla. Allora si calcola la derivata seconda

di $y' = 2x + 2$ cioè

$y'' = 2$ *(derivata nulla, con valore maggiore di zero* $(2 > 0)$

La derivata si è annullata ha esponente $y^n = pari$, allora ci

troviamo nel caso di un minimo a tangente orizzontale, vedi

prospetto *(3*).* Nel 1° capitolo " paragrafo introduzione alle

funzioni".

Perfetto i due metodi sono identici , se calcolare le derivate è

semplice conviene il metodo delle derivate successive, altrimenti utilizzare quello della derivata prima con lo studio delle concavità.

10 Calcolare massimo e minimo della stessa funzione del n. 1 con segno negativo al primo coefficiente

$$f(x) = -x^2 + 2x.$$

Ricerca dei punti stazionari:

Rammentiamo che quando la derivata prima (y') si annulla il quel punto di ascissa x_0 la funzione raggiunge la massima ordinata y , cioè il punto Max e viceversa, per cui il massimo e il minimo si ottengono ponendo pone $y' = 0$ c, allora la derivata prima di $f(x) = -x^2 + 2x$ è $y' = -2x + 2 = 0$ e si risolve in $-2x = -2$, una sola soluzione $x = 1$ *(ascissa)*

Sostituiamo x nella funzione $f(x) = x^2 + 2x$, si ha $y = (1)^2 + 2(1) => y = 1$ *(ordinata)*

Le coordinate del punto stazionario sono

$P_{(x0)}(1,1)$ *(punto stazionario della funzione)*

Ricerca del Max e minimo del punto stazionario:

Studio delle concavità (y' > 0) ":

Poniamo $(y' > 0)$ cioè $y' = -2x + 2 > 0$ ossia

$-2x > -2$ invertiamo il segno e la diseguazione si ha => $2x < 2$

$=> x < \frac{2}{2}$ ossia $x < 1$, poiché la funzione assegnata è pari con

il 1° coefficiente $(-ax^2)$ negativo inserendo $(x-1)$ la funzione
f(x) è sempre negativa, allora il grafico ha le concavità , a sinistra
e a destra di $(x=1)$ tutte negative rivolte verso il basso, vedi
grafico seguente

diagramma delle concavità $(y'>0)$

$(x<1) - --\downarrow - - -(1) - --\downarrow - - -$

Allora affermiamo che si tratti di Max , vedi figura

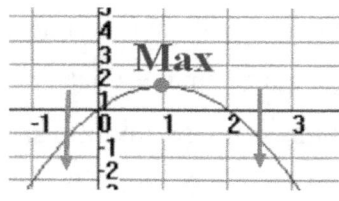 Si ricordi che la tangente è

orizzontale, possiamo dimostrarlo che passa per il punto Max
della funzione.

Verifica:

Per calcolare l'equazione della tangente applicheremo la formula
$y - y_o = m(x - x_o)$:

Si ricordi che $(y_o\ e\ x_o)$ sono le coordinate del punto stazionario
(minimo), mentre

$$\left[(m = y')\ si\ calcola\ con\ la\ derivata\ prima\ sostituendo\ la \atop coordinata\ x\ del\ flesso \right]$$

Si ricordi che $(y_o\ e\ x_o)$ sono le coordinate del massimo della
funzione; mentre il coefficiente angolare della retta è l'ordinata
della derivata prima $y' = m = -2x + 2$ allora sostituendo in

38

essa l'ascissa del punto stazionario (x = 1) si ha

$m = -2(1) + 2 \Rightarrow m = -2 + 2 \Rightarrow m = 0$, quindi noto

(m) e $P_{(x0)}(1,1)$ calcoliamo l'equazione sostituendo i dati in

essa, si ha $y - 1 = 0(x - 1) \Rightarrow y - 1 = 0$

Sostituendo (x = -1) nella derivata $y' = -6x - 6$ si ha

$m = -6(-1) - 6 \Rightarrow m = 6 - 6 \Rightarrow$

$m = 0$, allora sostituendo i dati nell'equazione si ha $y - 1 =$

$0(x - 1) \Rightarrow y - 1 = 0 \Rightarrow y = 1$, vedi figura

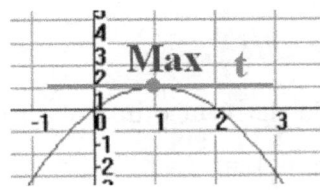

Un altro metodo, per la verifica il massimo, minimo e tangente è
il metodo delle derivate successive.

Calcolo delle funzioni successive:

si calcola la derivata prima di $y = -x^2 + 2x \Rightarrow$

$y' = -2x + 2$ cioè non nulla. Allora si calcola la derivata

seconda di $y' = -2x + 2$ cioè $y'' = -2$ (derivata nulla, con

valore minore di zero $(-2 < 0)$

La derivata si è annullata ha esponente $y^n = pari$, allora ci

troviamo nel caso di un massimo a tangente orizzontale, vedi prospetto *(3*)* , vedi nota nel 1° capitolo " paragrafo introduzione alle funzioni".

Perfetto i due metodi sono identici , se calcolare le derivate è semplice conviene il metodo delle derivate successive, altrimenti utilizzare quello della derivata prima con lo studio delle concavità

11 Si abbia la funzione $y = x^2 + 2x - 1$ calcolare i punti stazionari (Max. min e flesso)

Calcolo dei punti stazionari:

I punti stazionari si calcolano ponendo la derivata prima a zero $y' = 0$, la derivata prima di $y = x^2 + 2x - 1$ =>

$y' = 2x + 2 = 0$ => $2x + 2 = 0$ => $2x = -2$ => $x = \frac{-2}{2}$ =>

$x = -1$ *(ascissa del punto stazionario)*

L'ordinata si calcola inserendo $x = -1$ nell'equazione di partenza $y = x^2 + 2x - 1$ si ha $y = (-1)^2 + 2(-1) - 1$ =>

$y = -2$ *(ordinata del punto stazionario)*

Le coordinate del punto stazionario sono $P(-1, -2)$,

Per determinare il massimo o il minimo del punto stazionario dobbiamo studiare le concavità

Studio delle concavità di (y' > 0)

La derivata prima sappiamo che è $y' = 2x + 2 = 0$ allora

$y' = 2x + 2 > 0 \implies 2x > -2 \implies x > -1$ da riportare nel grafico delle concavità.

Per la costruzione del grafico si tiene conto che si tratta di una funzione pari, è una parabola con la concavità rivolta verso l'alto perche il coefficiente del 1° termine è positivo $+x^2$, vedi grafico.

Studio delle concavit à di ($y' > 0$)

$+ + + + + + +\uparrow + +$ (-1) $+ + + + + + +\uparrow + +$

A sinistra è a destra di (-1) la curva ha la concavità rivolta verso l'alto , allora si ha un minimo

come in figura 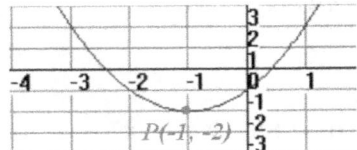 . I flessi non esistono.

12 Calcolare i punti stazionari e l'esistenza dei flessi della funzione $y = 2x^6$.

Calcolo dei punti stazionari

Per calcolare i punti stazionari si applica la derivata prima, si impone $y' = 0$, si ottiene l'incognita x che sostituita nella derivata prima si ottiene l'altra coordinata, La derivata prima di $y = 2x^6 \implies y' = 12x^5 = 0 \implies 12x^5 = 0$ ossia $x = 0$ *(ascissa)*

Sostituendo (x = 0) nella funzione $y = 2x^6$ si ha

$y = 2(0)^6 \Rightarrow \boxed{y = 0}$ *(ordinata)*

Le coordinate del punto stazionario sono

$P(0,0)$ *(punto stazionario)*

Poiché la funzione assegnata è pari, una parabola ha la concavità rivolta verso l'alto perché il coefficiente del primo termine $+x^6$ è positivo, allora è un minimo a tangente orizzontale, vedi figura

seguente

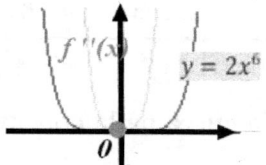

Non esiste flesso perchè la curva non cambia di concavità

---

13 Si abbia la funzione $y = -x^4 - x^2$ calcolare i punti stazionari e i flessi

Ricerca dei punti stazionari:

Il massimo e il minimo si ottengono con la derivata prima, cioè $y' = -x^4 - x^2 \Rightarrow y' = -4x^3 - 2x$. Si pone

$y' = 0$ ossia $-4x^3 - 2x = 0$ si ha $2x(-2x^2 - 1) = 0$ ammette

due soluzioni $\begin{bmatrix} 2x = 0 \\ -2x^2 - 1 = 0 \end{bmatrix}$ cioè $\begin{bmatrix} x = \dfrac{0}{2} \\ \sqrt{x^2} = \sqrt{-\dfrac{1}{2}} \end{bmatrix}$ ossia

$$\begin{bmatrix} x = 0 \\ x = \sqrt{-\dfrac{1}{2}} \end{bmatrix}$$ la seconda soluzione si scarta perche è negativa e si

prende (x = 0), e si sostituisce in f(x) per ottenere l'incognita y, si

ha $y = -0^4 - 0^2 \Rightarrow y = 0$ *(seconda incognita)*

Le coordinate del punto stazionario sono

P(0, 0) *(punto stazionario).*

Per determinare i punti stazionari massimo e minimo si

individuano i segno delle concavità della derivata prima maggiore

di zero, si ha

Studio delle concavità di (y' > 0):

Non serve lo studio perché la funzione e pari con il primo

coefficiente negativo $-x^4$, è una parabola con la concavità

rivolta vero il basso, comunque dimostriamo come si giunge a ciò.

Per calcolare il massimo e il minimo si impone (y' > 0), per cui la

derivata prima di $y = -x^4 - x^2 \Rightarrow y' = -4x^3 - 2x > 0$ in

evidenza si ha $x(-4x^2 - 2) > 0$, le soluzioni sono 2 , cioè

$$\begin{bmatrix} x > 0 \\ -4x^2 - 2 > 0 \end{bmatrix} \Rightarrow \begin{bmatrix} x > 0 \\ -4x^2 > 2 \end{bmatrix}$$ si osservi la seconda

disequazione è sempre negativa per qualsiasi valore di x, quindi il

grafico sarà tutto con la concavità rivolta verso il basso.

Abbiamo dimostrato che per le funzioni pari possiamo evitare lo

studio delle concavità perché sappiamo già che vale il segno del

primo termine della funzione, il grafico è

$$\left[\begin{array}{c} \textit{Studio delle concavita di } (y'>0) \\ \overbrace{-----\downarrow-----\textbf{(0)}-----\downarrow-------} \end{array}\right]$$

Calco della tangente del massimo:

Per calcolare la tangente del massimo , cioè l'equazione della retta passante del il massimo applicheremo la formula

$y - y_o = m(x - x_o)$:

Conosciamo le coordinate del flesso P(0,0) , ma non conosciamo il coefficiente angolare (m) e sappiamo che equivale all'ordinata (y) della derivata prima lo calcoliamo sostituendo in essa l'orinata l'ascissa del massimo $(x = 0)$, nella derivata

$m = y' = -3x^3 - 2x$ => $m = 3 \cdot 0^3 - 2 \cdot 0$ => $m = 0 - 0$

ossia $m = 0$ *(coefficiente angolare della tangente al Max).*

Allora sostituiamo i dati nell'equazione, si ha

$y - 0 = 0(x_0 - 0)$ si ha $y - 0 = 0$ =>

$y = 0$ *(è equazione orizzontale),* , vedi

figura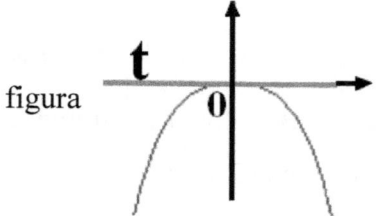

Poiché abbiamo solo il massimo non esistono flessi.

14 Si abbia $-3x^2 - 6x - 8$ calcolare i punti di eventuale massimo, e il flesso.

Calcolo dei punti stazionari:

I punti stazionari si calcolano imponendo la condizione $y' = 0$, allora la derivata della funzione $-3x^2 - 6x - 8$ =>

$y' - 6x - 6 = 0$ => $-6x - 6 = 0$ Calcoliamo la derivata prima $y' = -6x - 6$ => $-6x - 6 = 0$ => $x = -1$ *(ascissa)*

Sostituendo (x = -1) in f(x) => $y = -3(-1)^2 - 6(-1) - 8$ =>

$y = -5$ *(ordinata)*

Le coordinate del punto stazionario sono $P(-1, -5)$ *(coordinate del punto stazionario)*

Per il massimo, minimo si studiano le concavità della derivata prima maggiore di zero, si ha

Studio del diagramma delle concavità di $(y' > 0)$*:*

La derivata prima di $-3x^2 - 6x - 8$ => $y' = -6x - 6 > 0$ =>

$-6x > 6$ invertiamo il segno e l'equazione ambiamo

$y' = 6x < -6$ => $y' = x < -1$.

Attenzione, si tratta di una funzione pari, una parabola con concavità rivolta verso il basso perché il primo coefficiente $-3x^2$ è negativo , quindi qualsiasi valore assegniamo il risultato del grafico è sempre negativo, allora il diagramma sarà il seguente:

$$(x < -1) - - - \downarrow - - - (-1) - - - \downarrow - - - -$$

Si tratta di un massimo a tangente orizzontale perché a sinistra e

a destra di (-1) le concavità sono (concave) verso in basso, vedi

figura 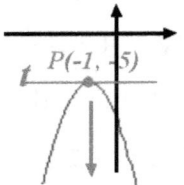 Si ricordi che la tangente è orizzontale,

possiamo dimostrarlo che passa per il punto Max della funzione.

Verifica:

Per calcolare l'equazione della tangente applicheremo la formula

$y - y_0 = m(x - x_0)$:

Si ricordi che $(y_0 \ e \ x_0)$ sono le coordinate del punto stazionario

(Max), mentre

$$\left[\begin{array}{c} (m = y') \ si \ calcola \ con \ la \ derivata \ prima \ sostituendo \ la \\ coordinata \ x \ del \ flesso \end{array} \right]$$

Sostituendo (x = -1) nella derivata $y' = -6x - 6$ si ha

$y' = m = -6(-1) - 6 \Rightarrow m = 6 - 6$ ossia $m = 0$, quindi

inseriamo i dati nella formula, si ha

$y - (-5) = 0(x - (-1) \Rightarrow y + 5 = 0 \Rightarrow$

$y = -5$ *(equazione della tangente).*

La verifica è perfetta , si tratta di una costante, cioè una retta

(y = -5), vedi figura sopra.

Calcolo dell'esistenza del flesso:

Poiché il punto stazionario è solo un massimo, flessi non ce ne sono, vediamo se è vero. Il flesso si calcola con la derivata seconda ponendola a zero e calcolare gli zeri della derivata seconda, cioè la condizione $y'' = 0$, quindi calcoliamo

$y'' - 6x - 6 = 0$ cioè $-6x = 6 => x = \frac{6}{-6} =>$

$x = -1$ *(ascissa del presunto flesso)*

Poiché l'ascissa del flesso è identica all'ascissa del Max , si afferma che non esistono flessi.

15   Si abbia $x^2 - 6x + 4$ calcolare i punti stazionari del Massimo, minimo e flesso.

Calcolo dei punti stazionari:

I punti stazionari si calcolano con la derivata prima (y' = 0), quindi la derivata prima di di

$y = x^2 - 6x + 4 => y' => 2x - 6 = 0 => 2x = 6 =>$

$x = 3$ *(ascissa del punto stazionario)*

Sostituendo (x = 3) nella funzione si ha $y = (3)^2 - 6(3) + 4 =>$

$y = -5$ *(ordinata)*. Il punto di stazionamento ha coordinate

$P(3, -5)$ *(punto di stazionario)*

Dobbiamo determinare se il punto stazionario è un minimo, massimo o flesso con il segno delle concavità della derivata prima maggiore di zero, si ha

Studio delle concavità di (y' > 0):

Studiamo il segno della derivata ponendo $(y' > 0) =>$

$y' = 2x - 6 > 0 => 2x > 6 => x > \frac{6}{2} => x > 3$.

Attenzione, si tratta di un funzione pari, una parabola con la concavità rivolta verso l'alto, perché il coefficiente del primo termine $+x^2$ è positivo, quindi qualsiasi valore assegniamo il risultato è sempre positivo, allora il diagramma è il seguente:

Diagramma delle concavità di (y' >0)

$(x > 3) + ++\uparrow + + +(3) + ++\uparrow + + + +$

Si tratta di un minimo perché a sinistra e a destra di (-1) le concavità sono (concave) verso in basso, vedi figura

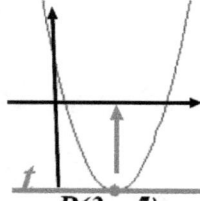

P(3, -5)

, Si ricordi che la tangente è orizzontale,

possiamo dimostrarlo che passa per il punto minimo della funzione.

Calcolo della tangente del minimo:

Per calcolare l'equazione della tangente applicheremo la formula $y - y_o = m(x - x_o)$:

Si ricordi che $(y_o \ e \ x_o)$ sono le coordinate del punto stazionario (Max), mentre

$$\begin{bmatrix} (m = y') \ \textit{si calcola con la derivata prima sostituendo} \\ \textit{la coordinata } x \textit{ del flesso} \end{bmatrix}$$

Sostituendo (x = 3) nella derivata $y' = 2x - 6$ si ha

$y' = m = -2(3) - 6 \Rightarrow m = 6 - 6$ ossia $m = 0$, quindi sostituiamo i dati nella formula, si ha $y - (-5) = 0(x - 3) \Rightarrow$ $y + 5 = 0 \Rightarrow y = -5$ *(equazione della tangente).*

La verifica è perfetta , si tratta di una costante, cioè una retta (y = -5), vedi figura sopra

16 Si abbia $x^2 - 3x + 5$ calcolare i punti stazionari del massimo, minimo e flesso.

Calcolo dei punti stazionari:

I punti stazionari si calcolano con la derivata prima ponendo (y' = 0) calcoliamo la derivata prima di $y = x^2 - 3x + 5 \Rightarrow y' =$ $2x - 3 = 0 \Rightarrow x = \frac{3}{2}$ *(ascissa)*

L'immagine di (x = 3/2) di f(x) è $y = (\frac{3}{2})^2 - 3\left(\frac{3}{2}\right) + 5 \Rightarrow$ $y = \frac{11}{4}$ *(ordinata).* Il punto stazionario è

$P(\frac{3}{2}, \frac{11}{4})$ *(coordinate dello stazionario)*

Il punto stazionario può essere un massimo, un minimo oppure un flesso, si studiano i segni o concavità di $y' > 0$

Studio delle concavità di (y' > 0):

La ricerca del massimo e minimo si ottiene con lo studio delle concavità, imponendo $y' > 0$, cioè $y' = 2x - 3 > 0 =>$ $y' = x > \frac{3}{2}$, allora riportiamo il risultato su un diagramma

lineare vedi figura $(x > 3/2)$ $----\downarrow----(3/2) + + \uparrow + + + + +$

Gli intervalli sono:

$$\left[\begin{array}{l} \left(-\infty, \ \frac{3}{2}\right) \ il \ grafico \ di \ f(x) \ è \ discendente \ \downarrow \\ \left(\frac{3}{2} + \infty\right) \ il \ grafico \ di \ f(x) è \ ascendente \ \uparrow \end{array} \right]$$ vedi figura

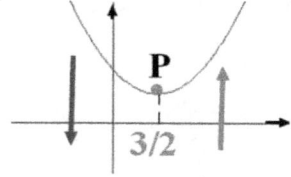

Partendo da sinistra scende verso il punto stazionario (3/2); mentre a destra il grafico sale), allora il punto stazionario è un presunto minimo, per cui dobbiamo verificarlo (se è vero) con (y'' = 0).

Sappiamo che la tangente è orizzontale ma possiamo fare una verifica algebrica, si ha

Calcolo della tangente:

Per calcolare l'equazione della tangente applicheremo la formula $y - y_o = m(x - x_o)$:

50

Si ricordi che $(y_0 \ e \ x_0)$ sono le coordinate del punto stazionario; mentre m e ottenibile con la derivata prima, sostituendo in essa l'ascissa (3/2), cioè $y' = 2x - 3 = 0$, quindi $y' = m = 2\left(\frac{3}{2}\right) - 3$

$\Rightarrow y' = m = 3 - 3 \Rightarrow m = 0$ *(coefficiente angolare)*

Inseriamo i dati (m =0) e $P(\frac{3}{3}, \frac{11}{4})$ nell'equazione

$y - y_o = m(x - x_o)$, si ha $y - \frac{11}{4} = -0(x - \frac{3}{2}) \Rightarrow$

$y - \frac{11}{4} = 0 \Rightarrow y = \frac{11}{4}$ *(equazione al punto stazionario)*.

La verifica è perfetta , si tratta di una costante, cioè una retta (y = 11/4), il minimo è a tangente orizzontale, vedi

figura

17 Si abbia la funzione $y = x^3 + 2$ calcolare i punti di (Max. min e flesso)

Calcolo dei punti stazionari:

si pone $y' = 0$ cioè la derivata di $y = x^3 + 2 = 0$ si ha $y' = 3x^2 = 0 \Rightarrow x^2 = \frac{0}{3}$, la soluzione è unica ed equivale a

$x = 0$ *(ascissa del punto stazionario)*

Sostituendo (x = 0) nella funzione f(x) si ha $y = 0^3 + 2$ =>
$y = 2$ (*ordinata).* Le coordinate del punto stazionario sono
$P(0,2)$ *(punto stazionario)*

Diagramma delle concavità (y' > 0):

Il massimo e il minimo si calcolano con la derivata prima
ponendo $y' > 0$, cioè la derivata prima di $y = x^3 + 2$ è
$y' = 3x^2 > 0$, quindi si ha $3x^2 > 0$ ossia $x > 0$. da inserire
nel grafico delle concavità della derivata prima maggiore, si ha

diagramma delle concavità $(y' > 0)$

$- - - \downarrow - - - (0) + + + \uparrow + +$ allora a sinistra la
concavità e rivolta verso il basso e a destra la concavità è rivolta
verso l'alto. il grafico non è ne massimo e ne minimo, si tratta di
un flesso, da studiare le proprietà.

Poiché le concavità sono una discendente (a sinistra) e
l'altra ascendente (a destra) si esclude un massimo o un
minimo, si tratta di un flesso da ricercare le sue proprietà.

Ricerca dell'esistenza del flesso:

Le coordinate del flesso si determinano con la derivata seconda
ponendo $y'' = 0$, quindi la derivata seconda di $y'' = 3x^2 = 0$ =>
$y'' = 6x = 0$ => $x = 0$ *(ascissa flesso)*
Sostituendo (x = 0) nella funzione $y = x^3 + 2$ si ha $y = (0)^3 +$
2 => $y = 2$ *(ordinata)*

Le coordinate del flesso sono $F(0, 2)$, vedi figura

 , allora è confermato, abbiamo un flesso

ascendente da confermare con lo studio della derivata seconda

maggiore di zero, si ha

Studio delle concavità della (y'' > 0):

La derivata seconda è $y'' = 6x > 0 \Rightarrow x > 0$ da portare nel

diagramma delle concavità (y'' >0)

grafico $- - -\downarrow - - - (0) + + +\uparrow + +$ si osserva che i

grafici di y' e y'' sono uguali, quindi si conferma che si tratta di

un flesso ascendente a tangente orizzontale perché i punti P ed F

hanno le stesse coordinate, non resta che confermare che la

tangente al flesso è orizzontale, si ha

Calcolo della tangente al flesso:

Dobbiamo verificare se è vero che la tangente è orizzontale con la

formula $y - y_0 = m(x_0 - x)$.

Poiché non conosciamo il coefficiente angolare (m) e sappiamo

che equivale all'ordinata (y) della derivata prima lo calcoliamo

sostituendo in essa l'orinata (x) del flesso, si ha $m = y' = 3x^2 \Rightarrow$

$y = m = 3 \cdot 0^2$ ossia $m = 0$ *(cefficiente angplare)* .

Inseriamo i dati m e P(0, 2) nell'equazione $y - y_0 = m(x_0 - x)$,

ossia $y - 2 = 0(x_0 - 0) \Rightarrow$

$y = 2$ *(perfetto, la tangente è una costante: è una retta orizzontale)*,

Quindi il grafico corrispondente è la figura seguente

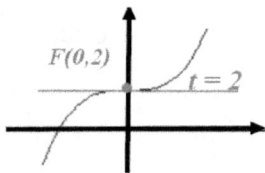

Il flesso è ascendente in quanto le curve sono a sinistra sotto la

tangente e a destra sopra la tangente, e viceversa vedi nota *(3**)*

che riportiamo in figura :

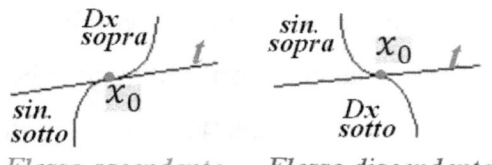

Flesso ascendente   Flesso discendente

18   Si abbia $x^3 - 2$ calcolare i punti stazionari massimo,

minimo e flesso.

Calcolo dei punti di stazionari:

I punti stazionari si calcolano ponendo $y' = 0$ calcoliamo la

derivata prima di $y = x^3 - 2$ si ha $y' = 3x^2 \Rightarrow$

$3x^2 = 0 \Rightarrow x = 0$ *(ascissa)*

L'ordinata si ottiene sostituendo (x = 0) nella funzione $y = x^3 - $

2 si ha $y = (0)^3 - 2 \Rightarrow y = -2$ *(ordinata)*

54

Il punto stazionario è $P(0, -2)$ *(coordinate del punto*

stazionario)

Per determinare il minimo, massimo si studiano i segni delle

concavità della derivata prima.

Studio delle concavità di y' = 0):

La derivata prima di $y' = x^3 - 2 => y' = 3x^2 > 0$ ossia $x > 0$

da inserire nel grafico, si ha

Studio delle concavità ($y' > 0$)

$$- - - -\downarrow - - - - - (0) + + + +\uparrow + + +$$

A sinistra la concavità è verso il basso (concava); mentre a destra

la concavità è verso l'alto (convessa) allora non esiste ne massimo

e ne minimo, si tratta di un presunto flesso, da verificare.

Ricerca dell'esistenza del flesso:

Possiamo cercare le sue coordinate ponendo la derivata seconda a

zero, trovare gli zeri e sostituirli nella f(x), la derivata seconda di

$f''(x) = y' = 3x^2 = 0$ cioè $x = 0$ *(derivata seconda)*

Poiché la (y' = 0) e (y'' = 0) possiamo confermare che si tratta di

un flesso, inoltre la prima derivata essendo zero ci conferma che il

flesso è a tangente orizzontale, è superfluo dimostrarlo, perché

l'abbiamo fatto già negli esercizi precedenti, dobbiamo anche

asserire che il flesso è ascendente vedi prospetto *(3*)* , nel 1°

capitolo " paragrafo introduzione alle funzioni", vedi figura

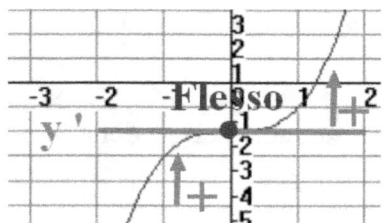 è un flesso ascendente a tg

orizzontale.

Esiste un'altra tecnica per determinare il flesso, *si deve verificare*
che $y''' \neq 0$

Cioè $y''' = 6x => y''' = 6$. Poiché $(6 > 0)$ si conferma estremante
F(0, -2) flesso ascendente.

Verifica della tangente del flesso:

Poiché abbiamo asserito che la tangente del flesso è orizzontale
dobbiamo verificare che questo sia vero.

Per calcolare l'equazione della tangente applicheremo la formula
$y - y_o = m(x - x_o)$:

Si ricordi che $(y_o$ e $x_o)$ sono le coordinate del flesso

$$\left[\begin{array}{c} (m = y') \ si \ calcola \ con \ la \ derivata \ prima \ sostituendo \\ l' ascissa \ x \ del \ flesso \end{array} \right]$$

Sostituendo $(x = 0)$ nella derivata $y' = 3(0^3)$ si ha $y' = m = 0$,
quindi sostituiamo i dati nella formula, si ha $y - (-2) = 0(x - 0) => y + 2 = 0 =>$

$y = -2$ *(equazione della tangente).*

La verifica è perfetta , si tratta di una costante, cioè una retta
(y = -2), vedi figura sopra

56

19 Calcolare e verificare i punti stazionari dellafunzione
$y = (x - 1)^3$ con i due metodi.

Ricerca dei punti stazionari:

Rammentiamo che quando la derivata prima (y') si annulla il quel

punto di ascissa x_0 la funzione raggiunge la massima ordinata y ,

cioè il punto Max e viceversa, per cui il massimo e il minimo si

ottengono ponendo $y' = 0$ c, allora la derivata prima di

$$f(x) = (x - 1)^3 \text{ è } \overbrace{y' = 3(x - 1)^2 = 0}^{\text{è preferibile risolverla}} \text{ cioè}$$

$y' = 3(x^2 - 2x + 1) = 0 \Rightarrow y' = 3x^2 - 6x + 3 = 0$ è

un'equazione di 2°, cioè $x_{1,2} = \frac{6 \mp \sqrt{36-36}}{6} \Rightarrow x_{1,2} = \frac{6 \mp 0}{6}$

con unica soluzione $x_{1,2} = 1$ *(ascissa del punto stazion.ario)*

Sostituendo (x = 1) nella funzione $y = (x - 1)^3$ si ha

$y = 0$ *(ordinata del punto stazionario)*

Le coordinate del punto stazionario sono

$P(1,0)$ *(punto stazionario).*

Per determinare il massimo e il minimo si studiano le concavità

della derivata prima, si ha

Ricerca del Max e minimo del punto stazionario di (y' > 0)

poniamo $(y' > 0)$ cioè si calcola $y' = (x - 1)^3 = 0 \Rightarrow$

$$\overbrace{y' = 3(x - 1)^2 > 0}^{\text{è preferibile risolverla}} \text{ cioè } y' > 3x^2 - 6x + 3 > 0 \text{ è}$$

un'equazione di 2°, cioè $x_{1,2} = \frac{6 \mp \sqrt{36-36}}{6}$ => $x_{1,2} = \frac{6 \mp 0}{6}$ con

unica soluzione $x_{1,2} > 1$ in tal caso il grafico, a partire

dall'ascissa (x > 1) del dominio il diagramma delle concavità

risulta essere il seguente

diagramma delle concavità $(y' > 0)$

$(x > 1) - - - \downarrow - - (1) + + + \uparrow + + +$

Le concavità del grafico sono: a sinistra concavità verso il basso (concava) e a destra verso l'alto (convessa), allora si esclude il massimo e il minimo, si tratta di un presunto flesso flesso da verificare con la derivata seconda, vedi grafico del presunto flesso da

verificare

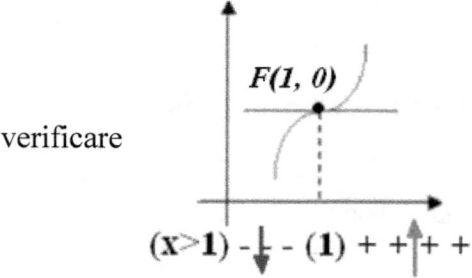

Studio dell'esistenza del flesso:

Per lo studio del flesso si pone la derivata seconda $y'' = 0$ e si trovano gli zeri del flesso, inserendo i risultati nella f(x), quindi calcoliamo la derivata seconda di

$y' = 3(x - 1)^2 = 0$, cioè $y'' = 6(x - 1) = 0$ ossia $6x - 6 = 0$

$\Rightarrow 6x = 6 \Rightarrow x = \dfrac{6}{6} \Rightarrow$

x = 1 *(è la stessa ascissa della derivata prima)*

Allora se $\begin{cases} y' = 0 \\ y'' = 0 \end{cases}$ producono la stessa ascissa il punto

stazionario è un flesso e valgono le stesse coordinate del punto

stazionario $P(1,0)$.   vedi   figura   seguente

$$\overbrace{diagr.delle\ concavità\ (y' > 0)}$$
$$(x > 1) - \ \downarrow \ -(1) + \uparrow \ +$$

Per determinare il flesso ascendente o discendente dobbiamo

studiare le concavità mediante $y'' > 0$

Studio della concavità (y''>0)

Poiché si è appurato che le due derivate y' e y'' hanno in comune

le ascisse il grafico delle concavità è lo stesso., quindi vale lo

$$\overbrace{diagr.delle\ concavità\ (y'' > 0)}$$
stesso graficoseguente $(x > 1) - \ \downarrow \ -(1) + \uparrow \ +$

Dobbiamo solo determinare se il flesso è ascendente o discendete,

per questo si applica il

Metodo delle derivate successive ,

si calcola la derivata prima di $y = (x - 1)^3 \Rightarrow$

$y' = 3(x - 1)^2$ cioè non nulla. Allora si calcola la derivata

seconda di $y' = 3(x - 1)^2$ cioè $y'' = 6(x - 1)$ ossia

$y'' = 6x - 6$ cioè non nulla, allora si calcola la derivata terza di $y'' = 6x - 6$) ossia $y''' = 6$ (derivata nulla con $y^n = pari$ e $(x > 6)$

L'annullamento è avvenuto con la derivata y''' corrispondente all'esponente dispari (n = 3) e un valore $y''' > 0$, allora ci troviamo nel caso di un *flesso a tangente orizzontale ascendente,* vedi prospetto *(3*).* Nel 1° capitolo " paragrafo introduzione alle funzioni".

Abbiamo posto per definizione che il flesso è ascendente a tangente orizzontale ma non sappiamo come calcolarlo algebricamente, per cui esiste lo studio della tangente al punto stazionario.

Studio della tangente:

L'equazione della tangente è la retta passante per un punto: $y - y_o = m(x - x_o)$:

Si ricordi che $(y_o \ e \ x_o)$ sono le coordinate del punto stazionario; mentre il coefficiente angolare della retta è l'ordinata della derivata prima $y' = 3(x - 1)^2 = 0$ allora sostituendo in essa l'ascissa del punto stazionario (x = 1) si ha $m = 3(1 - 1)^2 \Rightarrow m = 3(0)^2 \Rightarrow m = 0$, quindi sostituiamo (m) e $P_{(x0)}(1, 0)$ nell'equazione si ha $y - (0) = 0(x - 1) \Rightarrow y - 0 = 0 \Rightarrow$

$y = 0$ *(equazione tg orizzontale al punto $P_{(x0)}$)*, vedi figura

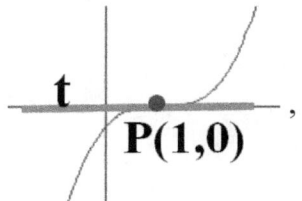

Quando si hanno tutti gli elementi per disegnare il grafico si può utilizzare la seguente regola:

flesso ascendente ↑

a sinistra concava ↓ ; a destra convessa ↑
a sinistra convessa ↑ ; a destra concava ↓

flesso discendente ↓

Perfetto il flesso del nostro caso è il primo "flesso ascendente come in figura , e la tangente calcolato $y = 0$ appartiene a una retta orizzontale, quindi quanto predefinito è stato dimostrato.

Rammentiamo che possiamo avere dei casi in cui la tangente è verticale *(derivata infinita)* oppure la tangente non esiste affatto, cioè l'intervallo nel punto x_o non è derivabile *(punto di cuspide)*, vedi il n. 6 della figura (A) all'inizio di questo capitolo i 6 casi possibili delle tangenti di una funzione.

20   Calcolare i punti stazionari della funzione
$f(x) = 6x^3 + 3x^2$.

Calcolo dei punti stazionari:

I punti stazionari si trovano ponendo $y' = 0$ cioè $y' => 18x^2 + 3x = 0$ si tratta di un'equazione di 2° grado con soluzioni

$$\begin{bmatrix} x_1 = 0 \\ x_2 = -\frac{1}{3} \end{bmatrix}$$ *(ascisse)* Sostituiamo le soluzioni x nella funzione

f(x), si ha *Per* $(x = 0)$ si ha $y_0 = 6(0)^3 + 3(0)^2$ =>

$y_0 = 1$ *(ordinata)*

Le coordinate del primo stazionario sono

$P_1(0,0)$ *(Primo punto di stazionamento di f(x))*

Per $(x = -\frac{1}{3})$ si ha $y_0 = 6(-\frac{1}{3})^3 + 3(-\frac{1}{3})^2$ =>

$y_0 = -\frac{2}{9} + \frac{1}{3}$ $y_0 = 1$ *(ordinata)*

Le coordinate del secondo stazionario sono $P_1(-\frac{1}{3}, \frac{1}{9})$ *(Secondo*

punto di stazionamento di f(x))

Ricerca del Max e minimo:

Il massimo e minimo si determinano con la derivata prima ponendo $(y' > 0)$ cioè la derivata prima di $6x^3 + 3x^2 > 0$ => $y' = 18x^2 + 6x > 0$ si tratta di un'equazione di 2° grado con soluzioni $\begin{bmatrix} x_1 = 0 \\ x_2 = -\frac{1}{3} \end{bmatrix}$ allora si ha $\begin{bmatrix} x_1 > 0 \\ x_2 > -\frac{1}{3} \end{bmatrix}$, allora disegniamo il grafico lineare delle concavità , si ha

Grafico delle concavità di (y' > 0)

$$\begin{bmatrix} \qquad\qquad \textit{diagramma delle concavità } (y' > 0) \\ \overline{(x > 0) - - - - - - - - - - - - -(0) + + + +} \\ \qquad\qquad \downarrow \qquad\qquad\qquad\quad \uparrow \qquad\quad \downarrow \\ (x > -2) + \ + \ ++ \left(-\dfrac{1}{3}\right) - - - - - - - - - \end{bmatrix}$$

Le concavità del grafico sono a sinistra e a destra di (-1/3), concavità verso il basso (concava) è un massimo; a sinistra e a destra di (0), concavità verso l'alto (concvessa) è un minimo, vedi

figura 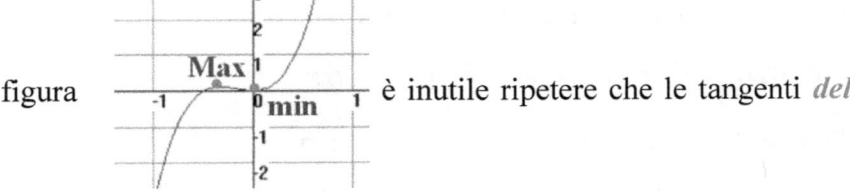 è inutile ripetere che le tangenti *del*

massimo e minimo sono orizzontali.

Se abbiamo un minimo e un massimo esiste di certo un flesso da ricercare.

Ricerca dell'esistenza dei flessi

Per lo studio del flesso si pone la derivata seconda $y'' = 0$ e si trovano gli zeri del flesso, inserendo i risultati nella f(x), quindi calcoliamo la derivata seconda di $y' = 18x^2 + 6x = 0$, cioè

$y' = 36x + 6 = 0$ => $x = -\dfrac{1}{6}$ *(ascissa del flesso)*

Sostituendo x = 1/6 in $y = 6x^3 + 3x^2$ si ha $y = 6(-\dfrac{1}{6})^3 +$

$3(-\dfrac{1}{6})^2$ => $y = 6(-\dfrac{1}{216}) + 3(\dfrac{1}{36})$ => $y = -\dfrac{1}{36} + \dfrac{1}{12}$ ossia $y = \dfrac{1}{18}$

(ordinata del flesso) . Le coordinate del flesso sono $F\left(-\frac{1}{6},\frac{1}{18}\right)$

cioè $F(-0.167,0,056)$ *(coordinate del flesso)*, , vedi figura

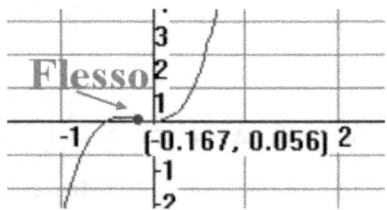

Per determinare il flesso ascendente o discendente dobbiamo studiare le concavità mediante $y'' > 0$

Studio delle concavità ($y'' > 0$)

Poiché la derivata seconda è $y' = 36x + 6$ abbiamo

$$y'' = 36x + 6 > 0 \text{ ossia } 36x > -6 \Rightarrow x > -\frac{6}{36} \text{ ossia } x > -\frac{1}{6}$$

da riportare nel diagramma delle concavità

$$\left(x > -\frac{1}{6}\right) \; + + + \uparrow + + + \left(-\frac{1}{6}\right) - - - \downarrow - - -$$

allora ci troviamo nel caso di un *flesso a tangente orizzontale ascendente,* vedi prospetto (3^*) , oppure attenersi sempre alla regola (3^{**}) , vedi 1° Capitolo, paragrafo "Introduzione" .

Il flesso è ascendente in quanto le curve sono a sinistra sotto la tangente e a destra sopra la tangente, dimostriamo la regola in figura :

Flesso ascendente   *Flesso discendente*

, d'ora in poi è

consigliabile imparare a memoria la regola *(3**)*, inoltre, poiché l'ascissa del massimo o del minimo sono diverse dall'ascissa del flesso $(-\frac{1}{6} \neq . \frac{1}{3} \neq 0)$ si esclude una tangente orizzontale al flesso, quindi calcoliamo l'equazione:

Studio della tangente del flesso:

L'equazione della tangente è la retta passante per un punto:

$y - y_o = m(x - x_o)$:

Si ricordi che $(y_o \ e \ x_o)$ sono le coordinate del flesso della funzione; mentre il coefficiente angolare della retta è l'ordinata della derivata prima di $y = 6x^3 + 3x^2$ cioè

$y' = m = 18x^2 + 6x$ allora sostituendo in essa l'ascissa del flesso (x = -1/6) si ha $m = 18(-\frac{1}{6})^2 + 6(-\frac{1}{6}) =>$

$m = \frac{1}{2} - 1 \ => m = -\frac{1}{2}$, quindi sostituiamo (m) e $P_{(F)}(-\frac{1}{6}, \frac{1}{18})$

nell'equazione si ha $y - \frac{1}{18} = -\frac{1}{2}(x - (-\frac{1}{6})) \ => \ y - \frac{1}{18} = -\frac{1}{2}x -$

$\frac{1}{12} \ => \ y = -\frac{1}{2}x - \frac{1}{12} + \frac{1}{18} => y = -\frac{1}{2}x - \frac{3+2}{36} =>$

$$\boldsymbol{y = -\frac{1}{2}x - \frac{1}{36}}$$ *(equa. della tangente del flesso F $\left(-\frac{1}{6}, \frac{1}{18}\right)$)*

Vedi figura

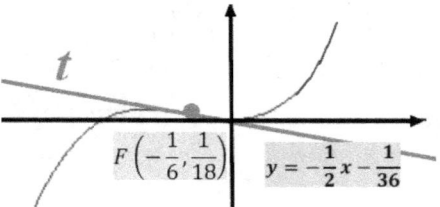

$$F\left(-\frac{1}{6}, \frac{1}{18}\right) \qquad y = -\frac{1}{2}x - \frac{1}{36}$$

La tangente è obliqua come avevamo previsto con il ragionamento delle ascisse delle derivate

21 Si abbia la funzione $y = x^3 - 3x^2 + 1$ determinare in quale intervallo la funzione è crescente e decrescente (studiando il segno della derivata prima e seconda).

Calcolo dei punti stazionari:

Innanzitutto definiamo il dominio x della funzione, poiché f(x) è un polinomio *si afferma che la funzione e definita per* $\forall x \, \varepsilon \, \Re$, (si legge: ogni x appartenente ai reali)..

Per determinare i punti stazionari si pone la condizione che $(y'_{(x)} = 0)$, cioè la derivata di $y' = x^3 - 3x^2 + 1 = 0$ =>
$3x^2 - 6x = 0$ si mette in evidenza $3x(x - 2) = 0$

le soluzioni sono $\begin{bmatrix} 3x = 0 \\ x - 2 = 0 \end{bmatrix}$ =>

$\begin{bmatrix} x_1 = 0 \\ x_2 = 2 \end{bmatrix}$ *(sono le ascisse di due punti stazionari)*

Sostituendo le soluzioni x_1 e x_2 nella funzione f(x) si ha:

per $x_1 = 0$ si ha $y_1 = 0^3 - 3 \cdot 0^2 + 1$ =>

$y_1 = 1$ *(prima ordinata)*

per $x_2 = 2$ si ha $y_2 = 2^3 - 3 \cdot 2^2 + 1$ =>

$y_2 = -3$ *(seconda ordinata)*

I punti stazionari sono $\begin{bmatrix} P_1(0,1) \\ P_2(2,-3) \end{bmatrix}$ *(punti stazionari)*, vedi figura

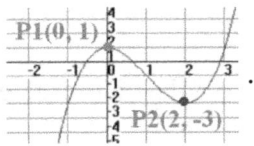

Per determinare il massimo o il minimo si studiano i segni delle concavità della derivata prima maggiore di zero, si ha

Studio delle concavità di (y' >0)

Per determinare l'intervallo della crescenza e decrescenza si pone la condizione che $(y'_{(x)} > 0)$, cioè $y' = x^3 - 3x^2 + 1 > 0$ =>

$3x^2 - 6x > 0$ metti in evidenza $3x(x - 2) > 0$

le soluzioni sono $\begin{bmatrix} 3x > 0 \\ x - 2 > 0 \end{bmatrix}$ =>

$\begin{bmatrix} x_1 > 0 \\ x_2 > 2 \end{bmatrix}$ *(sono due soluzioni di ascisse)* , da portare nel grafico di linearità delle concavità per determinare l'intervallo del Max e del minimo, si ha

$$\begin{bmatrix} \textit{diagramma delle concavità di } (y' > 0) \\ (x > 0) \;-\,-\,-\,-\,-\,-(0) + + + + + + + + + + + + \\ \quad\quad\quad \uparrow \quad\quad\quad\quad\quad \downarrow \quad\quad\quad\quad\quad \uparrow \\ (x > 2) \;-\,-\,-\,-\,-\,-\,-\,-\,-\,-\,-\,-\,-(2) + + + + + \end{bmatrix}$$

A sinistra e a destra di (0) il grafico è ascendente e discendente cioè un Max; a sinistra e a destra di (2) il grafico è discendente e ascendente cioè un minimo , vedi i punti $P_1(0,1)$ e $P_2(2,-3)$ in figura sopra.

Per $P_1(0,1)$ a sinistra cresce fino a (y = 1) e a destra decresce, allora è un Max.,

Per $P_2(2,-3)$ a sinistra decresce fino a (y = -3) e a destra cresce è un minimo.

La funzione ha un massimo e un minimo ciò vuol dire che esiste un flesso, da cercare le sue coordinate e la tangente passante per il punto.

Studio dell'esistenza dei flessi:

Per la ricerca dei flessi si impone la derivata seconda uguale a zero, cioè si calcolano gli zeri della derivata seconda $f''(x) = 0$, allora la derivata seconda di $y' = 3x^2 - 6x$ è $y'' = 6x - 6 = 0$ ossi $6x = 6 \Rightarrow x = 1$ *(ascissa del flesso)*

Inserendo l'ascissa nella funzione $y = x^3 - 3x^2 + 1$ si ha $y = (1)^3 - 3(1)^2 + 1 \Rightarrow y = 1 - 3 + 1 \Rightarrow$

$y = -1$ *(ordinata del flesso)*

Il punto stazionario del flesso ha coordinate

$F(1,-1)$ *(coordinate del flesso)*

Per determinare se il flesso è ascendente o discendente si studiano le concavità.

68

Studio delle concavità con (y''>0):

Si pone la derivata seconda maggiore di zero, cioè la derivata seconda di $3x^2 - 6x > 0 =>$

$6x - 6 > 0 =>$ $6x > 6$ $=> x > -6 => x > -1$ da inserire nel grafico lineare, si ha , vedi grafico.

$$\left[\begin{array}{c} \textit{diagramma delle concavità di } (y' > 0) \\ (x > -1) \; - - - - -\downarrow - - - - - \; (-1) + + + + +\uparrow + + + + + \end{array}\right]$$

Si fa osservare che a sinistra di (-1) la curva è verso il basso (concava), mentre a destra la curva

è verso l'alto, (convessa), allora il flesso è discendente, vedi

prospetto *(3*)* , nel 1° capitolo " paragrafo introduzione alle

funzioni" , e vedi figura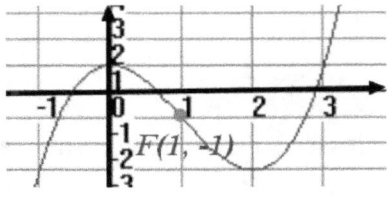

Poiché abbiamo calcolato $(y' \neq y'')$ la tangente non è orizzontale, proviamo a calcolarla.

Calcolo della tangente:

Per calcolare la tangente del flesso , cioè l'equazione della retta passante del il flesso applicheremo la formula

$y - y_0 = m(x - x_0).$

Conosciamo le coordinate del flesso $F(1, -1)$, ma non conosciamo il coefficiente angolare *(m)* e sappiamo che equivale all'ordinata *(y)* della derivata prima lo calcoliamo sostituendo in essa l'ascissa del flesso $(x = -\frac{1}{3})$, si ha

$y' = m = 3(1)^2 - 6(1)$ cioè $=> m = 3 - 6 =>$

$m - 3$ *(coefficiente angolare della retta)*

Allora sostituiamo i dati nell'equazione

$y - y_0 = m(x - x_0)$ si ha $y - (-1) = -3(x_0 - 1)$ si ha $y + 1 = -3x_0 + 3 => y = -3x_0 + 3 - 1 =>$

$y = -3x_0 + 2$ *(equazione della tangente)*, vedi disegno

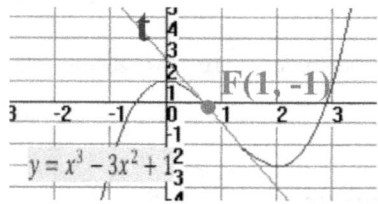

Nota: il flesso è discendente, vale la regola (3^{**}), vedi 1° capitolo, paragrafo "introduzione"

flesso discendente
a *sinistra (concavità sotto $\downarrow$ la tg); a destra (concavità sopra $\uparrow$ la tg)*
a *sinistra (concavità sopra $\uparrow$ la tg); a destra (concavità sotto $\downarrow$ la tg)*
flesso ascendente

22 Si abbia la funzione $y = x^3 - 3x^2 + 4$ calcolare gli stazionari e i flessi e dire se la tangente è positiva oppure negativa.

Calcolo dei punti stazionari:

I punti stazionari si calcolano con la derivata prima

(y' = 0), cioè la derivata prima di $y' = x^3 - 3x^2 + 4$ =>

$y' = 3x^2 - 6x$ *(derivata prima)*

Ponendo $y' = 0$ si ha $3x^2 - 6x = 0$ cioè $3x(x - 2)$ che ha 2

soluzioni $\begin{bmatrix} 3x = 0 \\ x - 2 = 0 \end{bmatrix}$ =>

$\begin{bmatrix} x_1 = 0 \\ x_2 = 2 \end{bmatrix}$ *(ascisse dei punti stazionari)*

Sostituendo queste ascisse nell'equazione assegnata avremo due punti di stazionamento:

Per (x = 0) si ha $y = 0^3 - 3 \cdot 0^2 + 4$ => $y = 4$, quindi $P_1(0,4)$ *(1° punto)*

Per (x = 2) si ha $y = 2^3 - 3 \cdot 2^2 + 4$ => $y = 0$, quindi $P_2(2,0)$ *(2° punto)*

Questi punti di stazionari possono essere massimo, minimo o flesso, per il minimo e il massimo si applica *(y' > 0)* e si studiano i segni delle concavità

Studio delle concavità di (y' > 0):

La derivata prima di $y = x^3 - 3x^2 + 4$ =>

$y' = 3x^2 - 6x > 0$, si mette in evidenza $3x(x - 2) > 0$, le

soluzioni sono $\begin{bmatrix} x_1 => 3x > 0 \\ x_2 => x - 2 > 0 \end{bmatrix}$ ossia $\begin{bmatrix} x_1 => x > 0 \\ x_2 => x > 2 \end{bmatrix}$ => da inserire nel grafico delle concavità, si ha

$$\begin{bmatrix} (x > 0) \ - - - - (0) + + + + + + + + + + + + \\ \qquad\qquad \uparrow \qquad\qquad\qquad\qquad \downarrow \qquad\qquad\qquad \uparrow \\ (x > 2) \ - - - - - - - - - - - - - (2) + + + + \end{bmatrix}$$

A sinistra del punto (0) la concavità è verso l'alto e a destra verso il basso, allora *è un massimo.*

A sinistra del punto (2) la concavità è verso il basso e a destra verso l'alto, allora *è un minimo*, vedi figura

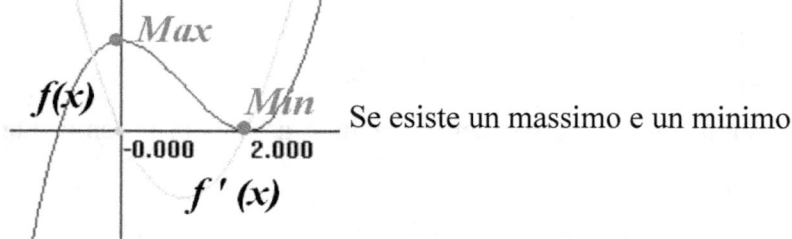 Se esiste un massimo e un minimo

esiste il flesso da calcolare

Ricerca del flesso:

Quando c'è un massimo e minimo esiste sempre un flesso che possiamo cercare le sue coordinate ponendo la derivata seconda a zero, e verificarlo con derivata terza $f'''(x) > 0$.

Le coordinate del flesso si calcolano con la derivata seconda (y'' = 0) quindi la derivata seconda di $y' = 3x^2 - 6x$ =>

$6x - 6 = 0 \Rightarrow x = -\dfrac{6}{6} \Rightarrow x = 1$ *(ascissa del flesso)*

Poniamo l'ascissa (x =-1) nella funzione $y = x^3 - 3x^2 + 4$ si ha $y = (1)^3 - 3(1)^2 + 4 \Rightarrow y = 1 - 3 + 4 \Rightarrow$

72

$y = 2$ *(ascissa del flesso)*

Le coordinate del flesso sono $F_1(1, 2)$ *(è un probabile flesso)*

vediamo se il flesso è ascendente o discendente studiando i segni

delle concavità di (y'' > 0), si ha

Studio delle concavità di (y'' > 0):

Studiamo la sua concavità ponendo $f''(x) > 0$, cioè $y'' = 6x >$

6 da cui $y'' > 1$ Il diagramma lineare è

$$\text{\textit{Studio delle concavità }} (y'' > 0)$$

$$(x > 1) - --\downarrow - - -(1) + ++\uparrow + + + +$$

a sinistra di (1) la curva è rivolta verso il basso , mentre a destra la

curva è rivolta verso l'alto, allora si tratta di un flesso

discendente, vedi prospetto (3^*) , 1° capitolo " paragrafo

introduzione alle funzioni"., vedi figura ,

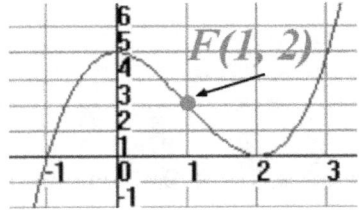

Per esserne certo che si tratti di un flesso si deve verificare che

$y''' \neq 0$

La derivata terza di $y'' = 6x - 6 = 0 \Rightarrow y''' = 6$ cioè (6 > 0).

Allora la verifica è perfetta, si conferma che abbiamo un flesso

nel punto stazionario $F_1(1, 2)$

Per determinare la tangente se orizzontale o obliqua dobbiamo calcolare la sua equazione nel punto del flesso di coordinate F(1,2) .

Calco della tangente del flesso:

è calcolabile con la formula $y - y_0 = m(x - x_0)$:

Si ricordi che $(y_0 \ e \ x_0)$ sono le coordinate del flesso; mentre

$$\left[\begin{array}{c} (m = y') \ si \ calcola \ con \ la \ derivata \ prima \ sostituendo \\ la \ coordinata \ x \ del \ flesso \end{array} \right]$$

Sostituendo (x = 1) nella derivata $y' = 3x^2 - 6x$ si ma

$m = 3 \cdot 1^2 - 6 \cdot 1 \Rightarrow m = 3 - 6$ ossia $m = -3$, quindi

sostituiamo i dati nella formula, si ha $y - 2 = -3(x - 1)$ $\Rightarrow$

$y = -3x + 3 + 2 \Rightarrow y = -3x + 5$ *(equaz.della tangente).*

Vedi figura

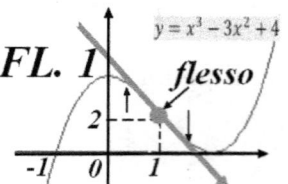

FL. 1 *flesso* $y = x^3 - 3x^2 + 4$

23 Si abbia la funzione $y = x^3 - 6x^2 + 9x$ calcolare massimo, minimo e flesso e dire se la tangente è positiva oppure negativa.

Calcolo dei punti stazionari:

I punti stazionari si determinano con la derivata prima ponendo (y' = 0) , la derivata prima di $y = x^3 - 6x^2 + 9x \Rightarrow$

74

$y' = 3x^2 - 12x + 9 = 0$ dividiamo per il multiplo 3, si ha

$x^2 - 4x + 3 = 0$ risolvendo l'equazione di 2° grado che

ammette soluzioni $\begin{bmatrix} x_1 = 1 \\ x_2 = 3 \end{bmatrix}$ *(ascisse)*.

Inserendo le soluzione nella funzione di partenza

$y = x^3 - 6x^2 + 9x$ abbiamo

Per (x = 1) si ha $y_1 = 1^3 - 6(1)^2 + 9(1)$ =>

$y_1 = 1^3 - 6 + 9$ => $y_1 = 4$ *(1^ ordinata)*

Per (x = 3) si ha $y_2 = 3^3 - 6(3)^2 + 9(3)$ =>

$y_2 = 27 - 54 + 27$ => $y_2 = 0$ *(2^ ordinata)*

Le coordinate dei punti stazionari sono 2, cioè

$\begin{bmatrix} P_1(1,4) \\ P_2(3,0) \end{bmatrix}$ *(punti stazionari)*

I punti stazionari possono essere massimi, minimi o flessi allora per il minimo o massimo si studiano i segni delle concavità della derivata prima.

Studio delle concavità di (y' = 0):

Poniamo la derivata prima a zero, cioè $y' = 3x^2 - 12x + 9 > 0$

=> $3x^2 - 12x + 9 > 0$ dividiamo per il multiplo 3, si ha

$x^2 - 4x + 3 > 0$ si tratta di risolvere l'equazione di 2° grado.

$x_{1,2} = \frac{-b \pm \sqrt{b^2 - 4ac}}{2a}$ per cui $x_{1,2} = \frac{-(-6) \pm \sqrt{(-6)^2 - 36}}{2 \cdot 1}$ =>

$x_{1,2} = \frac{6 \pm \sqrt{36 - 36}}{2}$ => $x_{1,2} = \frac{6 \pm \sqrt{0}}{2}$ ossia $x_{1,2} = 3$, allora le soluzioni del dominio sono $\begin{bmatrix} x_1 > 0 \\ x_2 > 3 \end{bmatrix}$ (da inserire nel grafico lineare delle concavità, si ha

$$
\begin{bmatrix}
\overbrace{\qquad\qquad Studio\ delle\ concavità\ di\ (y' > 0)}^{} \\
(x > 0) - - - - - (0) + + + + + + + + + + + + + + \\
\qquad\quad \uparrow \qquad\qquad\quad \downarrow \qquad\qquad\qquad \uparrow \\
(x > 3) - - - - - - - - - - - - - -(3) + + + + + +
\end{bmatrix}
$$

Osservando il grafico a sinistra di (0) la concavità è verso l'alto e a destra verso il basso, allora si ha un punto di Max. A sinistra di (3) la concavità è verso il basso e a destra verso l'alto, allora si ha

un punto di minimo , vedi figura

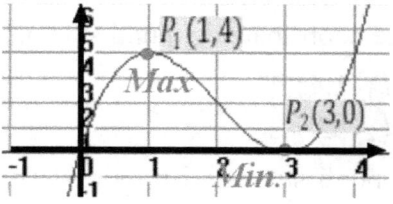

Ricordiamo che il massimo e il minimo hanno la tangente orizzontale, inoltre poiché si ha un minimo e un massimo di certo esiste un flesso da controllare le sue proprietà. Coordinate, tangente al punto del flesso, ecc.

Ricerca dell'esistenza dei flessi:

I flessi si cercano con la derivata seconda (y'' = 0), allora la derivata seconda di $y'' = 3x^2 - 12x$ =>

$y'' = 6x - 12$ *(derivata seconda)*

Poniamo la derivata seconda uguale a zero, cioè $y'' = 0$

76

ossia $y'' = 6x - 12 = 0$ cioè $6x = 12$ ossia

$x = 2$ *(ascissa del flesso)*

Sostituiamo la coordinata $(x = 2)$ del flesso nell'equazione

$y = x^3 - 6x^2 + 9x$, cioè $y = 2^3 - 6 \cdot 2^2 + 9 \cdot 2 \Rightarrow$

$y = 8 - 24 + 18 \Rightarrow$

$y = 2$ *(ordinata del flesso)*, quindi le coordinate sono $F_1(2, 2)$ *(coordinate del flesso)*

Per determinare il flesso ascendente o discendente si applica lo studio delle concavità della derivata seconda maggiore di zero $(y'' > 0)$.

Ricerca delle concavità di $(y'' > 0)$:

I flessi si cercano con la derivata seconda $(y'' > 0)$ di

$y'' = 3x^2 - 12x \Rightarrow 6x - 12 > 0 \Rightarrow y'' = 6x > 12 \Rightarrow$

$x > \frac{12}{6}$ ossia $x > 2$ da inserire nel grafico lineare delle concavità,

si ha *Studio delle concacità di $(y'' > 0)$* $\overline{(x > 2) - - - \downarrow - - (2) + + + \uparrow + + +}$, vedi figura

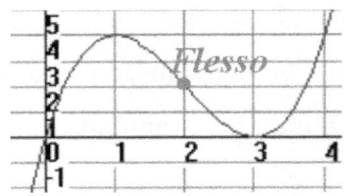

Osservando il grafico abbiamo un flesso discendente cioè

$\begin{cases} per\ (x \le 2) = concavità\ \downarrow \\ per\ (x \ge 2) = concavità\ \uparrow \end{cases}$

77

Possiamo dimostrarlo anche calcolando la tangente al punto del flesso.

Calco della tangente del flesso:

Si applica la formula dell'equazione della retta passante per un punto cioè $y - y_o = m(x - x_o)$: Si ricordi che $(y_o \ e \ x_o)$ sono le coordinate del flesso; mentre

$$\left[\begin{array}{c} m \ si \ calcola \ con \ la \ derivata \ prima \ sostituendo \\ la \ coordinata \ x \ del \ flesso \end{array} \right]$$

Sostituendo (x = 2) nella derivata $m = y' = 6x - 12$ si ha $m = 6 \cdot 2 - 12$ ossia $m = 0$ Inseriamo le coordinate e m nella formula $y - y_o = m(x - x_o)$ si ha $y_0 - 2 = 0(x_0 - 1)$ => $y_0 - 2 = 0 =>$

$y_0 = 2$ *(equazione della tangente del flesso)*.vedi figura.

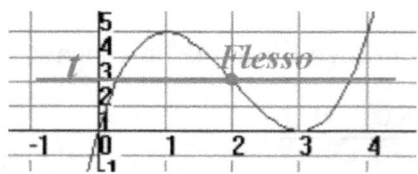

Il flesso è discendente a tangente orizzontale perché a sinistra la concavità e sopra la tangente e a destra è sotto , come in figura sopra, vedi nota (3^*) paragrafo "introduzione del 1° capitolo.

24 Si abbia la funzione $y = x^3 + x^2 - x + 1$ calcolare i punti stazionari: massimo, minimo e flessi e dire se la tangente   è   positiva   oppure   negativa.

Calcolo dei punti stazionari:

si calcolano ponendo $f'(x_0) = 0$ cioè la derivata prima di

$x^3+x^2 - x + 1 = 0$ cioè $y' = 3x^2 + 2x - 1 = 0$ è

un'equazione di 2° grado che ha soluzioni con la formula

$x_{1,2} = \dfrac{-b\pm\sqrt{b^2-4ac}}{2a}$ per cui $x_{1,2} = \dfrac{-2\pm\sqrt{(2)^2-4(3\cdot-1)}}{2\cdot3}$ =>

$x_{1,2} = \dfrac{-2\pm\sqrt{4+12}}{6}$ => $x_{1,2} = \dfrac{-2\pm\sqrt{16}}{6}$ ossia $\begin{bmatrix} x_1 = \dfrac{-2-4}{6} \\ x_2 = \dfrac{-2+4}{6} \end{bmatrix}$ =>

$\begin{bmatrix} x_1 = -1 \\ x_2 = \dfrac{1}{3} \end{bmatrix}$ => $\begin{bmatrix} x_1 = -1 \\ x_2 = 0{,}333 \end{bmatrix}$ *(ascisse della funzione)*

Sostituendo $\begin{bmatrix} x_1 = -1 \\ x_2 = \dfrac{1}{3} \end{bmatrix}$ nell'equazione di partenza

$y = x^3 - 6x^2 + 9x$ si hanno le rispettive ordinate,

Per (x = -1) si ha $y = -1^3+(-1^2) - (-1) + 1$ =>

$y_1 = 2$ *(prima ordinata)*

Per (x =1/3) si ha $y = (\frac{1}{3})^3+(\frac{1}{3})^2 - \frac{1}{3} + 1$ =>

$y = \dfrac{1}{27} + \dfrac{1}{9} - \dfrac{1}{3} + 1$ => $y = \dfrac{1+3-9+27}{27}$ => $y = \dfrac{22}{27}$ ossia

$y = 0{,}815$ *(seconda ordinata)*

I punti stazionari sono due $\begin{bmatrix} P_1(-1,\ 2) \\ P_2(0.333,\ \ 0.815) \end{bmatrix}$ vedi figura

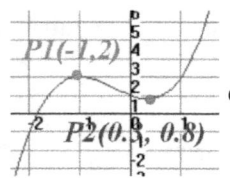

e potrebbero essere max. , min, o flessi.

Per determinare il massimo e il minimo si impone che la derivata prima sia maggiore di zero $y' > 0$ e si studiano le concavità, si ha

Calcolo delle concavità di (y' > 0):

La derivata prima di $y' = x^3 + x^2 - x+ > 0 \Rightarrow 3x^2 + 2x - 1 > 0$ si tratta di risolvere l'equazione di 2° grado sopra calcolata con soluzioni $\Rightarrow \begin{bmatrix} x_1 = -1 \\ x_2 = 0,333 \end{bmatrix}$ da portarli a maggiore $\begin{bmatrix} x_1 > -1 \\ x_2 > 0,333 \end{bmatrix}$

da inserire nel grafico

$$
\begin{array}{l}
\textit{Stidio delle concavità di } (y' > 0) \\
(x > -1) - - - (-1) + + + +(0) + + + + + + + + + + + \\
\qquad \uparrow \qquad\qquad \downarrow \qquad\qquad\qquad\qquad \uparrow \\
(x > 0,333) - - - - - - - - - - - - - (0,333) + + + +
\end{array}
$$

Si osservi che a sinistra di (-1) la concavità è verso l'alto e a destra verso il basso, allora si ha un massimo, mentre a sinistra di (0,333) la concavità e verso il basso e a destra è verso l'alto allora si ha un minimo. Si rammenta che il massimo e il minimo sono a tangente orizzontale.

Poiché esistono massimo e minimo c'è di certo un flesso da determinare le sue proprietà mediante la derivata seconda e l'equazione della tangente al flesso,

Ricerca dell'esistenza del flesso:

quando c'è un massimo e minimo esiste sempre un flesso che possiamo cercare le sue coordinate ponendo la derivata seconda a zero, e sostituendo le ascisse ottenute in f(x) si hanno le rispettive coordinate y per poi i rispettivi punti dei plessi, quindi procediamo con il calcolo della derivata seconda di y', cioè derivate seconda di

$y' = 3x^2 + 2x - 1 => y'' = 6x + 2$ *(derivata seconda)*

Poniamo la derivata seconda uguale a zero, cioè $y'' = 0$ ossia

$y'' = 6x + 2 = 0$ cioè $6x = -2 => 6x = -\frac{2}{6}$ ossia

$x = -\frac{1}{3}$ *(unico flesso in ascissa x = -1/3).*

Sostituiamo l'scissa del flesso (x = -1/3) nell'equazione f(x) assegnata, si ha $y_{(-\frac{1}{3})} = x^3 - 6x^2 + 9x$, cioè

$y_{(-\frac{1}{3})} = (-\frac{1}{3})^3 + (-\frac{1}{3})^2 - \left(-\frac{1}{3}\right) + 1 =>$

$y_{(-\frac{1}{3})} = -\frac{1}{27} + \frac{1}{9} + \frac{1}{3} + 1 => y_{(-\frac{1}{3})} = -\frac{1+3+9+27}{27} =>$

$y_{(1)} = \frac{38}{27}$ *(risultato),* quindi il flesso ha coordinate

$F(-\frac{1}{3}, \frac{38}{27})$ *(punto del flesso)*

Il flesso ottenuto deve essere verificato, per sapere se si tratta di flesso e se esso è ascendente o discendente, mediante i segni delle concavità della derivata seconda maggiore di zero.

Studio delle concavità di (y'' > 0):

Allora calcoliamo $y'' = 6x + 2 > 0$ ossia $6x > -2 => x > -\frac{2}{6}$

$=> x > -\frac{1}{3}$ (positività), vedi diagramma lineare delle concavità

$$\overbrace{\left(x > -\frac{1}{3}\right) - - - \downarrow -\left(-\frac{1}{3}\right) + + + \uparrow + + +}^{\textit{Srudio delle concavità di } (y'' > 0)}$$, si tratta di un

flesso ascendente, vedi figura seguente.

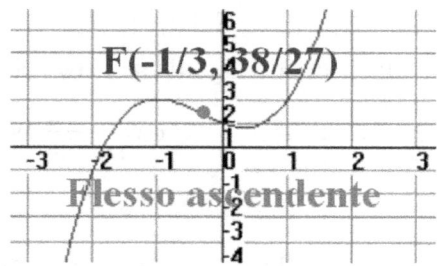

Per verificare il flesso ci sono 3 scelte:

- *Mediante la derivata terza* $y''' = 0$ cioè se $y''' \gtrless 0$ ossia

$$\begin{bmatrix} se\ y''' > 0\ \textit{il flesso è ascendente;} \\ se\ y''' < 0\ \textit{il flesso è discendente} \end{bmatrix}.$$

Allora la derivata terza di $y'' = 6x + 2$ è $y''' = 6$, poiché 6 è maggiore di zero si conferma che abbiamo un flesso ascendente, vedi figura sopra

- *Mediante lo studio delle concavità* **della derivata seconda** $y''' \gtrless 0$, **già affermato sopra**

- ## Calco della tangente del flesso:

82

L'equazione della retta passante per il punto di flessa è calcolabile con $y - y_o = m(x - x_o)$: Si ricordi che $(y_o$ e $x_o)$ sono le coordinate del flesso; mentre

$$\left[\begin{array}{c} m \text{ si calcola con la derivata prima sostituendo} \\ \textit{la coordinata } x \text{ del flesso} \end{array} \right]$$

Sostituendo (x = -1/3) nella derivata $m = y' = 3x^2 + 2x - 1$

si ha $m = 3(-\frac{1}{3})^2 + 2(-\frac{1}{3}) - 1 => m = \frac{1}{3} - \frac{2}{3} - 1 =>$

$m = \frac{1-2-3}{3} => m = -\frac{4}{3}$ *(coefficiente angolare)*

Inseriamo le coordinate $F(-\frac{1}{3}, \frac{38}{27})$ e $m = -\frac{4}{3}$ nella formula

$y - y_o = m(x - x_o)$ si ha $y_0 - \frac{38}{27} = -\frac{4}{3}(x_0 - (-\frac{1}{3}))$ =>

$y_0 - \frac{38}{27} = -\frac{4}{3}x - \frac{4}{9} => y_0 = -\frac{4}{3}x - \frac{4}{9} + \frac{38}{27} => y_0 = -\frac{4}{3}x \frac{-12+38}{27}$;

$y_0 = -\frac{4}{3}x + \frac{26}{27}$ *(equazione della tangente)*.vedi figura.

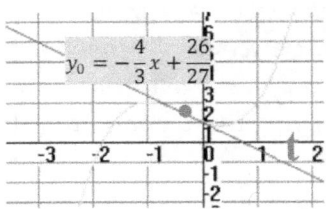

Il segno della tangente è negativo come da regola: 1^ curva verso il basso, seconda curva verso il l'alto, cioè

$$\begin{cases} per \left(x \leq -\frac{1}{3} \right) = concavità \downarrow \\ per \left(x \geq -\frac{1}{3} \right) = concavità \uparrow \end{cases}$$, è dimostrabile anche dal segno

dell'equazione della tangente $y = -\frac{4}{3}$, retta obliqua che ha

$(m = -\frac{4}{3})$

25 Si abbia la funzione $y = -x^4 - x^3$ calcolare massimo, minimo flesso.

Calcolo dei punti di stazionamento:

Si ricordi: *Stazionario* è un punto a tg orizzontale in cui un punto nel quale la funzione non è né crescente né decrescente, vale la regola di Fermat *se e solo se* $(f'(x_0) = 0)$ applicata al massimo e minimo e flesso.

Diremo *Stazionario* quando determiniamo il Massimo e il minimo e flesso, allora si avranno questi casi:

> *Punti stazionari: massimo e minino*
> $se\ (y' > 0) => (x > 0)\ la\ funzione\ è\ crescente = minimo$
> $se\ (y' > 0) => (x < 0)\ la\ funzione\ è\ decrescente = Massimo$
> $se\ (y' = 0)\ e\ \ (y'' = 0)\ la\ funzione\ è\ un\ flesso\ orizzontale$
> $se\ (y' \leq 0)\ e\ \ (y'' \neq 0)\ la\ funzione\ è\ un\ flesso\ oobliquo$

Calcolo del massimo e minimo:

Il massimo e il minimo si ottengono con la derivata prima di $y' = -x^4 - x^3$ cioè $y' = -4x^3 - 3x^2$ si pone

$y' = -4x^3 - 3x^2 = 0$ in evidenza $y' = x^2(-4x - 3) = 0$, le

soluzioni sono 2 due, si ha $\begin{bmatrix} x^2 = 0 \\ -4x - 3 = 0 \end{bmatrix}$ ossia $\begin{bmatrix} x_1 = 0 \\ x_2 = -\frac{3}{4} \end{bmatrix}$

(ascisse dei punti stazionari)

Sostituendo le ascisse nella funzione $y = -x^4 - x^3$ abbiamo:

Per (x = 0) => $y_1 = -0^4 - 0^3$ => $y_1 = 0$ *(prima ordinata)*

Per $\left(x = -\frac{3}{4}\right)$ => $y_2 = -\left(-\frac{3}{4}\right)^4 - \left(-\frac{3}{4}\right)^3$ =>

$y_2 = -\left(\frac{81}{256}\right) - \left(-\frac{27}{64}\right)$ => $y_2 = -\frac{81}{256} + \frac{27}{64}$ =>

$y_2 = \frac{-81+108}{256}$ => $y_2 = -\frac{27}{256}$ *(seconda ordinata)*

Le coordinate dei 2 punti stazionari sono $\begin{bmatrix} P_1(0,0) \\ P_2 = (-\frac{3}{4}, -\frac{27}{256}) \end{bmatrix}$

(coordinate degli stazionari)

Per la certezza di quanto affermato per il minimo e massimo si ricorre allo studio delle concavità della derivata prima, cioè

Studio della concavità di y' > 0 :

si pone $(y' > 0)$ cioè $y' = -4x^3 - 3x^2 > 0$ => in evidenza

$x^2(-4x - 3) > 0$, le soluzioni sono due, si ha $\begin{bmatrix} x^2 > 0 \\ -4x - 3 > 0 \end{bmatrix}$

ossia $\begin{bmatrix} x_1 > 0 \\ x_2 > -\frac{3}{4} \end{bmatrix}$ *(da portare nel grafico),* **vedi grafico**

$$\begin{array}{c} \textit{Studio delle concavità di } (y' > 0) \\ \begin{bmatrix} (x > 0) -------------(0) + + + + \\ \qquad\qquad\uparrow \qquad\qquad\qquad \downarrow \qquad\quad \uparrow \\ \left(x > -\frac{3}{4}\right) ----\left(-\frac{3}{4}\right) + + + + + + + + + + \end{bmatrix} \end{array}$$

Lettura del grafico: è come studiare un diagramma cardiaco, per noi valgono le regole seguenti:

Si fa sempre riferimento ai punti stazionari, nel nostro caso sono -3/4 e 0, e si studiano le concavità a sinistra e a destra di ciascun punto stazionario allora si ha la lettura seguente:

$$STUDIO\ DELLE\ CONCAVITA'\ DELLA\ FUNZIONE\ (Y' > 0)$$
$$PER\ IL\ MASSIMO\ O\ MINIMO$$

$$\left[\begin{array}{l} (a\ sinistra\ \uparrow\ e\ a\ destra\ \downarrow) = massimo \\ (a\ sinistra\ \downarrow\ e\ a\ destra\ \uparrow) = minimo \\ \textbf{Nota}: \downarrow = concava;\ \uparrow = convessa \end{array} \right]$$

Dalla lettura del grafico i due punti stazionari sono: P_2 a sinistra è un massimo; P_1 a destra è un minimo, vedi figura

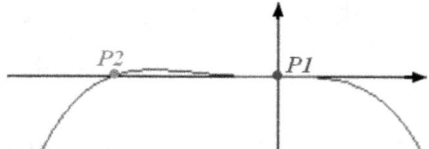

Poiché esiste un massimo e un minimo esiste di certo un punto stazionario flesso da calcolare le sue proprietà, (coordinate, tangente, ecc.)

Ricerca dell'esistenza del flesso:

Per calcolare le coordinate del flesso dobbiamo imporre la condizione che $(y'' = 0)$, quindi la derivata seconda di $y' = -4x^3 - 3x^2$ è $y'' = -12x^2 - 6x$ ponendo $y'' = 0$, si ha $y = -12x^2 - 6x = 0$, cioè $-12x^2 = 6x$

dividendo per (6x) si ha $-2x = 1 \Rightarrow x = \frac{1}{-2}$ e cioè

$x = -\frac{1}{2}$ *(ascissa del flesso) oppure* $x = -0,5$

L'ordinata del flesso la calcoliamo sostituendo (x = -1/2) nella

funzione $f(x) \Rightarrow y = -x^4 - x^3$, si ha $y = -(-\frac{1}{2})^4 - (-\frac{1}{2})^3$

$\Rightarrow y = -(\frac{1}{16}) - (-\frac{1}{8}) \Rightarrow y = -\frac{1}{16} + \frac{1}{8} \Rightarrow y = \frac{-1+2}{16} \Rightarrow$

$y = \frac{1}{16}$ ossia *(y = 0.0625) (ordinata del flesso)*

Le coordinate del flesso sono $F(-\frac{1}{2}, \frac{1}{16})$ *(coordinate del flesso)*

Per determinare che tipo di flesso, (ascendente o discendente) si

studiano le concavità della derivata seconda (y'' > 0), cioè

Studio delle concavità di y'' > 0 :

si pone (y' > 0) cioè la derivata seconda di $y' = -4x^3 - 3x^2 >$

$0 \Rightarrow y' = -12x^2 - 6x > 0$ in evidenza $6x(-2x - 1) > 0$ le

soluzioni sono due, si ha $\begin{bmatrix} 6x > 0 \\ -2x - 1 > 0 \end{bmatrix} \Rightarrow \begin{bmatrix} 6x > 0 \\ -2x > 1 \end{bmatrix}$ si

cambia segno ed equazione , ossia $\begin{bmatrix} x_1 > 0 \\ x_2 > -\frac{1}{2} \end{bmatrix}$ *(da portare nel*

grafico), **vedi grafico**

$$
\begin{array}{c}
\textit{Studio delle concavità di } (y'' > 0) \\
\textit{per il flesso} \\
\begin{bmatrix}
(x > 0) ------------(0) + + + + \\
\qquad\qquad \uparrow \qquad\qquad \downarrow \qquad\qquad \uparrow \\
\left(x > -\frac{1}{2}\right) ----\left(-\frac{1}{2}\right) + + + + + + + + +
\end{bmatrix}
\end{array}
$$

Per determinare il flesso (ascende o discendente) possiamo dire che trattandosi di curva concava a sinistra e convessa a destra, il flesso è ascendente , una maggiore conferma la si ha con il calcolo della tangente nel suo punto stazionario del flesso di coordinate $F(-\frac{1}{2}, \frac{1}{16})$

Calcolo della tangente del flesso :

Per calcolare la tangente del flesso , cioè l'equazione della retta passante per il flesso applicheremo la formula

$y - y_o = m(x - x_o)$:

Conosciamo le coordinate del flesso $F(-\frac{1}{2}, \frac{1}{16})$, ma non conosciamo il coefficiente angolare *(m)* e sappiamo che equivale all'ordinata (y) della derivata prima, lo calcoliamo sostituendo in essa l'ascissa del flesso $(x = -\frac{1}{2})$. La derivata prima è già nota, allora sostituiamo (x = ½), si ha $m = y' = -4x^3 - 3x^2$ =>

$m = -4 \cdot (-\frac{1}{2})^3 - 3 \cdot (-\frac{1}{2})^2$ => $m\frac{4}{8} - \frac{3}{4}$ => $m\frac{1}{2} - \frac{3}{4}$ =>

$m = \frac{2-3}{4}$ => $m = -\frac{1}{4}$ *(ceffi. angolare della tangente al flesso).*

Allora sostituiamo i dati nell'equazione $y - y_o = m(x - x_o)$, si ha $y - \frac{1}{16} = -\frac{1}{4}(x_0 - (-\frac{1}{2}))$ => $y - \frac{1}{16} = -\frac{1}{4}x_0 - \frac{1}{8}$ => $y = -\frac{1}{4}x_0 - \frac{1}{8} + \frac{1}{16}$ => $y = -\frac{1}{4}x_0 + \frac{-2+1}{16}$ =>

$y = -\frac{1}{4}x_0 - \frac{1}{16}$ *(equazione della tangente del flesso)*, , vedi

figura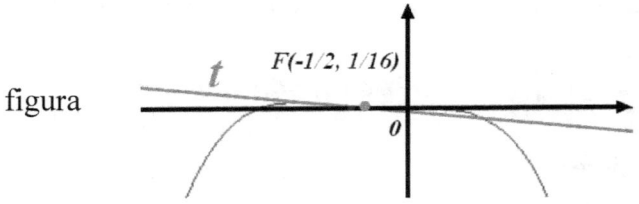

Abbiamo detto che il flesso è ascendente, infatti possiamo confermarlo con un regola molto certa, si riferisce alle concavità rispetto alla tangente , quindi applicheremo sempre la seguente regola:

flesso ascendente ↑

a sinistra concava ↓ *; a destra convessa* ↑
a sinistra convessa ↑ *; a destra concava* ↓   ,   per

flesso discendente ↓

maggiori informazioni vedi i seguenti altri   casi di funzioni a tangente orizzontale e obliqua relativi alla tangenete.

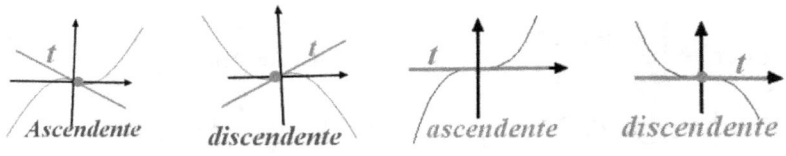

Ascendente   discendente   ascendente   discendente

26 Calcolare gli eventuali punti stazionari di $y = x^3 + 2x^2$

Calcolo dei punti stazionari:

I punti stazionari si trovano imponendo la derivata prima a zero, cioè $\quad y' \, di \; x^3 + 2x^2 = 0 \implies y' = 3x^2 + 4x = 0$ cioè $3x^2 +$

$4x = 0$, si tratta di equazione di 2° grado che ha 2 soluzioni

$\begin{bmatrix} x_1 = 0 \\ x_2 = -\frac{4}{3} \end{bmatrix} \implies \begin{bmatrix} x_1 = 0 \\ x_2 = -1,33 \end{bmatrix}$ *(ascisse dei punti stazionari).*

Sostituendo le ascisse (x = 0) e (x = -4/3) nella funzione

$f(x) = y = x^3 + 2x^2$ si ha

Per (x = 0) si ha $y_1 = (0)^3 + 2(0)^2 \implies y_1 = 0$ *(ordinata).*

Per (x = -4/3) si ha $y_2 = (-\frac{4}{3})^3 + 2(-4(3)^2 \implies$

$y_2 = -\frac{64}{27} + \frac{32}{9} \implies y_2 = 1,185$ *(ordinata).*

Le coordinate dei 2 punti stazionari sono

$\begin{bmatrix} P_1(0, \ 0) \\ P_2(-1.33, \ 1 - 185) \end{bmatrix}$ *(coordinate degli stazionari),*

vedi figura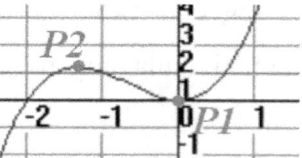

si nota che $\begin{bmatrix} P_1 \ \text{è un minimo} \\ P_2 \ \text{è un Max} \end{bmatrix}$,vedremo meglio con lo

studio dei segni delle concavità della derivata prima

Studio delle concavità della (y' > 0):

La ricerca del massimo e minimo si ottiene con lo studio delle

concavità, imponendo $y' > 0$, cioè la derivata prima di $y = x^3 +$

$2x^2 \implies y' = 3x^2 + 4x > 0 \implies$ *in evidenza* $x(3x + 4) > 0$,

$$\begin{bmatrix} x_1 > 0 \\ 3x + 4 > 0 \end{bmatrix} => \begin{bmatrix} x_1 > 0 \\ x > -\dfrac{4}{3} \end{bmatrix} => \begin{bmatrix} x_1 > 0 \\ x_2 => -1,33 \end{bmatrix} \text{ il grafico}$$

Studio delle concavità $(y' > 0)$

lineare è, $\begin{bmatrix} (x > 0) - - - - - - - - - - - - (0) + + + + \\ \qquad \uparrow \qquad\qquad\qquad \downarrow \qquad\qquad \uparrow \\ (x > -1,33 - - - - (-1,33) + + + + + + + + \end{bmatrix}$

Gli intervalli sono: $\begin{bmatrix} (-\infty, -1.33) \ grafico \ verso \ l'alto \\ (-1.33, \ 0) \ grafico \ verso \ il \ basso \\ (0, \ +\infty) \ grafico \ verso \ l'alto \end{bmatrix}$ vedi

figura

Si ha un Max a sinistra (concavità rivolta verso l'alto) e un minimo a destra (concavità verso il basso) , quindi confermiamo che si tratti di massimo e minimo.

Se esiste un massimo e un minimo esiste di certo un flesso da ricercare con la derivata seconda per calcolare le sue coordinate e le proprietà ascendente o discendente, si ha

Studio dell'esistenza dei flessi (y'' = 0):

Troviamo le coordinate del flesso imponendo alla derivata seconda $y'' > 0$, quindi la derivata seconda di

$y' = 3x^2 + 4x => y'' = 6x + 4 > 0$ ossia

$y'' = 6x > -4 => x > -\dfrac{2}{3} => x > -0,66$ *(ascissa del flesso)*

Sostituendo $x = -\frac{2}{3}$ nella funzione $y = x^3 + 2x^2$ si ha

$y = (-\frac{2}{3})^3 + 2(-\frac{2}{3})^2 => y = -\frac{8}{27} + \frac{8}{9}$ cioè $y = \frac{-8+24}{27} =>$

$y = \frac{16}{27} => y = 0,592$ *(ordinata del flesso)*. Le coordinate del

flesso sono $F(-\frac{2}{3}, \frac{16}{27})$ *(coordinate del flesso)*

Per determinare il flesso ascendente o discendente serve studiare il segno delle concavità della derivata seconda maggiore di zero, si ha

Studio delle concavità di (y'' > 0):

Si pone la derivata seconda $(y'' > 0)$, quindi la derivata seconda

di $y' = 3x^2 - 4x > 0$ => $6x - 4 > 0$ => $x > -\frac{4}{6}$ =>

$x > -\frac{2}{3}$ da riportare nel grafico, si ha

Studio delle concavità di (y'' >0)

$$\left(x > -\frac{2}{3}\right) - - -\downarrow - - - \left(-\frac{2}{3}\right) + + + +\uparrow + + + +$$

La curva attraversando l'intorno $(-\frac{2}{3})$ cambia di concavità, si conclude che in tal punto si ha un flesso obliquo dato che (y' = 0) non si annulla.

Da sinistra verso il punto stazionario (-2/3) la concavità è rivolta verso il basso e a destra è rivolta verso l'alto, vedi figura

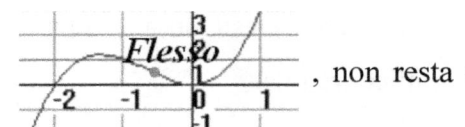 , non resta che confermarlo con lo studio

della tangente al punto del flesso.

Calcolo della tangente al flesso:

Si calcola con l'equazione della retta passante per un punto $y - y_o = m(x - x_o)$:

Si ricordi che $(y_o \ e \ x_o)$ sono le coordinate del flesso; mentre (m) è ottenibile con la derivata prima, sostituendo in essa l'ascissa del flesso, cioè $y' = 3x^2 + 4x = 0$, quindi $y' = m = 3(-\frac{2}{3})^2 +$

$4(-\frac{2}{3}) => y' = m = 4 - \frac{8}{3} => m = -\frac{4}{3}$ *(coefficiente angolare)*

Inseriamo i dati (m = 4/3) e $P(-\frac{2}{3}, \frac{16}{27})$ nell'equazione

$y - y_o = m(x - x_o)$, si ha

$y - \frac{16}{27} = -\frac{4}{3}(x - (-\frac{2}{3})) => y - \frac{16}{27} = -\frac{4}{3}x - \frac{8}{9} => y = -\frac{4}{3}x -$

$\frac{8}{9} + \frac{16}{27} => y = -\frac{4}{3}x + \frac{-24+16}{27} =>$

$y = -\frac{4}{3}x - \frac{8}{27}$ *(equazione della retta per il flesso)*.

La tangente è una retta obliqua con (m = 4/3), vedi figura

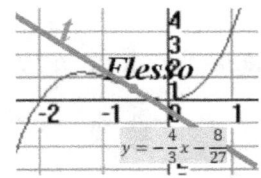

Abbiamo già visto che il flesso è ascendente, esiste un'altra regola molto più certa, dello studio del grafico, regola:

flesso ascendente

$$
\begin{bmatrix}
\text{concavità convessa a sinistra sotto la tangente e a destra sopra} \\
\text{concavità convessa a sinistra sopra la tangente e a destra sotto}
\end{bmatrix}
$$

flesso discendente

Malgrado la tangente ha coefficiente angolare negativo il flesso non è discendente ma risulta opposto al segno della tangente, cioè un flesso ascendente. Per cui è sempre preferibile lo studio della tangente con le concavità sopra o sotto di essa.

27 Calcolare i punti stazionari della curva a campana di Gauss $y = e^{-x^2}$

Calcolo dei punti stazionari:

I punti stazionari si calcolano ponendo la derivata prima a zero , cioè (y' = 0) per cui la derivata prima di $y = e^{-x^2}$, cioè $y' = e^{-x^2}$ è $y' = -2xe^{-x^2}$ *(derivata prima)*

Gli zeri della derivata prima sono: $y' = -2xe^{-x^2} = 0 \Rightarrow x = 0$
(unico punto stazionario)

Sostituendo (x = 0) nella funzione assegnata $y = e^{-x^2}$ si ha $y = e^{-o^2} \Rightarrow y = e^0 \Rightarrow y = 1$ le coordinate sono $P(0,1)$
(coordinate del punto stazionario)

94

Il punto stazionario può essere un massimo, un minimo o un flesso, quindi si fa la ricerca dei segno delle concavità, della derivata prima maggiore di zero, si ha

Studio delle concavità di (y' > 0):

Dobbiamo imporre che la derivata prima sia maggiore di zero, cioè $y' > 0$ e studiare la concavità della funzione, quindi abbiamo $y' = -2xe^{-x^2} > 0$, quindi essendo la funzione una esponenziale non si interseca con l'asse x , pertanto la retta (y = 0) è un asintoto orizzontale per la funzione, allora il grafico è tutto positivo per qualsiasi valore assegniamo alla funzione, e quindi abbiamo un

massimo, vedi Fig.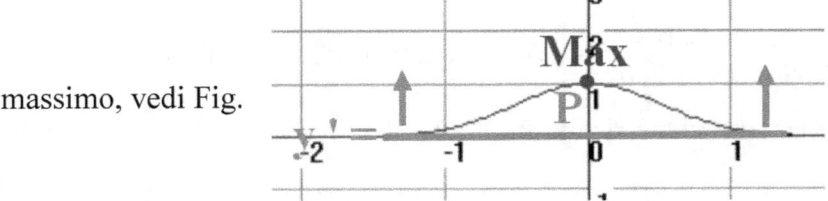

significa disegnare da sinistra la curva ascendente verso il punto P(0,1), mentre a destra disegnare anche la curva ascendente verso il punto P(0.1),

Anche se la funzione non ha minimo e massimo non è detto che non esistano flessi, allora

Ricerca dei flessi:

La funzione, altre al massimo potrebbe avere anche i flessi per cui lo studio dell'esistenza di un flesso e da ricercarsi nella derivata seconda, ponendola a zero $y'' = 0$, e verificare la certezza con la derivata terza $f'''(x) \lesseqgtr 0$.

Allora calcoliamo prima le coordinate del flesso ponendo (y'' = 0) , deriviamo la funzione $y' = -2xe^{-x^2}$, si tratta di una derivata prodotto, cioè $y'' = -2 \cdot e^{-x^2} + (-2x)(-2xe^{-x^2}) =>$

$y'' = -2e^{-x^2} + 4x^2e^{-x^2}$ in evidenza si ha

$y'' = 2e^{-x^2}(-1 + 2x^2)$ *(derivata seconda)*

Poiché ci interessano gli zeri della derivata seconda poniamo (y'' = 0) si ha

$y'' = 2e^{-x^2}(-1 + 2x^2) = 0$ in cui si hanno le equazioni

$\begin{cases} 2e^{-x^2} = 0 \\ (-1 + 2x^2) = 0 \end{cases}$ la prima equazione è (x = 0) e la seconda

equazione viene risolta in $(-1 + 2x^2) = 0$ avrà due soluzioni,

cioè $2x^2 = 1 \implies x^2 = \frac{1}{2} \implies x = \pm\sqrt{\frac{1}{2}}$ ossia $\begin{bmatrix} x_1 = -\sqrt{\frac{1}{2}} \\ x_2 = +\sqrt{\frac{1}{2}} \end{bmatrix}$

(abbiamo 2 possibili punti di flesso).

Le coordinate y per i due punti di flesso si calcolano sostituendo i 2 valori x trovati nell'equazione di partenza. $y = e^{-x^2}$

Per $x = -\sqrt{\frac{1}{2}}$ *si ha* $y = e^{-(-\sqrt{\frac{1}{2}})^2} \implies y = e^{-\frac{1}{2}} \implies y = \frac{1}{e^{\frac{1}{2}}}$ *ossia*

$y = \frac{1}{\sqrt{e^1}}$ => $y = \frac{1}{\sqrt{e}}$. Le coordinate del primo flesso sono

$F_1(-\sqrt{\frac{1}{2}}, \frac{1}{\sqrt{e}})$ *(primo flesso)*

Per $x = \sqrt{\frac{1}{2}}$ si ha $y = e^{-(+\sqrt{\frac{1}{2}})^2}$ => $y = e^{-\frac{1}{2}}$ => $y = \frac{1}{e^{\frac{1}{2}}}$ ossia

$y = \frac{1}{\sqrt{e^1}}$ => $y = \frac{1}{\sqrt{e}}$ *(idem al 1°)*.Le coordinate del secondo flesso

sono $F_2(\sqrt{\frac{1}{2}}, \frac{1}{\sqrt{e}})$ *(secondo flesso)* , vedi figura

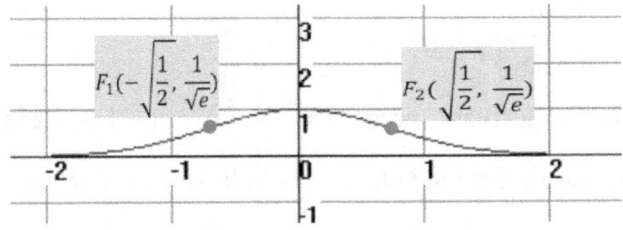

Studio della concavità (y'' > 0)

Lo studio della concavità avviene con il calcolo della derivata

seconda, quindi poniamo la derivata seconda maggiore di zero,

cioè $2e^{-x^2}(-1 + 2x^2) > 0$ dividendo i due membri per $2e^{-x^2}$

si ha $-1 + 2x^2 > 0$, si tratta di una disequazione di 2° grado che

risolviamo e otteniamo $x > \pm\sqrt{\frac{1}{2}}$, sono due soluzioni

$$\begin{bmatrix} x_1 > -\sqrt{\frac{1}{2}} \\ x_2 = +\sqrt{\frac{1}{2}} \end{bmatrix} .$$

Il diagramma lineare di ($y'' \lesseqgtr$) significa disegnare da sinistra la concavità ascendente verso

il flesso F_1, poi una concavità convessa da F_1 a F_2 e infine una concavità ascendente da F_2 verso destra, vedi grafico delle concavità, vedi figura

Verifica dei flessi :

Calcoliamo la derivata terza di $y'' = 2e^{-x^2}(-1 + 2x^2)$, si tratta di un prodotto di derivate che risolvendo si ha $y''' = -e^{-x^2}8x^3 + e^{-x^2}12x$ e poniamo $y''' > 0$ => $y''' = -e^{-x^2}8x^3 + e^{-x^2}12x > 0$ ossia $y''' = -e^{-x^2}8x^3 > -e^{-x^2}12x$ a cambiamo il segno e la disequazione si ha $y''' = e^{-x^2}8x^3 < -e^{-x^2}12x$ dividiamo per $e^{-x^2}4x$ e otteniamo $y''' = 2x^2 < 3$ dalla quale

$$y''' = x < \sqrt{\frac{3}{2}} \text{ cioè } x < \pm 1.2247 \text{ (verifica perfetta, 2 flessi)}$$

Studio della tangente:

La tangente del flesso è calcolabile con la formula

$y - y_o = m(x - x_o)$: Si ricordi che $(y_o \, e \, x_o)$ sono le coordinate del flesso; mentre

98

$$\left[\begin{array}{c} m \; si \; calcola \; con \; la \; derivata \; prima \; sostituendo \\ la \; coordinata \; x \; del \; flesso \end{array} \right]$$

Per la $y' \implies y = 1$ *(corrisponde m = 1)*

Per la tangente di $F_1(-\sqrt{\frac{1}{2}}, \frac{1}{\sqrt{e}})$, sostituendo i dati nella formula

$y - y_o = m(x - x_o)$ si ha $\quad y - \frac{1}{\sqrt{e}} = 1(x - \left(-\sqrt{\frac{1}{2}}\right)) \quad \implies$

$y - \frac{1}{\sqrt{e}} = x + \sqrt{\frac{1}{2}} \implies y = x + \sqrt{\frac{1}{2}} + \frac{1}{\sqrt{e}} \implies y = x + 0,707 +$

$0,606$ ossia $y_1 = x + 1,313$ *(equazione della tangente di F1).*

Per la tangente di $F_2(\sqrt{\frac{1}{2}}, \frac{1}{\sqrt{e}})$, sostituendo i dati nella formula

$y - y_o = m(x - x_o)$ si ha $y - \frac{1}{\sqrt{e}} = 1(x - \left(\sqrt{\frac{1}{2}}\right)) \implies$

$y - \frac{1}{\sqrt{e}} = x - \sqrt{\frac{1}{2}} \implies y = x\sqrt{\frac{1}{2}} + \frac{1}{\sqrt{e}} \implies y = x - 0,707 + 0,606$

ossia $\quad y_2 = -x + 1,313$ *(equazione tg F2)*, vedi figura

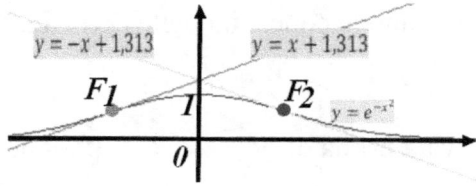

I flessi sono uno ascendente e l'altro discendente , lo riscontriamo dai segni delle equazioni calcolate il cui coefficiente angolare ha segni (+) e (-) .

28 Calcolare dei punti stazionari e l'esistenza dei flessi della funzione $y = xe^{-x}$.

Calcolo dei punti di stazionamento

Per calcolare degli stazionamenti si pone $f'(x) = 0$, si ottiene l'incognita x . la derivata prima di

$y = xe^{-x}$ è un prodotto e vale $1(e^{-x}) + x(-e^{-x})$ ossia

$f'(x) = e^{-x} - xe^{-x}$ *(derivata prima)*

Allora si pone $f'(x) = e^{-x} - xe^{-x} = 0$ => $e^{-x} = xe^{-x}$

dividendo per e^{-x} si ha $1 = x$ =>

$x = 1$ *(ascissa del punto stazionario)*

Sostituendo l'ascissa (x = 1) nella funzione f(x) si calcola l'ordinata del punto stazionario, sostituisco $x_1 = 1$ si ha $y =$

$1e^{-1}$ => $y = \frac{1}{e^1}$ => $y = \frac{1}{e}$ ossia $y = 0,368$, quindi $P_1(1, 0.368)$

Il punto stazionario può essere un massimo un minimo oppure un flesse, per determinare ciò si studiano le concavità delle derivate.

Calcolo delle concavità di (y' > 0):

Si pone $y'(x) > 0$ cioè la derivata prima di $y = xe^{-x} > 0$ ossia

$e^{-x} - xe^{-x} > 0$ in evidenza si ha $e^{-x}(x - 1) > 0$ => $e^{-x} >$

xe^{-x} in evidenza si ha $e^{-x}(-x + 1) > 0$ sono due risultati

$\begin{bmatrix} e^{-x} > 0 \\ -x + 1 > 0 \end{bmatrix}$ alla seconda soluzione cambiamo segno e d equazione si ha $\begin{bmatrix} e^{-x} > 0 \\ x < 1 \end{bmatrix}$ allora costruiamo il grafico, si ha

Studio delle concavità di $(y' > 0)$

$$\begin{bmatrix} (e^{-x} > 0) - - - - - - (0) + + + + + + + + + + + + \\ \qquad\qquad\qquad\downarrow \qquad\qquad \uparrow \qquad\qquad\qquad \downarrow \\ (x < 1) + + + + + + + + + + + + + + +1 - - - - \end{bmatrix}$$

A sinistra di (0) la concavità e verso il basso, dopo (0) è verso l'alto fino a (1) infine la concavità è verso il basso, allora si ha un

flesso da calcolare, vedi figura

$$\begin{bmatrix} \text{Le coordinate ottenute non sono sufficienti per asserire} \\ \text{che ci sono dei flessi per cui è necessario fare una} \\ \text{verifica dello studio del segno di } y'' > 0. \end{bmatrix}$$

Calcolo dell'esistenza dei flessi:

I flessi si calcolano con la derivata seconda, cioè la derivata seconda di $y' = e^{-x} - xe^{-x} > 0 \Rightarrow f'(x) = -e^{-x}(1-x)$ è un prodotto e corrisponde a $f''(x) = -2e^{-x} + xe^{-x}$ *(derivata seconda)*, poniamo $(y'' = 0)$ per trovare l'ascissa del flesso, si ha $-2e^{-x} + xe^{-x} = 0 \Rightarrow xe^{-x} = 2e^{-x} \Rightarrow$

$x = \dfrac{2e^{-x}}{e^{-x}} \Rightarrow x = 2$ *(ascissa del flesso)*

L'ordinata del flesso si trova inserendo $(x = 2)$ nella funzione $y = xe^{-x}$, si ha $y = 2e^{-2} \Rightarrow y = 2(\frac{1}{e^2}) \Rightarrow y = \frac{2}{e^2}$ ossia

$y = 0,27 \Rightarrow y = 0,27$ *(ordinata del flesso)*

quindi $F_1(2, \ 0.27)$ *(coordinate del flesso)*

Per sapere se si tratta di un flesso ascendente o discendente si studiano le concavità

Calcolo delle concavità di (y' '> 0)

Si pone $y'' > 0$, cioè $-2e^{-x} + xe^{-x} > 0 \Rightarrow xe^{-x} > 2e^{-x} \Rightarrow$

$x > \frac{2e^{-x}}{e^{-x}} \Rightarrow x > 2$, significa positivi a destra di 2 e negativi a

sinistra di 2, vedi grafico seguente

$$\underbrace{a\ sinistra\ \ concava}\ \ \underbrace{a\ destra\ \ convessa}$$
$$[---\downarrow-- \ (2) \ ++++\uparrow+++]$$

Si conferma che si tratta di un flesso avviene il cambio della concavità, come nel grafico per cui vale la regola seguente:

$$\overbrace{Regola\ dell'esistenza\ dei\ flessi}$$
Preso un punto x_0 nell'intervallo $[a, b]$ della derivata seconda $f''(x_0) > 0$, si ha un flesso se la curva nel passaggio da da sinistra a destra cambia la concavità

Infatti il grafico afferma che esiste un flesso ascendente, perche a sinistra la concavità è concava e a destra è convessa . E' un flesso a tangente obliqua perché $y'' > 0$, lo verificheremo con lo studio della tangente .

Calcolo della tangente del flesso

L'equazione è calcolabile con la formula di una retta per 1 punto, cioè $y - y_o = m(x - x_o)$:

Si ricordi che $(y_o \; e \; x_o)$ sono le coordinate del flesso

$F_1(2, \; 0.27)$; mentre

$$\left[\begin{array}{c} m \; si \; calcola \; con \; la \; derivata \; prima \; sostituendo \\ la \; coordinata \; x \; del \; flesso \end{array}\right]$$

Sostituendo (x = 2) nella derivata $f' = e^{-x}(1 - x) \Rightarrow$

$y = m = e^{-2}(1 - 2) \Rightarrow m = -e^{-2} \Rightarrow m = -\dfrac{1}{e^2} \Rightarrow$

$m = -0,1353$ *(coeff. angolare della tangente al flesso)*

Sostituendo i dati nell'equazione $y - y_o = m(x - x_o)$ abbiamo

$y - 0,27 = -0,1353(x - 2) \Rightarrow$

$y - 0,27 = -0,1353x + 0,27 \Rightarrow$

$y = -0,1353x + 0,27 + 0,27 \Rightarrow$

$y = -0,1353x + 0,54$ *(equaz. della tangente al flesso)* , vedi

figura

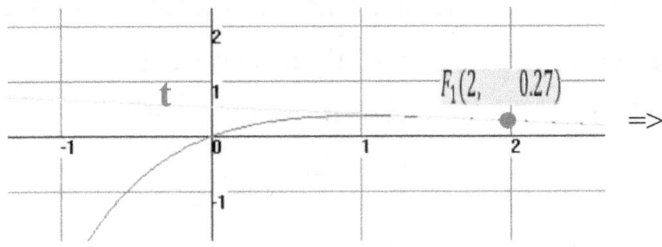

flesso ascendente

$$\left[\begin{array}{c} curva \; giù \downarrow sotto \; la \; tangente \; t \; e \\ curva \; su \uparrow sopra \; la \; tangente \; t \end{array}\right]$$

29   Calcolare dei punti stazionari e l'esistenza dei flessi della funzione $y = x^3 e^x$.

Calcolo dei punti di stazionamento

Per calcolare degli stazionamenti si pone $f'(x) = 0$, si ottiene l'incognita x . la derivata prima di $y = x^3 e^x$ è un prodotto e vale $3x^2(e^x) + x^3(e^x)$ mettiamo in evidenza $x^3 e^x$ si ha $f'(x) = x^2 e^x (3 + x)$ *(derivata prima)*

Allora si pone $f'(x) = x^2 e^x (3 + x) = 0 \implies \begin{bmatrix} x^2 = 0 \\ e^x = 0 \\ 3 + x = 0 \end{bmatrix}$ ossia

$\begin{bmatrix} x^2 = 0 \\ e^x = 0 \\ x = -3 \end{bmatrix}$ *(ascisse)*

Le ascisse sono solo 2 perché l'ascissa $(e^x = 0)$ non si annulla mai , allora sostituendo nella funzione $y = x^3 e^x$ le ascisse calcoliamo le rispettive ordinate e i punti stazionari, si ha

Per $(x^2 = 0)$ si ha $y_1 = 0^3 e^0 \implies y_1 = 0$ *(prima ordinata)*

Per $(x^2 = -3)$ si ha $y_2 = -3^3 e^{-3} \implies y_2 = -27 \cdot \frac{1}{e^3} \implies$

$y_2 = -1,344$ *(seconda ordinata)*

I punti stazionari sono $\begin{bmatrix} P_1(0,0) \\ P_2(-3, -1.344) \end{bmatrix}$ vedi figura

Per determinare il massimo e il minimo si studiamo le concavità della derivata prima maggiore di zero, cioè si pone $(y' > 0)$, si ha

Studio delle concavità di (y' > 0):

$f' = x^2 e^x (3 + x) > 0$ sono due disequazioni $\begin{bmatrix} x^2 > 0 \\ e^x > 0 \\ 3 + x > 0 \end{bmatrix}$ cioè

$\begin{bmatrix} x^2 > 0 \\ e^x > 0 \\ x > -3 \end{bmatrix}$ da portare nel grafico, costruiamo il grafico, si ha

Studio delle concavità di $(y' > 0)$

$\begin{bmatrix} (x^2 > 0) + + + + + + + + + + + + (0) + + + + \\ \qquad\qquad \downarrow \qquad\qquad\quad \uparrow \qquad\qquad \downarrow \\ (e^x > 0) + + + + + + + + + + + + + + + + + + + \\ (x > -3) - - - - - - (-3) + + + +) + + + + + + \end{bmatrix}$

A sinistra di (-3) la concavità e verso il basso, dopo (-3) è verso l'alto fino a (0) infine la concavità è verso l'alto, si ha un fMax e un minimo, vedi figura

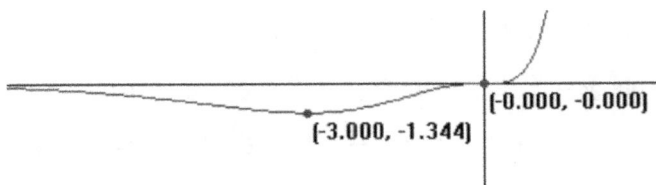

[-0.000, -0.000]

[-3.000, -1.344]

Poiché esiste un massimo e un minimo esiste anche un flesso da calcolare le sue proprietà.

Calcolo dell'esistenza dei flessi:

I flessi si calcolano con la derivata seconda, cioè la derivata seconda di $f'(x) = x^2 e^x(3+x)$, ricordiamo che si tratta di risolvere una derivata di 3 fattori la cui formula è

$$y'' = [y'x^2]e^x(3+x) + [y'e^x]x^2(3+x) + [y'(3+x)]x^2 e^x$$

cioè $y'' = 2xe^x(3+x) + e^x x^2(3+x) + x^2 e^x$ mettiamo in evidenza xe^x si ha $y'' = xe^x[2(3+x) + x(3+x) + x]$ =>

$y'' = xe^x[6 + 2x + 3x + x^2 + x]$ ordinando abbiamo $xe^x[x^2 + 6x + 6]$ *(derivata seconda)*

Poniamo la derivata seconda a zero si ha $xe^x[x^2 + 6x + 6] = 0$

le soluzioni sono $\begin{bmatrix} xe^x = 0 \\ x^2 + 6x + 6 = 0 \end{bmatrix}$ risolvendo l'equazione di 2°

grado si ha $\begin{bmatrix} xe^x = 0 \\ x = -3 \pm \sqrt{3} \end{bmatrix}$ si prendono le soluzioni positive cioè

$\begin{bmatrix} xe^x = 0 \\ x = -3 + \sqrt{3} \end{bmatrix}$ => $\begin{bmatrix} x = 0 \\ x = -3 + \sqrt{3} \end{bmatrix}$ =>

$\begin{bmatrix} x = 0 \\ x = -1{,}268 \end{bmatrix}$ *(ascisse del flesso)*

Sostituendo le ascisse nella funzione $y = x^3 e^x$ si ha

Per $(x = 0)$ si ha $y = 0^3 e^x = 0$ => $y = 0$ *(prima ordinata)*

Per $x = (-1,2668)$ si ha $y = (-1,268)e^{(-1,268)} = 0$ ossia

$y = 0{,}574$ *(seconda ordinata)* Le coordinate dei flessi sono

$\begin{bmatrix} F_1(0,0) \\ F_2(0.574, -1.268) \end{bmatrix}$ *(coordinate dei flessi)*

Per determinare le proprietà dei flessi si studiano le concavità della derivata seconda maggiore di zero, si ha

Calcolo delle concavità di (y' '> 0)

Si pone $y'' > 0$, cioè $xe^x[x^2 + 6x + 6] > 0$ soluzioni sono

$\begin{bmatrix} xe^x > 0 \\ x^2 + 6x + 6 > 0 \end{bmatrix}$ risolvendo l'equazione di 2° grado si ha

$\begin{bmatrix} xe^x > 0 \\ x = -3 \pm \sqrt{3} \end{bmatrix}$ cioè $\begin{bmatrix} xe^x > 0 \\ x > -3 + \sqrt{3} \\ x > -3 - \sqrt{3} \end{bmatrix}$ da inserire nel grafico, si ha

Studio delle concavità di (y'' > 0)

$$\begin{bmatrix} (x > 0) - - - - - - - - - - - - - (0) + + + + + + + + + + + + + + \\ \qquad\qquad \downarrow \qquad\qquad\qquad \uparrow \qquad\qquad \downarrow \qquad\qquad\qquad \uparrow \\ (-3 - \sqrt{3}) - - - (-3 - \sqrt{3}) + \\ (-3 + \sqrt{3}) - - - - - - - - - - - - - - - - - (-3 + \sqrt{3}) + + + + + + \end{bmatrix}$$

La funzione è concavità per $x < -3 - \sqrt{3}$ e per $x < -3 + \sqrt{3}$

La funzione è convessa per $-3 - \sqrt{3} < x < -3 + \sqrt{3}$

I flessi sono uno ascendente e l'altro discendente, per la certezza calcoliamo le tangenti

Calcolo della tangente del flesso

L'equazione è calcolabile con la formula di una retta per 1 punto,

cioè $y - y_o = m(x - x_o)$:

Si ricordi che $(y_o \ e \ x_o)$ sono le coordinate del flesso $F_1(0, \ 0)$; è un flesso a tangente, mentre

$F_2(-1.268, \ 0.574)$ calcoleremo la tangente,

$$\begin{bmatrix} m \ si \ calcola \ con \ la \ derivata \ prima \ sostituendo \\ la \ coordinata \ x \ del \ flesso \end{bmatrix}$$

Sostituendo (x = -1.268) nella derivata

$f' = x^2 e^x (3 + x) \Rightarrow y = m = -1{,}258^2 e^{-1{,}268} (3 \pm 1{,}268) \Rightarrow$

$m = 0{,}32$ *(coefficiente angolare della tangente)*

Sostituendo i dati nell'equazione $y - y_o = m(x - x_o)$ abbiamo

$y - 0.585 = 0{,}32(x - (-1{,}268)) \Rightarrow y - 0{,}574 = 0{,}32x - 0{,}41 \Rightarrow$

$y = 0{,}32x - 0{,}41 + 0{,}574 \Rightarrow y = 0{,}32x - 0{,}166$ *(equazione*

della tangente al flesso) , vedi figura per le tangenti dei due flessi

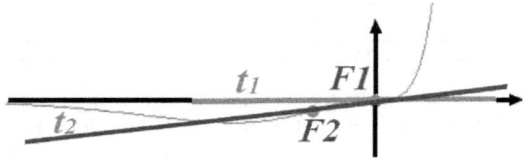

Tangente del flesso t_1 è orizzontale, mentre la tangente t_2 è obliqua

30   Sia la funzione   flesso della funzione $y = \log(x) +$ $2x^2$ determinare i flessi e la tangente al punto del flesso.

Ricerca dei punti stazionari:

Nota; I logaritmi, per definizione sono tutti i reali positivi, quindi nelle soluzioni si sceglieranno solo questi valori positivi, vedi nota *(6*)* 1° Capitolo, paragrafo "Introduzione" .

Per determinare i punti stazionari si impone la derivata prima $(y' = 0)$ per cui la derivata prima di $y = \log x + 2x^2 \Rightarrow$

$$y' = \frac{1}{x} + 4x \Rightarrow \frac{1}{x} + 4x = 0 \Rightarrow 1 + 4x^2 = 0 \text{ ossia } 4x^2 = -1 \Rightarrow$$

$$x^2 = -\frac{1}{4} \Rightarrow x = \sqrt{-\frac{1}{4}} \quad \text{(non esistono soluzioni per valori}$$

negativi)

Poiché non ci sono massimi e minimi si studiano le concavità della derivata seconda per calcolare le coordinate del flesso e la sua conformazione ascendente o discendente.

Calcolo dell'esistenza dei flessi:

Si pone la derivata seconda (y'' = 0) e si calcola: la derivata seconda di $y' = \frac{1}{x} + 4x \Rightarrow y' = -\frac{1}{x^2} + 4$ *(derivata seconda)*

Si pone $y'' = 0$, cioè $-\frac{1}{x^2} + 4 = 0$ ossia $\frac{-1+4x^2}{x^2} = 0 \Rightarrow$

$$4x^2 - 1 = 0 \Rightarrow 4x^2 = 1 \Rightarrow x^2 = \frac{1}{4} \Rightarrow x = \sqrt{\frac{1}{4}} \Rightarrow$$

$x = \pm\frac{1}{2}$ *(x è maggiore di zero, quindi è un flesso F_1)*

Si prende solo il valore positivo $+\frac{1}{2}$ perché il logaritmo sono tutti numeri del dominio positivo e lo si sostituisce nella funzione di partenza $y = logx + 2x^2$ per calcolare la coordinata y del flesso, si ha $y = log(\frac{1}{2}) + 2(\frac{1}{2})^2 \Rightarrow y = log(\frac{1}{2}) + 2(\frac{1}{2})^2 \Rightarrow$

$y = log(\frac{1}{2}) + \frac{1}{2}$ (altra coordinata del flesso).

Le coordinate del flesso sono $F_1(\frac{1}{2}, ln(\frac{1}{2}) + \frac{1}{2})$ *(coordinate del flesso)* e si studia il segno della concavità ponendo $(y'' > 0)$,

Studio delle concavitè di (y'' > 0):

la derivata seconda di $y' = \frac{1}{x} + 4x$ => $y'' = -\frac{1}{x^2} + 4 > 0$ =>

$-1 + 4x^2 > 0$ ossia $4x^2 > 1$ => $x^2 > \frac{1}{4}$ => $\sqrt{x^2} > \sqrt{\frac{1}{4}}$ =>

$x > \pm\sqrt{\frac{1}{4}}$ ossia l'intorno dell'intervallo $\left[-\frac{1}{2}, +\frac{1}{2}\right] > 0$, si prende

solo la soluzione positiva $+\frac{1}{2}$, vedi grafico

Studio delle concavità di (y'' >0)

$$- - - - - -\downarrow - - - - - \left(\frac{1}{2}\right) + + + + +\uparrow + + +$$

Il grafico a sinistra di ½ ha la concavità verso il basso e a destra di ½ ha la concavità verso l'alto, allora si tratta di un flesso ascendente, da studiare la tangente per confermarlo.

Calcolo della tangente del flesso:

L'equazione della tangente è calcolabile con la formula

$y - y_o = m(x - x_o)$:

Si ricordi che $(y_o$ e $x_o)$ sono le coordinate del flesso; mentre

$$\left[\begin{array}{c} m \text{ si calcola con la derivata prima sostituendo} \\ la \text{ coordinata } x \text{ del flesso} \end{array}\right]$$

Sostituendo $(x = \frac{1}{2})$ nella $y' = \frac{1}{x} + 4x$, si ha $y' = \frac{1}{\frac{1}{2}} + 4 \cdot \frac{1}{2}$ =>

$y' = 2 + 2$ =>

$y' = 4$ *(coefficiente angolare della retta tangente in F_1).*

110

Sostituendo i dati nell'equazione $y - y_o = m(x - x_o)$ abbiamo

$y - [\frac{1}{2} + \ln\left(\frac{1}{2}\right)] = 4(x - \frac{1}{2})$ => $y = 0,19314 + 4x - 2$ =>

$y = 4x - 2 - 0,19314$ =>

$y = 4x - 2,19314$ *(equaz. tangente al flesso)* , vedi figura

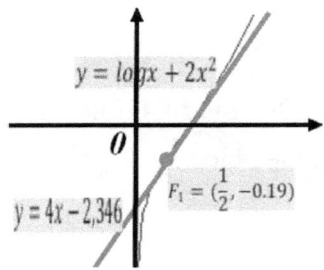

La conferma la possiamo ottenere con la nota *(3**)* , vedi 1°
Capitolo, "paragrafo introduzione"

$$\left[\begin{array}{c} \overbrace{}^{flesso\ ascendente} \\ concav\text{ità } convessa\ a\ sinistra\ sotto\ la\ tangente, e\ a\ destra\ sopra \\ concav\text{ità } convessa\ a\ sinistra\ sopra\ la\ tangente, e\ a\ destra\ sotto \\ \underbrace{}_{flesso\ discendente} \end{array}\right]$$

31 si abbia la funzione $y = x + \sqrt{1 - x^2}$ determinare i flessi e la tangente al punto del flesso. Verificare alche il limite della funzione

Calcolo del limite della funzione:

Il limite della funzione quando essa tende a zero da sinistra e da
destra corrisponde a $\lim_{n \to 0} \sqrt{1 - x^2} + x$ => $\lim_{n \to 0} \sqrt{1 - 0^2} + 0$
=> $\lim_{n \to 0} \sqrt{1}$ ossia Il limite è $\lim_{n \to 0} \pm 1$ cioè i reali -1 (minimo e

+1 (massimo) 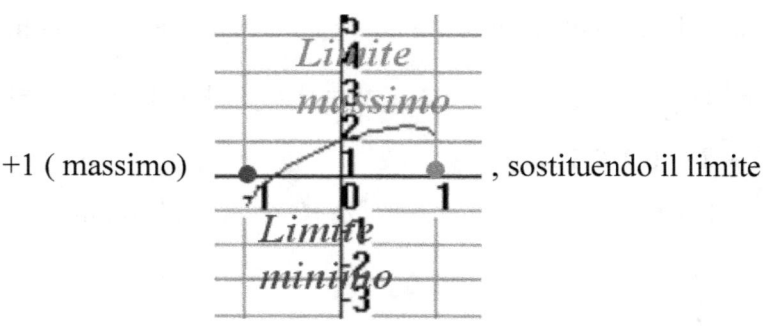 , sostituendo il limite

nell'equazione $y = x + \sqrt{1 - x^2}$ si ottengono gli intervalli

estremi di massimo e minimo della funzione , cioè

$$\begin{bmatrix} L_1(-1,-1) = limite\ minimo \\ L_2(+1,+1) = limite\ massimo \end{bmatrix}.$$

Calcolo dei punti stazionari:

Si calcolano ponendo la derivata prima ponendo $y' = 0$ e

sostituendo la x ottenuta nell'equazione f(x) di partenza.

La derivata prima della funzione $y = x + \sqrt{1 - x^2}$ ossia

$y = x + (1 - x^2)^{\frac{1}{2}}$ è calcolabile in $y' = 1 + \frac{1}{2} \cdot -2x(1 - x^2)^{\frac{1}{2}-1} =>$

$y' = 1 - x(1 - x^2)^{-\frac{1}{2}} => y' = 1 - \frac{x}{\sqrt{1-x^2}} =>$

$y' = \frac{\sqrt{1-x^2}-x}{\sqrt{1-x^2}}$ *(derivata prima)*

Ponendo $y' = 0$ si ha $y' = \frac{\sqrt{1-x^2}-x}{\sqrt{1-x^2}} = 0$, si ha $\sqrt{1 - x^2} - x = 0$

ossia $x = \sqrt{1 - x^2}$ elevando al quadrato $x^2 = 1 - x^2$ cioè

$x^2 + x^2 = 1 => 2x^2 = 1 => x^2 = \frac{1}{2} =>$

112

$x = \sqrt{\dfrac{1}{2}} \Rightarrow x = \pm\dfrac{1}{\sqrt{2}}$ ossia in radicale

$x = \pm\dfrac{\sqrt{2}}{2}$ *(n. 2 ascisse sono 2 punti stazionari).*

Sostituendo le ascisse $\begin{bmatrix} x_1 = +\dfrac{\sqrt{2}}{2} \\ x_2 = -\dfrac{\sqrt{2}}{2} \end{bmatrix}$ nell'equazione

$y = x + \sqrt{1 - x^2}$ si ha

Per $+\dfrac{\sqrt{2}}{2}$ si ha $y_1 = \dfrac{\sqrt{2}}{2} + \sqrt{1 - (\dfrac{\sqrt{2}}{2})^2} \Rightarrow y_1 = \dfrac{\sqrt{2}}{2} + \sqrt{1 - \dfrac{2}{4}} \Rightarrow$

$y_1 = \dfrac{\sqrt{2}}{2} + \sqrt{\dfrac{1}{2}} \Rightarrow y_1 = \dfrac{\sqrt{2}}{2} + \dfrac{1}{\sqrt{2}} \Rightarrow$

$y_1 = \dfrac{\sqrt{2}\cdot\sqrt{2}+2}{2\sqrt{2}} \Rightarrow y_1 = \dfrac{4}{2\sqrt{2}} \Rightarrow y_1 = \dfrac{2}{\sqrt{2}}$ razionalizzando si ha

$y_1 = \dfrac{2\sqrt{2}}{(\sqrt{2})^2}$ ossia $y_1 = \sqrt{2}$ *(prima ordinata)*

Per $-\dfrac{\sqrt{2}}{2}$ si ha $y_2 = -\dfrac{\sqrt{2}}{2} + \sqrt{1 - (-\dfrac{\sqrt{2}}{2})^2} \Rightarrow y_2 = -\dfrac{\sqrt{2}}{2} +$

$\sqrt{1 - \dfrac{2}{4}} \Rightarrow y_2 = -\dfrac{\sqrt{2}}{2} + \sqrt{\dfrac{1}{2}} \Rightarrow y_2 = -\dfrac{\sqrt{2}}{2} + \dfrac{1}{\sqrt{2}} \Rightarrow y_2 = \dfrac{-\sqrt{2}\cdot\sqrt{2}+2}{2\sqrt{2}}$

$\Rightarrow y_2 = \dfrac{-4}{2\sqrt{2}} \Rightarrow y_2 = \dfrac{-2}{\sqrt{2}}$ razionalizzando si ha $y_2 = \dfrac{-2\sqrt{2}}{(\sqrt{2})^2}$ ossia

$y_2 = -\sqrt{2}$ *(seconda ordinata)*

Le coordinate dei punti stazionari sono $P_1(\frac{\sqrt{2}}{2}, \sqrt{2})$ e

$P_2(-\frac{\sqrt{2}}{2}, -\sqrt{2})$

Per determinare il massimo e il minimo o il flesso si studiano i segni delle concavità di (y' > 0)

Studio delle concavità di (y' > 0)

Si impone la derivata prima maggiore di zero, quindi $y' = \frac{\sqrt{1-x^2}-x}{\sqrt{1-x^2}} > 0$ ossia $\sqrt{1-x^2} - x > 0 \Rightarrow \sqrt{1-x^2} > x$ si eleva al quadrato, si ha $1 - x^2 > x^2 \Rightarrow 1 > x^2 + x^2 \Rightarrow 1 > 2x^2 \Rightarrow$ $x^2 > \frac{1}{2} \Rightarrow x > \sqrt{\frac{1}{2}} \Rightarrow \begin{bmatrix} x_1 > 0,7 \\ x_2 > -0.7 \end{bmatrix}$ da inserire nel grafico, vedi grafico

$$\begin{bmatrix} \qquad\qquad \textit{Studio delle concavità di } (y' > 0) \\ (x > 0,7) \;-\;-\;-\;-\;-\;-\;-\;-\;-\;-\;(0)\;-\;-\;-\;-\;(0,7 + + + + + \\ \qquad\qquad \downarrow \qquad\qquad\qquad \uparrow \qquad\qquad \uparrow \qquad\qquad \downarrow \\ (x > -0,7) + + + (-0,7 \;-\;-\;-\;-\;-\;-\;-\;-\;-\;-\;-\;-\;-\;-\;- \end{bmatrix}$$

A sinistra di (-0,7) la concavità è rivolta verso il basso e a destra verso l'alto fino a (+0,7) e poi la concavità è verso il basso, vedi figura

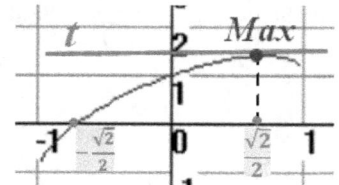 allora i punti stazionari sono 1 minimo

relativo in $-\frac{\sqrt{2}}{2}$ e 1 Max assoluto a tangente orizzontale in $\frac{\sqrt{2}}{2}$, vedi figura . Il flesso non esiste perché non avviene un cambio di concavità, cioè la funzione è sempre positiva, dal limite (-1) sino al limite (+1).

32 Calcolare i punti stazionari della funzione fratta

$$y = \frac{x^2-1}{9-x^2}$$

Soluzione:

La funzione non deve annullare il denominatore, vedi nota (6*) del 1° Capitolo, paragrafo "Introduzioni", cioè il dominio sarà

$9 - x^2 \neq 0$ ossia $x^2 \neq 9 \Rightarrow x \neq \sqrt{9}$ le cui soluzioni

sono $\begin{bmatrix} +3 \\ -3 \end{bmatrix}$ cioè -3 < x < 3 *(ascisse in cui Il denominatore si*

annulla).

Allora l'intervallo per lo studio della funzione è

$I = (-\infty, -3) \cup (-3, +3) \cup (3 + \infty)$, ovvero

Tutti i reali, esclusi -3 e 3, allora esiste un grafico simmetrico da calcolare.

La simmetria della funzione $f(-x)$ si ottiene sostituendo (x) con

(-x) nella funzione $y = \frac{x^2-1}{9-x^2}$, cioè $y = \frac{(-x)^2-1}{9-(-x)^2} \Rightarrow y = \frac{x^2-1}{9-x^2}$. Il

risultato è identico perché la funzione è pari, a sinistra e a destra i grafici sono sempre uguali e simmetrici.

L'intersezione con gli assi x e y si ottengono ponendo 2 sistemi:

per l'asse $y \rightarrow \begin{cases} y = \frac{x^2-1}{9-x^2} \\ x = 0 \end{cases}$ sostituiamo x nella 1^ equazione

$\{ y = \frac{0^2-1}{9-0^2} \Rightarrow y = -\frac{1}{9}$, allora il punto ha coordinate $P(0, -\frac{1}{9})$

(punto all'origine degli assi)

per l'asse $x \rightarrow \begin{cases} y = \frac{x^2-1}{9-x^2} \\ y = 0 \end{cases}$ sostituiamo y nella 1^ $\{ 0 = \frac{x^2-1}{9-0^2}$

$\Rightarrow \{ 0(9 - 0^2) = x^2 - 1 \Rightarrow$

$\{ x^2 = 1 \Rightarrow \{ 0 = x^2 = 1$ allora $x = \sqrt{1}$ ossia $x = \pm 1$, allora

abbiamo due punti con coordinate

$P_1(-1, 0)$ *(1° punto della simmetria al 2° quadrante)*

$P_2(1, 0)$ *(2° punto della simmetria al 1° quadrante)*

Vedi figura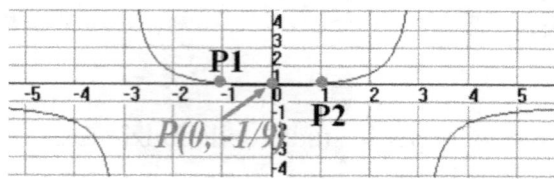

Studio della concavità di (y' > 0):

Quando la funzione è una frazione (due funzioni) si studiano

separatamente numeratore e denominatore trovando le rispettive

soluzioni e poi queste, si riportano sul diagramma per combinarli tra loro, quindi la derivata prima maggiore di zero di $y' = \frac{x^2-1}{9-x^2} > 0$

si scompone in due derivate, cioè per $x^2 - 1 > 0$ =>

$x^2 > 1$ => $x > \sqrt{1}$ abbiamo due soluzioni $\begin{bmatrix} x_1 > -1 \\ x_2 > +1 \end{bmatrix}$

ossia $-1 > x < 1$ *(numeratore)*

Per $9 - x^2 > 0$ abbiamo $-x^2 > 9$ cambiamo segno $x < \sqrt{9}$

due soluzioni $\begin{bmatrix} x_3 < -3 \\ x_4 < +3 \end{bmatrix}$ Ossia $-3 < x < 3$ *(denominatore)*

$\begin{bmatrix} per\ il\ numeratore\ (-1 > x < 1) \\ per\ il\ denominatore\ (-3 < x < 3) \end{bmatrix}$ da inserire nel grafico, si

ha

$-1 > x > 1$ + +|+ + + + + + +|+ + (-1) - - -|- - (1) + +|+ + + + + + +|+ + +++
$-3 < x < 3$ - -|- (- 3)+ + +|+ + + + + + +|+ + + + +|+ + (3) - -|- - - -

, vedi soprala funzione

A sinistra da $-\infty$ il grafico è discendente verso (-3) e ascendente da (-3) a (-1) poi da -1 a (1) è discendente; a destra il grafico è ascendente da (1) verso (3) e discendente da (3) a $+\infty$,

Il grafico ha un solo minimo assoluto nel punto P(0, -1/9) a tangente orizzontale che verificheremo, vedi figura sopra.

Studio della tangente:

l'equazione della retta tangente ad un punto è la formula $y - y_o = m(x - x_o)$:

117

Si ricordi che $(y_o \, e \, x_o)$ sono le coordinate del minimo; mentre m
e ottenibile con la derivata prima, per cui calcoliamo prima la

derivata di $y' = \frac{x^2-1}{9-x^2}$ si tratta di risolvere una derivata quoziente

e cioè la formula $y' = \frac{2x(9-x^2)-(-2x(x^2-1))}{(9-x^2)^2}$ =>

$y' = \frac{18x-2x^3+2x^3-2x}{(9-x^2)^2}$ semplificando $y' = \frac{16x}{(9-x^2)^2}$ ossia

$y' = \frac{16x}{x^4-18x^2+81}$ sostituiamo in essa l'ascissa del punto

stazionario $x = 0$ si ha $= m \frac{16(0)}{(0)^4-18(0)^2+81}$ => $m_1 = \frac{0}{81}$ =>

$m_1 = 0$ *(coefficiente angolare)*

Sostituiamo le coordinate del punto stazionario e il coefficiente
angolari m nell'equazione

$y - y_0 = m(x - x_0)$, si ha $y - \frac{1}{9} = 0(x_0 - 0)$ cioè

$y = -\frac{1}{9}$ => *(tangente sul minimo)*

Vedi figura con l'evidenzia delle coordinate di $P(0, -\frac{1}{9})$

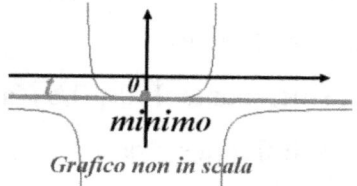

minimo

Grafico non in scala

118

33 Determinare in quali intervalli la funzione

$$f(x) = \frac{4}{5}x^5 - 3x^4 - 4x^3 + 22x^2 - 24x + 6 \qquad \text{è}$$

crescente o decrescente.

Svolgimento:

Poiché la funzione è un polinomio essa è definita, continua e derivabile su tutto R, allora la sua derivata prima è Verifichiamo subito =>

Se f(x) soddisfa le seguenti condizioni

a) E' continua nell'intervallo [a, b] perché le funzioni sono polinomi

b) E'di conseguenza è anche derivabile nell'intervallo aperto (a,

Calcolo degli stazionari:

Per il calcolo degli stazionari della funzione si impone la condizione che $y' = 0$, trovare le soluzioni e sostituirle nella funzione assegnata.

La derivata prima di $f(x) = \frac{4}{5}x^5 - 3x^4 - 4x^3 + 22x^2 - 24x + 6 = 0$ => $y' = 4x^4 - 12x^3 - 12x^2 + 24x - 24$ ossia $4x^4 - 12x^3 - 12x^2 + 24x - 24 = 0$, si tratta di un polinomio più complesso e la soluzione avviene con la sua scomposizione, $(x - x_1); (x - x_2) \dots$

Ricordiamo che la scomposizione avviene dividendo tante volte il polinomio *con i risultati dei divisori del termine noto c del polinomio fino a che i risultati sono zero*, nel nostro caso i divisori del termine noto (-24) sono i numeri seguenti: (1; -1; 2; -2; 3: -3; 4; -4; 6; - 6; 8, -8; 12; -12), allora inseriamo i divisori, come nel prospetto seguente, non completo, ma sufficiente per capire il meccanismo . Il divisore che annulla il polinomio è quello che lo divide senza resto, vedi prospetto seguente: scomposizione

Il polinomio va moltiplicato per i divisori del termine noto $c = (-24)$ che sono i seguenti : $(1; -1; 2; -2; 3; -3; 4; -4;6; -6;8; -8; 12; -12$

$4(1^4)$	$-12(1)^3$	$-12(1)^2$	$+44(1)$	-24	$=$	0
$4(-1^4)$	$-12(-1)^3$	$-12(-1)^2$	$+44(-1)$	-24	$=$	-64
$4(2^4)$	$-12(2)^3$	$-12(2)^2$	$+44(2)$	-24	$=$	-16
$4(-2^4)$	$-12(-2)^3$	$-12(-2)^2$	$+44(-2)$	-24	$=$	0
$4(3^4)$	$-12(3)^3$	$-12(3)^2$	$+44(3)$	-24	$=$	0
$4(-3)^4$	$-12(-3)^3$	$-12(-3)^2$	$+44(-3)$	-24	$=$	384
"	"	"	"	"	$=$	"

I divisori in cui il polinomio si annulla sono (1; -2; 3), cioè

$$\begin{bmatrix} x - (1) => (x-1) \\ x - (-2) => (x+2) \\ x - (+3) => (x-3) \end{bmatrix}$$

Poi si applica la regola di Ruffini e si ottengono i rispettivi quozienti, che corrispondono a

$$\begin{bmatrix} (x-1)^2 \\ (x+2) \\ (x-3) \end{bmatrix} \quad \text{si risolve in} \quad \begin{bmatrix} x^2 - 2x + 1 = 0 \\ x + 2 = 0 \\ x - 3 = 0 \end{bmatrix} \quad \text{cioè} \quad \begin{bmatrix} x = 1 \\ x = -2 \\ x = 3 \end{bmatrix}$$

(ascisse di 3 punti stazionari). Sostituendo le ascisse nella funzione $f(x) = \frac{4}{5}x^5 - 3x^4 - 4x^3 + 22x^2 - 24x + 6$ si ha

Per (x =1) si ha $y_1 = \frac{4}{5}(1)^5 - 3(1)^4 - 4(1)^3 + 22(1)^2 -$

$24(1) + 6 => y_1 = -2.2$

Per (x = -2) si ha $y_2 = \frac{4}{5}(-2)^5 - 3(-2)^4 - 4(-2)^3 +$

$22(-2)^2 - 24(-2) + 6 => y_2 = 106.4$

Per (x =3) si ha $3 = \frac{4}{5}(3)^5 - 3(3)^4 - 4(3)^3 + 22(3)^2 -$

$24(3) + 6 => y_3 = -24.6$

Le coordinate dei punti stazioanri sono $\begin{bmatrix} P_1 = (1, -2.2 \ ) \\ P_2 = (-2, 100.4) \\ P_3 = (3, -24.6) \end{bmatrix}$, vedi

grafico

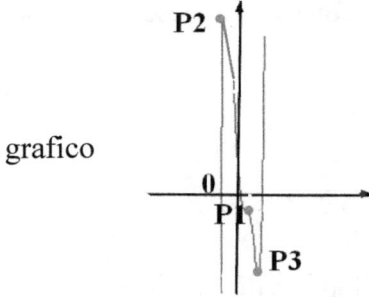

Per sapere se sono massimo, minimo o flesso si studia la concavità della funzione.

Ricerca delle concavità di (y' > 0):

dobbiamo porre $(y' > 0)$, quindi prendiamo gli insiemi della funzione calcolati con la scomposizione (regola di Ruffini), sono

3 equazioni: $\begin{bmatrix} x^2 - 2x + 1 = 0 \\ x + 2 = 0 \\ x - 3 = 0 \end{bmatrix}$ e costruiamo il grafico (attenti la

l'equazione di 2° grado ha radici (1 e -1), poiché l'equazione è pari, il suo grafico è tutto al disopra dell'ascissa , vedi figura ,

quindi le soluzioni sono: $\begin{bmatrix} -1 < x > 1 \\ x > -2 \\ x > 3 \end{bmatrix}$, vedi grafico

```
(-1 < x > 1)+ ┤+ + + + +┤+ (1) + +┤+ + + +┤+
   ( x > -2) - -┤- (-2) + +┤+ + + + +┤+ + +┤+ +
    ( x > 3) - -┤- - - - - -┤- - - - - -┤- (3) +┤+ +
```

Nell'intervallo $(-\infty, -2)$ la funzione è crescente, allora si ha un Max. Nell'intervallo $(-2,)$ la funzione è decrescente, allora si ha un minimo. Nell'intervallo $(3, +\infty)$ la funzione è crescente, allora si ha un Max.

Vedi figura seguente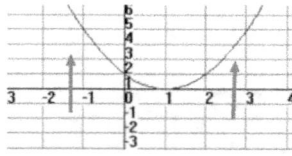

34   Calcolare lo sviluppo del polinomio di Taylor della funzione $y = 2x^3 + 5x^2 - 3x + 6$ nell'intorno del punto $I = (x_0 = 1)$ e disegnare il grafico della funzione   equivalente.

(a)   Dobbiamo calcolare per prima tutte le derivate fino a che le incognite x si annullano

(b)   Poi inserire $(x_0 = 1)$ nella funzione $y = 2x^3 + 5x^2 - 3x + 6$ e nelle derivate calcolate per ottenere le rispettive ordinate y della funzione e delle derivate

(c)   Poi comporre il polinomio di Taylor usando la formula e

$$(x_0 = 1) \Rightarrow y(x_0 + h) = f(x_0) + f'(x_0)h + \frac{y''(x_0)}{2!}h^2 +$$

$$\frac{y'''(x_0)}{3!}h^3 \dots \cdot \frac{y^n(x_0)}{n!}h^n \text{ Nota: } h = (x - x_0)$$

Svolgimento:

Calcoliamo le derivate successive fino a che la funzione si

annulla in $f^n(x)$ *a)* $\begin{bmatrix} f(x) = 2x^3 + 5x^2 - 3x + 6 \\ f'(x) = 6x^2 + 10x - 3 \\ f''(x) = 12x + 10 \\ f'''(x) = 12 \quad (annullamento) \end{bmatrix}$

b) $\begin{bmatrix} y = 2 \cdot 1^3 + 5 \cdot 1^2 - 3 \cdot 1 + 6 \\ y' = 6 \cdot 1 + 10 \cdot 1 - 3 \\ y'' = 12 \cdot 1 + 10 \\ y''' = 12 \end{bmatrix} \Rightarrow \begin{bmatrix} y = 10 \\ y' = 13 \\ y'' = 22 \\ y''' = 12 \end{bmatrix}$

c) Inseriamo i dati: $x_0 = 1$; $h = (x - 1)$; e le rispettive

derivate di f(x) $\begin{bmatrix} y = 10 \\ y' = 13 \\ y'' = 22 \\ y''' = 12 \end{bmatrix}$ nella formula di Taylor : $y(x_0 +$

$h = fx0 + f'x0h + y''x02!h2 + y'''x03!h3\dots y^n x0n!hn$, cioè

$$y(1 + h) = 10 + 13h + \frac{22}{2!}h^2 + \frac{12}{3!}h^3 \text{ sostituendo in essa il}$$

valore di $h = (x - x_0)$ si ha

$$y(1 + h) = 10 + 13(x - 1) + 11(x - 1)^2 + 2(x - 1)^3$$

(Polinomio di Taylor)

Infatti, il polinomio ottenuto ha lo stesso grafico della funzione f(x) assegnata, vedi figure

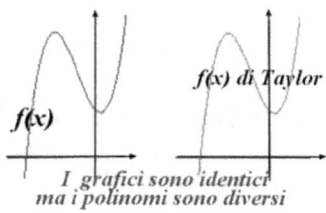

f(x) *f(x) di Taylor*

I grafici sono identici ma i polinomi sono diversi

La tangente nel punto di stazionamento si ottiene sostituendo

$$\begin{bmatrix} y_{x_0} = 10 \\ h = (x - x_0) \end{bmatrix}$$ nel 1° termine dell'equazione di del polinomio

di Taylor si ha $tg = 10(1 + (x - 1)) =>$

$tg = 10(1 + x - 1)) => tg = 10 \cdot (x)$ ossia

$tg = 10x$ *(tangente nel punto di stazionamento della funzione)*

Mettendo a sistema f(x) e la tangente $y = 10x$ la retta interseca il

grafico in 3 punti, le cui coordinate sono $$\begin{bmatrix} S_1(1,10) \\ S_2(0.7, 7.1) \\ S_3(-4.2, -42) \end{bmatrix}$$

La funzione ha di certo un flesso perché soddisfa la condizione

che sia $\begin{cases} y'' = 0 \\ y''' > 0 \end{cases}$ la coordinata x la si ottiene risolvendo $y'' = 0$

cioè $12x + 10 = 0 => 12x = -10$ ossia $x = -0,83$

Sostituendo $(x = -0,83)$ in $f(x) = 2x^3 + 5x^2 - 3x + 6$ si ha

$y = 10,815$, allora le coordinate, del flesso sono

$M_1(-0.83 , 10.815)$ *(flesso della funzione)*, vedi figura

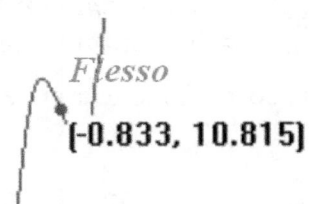

L'equazione della tangente per il punto del flesso si applica la formula $y_0 - y = m(x_0 - x)$, mentre il modulo è il segno è ottenibile dall'equazione della radice prima y', per cui abbiamo

$f'(x) = \overset{m=+6}{\widetilde{6}}\ x^2 + 10x - 3$ cioè +6: segno positivo e modulo $(m = 6)$, quindi sostituendo in essa i dati noti si ha

$y_0 - 10,815 = 6(x_0 - (-0,833))$ => $y_0 - 10,815 = 6x_0 +$ $6,833$ => $y_0 = 6x_0 + 15,705$ (equazione della tangente del

flesso) , vedi figura

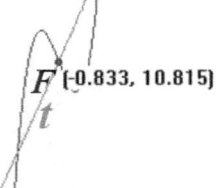

Per calcolare il Max e il minimo $y' = 0$ e calcolare le eventuali ascisse del massimo e del minimo, se ci sono, poi inserirle nella funzione f(x) di partenza, si ha $x^2 + 10x - 3 = 0$, si tratta di un'equazione di 2° gradi che ammette soluzioni $\begin{bmatrix} x_1 = -1,926 \\ x_2 = 0,26 \end{bmatrix}$

(ascisse x)

Regola: per se $\begin{bmatrix} x < 0 \ abbiamo \ un \ Max \\ x > 0 \ abbiamo \ un \ minimo \end{bmatrix}$ le ascisse

negative si ha un Max sostituiamo le ascisse in

$f(x) = 2x^3 + 5x^2 - 3x + 6$

Per $x_1 < 0,926$ si ha $y = 2(-1,926)^3 + 5(-1,926)^2 -$

$3(-1,826) + 6 \Rightarrow y = 16,036$

Per $x_2 = 0,26$ si ha

$y = 2(0,26)^3 + 5(0,26)^2 - 3(0,26) + 6 \Rightarrow y = 5,593$

Per $x_1 < 0$ si ha il massimo, cioè $Max(-1.926, 16.036)$

Per $x_2 > 0$ si ha il minimo, cioè $min. (0.26, 5.593)$, vedi figura

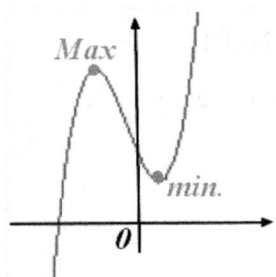

Calcolare gli eventuali punti stazionari di

35 $y = 8x^3 - 12x^2 + 7$

Calcolo degli stazionari:

I punti stazionari si trovano imponendo la derivata prima a zero di

y' $8x^3 - 12x^2 + 7 = 0 \Rightarrow y' = 24x^2 - 24x = 0$ cioè

$24x^2 - 12x = 0$, si tratta di equazione di 2° grado che

ha due soluzione $\begin{bmatrix} x_1 = 0 \\ x_2 = 1 \end{bmatrix}$ *(ascisse dei punti stazionari).*

Sostituendo le ascisse (x = 0) e (x =1) nella funzione

$y = 8x^3 - 12x^2 + 7$ si ha

Per (x = 0) si ha $y_1 = 8(0)^3 - 12(0)^2 + 7 \Rightarrow$

$y_1 = 7$ *(ordinata).*

Per (x =1) ha $y_2 = 8(1)^3 - 12(1)^2 + 7 \Rightarrow$

$y_2 = 3$ *(ordinata).*

Le coordinate dei 2 punti stazionari sono

$\begin{bmatrix} P_1(0,7) \\ P_2(1,3) \end{bmatrix}$ *(coordinate degli stazionari),*

Per determinare il massimo e il minimo si studiano i segni delle concavità della derivata prima.

Studio delle concavità della (y' > 0):

La ricerca del massimo e minimo si ottiene con lo studio delle concavità, imponendo $y' > 0$, cioèy$' = 8x^3 - 12x^2 + 7 > 0 \Rightarrow$

$24x^2 - 24x > 0$, poiché abbiamo ottenuto $\begin{bmatrix} x_1 = 0 \\ x_2 = 1 \end{bmatrix}$

abbiamo $\begin{bmatrix} x_1 > 0 \\ x_2 \Rightarrow 1 \end{bmatrix}$ il grafico lineare è,

$$\begin{bmatrix} (x > 0) - - - - - - - - -(0) + + + + + + + + + + + \\ \qquad\qquad \uparrow \qquad\qquad\qquad \downarrow \qquad\qquad\qquad \uparrow \\ (x > 1) - - - - - - - - - - - - -(1) + + + + + + \end{bmatrix}$$

Gli intervalli sono: $\begin{bmatrix} (-\infty, 0) \ grafico \ verso \ l'alto \\ (0, \ 1) \ grafico \ verso \ il \ basso \\ (1, \ +\infty) \ grafico \ verso \ l'alto \end{bmatrix}$ vedi figura

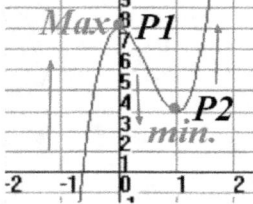

Si ha un Max a sinistra (concavità rivolta verso l'alto) e un minimo a destra (concavità verso il basso), quindi confermiamo che sono massimo e minimo.

Se esiste un massimo e un minimo esiste di certo un flesso da ricercare con la derivata seconda per calcolare le sue coordinate e le proprietà ascendente o discendente, si ha

Studio dell'esistenza dei flessi ($y'' = 0$):

Troviamo le coordinate del flesso imponendo alla derivata seconda $y'' = 0$, quindi la derivata seconda di $y'' = 24x^2 - 24x = 0$ si ha $y'' = 48x^2 - 24 = 0$ ossia $48x = 24 \Rightarrow$

$x = \dfrac{24}{48} \Rightarrow x = \dfrac{1}{2}$ *(ascissa del flesso)*

Sostituendo $x = \dfrac{1}{2}$ nella funzione $y = 8x^3 - 12x^2 + 7$ si ha

$y = 8(\frac{1}{2})^3 - 12(\frac{1}{2})^2 + 7 => y = 1 - 3 + 7$ cioè

$y = 5$ *(ordinata del flesso)*

Le coordinate del flesso sono $F(\frac{1}{2}, 5)$ *(coordinate del flesso)*

Per determinare il flesso ascendente o discendente serve studiare il segno delle concavità della derivata seconda maggiore di zero, si ha

Studio delle concavità di (y'' > 0):

Si pone la derivata seconda $(y'' > 0)$, quindi la derivata seconda di $y' = 48x - 24 > 0 => 48x - 24 > 0 => x > \frac{24}{48} =>$

$x > \frac{1}{2}$ da riportare nel grafico, si ha

Studio delle concavità di $(y'' > 0)$

$$\left(x > \frac{1}{2}\right) - - -\downarrow - - - \left(\frac{1}{2}\right) + + + +\uparrow + + + +$$

Da sinistra verso il punto (1/2) la concavità è rivolta verso il basso e a destra è rivolta verso l'alto. La curva attraversando l'intorno (1/2) cambia di concavità, si conclude che in tal punto si ha un flesso obliquo ascendente dato che (y' = 0) non si annulla, vedi

figura , non resta che confermarlo con lo

studio della tangente al punto del flesso.

Calcolo della tangente al flesso:

Si calcola con l'equazione della retta passante per un punto
$y - y_o = m(x - x_o)$:

Si ricordi che $(y_o \ e \ x_o)$ sono le coordinate del flesso; mentre (m)
è ottenibile con la derivata prima, sostituendo in essa l'ascissa del
flesso ½ , cioè $y' = 24x^2 - 24x = 0$, quindi $y' = m = 24(\frac{1}{2})^2 -$
$24(\frac{1}{2}) => y' = m = 6 - 12 =>$

$m = -6$ *(coefficiente angolare negativo)*

Si presume che essendo il coefficiente angolare negativo

(-6) il flesso dovrebbe essere discendente, in realtà non sempre
risulta vero per cui si ricerca l'equazione della tangente e studiare
il grafico con le concavità , quindi calcoliamo l'equazione
inserendo   (m=-6) e F(1/2 , 5), si ha $y - y_o = m(x - x_o)$, =>
$y - 5 = -6(x - \frac{1}{2}) => y - 5 = -6x + 3 => y = -6x + 3 + 5$;

$y = -6x + 8$ *(equazione della retta per il flesso ascendente)*.

Vedi figura

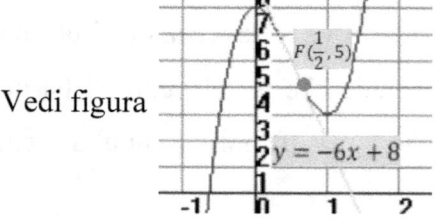

$\left[\begin{array}{c} Abbiamo\ già\ visto\ che\ il\ flesso\ è\ ascendente, \\ esiste\ un'altra\ regola\ molto\ più\ certa, \\ dello\ studio\ del\ grafico, regola\ seguente: \end{array}\right]$

$$\begin{bmatrix} \overbrace{}^{\text{flesso ascendente}} \\ \text{concavità convessa a sinistra sotto la tangente e a destra sopra} \\ \text{concavità convessa a sinistra sopra la tangente e a destra sotto} \\ \underbrace{}_{\text{flesso discendente}} \end{bmatrix}$$

36 Calcolare la minore quantità di alluminio per la costruzione di una lattina a parità di volume, utilizzando il punto stazionario minimo della funzione.

Calcolo del punto stazionario minimo:

Il punto stazionario si calcola con la derivata prima della funzione, quindi dobbiamo creare la funzione con un semplice ragionamento: con il volume $V = \pi r^2 \cdot h$ e con la superficie totale

Sl della lattina cioè $S_t = \overbrace{2\pi \cdot r^2}^{\text{Superficie basi}} + \overbrace{2\pi \cdot r \cdot h}^{\text{Superficie laterale}}$,

poiché h calcolabile dalla formula del volume $V = \pi r^2 \cdot h$ cioè $h = \dfrac{V}{\pi r^2}$ la sostituiamo nella superficie totale, si ha

$S_t = 2\pi \cdot r^2 + (2\pi \cdot r)(\dfrac{V}{\pi r^2}) =>$

$S_t = 2\pi \cdot r^2 + (2\pi \cdot r)(\dfrac{V}{\pi r^2})$ semplificando si ha

$S_t = 2\pi \cdot r^2 + \dfrac{2V}{r})$ m. c. m. $S_t = \dfrac{2\pi \cdot r^3 + 2V}{r}$ ossia $S_t = \dfrac{2\pi \cdot r^3}{r} + \dfrac{2V}{r}$

semplificando si ha

$S_t = 2\pi \cdot r^2 + \dfrac{2V}{r}$ *(funzione per calcolare il punto stazionario)*

Le coordinate del punto stazionario si trovano con la derivata prima uguale a zero della funzione, quindi la derivata prima di

$f' = 2\pi \cdot r^2 + \dfrac{2V}{r} = 0$ sappiamo trovarla e corrisponde a

$f' = 4\pi r - \dfrac{2V}{r^2}$ cioè

$f' = 4\pi r^3 - 2V$ *(derivata prima della funzione)*

$4\pi r^3 = +2V => r^3 = \dfrac{2V}{4\pi}$ semplificando si ha

$r^3 = \dfrac{V}{2\pi}$ ossia $r = \sqrt[3]{\dfrac{V}{2\pi}}$ *(punto stazionario)*

Per determinare se il punto stazionario è un minimo dobbiamo studiare le concavità ponendo la derivata prima maggiore di zero,

Studio delle concavità:

Ponendo$(y' > 0)$, quindi abbiamo $f' = 4\pi r^3 - 2V > 0 =>$

$f' = 4\pi r^3 > 2V \quad => r^3 > \frac{2V}{4\pi} => \quad r^3 > \frac{V}{2\pi}$ ossia $r > \sqrt[3]{\frac{V}{2\pi}}$ da

riportare nel grafico

$$\text{Studio delle concavità di } (y' > 0)$$

$$(\sqrt[3]{\frac{V}{2\pi}}) - - - - - \downarrow - - - - \left(\sqrt[3]{\frac{V}{2\pi}}\right) + + + + + \uparrow + + + + + +$$

A sinistra di $\sqrt[3]{\frac{V}{2\pi}}$ la concavità è discendente , mentre a destra la concavità è ascendente, allora si conferma che il punto stazionario è un minimo, quindi possiamo calcolare il volume dalla derivata prima $f' = 4\pi r^3 - 2V > 0 => f' = 4\pi r^3 > 2V => r^3 > \frac{2V}{4\pi} =>$

$r^3 > \frac{V}{2\pi}$ ossia $V = 2\pi r^3$ *(volume della lattina)*

Sostituendo il volume nella sua formula $V = \pi r^2 \cdot h$ si ha $2\pi r^3 = \pi r^2 \cdot h$ semplificando abbiamo$2r = h$

Conclusione: a parità di volume la lattina di minima superficie totale è avere l'altezza uguale al diametro, vedi figura

CAPITOLO 2
(Maturità esami di Stato)

Anno 2008 liceo scientifico
Problema 1

Il triangolo rettangolo ABC ha l'ipotenusa $(AB = a)$ e l'angolo
$C\,\widehat{A}\,B = \dfrac{\pi}{3}$,

1a) Si descriva, internamente al triangolo, con centro in B e raggio x, l'arco di circonferenza di estremi P e Q rispettivamente su AB e su BC.

Sia poi R l'intersezione con il cateto CA dell'arco di circonferenza di centro A e raggio AP. Si specifichino le limitazioni da imporre ad x affinché la costruzione sia realizzabile.

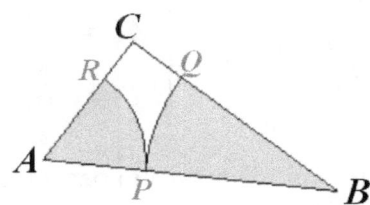

1b) Si esprima in funzione di x l'area S del quadrilatero mistilineo **PQCR** e si trovi quale sia il valore minimo e il valore massimo di $S(x)$.

1c) Tra i rettangoli con un lato su **AB** e i vertici del lato opposto su ciascuno dei due cateti si determini quello di area massima.

1d) Il triangolo **ABC** è la base di un solido **W**. Si calcoli il volume di **W** sapendo che le sue sezioni, ottenute tagliando con piani perpendicolari ad **AB**, sono tutti quadrati.

Svolgimento

1a) Per una maggiore chiarezza disegniamo il rettangolo con gli elementi assegnati.

$$\Rightarrow \begin{bmatrix} \textit{dalla geometria sappiamo che la} \\ \textit{somma degli angoli interni di un} \\ \textit{triangolo è } 180° \textit{ allora, noto l'angolo} \\ \textit{retto } \mathbf{90°} \textit{ e } C\,\hat{A}\,B = \frac{\pi}{3} = \mathbf{60°}, \textit{ il terzo} \\ \textit{angolo } C\hat{B}A = (180° - 90° - 60°) \\ \textit{corrisponde } C\hat{B}A = 30° \end{bmatrix},$$

inoltre dalla trigonometria sappiamo che

$$(*) \begin{bmatrix} sen(\alpha) = \dfrac{Cateto\ opposto}{Ipotenusa} \\ sen(\alpha) = \dfrac{Cateto\ adiacente}{Ipotenusa} \end{bmatrix} \text{ allora i seni notevoli sono}$$

$$\begin{bmatrix} sen30° = \dfrac{1}{2} \\ \cos 30° = \dfrac{\sqrt{3}}{2} \end{bmatrix} \text{ per cui dalla formula } (*) \text{ possiamo calcolare i lati}$$

del triangolo rettangolo:

$$\begin{bmatrix} \dfrac{1}{2} = \dfrac{AC}{a} \\ \dfrac{\sqrt{3}}{2} = \dfrac{BC}{a} \end{bmatrix} \Rightarrow \begin{bmatrix} a = 2AC \\ a\sqrt{3} = 2BC \end{bmatrix} \Rightarrow \begin{bmatrix} AC = \dfrac{a}{2} \\ BC = \dfrac{a\sqrt{3}}{2} \end{bmatrix} \textit{cateti del triangolo}$$

rettangolo)

Quindi, il limite entro cui x è massimo per tracciare gli archi PQB e APR interno al triangolo

Deve soddisfare due condizioni $\begin{cases} 0 \le x \le \dfrac{a\sqrt{3}}{2} \\ 0 \le (a - x) \le \dfrac{a}{2} \end{cases}$

da cui $\begin{cases} 0 \le x \le \dfrac{a\sqrt{3}}{2} \\ \dfrac{a}{2} \le x \le a \end{cases} \Rightarrow \dfrac{a}{2} \le x \le \dfrac{a\sqrt{3}}{2} \Rightarrow$

Risposta: il raggio x deve essere maggiore del cateto minore è minore del cateto maggiore

$$AC \leq x \leq BC \ (condizione \ del \ limite \ di \ x)$$

1b) Denominiamo le aree dei settori circolari:

$$\begin{bmatrix} A_1 = settore \ circolare \ BPQ \\ A_2 = settore \ circolare \ APR \end{bmatrix}$$

Poiché l'area della circonferenza è $(r^2 \cdot \pi)$ poniamo la proporzione $(r^2 \cdot \pi) : 360° = Arco : \alpha$ e otteniamo le formule

$$\begin{bmatrix} A_1 = \frac{r^2 \cdot \pi \cdot \alpha}{360°} \\ A_2 = \frac{r^2 \cdot \pi \cdot \alpha}{360°} \end{bmatrix}$$, inserendo $(r = x)$ raggi e l'angolo dei rispettivi

archi si ha $$\begin{bmatrix} A_1 = \frac{x^2 \cdot \pi \cdot 30}{360°} \\ A_2 = \frac{(a-x)^2 \cdot \pi \cdot 60}{360°} \end{bmatrix}$$ ossia

$$\begin{bmatrix} A_1 = \frac{x^2 \cdot \pi \cdot}{12} \ (settore \ PBQ) \\ A_2 = \frac{(a-x)^2 \cdot \pi}{6} \ (settore \ PAR) \end{bmatrix}$$ *(area dei settori circolari)*

- L'area del quadrilatero PQCR è calcolabile come differenza tra l'area del rettangolo meno le aree dei settori, per cui utilizziamo la formula geometrica della media de prodotto dei cateti, $A_{rettangolo} = \frac{AC \cdot BC}{2}$ inserendo

in essa i cateti, si ha $A_{rettangolo} = \frac{\frac{a}{2} \cdot \frac{a\sqrt{3}}{2}}{2} => A_{rettangolo} = \frac{\frac{a^2\sqrt{3}}{4}}{2} =>$

$A_{rettangolo} = \left(\frac{a^2\sqrt{3}}{4} \right) \frac{1}{2} => A_{rettangolo} = \frac{a^2\sqrt{3}}{8} =>$

$A_{rettangolo} = 0{,}2165a^2$ *(area del rettangolo)*

- L'area del quadrilatero mistilineo PQCR è la differenza di quella del rettangolo con quella dei settori circolari, cioè

$$A_{PQCR} = \overbrace{\frac{a^2\sqrt{3}}{8}}^{A_{rett.}} - \overbrace{\frac{x^2 \cdot \pi}{12}}^{A_{sett.1}} - \overbrace{\frac{(a-x)^2 \cdot \pi}{6}}^{A_{sett.2}}$$ sviluppiamo il quadrato, si ha

$$A_{PQCR} = \frac{a^2\sqrt{3}}{8} - \frac{2\pi x^2}{12} - \frac{\pi(a^2 - 2ax + x^2)}{6} \qquad \text{mettiamo in evidenza}$$

$\frac{\pi}{6}$ si ha $A_{PQCR} = \frac{a^2\sqrt{3}}{8} - \left[\frac{\pi}{6}(\frac{-x^2}{2} - a^2 + 2ax - x^2)\right]$ => m. c. m.

$A_{PQCR} = \frac{a^2\sqrt{3}}{8} - \left[\frac{\pi}{6}(\frac{-x^2 - 2a^2 + 4ax - 2x^2}{2})\right]$ => $A_{PQCR} = \frac{a^2\sqrt{3}}{8} -$

$\left[\frac{\pi}{6}(\frac{-3x^2 - 2a^2 + 4ax}{2})\right]$ ossia $A_{PQCR} = \frac{a^2\sqrt{3}}{8} - \frac{\pi}{6}(\frac{3x^2 - 4ax + 2a^2}{2})$ =>

$$A_{PQCR} = \overbrace{\frac{a^2\sqrt{3}}{8}}^{A\ rettangolo} - \overbrace{\frac{\pi}{12}(3x^2 - 4ax + 2a^2)}^{A\ setttori\ circolari} \textit{ (equazione}$$

dell'area del quadrilatero)

Si tratta di equazione polinomiale di 2° grado definita su un intervallo chiuso e limitato da [AC e BC] sostituiremo gli estremi dell'intervallo $\left[AC = \frac{a}{2}, BC = \frac{a\sqrt{3}}{2}\right]$, Ricordiamo che un polinomio è una funzione continua e in base al Teorema di Weirstrass ammette un massimo e un minimo, vuol dire che l'ascissa del vertice è compresa nell'intervallo $\left[\frac{a}{2}, \frac{a\sqrt{3}}{2}\right]$.

Pertanto le ordinate dei rispettivi lati corrispondono alle superficie S_{Max} e S_{min}, quindi procediamo ai calcoli delle ordinata inserendo le ascisse dei cateti sull'ipotenusa:

Per l'ascissa AC:

Inseriamo ad x la dimensione di $(AC = \frac{a}{2})$ nella funzione

$\frac{a^2\sqrt{3}}{8} - \frac{\pi}{12}(3x^2 - 4ax + 2a^2)$, si ha $\qquad S_{AC} = \frac{a^2\sqrt{3}}{8} - \frac{\pi}{12}(3(\frac{a}{2})^2 -$

$4a(\frac{a}{2}) + 2a^2)$ => $y_{AC} = \frac{a^2\sqrt{3}}{8} - \frac{\pi}{12}(\frac{3a^2}{4} - 2a^2 + 2a^2)$ =>

$y_{AC} = \frac{a^2\sqrt{3}}{8} - \frac{\pi}{12}(\frac{3a^2}{4})$ => $y_{AC} = \frac{a^2\sqrt{3}}{8} - \frac{3a^2\pi}{48}$ =>

$y_{AC} = \frac{6a^2\sqrt{3} - 3\pi a^2}{48}$ => $y_{AC} = \frac{a^2(6\sqrt{3} - 3\pi)}{48}$ => $y_{AC} = a^2(\frac{(6\sqrt{3} - 3\pi)}{48})$

ossia $y_{AC} = a^2(0,02016)$ *(Ordinata del cateto minore $\frac{a}{2}$)*

Per l'ascissa BC:

Inseriamo ad x la dimensione di $(BC = \frac{a\sqrt{3}}{2})$ nella funzione

$\frac{a^2\sqrt{3}}{8} - \frac{\pi}{12}(3x^2 - 4ax + 2a^2)$, si ha $S_{BC} = \frac{a^2\sqrt{3}}{8} - \frac{\pi}{12}(3(\frac{a\sqrt{3}}{2})^2 -$

$4a(\frac{a\sqrt{3}}{2}) + 2a^2) \Rightarrow y_{BC} = \frac{a^2\sqrt{3}}{8} - \frac{\pi}{12}(\frac{9a^2}{4} - 2a^2\sqrt{3} + 2a^2) \Rightarrow$

$y_{BC} = \frac{a^2\sqrt{3}}{8} - \frac{3\pi a^2}{16} + \frac{\pi\sqrt{3}a^2}{6} - \frac{\pi a^2}{6} \Rightarrow$

$y_{BC} = \frac{6a^2\sqrt{3} - 9\pi a^2 + 8\pi\sqrt{3}a^2 - 8\pi a^2}{48} \Rightarrow$

$y_{BC} = \frac{a^2(6\sqrt{3} - 9\pi + 8\pi\sqrt{3} - 8\pi)}{48} \Rightarrow y_{BC} = a^2\frac{(6\sqrt{3} - 9\pi + 8\pi\sqrt{3} - 8\pi)}{48}$ ossia

$y_{BC} = a^2(0,01076)$ *(Ordinata del cateto maggiore $\frac{a\sqrt{3}}{2}$)*

Tra i risultati ottenuti $a^2(0,02016)$ *et* $a^2(0,01076)$ il

minore appartiene alla scissa $x = \frac{a\sqrt{3}}{2}$, e le coordinate sono il

punto $P(\frac{a\sqrt{3}}{2}, 0,01076a^2)$ *(minimo)*

Risposta: il minimo lo si ottiene con l'ascissa $x = \frac{a\sqrt{3}}{2}$

Per calcolare il vertice della parabola (ascissa del Massimo) ci
sono due possibilità: le formule coordinate del vertice

$\begin{bmatrix} v_x = \frac{-b}{2a} \\ v_y = -\frac{b^2 + 4ac}{4a} \end{bmatrix}$ oppure, il Teorema di Fermat, ponendo a zero

la derivata prima della funzione polinomiale $f'(x) = 0$.

1° metodo vertice della parabola :

$v_x = \frac{-b}{2a} \Rightarrow \frac{\frac{4\pi a}{12}}{-2 \cdot \frac{3\pi}{12}}$ ossia $-\frac{4\pi a}{12}(-\frac{12}{6\pi})$ semplificando si ha

$V_x = \frac{2a}{3}$ *(ascissa del vertice della parabola)*.

Il discriminate $-\frac{b^2 + 4ac}{4a}$ si ottiene dalla funzione

$y = \frac{a^2\sqrt{3}}{8} - \frac{\pi}{12}(3x^2 - 4ax + 2a^2)$ ossia

$y = -\frac{\pi x^2}{4} + \frac{\pi ax}{3} - \frac{\pi a^2}{6} + \frac{a^2\sqrt{3}}{8}$ dalla quale otteniamo i coefficienti

$\underbrace{\frac{\pi}{4}}_{a} + \underbrace{\frac{\pi a}{3}}_{b} - \overbrace{(\frac{\pi a^2}{6} + \frac{a^2\sqrt{3}}{8})}^{c}$ per cui $v_y = -\frac{b^2 + 4ac}{4a} =>$

$v_y = -\frac{\left(\frac{4\pi a}{12}\right)^2 + 4 - \frac{\pi}{4}(\frac{-\pi a^2}{6} + \frac{a^2\sqrt{3}}{8})}{4(-\frac{\pi}{4})} => v_y = -\frac{\frac{a^2\pi^2}{9} - \frac{\pi^2 a^2}{6} + \frac{a^2\pi\sqrt{3}}{8}}{-\pi} =>$

$v_y = -\frac{\frac{8a^2\pi^2 - 12\pi^2 a^2 + 9\pi^2 a^2\sqrt{3}}{72}}{-\pi} => v_y = -\frac{\frac{-4\pi^2 a^2 + 9\pi^2 a^2\sqrt{3}}{72}}{-\pi} =>$

$v_y = -\frac{-4\pi^2 a^2 + 9\pi^2 a^2\sqrt{3}}{-\pi 72}$ semplificare $v_y = -\frac{-4\pi a^2 + 9\pi a^2\sqrt{3}}{-72} =>$

$v_y = -\frac{a^2(-4\pi + 9\pi\sqrt{3})}{-72} => v_y = -a^2(-0,0419734)$ ossia

$v_y = a^2(0,0419734)$ (ordinata della parabola)

2° metodo Fermat:

Adottando il Teorema di Fermat, si impone la condizione $(y' = 0)$ e si ottiene l'ascissa in cui l'ordinata è il massimo, quindi deriviamo la funzione $y = \frac{a^2\sqrt{3}}{8} - \frac{\pi}{12}(3x^2 - 4ax + 2a^2)$,

sviluppiamo prima il prodotto in $y = -\frac{\pi x^2}{4} + \frac{\pi ax}{3} - \frac{\pi a^2}{6} +$

$\frac{a^2\sqrt{3}}{8} = 0$ e deriviamo $y' = -\frac{2\pi x}{4} + \frac{\pi a}{3} - 0 + 0 = 0 =>$

$-\frac{2\pi x}{4} + \frac{\pi a}{3} = 0 => -\frac{\pi x}{2} = -\frac{\pi a}{3} => -3\pi x = -2\pi a =>$

$x = \frac{-2\pi a}{-3\pi}$ semplificando si ha $x = \frac{2a}{3} =>$

$x = 0,\overline{6}a$ (ascissa del Max della parabola)

Risposta: l'ascissa del massimo della parabola e identico al metodo $V_{(x)} = 0,\overline{6}a$

- L'ordinata del massimo della parabola si ottiene

sostituendo l'ascissa nella funzione di partenza

$$y = -\frac{\pi}{12}(3x^2 - 4ax + 2a^2) + \frac{a^2\sqrt{3}}{8} =>$$

$$y = -\frac{\pi(x)^2}{4} + \frac{\pi a(\frac{2a}{3})x}{3} - \frac{\pi a^2}{6} + \frac{a^2\sqrt{3}}{8} => \text{m. c. m.}$$

$$y = \frac{-6\pi(x)^2 + 8\pi ax - 4\pi a^2 + 3a^2\sqrt{3}}{24} \quad \text{inserendo} \quad \text{in essa} \quad (x = \frac{2a}{3})$$

abbiamo $y = \dfrac{-6\pi(\frac{2a}{3})^2 + 8\pi a(\frac{2a}{3}) - 4\pi a^2 + 3a^2\sqrt{3}}{24} =>$

$$y = \frac{-6\pi(\frac{4a^2}{9}) + \frac{16\pi a^2}{3} - 4\pi a^2 + 3a^2\sqrt{3}}{24} => y = \frac{-\frac{8}{3}\pi a^2 + \frac{16\pi a^2 x - 12\pi a^2}{3} + \frac{3a^2\sqrt{3}}{8}}{24}$$

$$=> y = \frac{-\frac{8}{3}\pi a^2 + \frac{4\pi a^2}{3} + \frac{a^2\sqrt{3}}{8}}{24} \quad \text{ossia} \quad y = \frac{\overbrace{-8\pi a^2 + 4\pi a^2 + 9a^2\sqrt{3}}^{raccogliere}}{3} \cdot (\frac{1}{24}) =>$$

$$y = \frac{-4\pi a^2 + 9a^2\sqrt{3}}{72} \quad \text{mettiamo in evidenza} \quad y = \frac{a^2(-4\pi + 9\sqrt{3})}{72} \quad \text{facendo}$$

i calcoli numerici si ha

$y = 0.0419734\, a^2$ *(Ordinata del vertice della parabola)*
La coordinate del vertice della parabola sono il punto
stazionario $P(\frac{2a}{3}, 0.0419734a^2)$,

ovvero vertice come punto della paragola, vedi figura

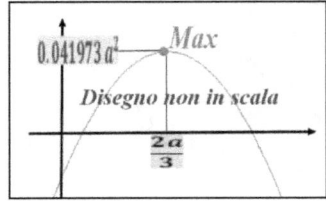

Disegno non in scala

1c) Dal teorema di Euclide l'altezza CH è media proporzionale del prodotto delle proiezioni sui cateti AH e BH,   vedi figura

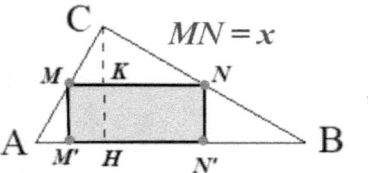

,

allora si ha $AH:CH = CH:(a-AH)$ cioè
$(CH)^2 = AH(a-AH) \Rightarrow$ (!) $CH = \sqrt{AH(a-AH)}$.
Noto (!) CH possiamo calcolare AH con il teorema di Pitagora
$AH^2 = (AC)^2 - (CH)^2$ sostituendo i dati si ha
$AH^2 = (\frac{a}{2})^2 - [\sqrt{AH(a-AH)}]^2$, semplificando si ha

$AH^2 = \frac{a^2}{4} - AH(a-AH) \Rightarrow AH^2 = \frac{a^2}{4} - aAH + AH^2$ ossia

$AH^2 + aAH - AH^2 = \frac{a^2}{4}$ semplificando AH^2 si ha $aAH = \frac{a^2}{4} \Rightarrow$

$AH = \frac{\frac{a^2}{4}}{a} \Rightarrow AH = \frac{a^2}{4}(\frac{1}{a})$ semplificando si ha

$AH = \frac{a}{4}$ *(proiezione del cateto AC sull'iporwnusa)*

■ Riprendiamo l'espressione (!) e sostituiamo in essa di $AH = \frac{a}{4}$

abbiamo $CH = \sqrt{\frac{a}{4}(a-\frac{a}{4})} \Rightarrow CH = \sqrt{\frac{a^2}{4} - \frac{a^2}{16}} \Rightarrow$

$CH = \sqrt{\frac{4a^2-a^2}{16}} \Rightarrow CH = \sqrt{\frac{3a^2}{16}} \Rightarrow$

$CH = \frac{a}{4}\sqrt{3}$ *(altezza del triangolo ACB)*

■ Poiché è noto (MN = x) applichiamo la similitudine dei
triangoli separati dalla base x, cioè $x:CK = a:CH \Rightarrow$
$CK \cdot a = CH \cdot x \Rightarrow CK = \frac{CH \cdot x}{a}$ sostituendo l'altezza CH si ha

$CK = \frac{\frac{a\sqrt{3}}{4} \cdot x}{a} \Rightarrow CK = \frac{a\sqrt{3}}{4} \cdot x(\frac{1}{a})$ semplificando si ha

$CK = \frac{\sqrt{3}}{4}x$ *(segmento sull'altezza)*

140

■ L'altezza del rettangolo KH è la differenza dell'altezza e CK, si ha $KH = CH - CK$ inseriamo i dati $KH = \frac{a\sqrt{3}}{4} - \frac{\sqrt{3}}{4}x$ =>

$KH = \frac{a\sqrt{3}-\sqrt{3}x}{4}$ => $KH = \frac{\sqrt{3}(a-x)}{4}$ ossia

$KH = \frac{\sqrt{3}}{4}(a - x)$ *(altezza del rettangolo)*

■ Calcoliamo la base X con la similitudine delle aree

A rettangolo   A triangolo

$\frac{\overbrace{x \cdot CH}}{2} = \frac{\overbrace{AC \cdot BC}}{2}$ =>$x \cdot CH = AC \cdot BC$ => calcoliamo che

$x = \frac{AC \cdot BC}{CH}$ inserendo i dati si ha $x = \frac{\frac{a}{2} \cdot \frac{\sqrt{3}x}{4}}{\frac{a\sqrt{3}}{4}}$ => $x = \left(\frac{a}{2} \cdot \frac{\sqrt{3}x}{4}\right)\left(\frac{4}{a\sqrt{3}}\right)$

semplificando si ha $x = \frac{a}{2}$ *(base del rettangolo)*

■ Per calcolare il punto M ovvero il punto N in cui x è massima applichiamo ancora la similitudine dei triangoli,

$AC : CH = CM : CK$ => $CH \cdot CM = AC \cdot CK$, inseriamo i dati

$CM \cdot \frac{a\sqrt{3}}{4} = \frac{\sqrt{3}}{4}x \cdot \frac{a}{2}$ inseriamo in essa $(x = \frac{a}{2})$ si ha

$CM \cdot \frac{a\sqrt{3}}{4} = \frac{\sqrt{3}}{4} \cdot \frac{a}{2} \cdot \frac{a}{2}$ => $CM \cdot \frac{a\sqrt{3}}{4} = \frac{\sqrt{3}}{16}$ =>

$CM \cdot 4a\sqrt{3} = a^2\sqrt{3}$ => $CM = \frac{a^2\sqrt{3}}{4a\sqrt{3}}$ semplificando si ha

$CM = \frac{a}{4}$ *(punto M sul cateto)*

■ Calcoliamo $AM = AC - CM$ ossia $AM = \frac{a}{2} - \frac{a}{4}$ =>

$AM = \frac{2a-a}{4}$ risolvendo in $AM = \frac{a}{4}$ *(punto sul cateto)*

Poiché AM è uguale CM significa che il punto M (altezza massima del rettangolo) coincide sulla mezzeria dei cateti del triangolo. L'area massima è $A_{massima} = x \cdot KH$ sostituendo i valori si ha $A_{massima} = \frac{a}{2} \cdot \frac{\sqrt{3}}{4}(a - \frac{a}{2}) => A_{massima} = \frac{a\sqrt{3}}{8}(a - \frac{a}{2})$

$=> A_{massima} = \frac{a^2}{8} - \frac{a^2\sqrt{3}}{16} => A_{massima} = \frac{2a^2\sqrt{3} - a^2\sqrt{3}}{16} =>$

$\boxed{A_{massima} = \frac{a^2\sqrt{3}}{16}}$ *(area massima del rettangolo)*

Risposta:

i vertici del rettangolo opposti alla base sono sulla metà dei lati di AC e BC; l'area massima è $\boxed{A_{massima} = \frac{a^2\sqrt{3}}{16}}$; e la base del rettangolo è $\boxed{x = \frac{a}{2}}$, cioè la metà del lato minore.

1d) Se la sezione verticale ha forma di quadrato vuol dire che tagliando il triangolo si ottengono due figure ha sezione a base quadrata e vertici (la prima A e la seconda B), con base comune

il lato del quadrato, vedi figure 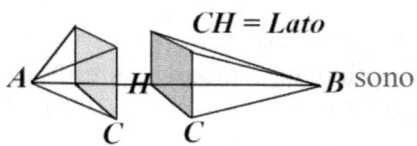 sono

due piramide a base quadrata, quindi gli elementi noti sono:

$\begin{bmatrix} AH = \frac{a}{4} \\ BH = \frac{3a}{4} \\ CH = \frac{a\sqrt{3}}{4} \end{bmatrix}$ Denominiamo $\begin{bmatrix} AH = b_1 = \frac{a}{4} \ (base\ 1) \\ BH = b_2 = \frac{3a}{4} \ (base\ 2) \\ CH = L \ (lato\ unico) \end{bmatrix}$

L'area della base è $A_{base} = \overline{CH^2}$ inseriamo i dati $L = \frac{a\sqrt{3}}{4}$ già noto (altezza del triangolo) si ha $A_{base} = (\frac{a\sqrt{3}}{4})^2 =>$

$A_{base} = \frac{3}{16}a^2$ *(area del quadrato)*

Calcoliamo i volumi delle due piramidi, denominandole con W_1 e W_2, si ha $W_1 = A_{base}(\frac{h=b_1}{3})$ inseriamo i dati

$W_1 = (\frac{3}{16}a^2)\frac{\frac{a}{4}}{3} => W_1 = \left(\frac{3}{16}a^2\right)\left(\frac{a}{12}\right)$ semplificando si ha

$W_1 = \frac{a^3}{64}$ *(primo volume)*

$W_2 = A_{base}\left(\frac{h=b_2}{3}\right)$ inseriamo i dati $W_2 = (\frac{3}{16}a^2)\frac{\frac{3a}{4}}{3} =>$

$W_2 = \left(\frac{3}{16}a^2\right)\left(\frac{3a}{12}\right)$ semplificando si ha moltiplicando si ha

$W_2 = \left(\frac{3}{16}a^2\right)\left(\frac{a}{4}\right) => W_2 = \left(\frac{3a^2}{64}\right)$ *(primo volume)*

Il volume complessivo è la somma dei due volumi, cioè $V = W1+W2 => V=a364+3a264 => V=a3+3a264 => V=4a364$

semplificando si ha $V = \frac{1}{16}a^3$ *(volume del poligono)*

Problema 2

Assegnato nel piano il semicerchio r di centro C e diametro AB $= 2$, si affrontino le seguenti questioni:

a) Si disegni nello stesso semipiano di r un secondo semicerchio r_1 tangente ad AB in C e di uguale raggio 1. Si calcoli l'area dell'insieme piano intersezione dei due semicerchi r e r_1.

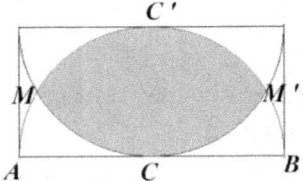

b) Si trovi il rettangolo di area massima inscritto in r.

c) Sia P un punto della semicirconferenza di r, H la sua proiezione ortogonale su AB. Si ponga $P\hat{C}B = x$ e si esprimano in funzione di x le aree S_1 e S_2 dei triangoli APH e PCH. Si calcoli il rapporto $f(x) = \dfrac{S_1(x)}{S_2(x)}$

d) Si studi *f(x)* e se ne disegni il grafico prescindendo dai limiti geometrici del problema.

Svolgimento

a) Rifacciamo la figura, inserendo gli elementi utili

al calcolo dell'area richiesta, vedi figura

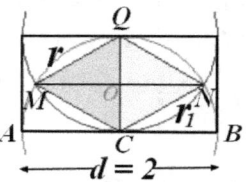

per costruzione abbiamo:

$$\begin{bmatrix} CM = CQ = CN \\ QM = QC = QN \\ CMQ \ e \ CNQ \ equilateri \\ M\hat{C}N = 120° = \dfrac{2\pi}{3} \\ Q\hat{N}C = 60° = \dfrac{\pi}{3} \end{bmatrix}$$

Poiché i triangoli CMQ e CNQ sono equilateri tutti gli angoli misurano 120° , cioè $\dfrac{2\pi}{3}$ ed essendo 1/3 della circonferenza si può definire che l'area di ciascun settore circolare è 1/3 dell'area della rispettiva circonferenza.

Il lato $OQ = OC = \dfrac{1}{2}$, mentre il lato OM = ON è il seno di 60° , quindi del triangolo equilatero; è l'area settore circolare, noto (r = 1) è $A_{1° \ sett.} = \dfrac{1^2\pi}{3}$ ossia $A_{1° \ sett.} = \dfrac{\pi}{3}$ *(area settore circolare)*

L'area del triangolo $A_{MCN} = 2(\dfrac{bh}{2})$ inserendo in essa i dati si ha

$A_{MCN} = 2(\dfrac{\frac{1}{2}\cdot\frac{\sqrt{3}}{2}}{2})$ semplificando si ha $A_{MCN} = \dfrac{1}{2} \cdot \dfrac{\sqrt{3}}{2}$ ossia

144

$A_{MCN} = \frac{\sqrt{3}}{4}$ *(area del triangolo MCN)*

L'area totale è 2 volte la differenza dell'area del settore circolare meno quella del triangolo, si ha

$A_{totale} = 2(\ \underset{\substack{settore \\ circolare}}{\overset{\frown}{\frac{\pi}{3}}}\ -\ \underset{\substack{triangolo \\ equilatero}}{\overset{\frown}{\frac{\sqrt{3}}{4}}}\ )$ ossia $\boxed{A_{totale} = \frac{4\pi - 3\sqrt{3}}{6}}$ *(area)*

b) Si tracci ad arbitrio un rettangolo nella semi circonferenza di

r , vedi figura

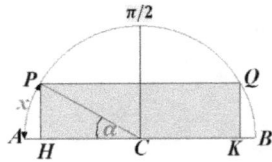

Poniamo x l'arco di circonferenza del triangolo $P\hat{C}A$, variabile

da 0° a 90° cioè $\overset{\overbrace{\qquad}^{angolo}}{0 \le x \le \frac{\pi}{2}}$, allora quando x aumenta di ampiezza il punto P si avvicina sempre più , e i cateti del triangolo , altezza e semi base, raggiungeranno un punto in cui entrambi saranno uguali, questa posizione si verifica quando l'angolo è 45°, in tal caso (PC = 1) e l'ampiezza dell'arco di 45°

è $x = \frac{\pi}{4}$, si ha un quadrato, vedi figura   e

la superficie massima è il doppio della superficie del quadrato. Osservando la figura l'ipotenusa è uguale a 1 e il triangolo PCH è equilatero con 2 lati uguali *(senx = cosx)*, e sono entrambi uguali al valore di $\frac{\sqrt{2}}{2}$, quindi l'area del rettangolo è $S(x) =$

$2(\frac{\sqrt{2}}{2} \cdot \frac{\sqrt{2}}{2}) => S(x) = 2(\frac{2}{4})$ ossia

$S(x) = 1$ *(superficie massima del rettangolo)*

$$1^2 = l^2 + l^2 \Rightarrow 1 = 2l^2 \Rightarrow l^2 = \frac{1}{2} \Rightarrow l = \sqrt{\frac{1}{2}} \Rightarrow$$

$l = \frac{1}{\sqrt{2}}$ *(lato del quadrato)*

In alternativa si giunge anche considerando i lati uguali $(senx = cosx)$, cioè $S(x) = 2(senx \cdot cosx)$ poiché a 45° il seno e coseno sono uguali si ha $S(x) = 2(senx \cdot senx)$ ossia $S(x) = 2sen^2(x)$ *(superficie massima del rettangolo)*
Il doppio del rettangolo è un quadrato inscritto nella circonferenza e la sua area è $S(x) = (2senx)(2sen(x)$ cioè

$$S(x) = \left(2\frac{\sqrt{2}}{2}\right)\left(2\frac{\sqrt{2}}{2}\right) \Rightarrow S(x) = \sqrt{2} \cdot \sqrt{2} \text{ ossia}$$

$S(x) = 2$ *(verifica perfetta, l'area del rettangolo è ½ del quadrato inscritto)*

Risposta:

La superficie massima del rettangolo inscritto nella semi circonferenza si ha quando il seno e coseno sono uguali ovvero con 45° .

c) Costruiamo un grafico della semi circonferenza con le proiezione di P e quella ortogonale sul diametro, vedi figura

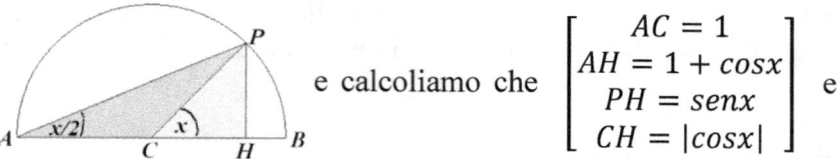 e calcoliamo che $\begin{bmatrix} AC = 1 \\ AH = 1 + cosx \\ PH = senx \\ CH = |cosx| \end{bmatrix}$ e

denominiamo $\begin{bmatrix} S_1(x) = H\hat{A}P \\ S_2(x) = H\hat{P}C \end{bmatrix}$ e calcoliamo le aree in

$S_1(x) = \frac{senx\,(1+cosx)}{2}$ e $S_2(x) = \frac{senx\,|cosx|}{2}$, quindi la funzione f(x) è il rapporto delle due superficie

$$f(x) = \frac{\frac{senx\,(1+cosx)}{2}}{\frac{senx\,|cosx|}{2}} \quad \text{ossia} \quad f(x) = \frac{senx\,(1+cosx)}{2} \cdot \frac{2}{senx\,|cosx|} \Rightarrow$$

$$f(x) = \frac{senx\,(1+cosx)}{senx\,|cosx|} \text{ semplificando si ha}$$

$f(x) = \frac{1+cosx}{|cosx|}$ che si scrive pure $f(x) = \frac{1}{|cosx|} + \frac{cosx}{|cosx|}$ =>
$f(x) = \frac{1+cosx}{|cosx|}$ *(funzione voluta)*

Risposta:

Si tratta di una funzione trigonometrica che geometricamente va studiata nell'intervallo di x appartenente ai reali del 1° e 2° quadrante cioè $I =]0, \frac{\pi}{2}[\cup]\frac{\pi}{2}, \pi[$

d) Per studiare la funzione $f(x) = \frac{1+cosx}{|cosx|}$, la dobbiamo sdoppiare, cioè $f(x) = \frac{1}{|cosx|} + \frac{cosx}{cosx}$ ossia $f(x) = \frac{1}{|cosx|} + 1$ e poiché si tratta di modulo lo studio è mirato alla sola ordinata positiva e quindi tutta in modulo, cioè $f(x) = \left|\frac{1}{cosx} + 1\right|$.

Studiamo la funzione $\frac{1}{cosx}$ denominandola $g(x) = \frac{1}{cosx}$ e applichiamo per prima una traslazione e poi un valore assoluto. Ricordiamo che g(x) è una funzione trigonometria secante periodica di 2π e il suo intervallo di applicazione è $[0, 2\pi]$ escluso i punti in cui la funzione si annulla $\frac{\pi}{2}$ e $\frac{3\pi}{2}$, il segno è positivo se e solo se il dominio è maggiore di zero $(x > 0)$.

La funzione f(x) invece ha segni diversi è negativa per il dominio $]\frac{\pi}{2}, \frac{3\pi}{2}]$, mentre e positiva per due parti del dominio $]0, \frac{\pi}{2}] \cup]\frac{3\pi}{2}, 2\pi]$. La rette $x = \frac{\pi}{2}$ e la retta $\frac{3\pi}{2}$ sono gli asintoti verticali,

vedi figura 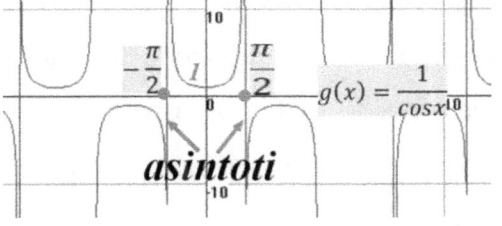 mentre la

asintoti

funzione f(x) è tutta sull'asse del domini positivo perché si tratta

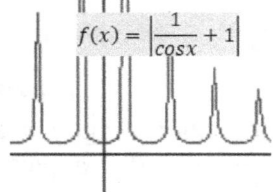

di valore assoluto , vedi figura

Quesiti 2008 liceo scientifico

_1._ Si consideri la seguente proposizione: «Se due solidi hanno uguale volume, allora, tagliati da un fascio di piani paralleli, intercettano su di essi sezioni di uguale area». Si dica se essa è vera o falsa e si motivi esaurientemente la risposta.

Risposta falsa

E sicuramente falsa, osservare la figura 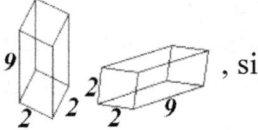 , si

tratta di due prismi (uno in verticale e l'altro un orizzontale con uguale volume), se selezioniamo i prismi con fasci paralleli le sezioni sono diverse: il Primo ha una sezione quadrata e il secondo una sezione rettangolare.

_2._ Ricordando che il lato del decagono regolare inscritto in un cerchio è sezione aurea del raggio, si provi che $\frac{sen\pi}{10} = \frac{\sqrt{5}-1}{4}$

Svolgimento:

La sezione aurea di un punto $\mathcal{C}$ proporzionale al segmento

$$A \underset{c}{\rule{3cm}{0.4pt}} B \quad \text{in cui} \quad \begin{bmatrix} \overline{AB} = a \\ \overline{\overline{Ac}} = x \\ \overline{\overline{Bc}} = a - x \end{bmatrix} \quad \text{si}$$

verifica che $a: x = x: (a - x)$ ossia $x^2 + ax - a$ con
soluzione $x = \frac{\sqrt{5}-1}{2}$ è ben diversa dalla formula $x = \frac{\sqrt{5}-1}{4}$
che corrisponde alla particolare sezione aurea del triangolo
(36°; 72°; 72°), quindi precisando questa differenza prendiamo il
triangolo qualsiasi, esempio il numero 1 del decagono in figura e
ingrandito accanto.

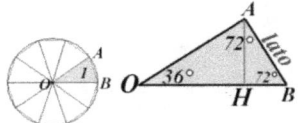 Il lato $\overline{AB}$ è la secante dell'arco $A\hat{O}B$ ed

avente il decagono ha 10 lati; l'angolo opposto al lato risulta
$\frac{360°}{10} = 36°$ mentre gli angoli opposti al triangolo AOB sono
uguali *(triangolo isoscele)*, per cui $\hat{A} + \hat{B} = 180 - \hat{O}$ e quindi
$\hat{A} + \hat{B} = 180 - \overline{36°} \Rightarrow \hat{A} + \hat{B} = 144°$ ed avente i lati uguali si

ha $\begin{bmatrix} \hat{A} = \frac{144}{2} \\ \hat{B} = \frac{144}{2} \end{bmatrix}$ cioè $\begin{bmatrix} \hat{A} = 72° \\ \hat{B} = 72° \end{bmatrix}$.

Per la somma degli angoli interni l'angolo $H\hat{A}B$ è $180 - (90° + 72°)$ ossia $H\hat{A}B = 18°$, mentre l'angolo $O\hat{A}H = 72° - 18°$, cioè
$O\hat{A}H = 54°$. Dalla similitudine dei triangoli si ha
$\overline{AH}: sen(18°) = \overline{\overline{AH}}: sen(54°)$ si ha
$\overline{AH} \cdot sen(18°) = \overline{\overline{AH}}: sen(54°)$ dividendo ambo i membri per
$\overline{AH}$ si ha $\frac{\overline{AH}}{\overline{AH}} \cdot sen(18°) = \frac{\overline{\overline{AH}}}{\overline{AH}}: sen(54°)$ ossia
$sen(18°) = sen(54°)$ (dimostrazione perfetta)

Risposta vera

Il seno di $\frac{\pi}{10} = 18°$ è perfettamente uguale al seno del rettangolo particolare (angoli 36°; 72°; 72°) della sezione aurea particolare.

3. Fra le casseruole, di forma cilindrica, aventi la stessa superficie S (quella laterale più il fondo) qual è quella di volume massimo?

<h2 style="text-align:center">*Svolgimento:*</h2>

Si ponga $\begin{bmatrix} r = x \\ h = altezza \\ S = area\ totale \end{bmatrix}$, vedi casseruola in figura

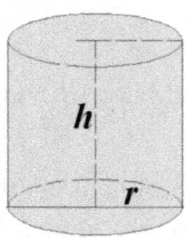

L'area della base del cilindro è $S_{base} = 2(\pi x^2)$ mentre l'area dell'involucro laterale del cilindro è $S_l = 2(\pi \cdot r^2) \cdot h$ allora la l'area totale è $S = \overbrace{2\pi x^2}^{S.\ base} + \overbrace{2\pi \cdot x \cdot h}^{S.laterale}$ *(area con 2 basi),* ma a noi interessa il volume con 1 sola base, cioè

$S = \overbrace{\pi x^2}^{S.\ base} + \overbrace{(2\pi \cdot x) \cdot h}^{S.laterale}$ *(area con 1sola base)*

Calcoliamo che $h = \frac{S - \pi x^2}{2\pi \cdot x}$ *(altezza della casseruola)*

Considerando l'area di una sola base $S = \pi \cdot x^2$ calcoliamo

$x^2 = \frac{S}{\pi} \Rightarrow x = \sqrt{\frac{S}{\pi}}$ allora i limiti del raggio x sono

$0 \le x \le \sqrt{\frac{S}{\pi}}$ *(raggio della casseruola).*

Il volume è la formula della casseruola è $V = S_{base} \cdot altezza$,

inserendo in essa i rispettivi dati si ha $V_{(x)} = \overbrace{\pi \cdot x^2}^{base} \, \overbrace{\left(\frac{S - \pi x^2}{2\pi \cdot x}\right)}^{altezza}$

semplificando si ha $V_{(x)} = \frac{1}{2}x(S - \pi x^2)$ *(funzione del volume)*

La funzione ha il massimo volume quando la derivata della funzione $V'_{(x)}$ si annulla, si tratta di derivare un prodotto $y' = $

$\frac{1}{2}x(-2\pi x) + \frac{1}{2}(S - \pi x^2) => y' = -\pi x^2 + \frac{S}{2} - \frac{\pi x^2}{2} =>$

$y' - 2\pi x^2 + S - \pi x^2 => y' - 2\pi x^2 - \pi x^2 + S =>$

$y' = \frac{-3\pi x^2 + S}{2}$ *(derivata della funzione).*

Per ottenere il massimo si pone la condizione che $y' = 0$ cioè

$\frac{-3\pi x^2 + S}{2} = 0 => -3\pi x^2 + S = 0 \quad S = 3\pi x^2$ ossia

$x = \sqrt{\frac{S}{3\pi}}$ *(ascissa = raggio massimo della casseruola)*

Per calcolare l'ordinata y della funzione (volume massimo) dobbiamo sostituire l'ascissa x nella funzione del volume

$V_{(x)} = \frac{1}{2}x(S - \pi x^2)$, si ha $V_{(x)} = \frac{1}{2}\sqrt{\frac{S}{3\pi}}(S - \pi \sqrt{\frac{S}{3\pi}}^{\,2}) =>$

$V_{(x)} = \frac{1}{2}\sqrt{\frac{S}{3\pi}}(S - \pi \frac{S}{3\pi})$ semplifichiamo

$V_{(x)} = \frac{1}{2}\sqrt{\frac{S}{3\pi}}(S - \frac{S}{3}) => V_{(x)} = \frac{1}{2}\sqrt{\frac{S}{3\pi}}(\frac{3S - S}{3}) => V_{(x)} = \frac{1}{2}\sqrt{\frac{S}{3\pi}}(\frac{2S}{3})$

riportiamo tutto in radice $V_{(x)} = \sqrt{\frac{4 \cdot S \cdot S^2}{4 \cdot 3\pi \cdot 9}}$ ossia $V_{(x)} = \sqrt{\frac{4 \, S^3}{4 \cdot 3\pi \cdot 9}}$

abbiamo $V_{(x)} = \sqrt{\frac{S^3}{27\pi}}$ *(volume Max in funzione della superf.)*

■ Se vogliamo il volume in funzione del raggio sostituiamo nel

volume la superficie $(S = \pi r^2)$, cioè $V_{(x)} = \sqrt{\frac{(\pi r^2)^3}{27\pi}} =>$

$V_{(x)} = \sqrt{\frac{(\pi r^2)^2(\pi r^2)}{27\pi}}$ ossia $V_{(x)} = \pi r^2 \sqrt{\frac{\pi r^2}{27\pi}}$ portiamo fuori radice

il raggio $V_{(x)} = \pi r^2 \cdot r\sqrt{\frac{1}{27}}$ cioè $V_{(x)} = \sqrt{\frac{1}{27}}\pi r^3$ ossia

$V_{(x)} = \frac{\pi r^3}{\sqrt{27}}$ *(volume in funzione del raggio)*

■ Per calcolare l'altezza dell'altezza dobbiamo uguagliare il volume con la sua formula, $V_{(x)} = \pi r^2 \cdot h$ ossia $\frac{\sqrt{(\pi r^2)^3}}{\sqrt{\pi 27}} = \pi r^2 h$

$\Rightarrow \sqrt{(\pi r^2)^3} = \sqrt{\pi 27}\pi r^2 h \Rightarrow h = \frac{\sqrt{(\pi r^2)^3}}{\sqrt{\pi 27}(\pi r^2)} \Rightarrow h = \frac{\sqrt{(\pi^3 r^6)}}{\sqrt{\pi 27}(\pi r^2)}$

semplifichiamo $h = \frac{\sqrt{(\pi^2 r^6)}}{\sqrt{27}}(\frac{1}{\pi r^2}) \Rightarrow h = \sqrt{\frac{(\pi^2 r^6)}{27\pi^2 r^4}} \Rightarrow$

$h = \sqrt{\frac{r^2}{27}} \Rightarrow h = r\sqrt{\frac{1}{27}}$ $h = 0{,}3849 \cdot r$ *(altezza casser.)*

Risposta

I dati per un volume massimo della casseruola sono

$V_{(Max)} = \begin{bmatrix} \sqrt{\frac{s^3}{\pi 27}} \\ h = \frac{1}{\sqrt{27}} \cdot r \end{bmatrix}$, e a parità di raggio qualsiasi volume è

massimo quando l'altezza è maggiore di $\sqrt{\frac{1}{27}}$ del raggio.

4. Si esponga la regola del marchese de L'Hôpital (1661-1704) e la si applichi per di mostrare che è: $\lim_{x \to +\infty} \frac{x^{2008}}{2^x} = 0$

Svolgimento:

La regola di De l'Hopital si applica ai limiti indeterminati $\frac{0}{0}; \frac{\infty}{\infty}$, questi limiti calcolati normalmente non hanno un limite, ma applicando la regola di De L'Hopital che recita: se esistono le derivate di f(x) numeratore e g(x) denominatore il rapporto del limite delle derivate , se esiste è il loro limite, per cui facciamo il rapporto delle derivate $\min_{x\to\infty}\frac{y'=x^{2008}}{y''=2^x}$ $\Rightarrow\min_{x\to\infty}\frac{2008\cdot x^{2008-1}}{\ln(2)\cdot 2x}$ $\Rightarrow\min_{x\to\infty}\frac{2008\cdot x^{2007}}{\ln(2)\cdot x}$. il limite delle funzioni $\frac{f(x)}{g(x)}$ è ancora zero.

Risposta non vera

La regola di De l'Hopital per il caso proposto non ha prodotto esisto positivo, quindi non sempre la regola è valida,.

5. Si determini un polinomio P(x) di terzo grado tale che:
$P(0) = P'(0) = 0$, $P(1) = 0$ e $\int_0^1 P(x)dx = \frac{1}{12}$,

Svolgimento:

Il polinomio di 3° grado normale per essere zero sarà una differenza $P(x) = -x^3 + x^2$ si denominano un coefficiente (a) uguale per ciascuna incognita, cioè, $P(x) = -ax^3 + ax^2$ mettiamo in evidenza $P(x) = a(-x^3 + x^2)$.

Poiché l'integrale di P(x) deve essere $\frac{1}{12}$ si ha

$\frac{1}{12} = \int_0^1 a(x^3 - x^2)dx$, risolviamo l'integrale

$\frac{1}{12} = a\left\{\left[\frac{-x^{3+1}}{3+1}+\frac{x^{2+1}}{2+1}\right]^1 - \left[\frac{-x^{3+1}}{3+1}+\frac{x^{2+1}}{2+1}\right]_0\right\} \Rightarrow$

$\frac{1}{12} = a\left\{\left[\frac{-x^4}{4}+\frac{x^3}{3}\right]^1 - \left[\frac{-x^4}{3}+\frac{x^3}{3}\right]_0\right\}$, il secondo termine si annulla perché (x = 0), allo ari ha un solo termine

$\frac{1}{12} = a\left\{\left[\frac{-x^4}{4}+\frac{x^3}{3}\right]^1\right\}$che risolviamo in $\frac{1}{12} = a\left\{\left[-\frac{1}{4}x^1 + \right.\right.$

13x1=> 112=a−14+13=> a(−3+412) => 112a

Verifica: sostituiamo al polinomio $P(x) = -x^3 + x^2$ il coefficiente $\frac{1}{12}a$ si ha $-\frac{1}{12}ax^3 + \frac{1}{12}ax^2 = 0$ m. c. m. $-ax^3 + ax^2 = 0$ in evidenza $ax^2(-x + 1) = 0$ sono due equazioni $\begin{bmatrix} ax^2 = 0 \\ -x + 1 = 0 \end{bmatrix}$, i risultati sono $\begin{bmatrix} x = 0 \\ x = 1 \end{bmatrix}$ *(soluzioni del polinomio)*

Risposta

Il polinomio richiesto è $P(x) = -x^3 + x^2$, vedi figura

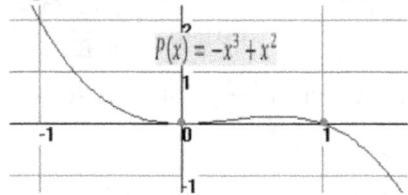

6. Se $\binom{n}{1}, \binom{n}{2}, \binom{n}{3}$ con (n > 3) sono in progressione aritmetica, qual è il valore di n?

Svolgimento:

Una successione numerica si dice progressione aritmetica se, a partire dal secondo termine della successione, la differenza fra ogni termine e il precedente è costante, allora se $(n > 3)$ la successione aritmetica $\binom{n}{n-1} ; \binom{n}{n-2} ; \binom{n}{n-3}$ sono 3 numeri (n = ?) della successione da calcolare. Per calcolarli dobbiamo utilizzare le formule dei fattoriali $\binom{n}{k}$ dei coefficienti polinomiali di una funzione. Assegnando ai coefficienti la lettera a e tenendo conto della successione aritmetica si impone la condizione che   i la tecnica dei $(a_3 - a_2 = a_2 - a_1)$, poiché i numeri assegnati sono 3, si tratta di calcolare i coefficienti di 3 termini fattoriali, quindi $a_1 = \binom{n}{n-1}$ => $a_1 = \frac{n!}{1!(n-1)!}$ per le proprietà che $\binom{n}{1} = \frac{n!}{1!(n-1)}$ si afferma che $a_1 = n$

$a_2 = 2 \binom{n}{n-2}$ => $a_2 = \frac{n!}{2!(n-2)!}$ risolviamo i fattoriali per 2 volte (perché n – 2), si ha $a_2 = \frac{n(n-1)(n-2)}{(n-2)!\cdot(2!)}$ risolviamo il denominatore $a_2 = \frac{n(n-1)(n-2)}{(n-2)\cdot 2}$ semplificando si ha $a_2 = \frac{n(n-1)}{2}$;

$a_3 = -\binom{n}{n-3}$ => $a_3 = \frac{n!}{3!(n-3)}$ risolviamo i fattoriali per 3 volte (perché n – 3), si ha $a_3 = \frac{n(n-1)(n-2)(n-3)}{3!(n-3)}$ semplificando si ha $a_3 = \frac{n(n-1)(n-2)}{3!}$ => $a_3 = \frac{n(n-1)(n-2)}{6}$. L'uguaglianza della progressione aritmetica con i coefficienti è$(a_3 - a_2 = a_2 - a_1)$

, quindi abbiamo $\overbrace{\frac{n(n-1)(n-2)}{6}}^{a_3} - \overbrace{\frac{n(n-1)}{2}}^{a_2} = \overbrace{\frac{n(n-1)}{2}}^{a_2} - \overbrace{n}^{a_1}$

(m. c. m.) si ha $n(n-1)(n-2) - 3n(n-1) = 3n(n-1) - 6n$ =>
$(n^2 - n)(n-2) - 3n^2 + 3n = 3n^2 - 3n - 6n$ =>
$(n^2 - n)(n-2) - 3n^2 + 3n - 3n^2 + 3n + 6n = 0$ ossia
$n^3 - 2n^2 - n^2 + 2n - 3n^2 + 3n - 3n^2 + 3n + 6n = 0$
raccogliere a fattore comune
$n^3 - 9n^2 + 14n = 0$ *(equaz. della successione aritmetica)*
Mettiamo in evidenza n si ha $n(n^2 - 9n + 14) = 0$. La prima soluzione è zero.

La risoluzione dell'equazione di 2° grado è $n_{1;2} = \frac{-b \pm \sqrt{b^2 - 4ac}}{2a}$ =>

$n_{1;2} = \frac{-(-9) \pm \sqrt{(-9)^2 - 4 \cdot 1 \cdot 14}}{2 \cdot 1}$ => $n_{1;2} = \frac{9 \pm \sqrt{81 - 56}}{2}$ => $n_{1;2} = \frac{9 \pm \sqrt{25}}{2}$ =>

$n_{1;2} = \frac{9 \pm 5}{2}$ => $\begin{bmatrix} n_1 = \frac{9+5}{2} \\ n_2 = \frac{9-5}{2} \end{bmatrix}$ => $\begin{bmatrix} n_1 = 7 \\ n_2 = 2 \end{bmatrix}$ *(soluzioni),* vedi grafici

$y = n^2 - 9n + 14$

$y = n^3 - 9n^2 + 14n$

Verifica:
La soluzione che soddisfa la condizione proposta, per
$(n > 3)$ è $(n = 7)$, tale valore va sostituito
nei rispettivi coefficienti calcolati per ottenere i 3 numeri della successione aritmetica, cioè

$$\begin{bmatrix} a_1 = n \\ a_1 = \frac{n(n-1)}{2} \\ a_1 = \frac{n(n-1)(n-2)}{6} \end{bmatrix} \text{ cioè } \begin{bmatrix} a_1 = 7 \\ a_1 = \frac{7(7-1)}{2} \\ a_1 = \frac{7(7-1)(7-2)}{6} \end{bmatrix} => \begin{bmatrix} a_1 = 7 \\ a_1 = \frac{42}{2} \\ a_1 = \frac{42(5)}{6} \end{bmatrix} =>$$

$$\begin{bmatrix} a_1 = 7 \\ a_1 = 21 \\ a_1 = 35 \end{bmatrix}$$ *(coeffic. polinomiali)*

Risposta:

La successione che soddisfa $(n > 3)$ è il numero $(n \geq 7)$ e i 3

numeri della successione sono i seguenti: $\begin{bmatrix} a_1 = 7 \\ a_1 = 21 \\ a_1 = 35 \end{bmatrix}$

Per maggiore approfondimento a questo esercizio, inerente i calcoli fattoria riportiamo alcuni esempi svolti, teoremi e proprietà dei calcoli fattoriali, molto utili, si ha

Proprietà fattoriali

- $\begin{bmatrix} 0! = 1 \\ 1! = 1 \end{bmatrix}$ (per convenzione)

- $(n!) = n(n-1)!$ caso ricorsivo, funziona solo e soltanto se $(n \neq 0)$

- $(n!) = n(n-1)(n-2)(n-3)\ldots(n - n = 0|)$
assumiamo $(0! = 1)$

- $\binom{n}{0} = 1$ infatti $\binom{n}{0} = \frac{n!}{0!(n-0)!}$ $=>\binom{n}{0} = \frac{n!}{1!(n)!}$ ossia

$\binom{n}{0} = \frac{n!}{n!} => \binom{n}{0} = 1$ dimostrato

- $\binom{n}{k} = \frac{n!}{k!(n-k)!}$ (Una delle proprietà dei fattoriali)

- $\binom{n}{n-k} = \frac{n!}{(n-k)!k \cdot (n-k-1)!}$ che si scrive anche $\binom{n}{n-k} =$

$\frac{n!}{(n-k)!k \cdot (n-k) \cdot 1!} => \binom{n}{n-k} = \frac{n(n-k)}{(n-k)!k \cdot (n-k)}$ semplificando si ha

$\binom{n}{n-k} = \frac{n}{(n-k)!}$ *(prop. dimostrata)*

Relazione di Stiefel $\binom{n}{k} = \binom{n-1}{k} + \binom{n-1}{k-1}$

Dobbiamo dimostrare che è valida l'uguaglianza: sviluppiamo il secondo termine e dimostriamo che è uguale al primo $\binom{n}{k}$.

Applicando il calcolo dei fattoriali, si ha

$\frac{(n-1)!}{k!(n-1-k)!} + \frac{(n-1)!}{(k-1)![n-1-(k-1)]!}$ risolviamo la parentesi quadra

$\frac{(n-1)!}{k!(n-1-k)!} + \frac{(n-1)!}{(k-1)!(n-k)!}$ mettiamo in evidenza $(k-1)$ si ha

$(n-1)! \left(\frac{1}{k!(n-1-k)!} + \frac{1}{(k-1)!(n-k)!} \right)$ m. c. m.

$(n-1)! \left(\frac{(n-k)+k}{k(k-1)!(n-k)(n-k-1)!} \right)$ ricordiamo che

$\left[\begin{array}{c} k(k-1)! = k! \\ (n-k)(n-k-1) = (n-k-1)! \end{array} \right]$, quindi otteniamo

$(n-1)! \left(\frac{n-k+k}{k(k-1)!} \right)$ risolvo il numeratore

$(n-1)! \left(\frac{n}{k(n-k)!} \right)$ facciamo il prodotto $\left(\frac{n(n-1)!}{k(n-k)!} \right)$ semplifico in

$\binom{n}{k}$ *(dimostrazione perfetta)*

Relazione di ricorrenza $\binom{n}{k+1} = \binom{n}{k} \cdot \binom{n-k}{k+1}$

Dobbiamo dimostrare che è valida l'uguaglianza: sviluppiamo il secondo termine e dimostriamo che è uguale al primo $\binom{n}{k+1}$.

Applicando il calcolo dei fattoriali, si ha $\binom{n}{k} \cdot \binom{n-k}{k+1} =$

$\left(\frac{n!}{k!(n-k)!} \right) \left(\frac{n.k}{k+1} \right)$ per semplificare ricordiamo che

$$\begin{bmatrix} (n-k)! = (n-k)(n-k-1)! \\ (k+1)k! = (k+1)! \end{bmatrix}$$, quindi otteniamo

$\left(\frac{n!(n-k)}{(k+1)!(n-k)(n-k-1)!}\right)$ semplificando si ha $\left(\frac{n!}{(k+1)k!(n-k-1)!}\right)$ che si

scrive anche nella forma $\left(\frac{n!}{(k+1)![(n-(k+1)]!}\right)$ che corrisponde, in

forma fattoriale a

$\left(\frac{n}{k+1}\right)$ *(dimostrazione dell'uguaglianza perfetta)*

Sviluppo dei coefficienti polinomiali $(a+b)^5$

Dobbiamo risolvere il polinomio in forma lineare e calcolare i suoi coefficienti di ciascun termine.

Si pone il polinomio in forma fattoriale $\binom{n}{k} = \frac{n!}{k!(n-k)!}$ per cui il

polinomio da risolvere si compone in tanti $\binom{n}{k} = esponente + 1$

, perché il primo è zero, cioè

$(a+b)^5 = \binom{5}{0} + \binom{5}{1} + \binom{5}{2} + \binom{5}{3} + \binom{5}{4} + \binom{6}{5}$ ora

applichiamo i fattoriali $\binom{n}{k} = \frac{n!}{k!(n-k)!}$ si ha

$(a+b)^5 = \left(\frac{5!}{0!(5-0)!}\right) + \left(\frac{5}{1!(5-1)!}\right) + \left(\frac{5}{2!(5-2)!}\right) + \left(\frac{5}{3!(5-3)!}\right) +$

$\left(\frac{5}{4!(5-4)!}\right) + \left(\frac{5}{5!(5-5)!}\right) =>$

$(a+b)^5 = \left(\frac{5!}{1(5)!}\right) + \left(\frac{5}{1!(4!)}\right) + \left(\frac{5}{2!(3!)}\right) + \left(\frac{5}{3!(2!)}\right) + \left(\frac{5}{4!(1!)}\right) +$

$\left(\frac{5}{5!(0!)}\right)$ calcoliamo i fattoriali numerici , ricordando che $(0! = 1)$ e $(1! = 1)$

si ha $(a+b)^5 = \left(\frac{120}{1 \cdot 120}\right) + \left(\frac{120}{24}\right) + \left(\frac{120}{12}\right) + \left(\frac{120}{12}\right) + \left(\frac{120}{24}\right) + \left(\frac{120}{120}\right) =>$

$(a+b)^5 = (1) + (5) + (10) + (10) + (5) + (1)$

(sono i coefficienti del polinomio)

Il polinomio è composto $a^5 \cdot b^0 + a^4 \cdot b^1 + a^3 \cdot b^2 + a^2 \cdot b^3 + a^1 \cdot b^4 + a^0 \cdot b^5$ ossia $a^5 + a^4 \cdot b + a^3 \cdot b^2 + a^2 \cdot b^3 + ab^4 + b^5$ inserendo in essa i coefficienti calcolati si ha

$1a^5 + 5a^4 \cdot b + 10a^3 \cdot b^2 + 10a^2 \cdot b^3 + 5ab^4 + 1b^5$ ossia

$(a + b)^5 = a^5 + 5a^4 \cdot b + 10a^3 \cdot b^2 + 10a^2 \cdot b^3 + 5ab^4 + b^5$

(scomposizione del polinomio)

Esercizio n. 1

Calcolare l'uguaglianza è $3 \cdot \binom{n}{3} = 2 \binom{n}{4}$, la condizione di esistenza per soddisfare l'uguaglianza è che sia $(n \geq 4)$ per cui calcoliamo l'espressione in fattoriali. Si ha

$3 \dfrac{n!}{3!(n-3)!} = 2! \dfrac{n!}{4!(n-4)!}$ svolgiamo   i   fattoriali

$\dfrac{3 \cdot n \cdot (n-1) \cdot (n-2) \cdot (n-3)!}{3 \cdot 2 \cdot 1 (n-3)!} = \dfrac{2 \cdot n \cdot (n-1) \cdot (n-2) \cdot (n-3) \cdot (n-4)!}{4 \cdot 3 \cdot 2 \cdot 1! (n-4)!}$ semplificando si

ha $\dfrac{n \cdot (n-1) \cdot (n-2)}{2} = \dfrac{n \cdot (n-1) \cdot (n-2) \cdot (n-3)}{12}$ possiamo   ancora

semplificare $\dfrac{1}{2} = \dfrac{(n-3)}{12}$ m. c. m. si ha $6 = n - 3 \Rightarrow 6 + 3 = n \Rightarrow$

$n = 9$ *(risultato)*

Poiché $(n > 4)$ l'equazione è realizzabile.

Esercizio n. 2

Calcolare l'uguaglianza $\binom{x+1}{3} = 4x$, la condizione di esistenza per soddisfare l'uguaglianza è che sia $(n + 1 \geq 3)$ cioè $(n \geq 2)$ per cui calcoliamo l'espressione in fattoriali. Si ha $\dfrac{(x+1)!}{3!(n+1-3)!} = 4x$

ossia $\dfrac{(x+1)!}{3!(n-2)!} = 4x$ svolgiamo i fattoriali

$\dfrac{(x+1) \cdot (x+1-1) \cdot (x-1) \cdot (x-2)!}{3 \cdot 2 \cdot 1 (x-2)!} = 4x$

semplificando i numeratori si ha $\dfrac{(x+1) \cdot (x) \cdot (x-1) \cdot (x-2)!}{6(x-2)!} = 4x$

possiamo ancora semplificare $\dfrac{x(x+1) \cdot (x-1)}{6} = 4x$, m, c. m.

$x(x + 1) \cdot (x - 1) = 24x \Rightarrow$ semplifichiamo la x si ha

$(x + 1) \cdot (x - 1) = 24$ cioè $x^2 - x + x - 1 = 24 \Rightarrow$

$x^2 = 24 + 1 \Rightarrow x^2 = 25 \Rightarrow \sqrt{x^2} = \sqrt{25}$ ossia $x = 5$ *(soluzione)*

Poiché $(x > 2)$ l'equazione è realizzabile per $x = 2$.

Esercizio n. 3

Calcolare l'uguaglianza $\binom{x}{3} - \binom{x}{5} = 0$, la condizione di esistenza per soddisfare l'uguaglianza è che sia $(n \geq 5)$ per cui calcoliamo l'espressione in fattoriali. Si ha $\dfrac{x!}{3!(n-3)!} = \dfrac{x!}{5!(n-5)!}$ svolgiamo i fattoriali

$$\frac{x \cdot (x-1) \cdot (x-2) \cdot (x-3)!}{3 \cdot 2 \cdot 1 (x-3)!} = \frac{x \cdot (x-1) \cdot (x-2) \cdot (x-3) \cdot (x-4)(x-5)!}{5 \cdot 4 \cdot 3 \cdot 2 \cdot 1!(x-5)!} \quad \text{ossia}$$

$$\frac{x \cdot (x-1) \cdot (x-2) \cdot (x-3)!}{6(x-3)!} = \frac{x \cdot (x-1) \cdot (x-2) \cdot (x-3) \cdot (x-4)(x-5)!}{120(x-5)!} \quad \text{semplificando i}$$

numeratori si ha $\dfrac{x \cdot (x-1) \cdot (x-2)}{6} = \dfrac{x \cdot (x-1) \cdot (x-2) \cdot (x-3) \cdot (x-4)!}{120(x-4)!}$ possiamo

ancora semplificare $\dfrac{1}{6} = \dfrac{(x-3) \cdot (x-4)}{120}$, m, c. m. $20 = (x-3) \cdot$ $(x-4) \Rightarrow 20 = x^2 - 4x - 3x + 12 \Rightarrow 20 = x^2 - 7x + 12 \Rightarrow$ $x^2 - 7x + 12 - 20$ ossia $x^2 - 7x - 8$ *(equazione di 2°)*

L'equazione di 2° grado è $n_{1;2} = \dfrac{-b \pm \sqrt{b^2 - 4ac}}{2a} \Rightarrow$

$n_{1;2} = \dfrac{-(-7) \pm \sqrt{(-7)^2 - 4 \cdot 1 \cdot -8}}{2 \cdot 1} \Rightarrow n_{1;2} = \dfrac{7 \pm \sqrt{49+32}}{2} \Rightarrow n_{1;2} = \dfrac{7 \pm \sqrt{81}}{2}$

$\Rightarrow n_{1;2} = \dfrac{7 \pm 9}{2} \Rightarrow \begin{bmatrix} n_1 = \dfrac{7 \pm 9}{2} \\ n_2 = \dfrac{7-9}{2} \end{bmatrix} \Rightarrow \begin{bmatrix} n_1 = 8 \\ n_2 = -1 \end{bmatrix}$ *(soluzioni)*

Poiché $(n > 5)$ l'equazione è realizzabile per $n_1 = 8$.

7. Si determini, al variare di k, il numero delle soluzioni reali dell'equazione: $x^3 - 3x^2 + k = 0$

Svolgimento:

Considerando che k è una costante per poterla eliminare dalla funzione dobbiamo derivarla, perché derivando (k=0), quindi isoliamola dalla funzione, si ha $k = -x^3 + 3x^2$ Inoltre ponendo la derivata a zero possiamo trovare i punti di stazionamento (eventuali massimo e minimo), per cui poniamo la derivata a zero

$y' = -x^3 + 3x^2 = 0$ ossia $-3x^2 + 6x = 0$ => $3x(-x + 2) = 0$

che ha due equazioni da risolvere $\begin{bmatrix} 3x = 0 \\ x - 2 = 0 \end{bmatrix}$ ossia

$\begin{bmatrix} x_1 = 0 \\ x_2 = 2 \end{bmatrix}$ *(sono due ascisse dei punti di stazionamento)*

Sostituendo le ascisse nella funzione di partenza

$y' = -x^3 + 3x^2$ abbiamo le coordinate degli eventuali massimo a minimo.

Per $(x = 0)$ si ha $y_1 = -0^3 + 30^2$ => $y_1 = 0$

Per $(x = 2)$ si ha $y_2 = -2^3 + 3 \cdot 2^2$ => $y_2 = 4$

Le coordinate dei punti stazionari sono

$\begin{bmatrix} P_1 = (0,0) \\ P_2 = (2,4) \end{bmatrix}$ *(coordinate dei punti di stazionamento)*

Per essere certi chi è il massimo e chi il minimo espliciteremo la derivata maggiore di zero, per studiare le concavità della funzione, mediante una rappresentazione di un grafico lineare.

Poniamo $y' = -x^3 + 3x^2 > 0$ => $-3x^2 + 6x > 0$ =>

$-3x(-x + 2) > 0$ => $\begin{bmatrix} 3x > 0 \\ -x + 2 > 0 \end{bmatrix}$ cambiamo segno e

disequazione, si ha $\begin{bmatrix} 3x > 0 \\ x - 2 < 0 \end{bmatrix}$ ossia $\begin{bmatrix} 3x > 0 \\ x < 2 \end{bmatrix}$ vedi grafico

Studio della concavità di $y' > 0$

delle concavità
```
- - - (0) + + + + (2) + + + + + +
+ + + + + + + + + +   - - - - - -
  ↓            ↑            ↓
```
vedi

grafico

$y = -x^3 + 3x^2$, $P2(2,4)$, $P1(0,0)$

A sinistra di zero la funzione è discendente, a destra è ascendente (minimo); a sinistra di 2 la funzione è ascendente e a destra è discendente (massimo).

La ricerca del flesso si trova con la derivata seconda, cioè

$y'' = -x^3 + 3x^2 = 0$ si ha $y'' = -6x + 6 = 0$ =>

161

$-6x = -6 \Rightarrow x = -\dfrac{6}{-6} \Rightarrow x = 1$ *(ascissa del flesso).*

Sostituendo l'ascissa nella funzione $f(x) = -x^3 + 3x^2$ abbiamo
$y = -1^3 + 3(1)^2 \Rightarrow y = -1 + 3$ ossia $y = 2$. Le coordinate del

flesso sono $F(1,2)$, vedi figura 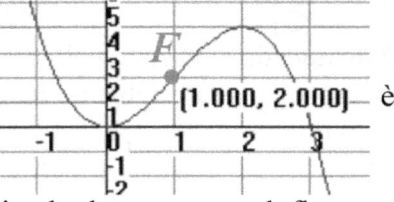 $(1.000, 2.000)$ è

un flesso ascendente perché tracciando la tangente al flesso a sinistra la concavità è sopra la tangente.

Ottenuto tutte le caratteristiche della funzione lo studio di K sulla funzione sono rette orizzontale che intersecano la funzione in punti diversi per cui osservando il grafico della funzione seguente si hanno punti diversi

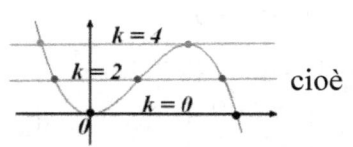 cioè $\begin{bmatrix} per\ k = 0 \Rightarrow 2\ punto \\ per\ k < 0 \Rightarrow 1\ punto \\ per\ k = 4 \Rightarrow 2\ punti \\ per\ k > 4 \Rightarrow 1\ punto \\ per\ k = 2 \Rightarrow 1\ punto \\ per\ 0 < k < 4 \Rightarrow 3\ punti \end{bmatrix}$

Risposta:

Portando k fuori dalla funzione assegnata si ottengono due funzioni, cioè il sistema di due equazioni $\begin{cases} f(x) = -x^3 + 3x^2 \\ g(x) = k \end{cases}$ la cui soluzione è la loro intersezione , per cui essendo k una retta parallela all'ascissa le diverse rette sono (y = k) e tagliano il grafico della funzione in punti P(x, y) diversi.

8. Sia f la funzione definita da $f(x) = \pi^x - x^\pi$.

Si precisi il dominio di f e si stabilisca il segno delle sue derivate, prima e seconda, nel punto $(x = \pi)$.

Svolgimento:

Il secondo termine della funzione $f(x) = \pi^x - x^\pi$ ha come esponete x^π pertanto, si deve tenere gli esponenziali irrazionali non sono definiti, quindi si terrà conto che sia $x \geq 0$. Calcoliamo le derivate prime di:

$f'^{(x)} = \pi^x - x^\pi = f'(x) = \ln(x)\,\pi^x - \pi x^{\pi-1}$ che si scrive anche $f'(x) = \ln(x)\,\pi^x - \pi\pi^x\pi^{-1}$ ossia

$f'(x) = \ln(x)\,\pi^x - \pi\pi^x \frac{1}{\pi}$ semplificando si ha

$f'(x) = \ln(x)\,\pi^x - \pi^x$ mettiamo in evidenza

$f'(x) = \pi^x (\ln(x) - 1)$ *(derivata prima della funzione)*

La derivata seconda si ha derivando ancora la derivata prima, cioè $f''(x) = \pi^x (\ln(x) - 1)$, si tratta di una derivata prodotto, si ha

$f''(x) = \ln(x)\,\pi^x (\ln(x) - 1) + \pi^x (\frac{1}{x}) =>$

$f''(x) = \ln^2(x)\,\pi^x + \pi^x (\frac{1}{x})$ in evidenza si ha

$f''(x) = \pi^x [\ln^2(x)\,\pi^x - 1 + (\frac{1}{x})]$ *(derivata 2^)*

Poiché $\ln(1) = 0$) ci impone che sia $\ln^2(x) > 1$

Risposta:

Il dominio della funzione sono i logaritmi dei numeri reli

$f''(\pi) > 0$

9. Sia $\frac{x^2-1}{|x-1|}$; esiste $\lim_{x \to 1} F(x)$? . Si giustifichi la risposta.

Svolgimento:

Il denominatore è un valore assoluto, quindi si annulla sempre, come pure il numeratore si annulla sempre, ci troviamo nel caso di un limite indeterminato della forma $\lim_{x \to 1} \frac{0}{0}$.

Esiste una possibilità che il limiti possa esistere se e solo se applicassimo la regola di De L'Hopital, trovando il rapporto delle derivate, vediamo se è possibile $\lim_{x\to1}\frac{y'(x^2-1)}{[(x-1)]}$ => $\lim_{x\to1}\frac{y'=2x}{y'=1}$

ossia $\lim_{x\to1} 2x$ sostituendo (x =1) si ha $\lim_{x\to1}(L = 2)$,

vedi grafico

Risposta:

Normalmente il limite non esiste perché il denominatore e il denominatore si annullano sempre, dunque è un indeterminato, ma con la regola di De L'Hopital il limite esiste ed è $(L = 2)$, anzi esiste pure il limite sinistro $(L = -2)$, vedi grafico.

Esseno limiti diversi: da sinistra $(L = -2)$ e da destra $(L = +2)$ la funzione non è continua e non ha limite solo per (x = 1).

10. Secondo il codice della strada il segnale di "salita ripida"

vedi figura

preavverte di un tratto di strada con pendenza tale da costituire pericolo. La pendenza vi è espressa in percentuale e nell'esempio è 10%.

Se si sta realizzando una strada rettilinea che, con un percorso di 1,2 km, supera un dislivello di 85 m, qual è la sua inclinazione (in gradi sessagesimali)?

Svolgimento:

Sappiamo che la tangente di una funzione è l'incremento unitario della retta, cioè il rapporto della del dislivello che denominiamo y

164

con il percorso che denominiamo L, quindi riportando tutto sul

piano cartesiano si ha il seguente grafico 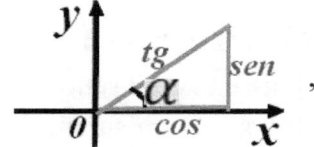 ,

ossia $\begin{bmatrix} sen = 85 \\ tg = 1200 \\ \alpha = \frac{sen}{cos} \end{bmatrix}$ ci manca l'elemento coseno che con il teorema

di Pitagora si ha $cos = \sqrt{tg^2 - sen^2}$, quindi calcoliamo l'angolo $tg = \frac{sen}{\sqrt{tg^2 - sen^2}}$ inseriamo i dati $tg = \frac{85}{\sqrt{1200^2 - 85^2}}$ cioè

$tg = \frac{85}{\sqrt{1444000 - 7225}}$ => $tg = \frac{85}{\sqrt{1432775}}$ => $tg = \frac{85}{1196,986}$ =>

$tg = 0,0701$ in percentuale si ha una pendenza cioè $\frac{0,0701}{100}$ ossia

di poco oltre il 7% *(pendenza della strada)*.

Con una calcolatrice calcoliamo l'angolo l'inverso della tangente ,

cioè $\alpha^{-1} = 4°, 06$.

Per calcolare i primi si esegue $' = (4,06 - 4)(60')$ => $' = 3,6$,

cioè $3'$ (primi di gradi)

Per calcolare i secondi si esegue $'' = (3,06 - 3)(60'')$ =>

$'' = 36$, cioè $36''$ (secondi di gradi)

Risposta:

La pendenza della strada da percorrere è del 7%, mentre l'angolo in gradi sessagesimale, calcolato come sopra specificato è di $\alpha = 4° 3' 36''$ (angolo della pendenza inferiore all'indicazione della segnaletica stradale, quindi nessuna preoccupazione alla violazione stradale.

Anno 2009 liceo scientifico

PROBLEMA 1

È assegnato il settore circolare AOB di raggio r e ampiezza x (r e x sono misurati, rispettivamente, in metri e radianti).

1. Si provi che l'area S compresa fra l'arco e la corda AB è espressa, in funzione di x, da $S_x = \frac{1}{2}r^2(x - senx)$ con

$x \in [0,2\pi]$.

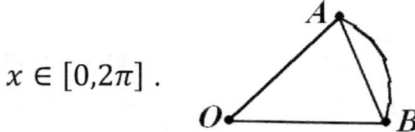

2. Si studi come varia S(x) e se ne disegni il grafico (avendo posto r = 1).

3. Si fissi l'area del settore AOB pari a 100 m2. Si trovi il valore di rper il quale è minimo il perimetro di AOB e si esprima il corrispondente valore di x in gradi sessagesimali (è sufficiente l'approssimazione al grado).

4. Sia $r = 2$ e $x = \frac{\pi}{3}$. Il settore AOB è la base di un solido W le cui sezioni ottenute con piani ortogonali ad OB sono tutte quadrati. Si calcoli il volume di W.

Svolgimento

1.) L'area del segmento circolare del lato AB si ottiene detraendo dall'area del settore circolare quella del triangolo OAB, quindi l'area del settore circolare si calcola con la formula oppure dimostriamo come ottenerla, si pone una preposizione, cioè si

pone $\overbrace{\pi R^2 : A}^{A\ circonf.} = \overbrace{2\pi : x°}^{A\ settore}$ dalla quale $x\pi R^2 = 2\pi A$ =>

$A_{sett.} = \frac{\pi x R^2}{2\pi}$ semplificando si ha $A_{sett.} = \frac{xR^2}{2}$ *(area del settore)*

Per l'area del triangolo consideriamo la base R e come altezza h la formula trigonometrica $h = R \cdot sen\, x$, allora poiché $A_{tr.} = \frac{b \cdot h}{2}$, inserendo in essa i dati calcolati si ha a $A_{tr.} = \frac{R \cdot R sen\,(x)}{2}$ (area tr.), quindi l'area del segmento circolare è la differenza, cioè

$A_{sett.} = \frac{xR^2}{2} - \frac{R \cdot R sen\,(x)}{2}$ m. c- m.

$S_x = A_{sett.} = \frac{1}{2}R^2(x - senx)$ *(dimostrato f(s) = area sett. Circ.)*

L'area dell'angolo x concavo , vedi figura

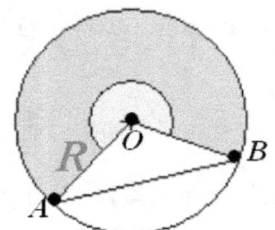

si ottiene aggiungendo all'area del settore, l'area del triangolo che corrisponde a $A_{segm\,.circ.} = \frac{xR^2}{2} + (-\frac{R \cdot R sen\,(x)}{2})$ (area settore cir.).

2.)

La funzione con il raggio (R = 1) diventa $y = \frac{1}{2} \cdot 1(x - senx)$ ossia $y = \frac{1}{2} \cdot 1(x - senx)$ da studiare nell'intervallo $[0, 2\pi]$.

- Per (x = 0) => $y = \frac{1}{2}(0 - sen0)$ => $y = \frac{1}{2}(0 - 0)$ => $y = \frac{1}{2}(0)$ => $y = 0$

- Per (x = 2π) => $y = \frac{1}{2}(2\pi - sen2\pi)$ => $y = \frac{1}{2}(2\pi - 0)$ => $y = \frac{1}{2}(2\pi)$ semplificando $y = \pi$

Se poniamo f(S) = 0 avremo $0 = \frac{1}{2}x - \frac{1}{2}senx => \frac{1}{2}x = \frac{1}{2}senx$

ossia $x = senx$, sono due funzioni separate che ammettono una soluzione unica; (x = 0) sia la retta che il seno, vedi figura

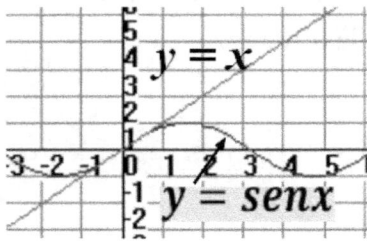

La funzione $y = \frac{1}{2} \cdot 1(x - senx)$ ha un flesso a tangente obliqua

nel piunto 2π vedi grafico

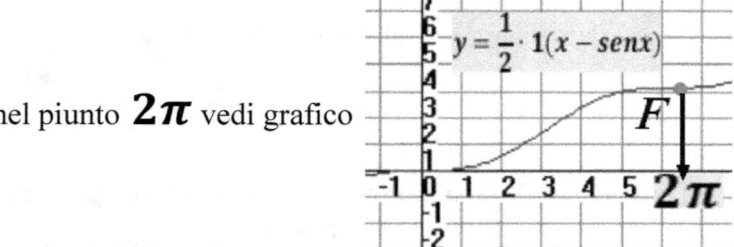

In tale intervallo il grafico ha la concavita rivolta verso l'alto è sempre crescente (zero escluso) per tutto il periodo.

La sua derivata corrisponde alla funzione $y' = \frac{1}{2}(1 - cosx)$ vedi

figura 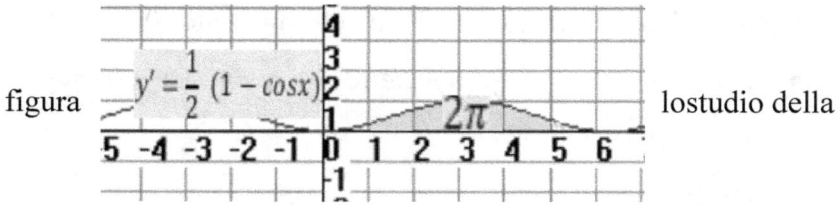 lostudio della

funzione è il seguente:

- Y' > 0 per ogni x dell'intervallo (escluso lo zero)
- Y' = 0 se (x = 0) e $(x = 2\pi)$, in tal caso cos(x) = 1

168

• Y' > 0 se 1- cos(x) > 0, cosx < 1: per ogni x esclusi (x = 0) e

$(x = 2\pi)$, quindi la funzione è sempre crescente e agli estremi si

ha la tangente orizzontale. La derivta seconda è $y'' = \frac{1}{2} senx$

vedi grafico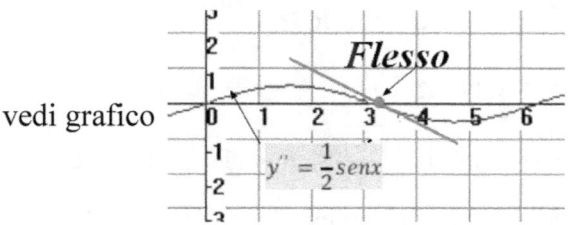

Lo studio della concavità della derivata seconda si pone (y''>0)

cioè $\frac{1}{2} senx > 0$, allora

- (y = 0) se $\begin{bmatrix} x = 0 \\ x = \pi \\ x = 2\pi \end{bmatrix}$, vedi figura

- (y = 0) se $[0 < x < \pi]$, vedi figura

3.)   Ha la lunghezza del grafico $AB = R \cdot x$ corrisponde al

perimetro del settore circolare $Perimetro_{AOB} = 2R + R \cdot x$

mentre l'area è $A_{settore} = \frac{R^2 \cdot x}{2} = 100$.

Osservazioni: il prodotto $R^2 \cdot x$ è costanmte e lo è anche(2R)(Rx):

la somma è minima se le due quantità sono uguali, quindi

$2R = R \cdot x$ semplificando si ha $x = 2$ sostituendo tale valore

nell'area del settore si ottiene $A_{settore}$ => $\frac{R^2 \cdot 2}{2} = 100$

semplificando $R^2 = 100$ =>$\sqrt{R^2} = \sqrt{100}$ => $R = 100$

Un altro metofo è quello delle derivate: si rende minima la

quantità (2R+Rx) e si calcola x dall'area del settore $x = \frac{200}{R^2}$ e si

ottiene la funzione $y = 2R + \frac{200}{R}$ e dall'area del settore si ha che

$x = \frac{200}{R^2}$ ed essendo x nell'intervallo $[0, 2\pi]$ si ottiene la

limitazione $\frac{200}{R^2} \leq 2\pi$ allora $200 \leq 2\pi R^2$ ossia $R^2 \geq \frac{200}{2\pi}$

semplificando si ha $R^2 \geq \frac{200}{\pi}$ e quindi $R \geq \sqrt{\frac{100}{\pi}}$.

Risulta $y' = 2 - \frac{200}{R^2} \geq 0$ se $(R \geq 10)$.

La funzione risulta decrescente da $\sqrt{\frac{100}{\pi}} \leq R < 10$ ed è crescente

per se $(R > 10)$ e quindi ha un minimo assoluto per (R = 10).
Sostituendo tale valore nell'area del settore si ottiene (x = 2).
L'espressione dei gradi sessagesimali è ottenibile con la seguente

preposizione: $2: x° = \pi: 180°$ dalla quale otteniamo $x = \frac{360°}{\pi}$

ossia $\cong 115°$

4.) Il grafico del settore ha 2 equazioni: la retta $y = \sqrt{3}x$ e
l'arco è una circonferenza $x^2 + y^2 = 4$ all'ora il volume
dellìinterYallo [0, 2]
Ha lìintegrale somma delle due funzioni , vedi figura

$V = \int_0^1 f(x)^2 dx + \int_1^2 g(x)^2 dx$ inserendo in essa le funzioni si ha

$V = \int_0^1 (y^2 = (\sqrt{3}x)^2 dx + \int_1^2 y^2 = (4 - x^2) dx$ eliminando i

quadrati si ha $V = \int_0^1 3x^2 dx + \int_1^2 (4 - x^2) \, dx$ che integriamo in

170

$$V = \left[3 \cdot \frac{x^3}{3}\right] \begin{matrix} 1 \\ 0 \end{matrix} + \left[4x - \frac{x^3}{3}\right] \begin{matrix} 2 \\ 1 \end{matrix} \quad \text{ossia}$$

$$V = \left[3 \cdot \frac{x^3}{3}\right]^1 + \left[4x - \frac{x^3}{3}\right]^2 - \left[4x - \frac{x^3}{3}\right]_1 \quad \text{sostituendo gli intervalli}$$

si ha $V = [1^3] + \left[4(2) - \frac{(2)^3}{3}\right] - \left[4(1) - \frac{1^3}{3}\right]$ cioè

$$V = [1] + \left[8 - \frac{8}{3}\right] - \left[4 - \frac{1}{3}\right] => V = 1 + \frac{16}{3} - \frac{11}{3} \quad \text{ossia}$$

$$V = \frac{3+16-11}{3} => V = \frac{8}{3} \text{ (volume dell solido W)}$$

PROBLEMA 2

Nel piano riferito a coordinate cartesiane, ortogonali e monometriche, si tracci il grafico Gf della funzione $f(x) = \log(x)$ (logaritmo naturale)

1. Sia A il punto d'intersezione con l'asse y della tangente a Gf in un suo punto P. Sia B il punto d'intersezione con l'asse y della parallela per P all'asse x. Si dimostri che, qualsiasi sia P, il segmento AB ha lunghezza costante. Vale la stessa proprietà per il grafico Gg della funzione $g(x) = \log_a x$ con a reale positivo diverso da 1?

Lindemann dimostra nel 1882 che $\sqrt{\pi}$ è trascendente, quindi non

2. Sia δ l'inclinazione sull'asse x della retta tangente a G_g nel suo punto di ascissa 1. Per quale valore della base a è $\delta = 45°$? E per quale valore di a è $\delta = 45°$?

3. Sia **D** la regione del primo quadrante delimitata dagli assi coordinati, da G_f e dalla retta d'equazione (y = 1) . Si calcoli l'area di **D**.

4. Si calcoli il volume del solido generato da **D** nella rotazione completa attorno alla retta d'equazione (x = -1).

Svolgimento

1.) La tangente al grafico al punto P(t, lnt) ha equazione
$y = \frac{x}{t} - 1 + lnt$ e le coordinate del punto sono A(0,lnt-1)

- La retta parallela all'asse x ha equazione $y = ln\overline{(t)}$ e le

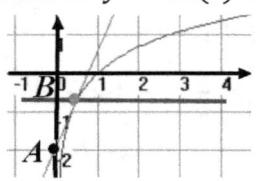

coordinate del punto sono B(0, lnt)

- La distanza $\overline{AB}$ ha equazione $\overline{AB} = y_B - y_A \Rightarrow$
$\overline{AB} = lnt - (lnt - 1)$ ossia $\overline{AB} = 1$, quindi è costante al variare
di P.

Se la funzione è $g(x) = log_a(x)$ si hanno i seguenti casi:

- **a>1** perché $g'(x) = \frac{1}{x} log_a(e)$ e la tangente corrisponde

$y = \frac{1}{t}(log_a(e))x - log_a e + log_a t$ dove le coordinate di A sono
$A(t, log_a t - log_a e)$.

La retta per P parallela all'asse x ha equazione $y = log_a t$
B ha coordinate $B(0, log_a t)$
La distanza $\overline{AB}$ ha equazione $\overline{AB} = y_B - y_A \Rightarrow$
$\overline{AB} = log_a t(log_a t - log_a e)$ ossia $\overline{AB} = log_a e$ quindi è
costante al variare di P.

- **0 < a < 1** la tangente è $y = \frac{1}{t}(log_a e)x - log_a + log_a t$

Le coordinate di A sono $A(t, log_a t - log_a e)$

La retta per P parallela all'asse x ha equazione $y = log_a t$

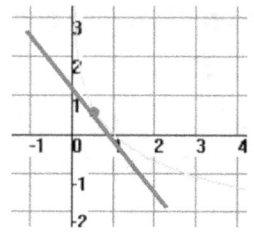

B ha coordinate $B(0, log_a t)$ vedi figura

La distanza $\overline{AB}$ ha equazione $\overline{AB} = y_B - y_A =>$

$\overline{AB} = (log_a t - log_a e) - log_a t$ ossia $\overline{AB} = -log_a e$ quindi è costante al variare di P.

2,) La derivata della g(x) ha equazione $g'(x) = \dfrac{1}{x} log_a e$, allora

oer x = 1 si ha $g'(1) = \dfrac{1}{1} log_a e => g'(1) = log_a e$ ossia

$tg(45°) = 1$ e quindi il valore di a corrisponde $(a = e)$ vedi

figura a 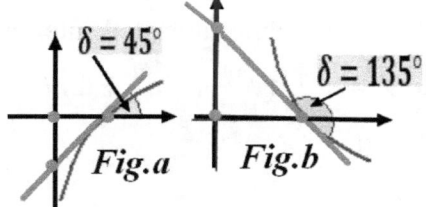 e per $tg(135°) =$

-1, cioè $a = \dfrac{1}{e}$, vedi Fig. b.

3.) L'area della regione D, vedi figura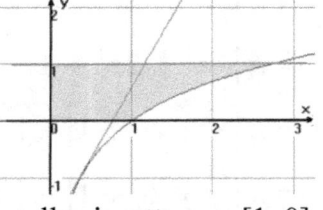

si ottiene calcolando l'integrale dell'intervallo rispetto a y: [1, 0],

cioè avente incognita y, quindi $A = [e^y]_0^1 =>$

$A = [e^y]^1 - [e^y]_0$ sostituiamo l'intervallo $A = [e^1] - [e^0] =>$

$A = e - 1$ ossia $A = 2{,}718282 - 1 => A = 0{,}718282$ *(area)*

4.)   L'area della regione D per (x = -1) si effettua la

traslazione dell'asse y della retta $\begin{bmatrix} x = X - 1 \\ y = Y \end{bmatrix}$ di equazione.

(x = -1), dove f(x) diventa $y = \ln[(X - 1)$ che possiamo esprime nella forma $X - 1 = e^y$ cioè $X = e^y + 1$

Il volume si ottiene calcolando la differenza integrale della funzione f(X), meno il volume del cilindro di raggio 1, quindi l'integrale risulta essere il volume del cilindro con raggio (r = 1) e (h = 1): ossia $V = \int_0^1 f(X)^2 dY - f(cilindro)dY$. Allora inseriamo in essa i dati $V = \int_0^1 \pi(e^Y + 1)^2 \, dY - \pi(1^2) \cdot 1$, ossia

$V = \int_0^1 \pi(e^Y + 1)^2 \, dY - \pi$ portiamo fuori dall'integrale pi greco

e risolviamo il quadrato $V = \pi \int_0^1 (e^{2Y} + 2e^Y + 1)dY - \pi \Rightarrow$

$V = \pi \int_0^1 (e^{2Y} + 2e^Y + 1)dY - \pi \Rightarrow 0$

$V = \pi \int_0^1 (\frac{e^{2Y}}{2} + 2e^Y + Y) - \pi \Rightarrow$

$V = \pi \int_0^1 \left[\frac{1}{2}e^Y + 2e^Y + Y\right]_0^1 - \pi \Rightarrow$

$V = \pi \left[\frac{1}{2}e^{2Y} + 2e^Y + Y\right]^1 - \left[\frac{1}{2}e^{2Y} + 2e^Y + Y\right]_0 - \pi \Rightarrow$

$V = \pi \left[\frac{1}{2}e^2 + 2e^1 + 1\right] - \left[\frac{1}{2}e^0 + 2e^0 + 0\right] - \pi \Rightarrow$

$V = \pi \left[\frac{e^2}{2} + 2e + 1\right] - \left[\frac{1}{2} + 2\right] - \pi$ ossia

$V = \pi \left[\frac{e^2}{2} + 2e + 1\right] - \left[\frac{5}{2}\right] - \pi \quad V = \pi \left[\frac{e^2 + 4e - 5}{2}\right]$ *(volume)*

Quuesiti 2009 liceo scientifico

1.   Si trovi la funzione F(x) la cui derivata è sen(x) e il cui grafico passa per il punto (0, 2).

2.   **Svolgimento**

Poiché F(x) è una derivata della funzione la sua funzione
integranda la si ottiene integrando la derivata, cioè:
$f(x) = \int sen(x)dx$ ossia $f(x) = -\cos(x)$ (funzione
integranda), infatti se deriviamo torniamo a F(x).
Poiché ci viene posto il passaggio per il punto P(0, 2) in cui si
denota (y = 2) e (x = 0) li inseriamo nella funzione, si ha
$2 = -\cos(0) + k => 2 = 1 + k$ dalla quale (k = 3), allora la
funzione per il passaggio dal punto P(0, 2) corrisponde a

$y = -\cos(x) = +3$, vedi figura

2. Sono dati gli insiemi $A = \{1,2,3,4\}$ e $B = \{a, b, c\}$. Tra le
possibili applicazioni (o funzioni) di A in B, ce ne sono di
suriettive ? Di *iniettive* ? Di *biiettive* ?

Svolgimento

Si ci sono le applicazioni *suriettive,* perché l'insieme A può
andare tutto nell'insieme B, infatti possiamo decidere di madare
(1 in a, 2 in b, 3 in c, 4 in c).
Le applicazioni *iniettive* non ci sono, perché ad elementi distinti
di A devono corrispondere elementi distinti di B e ciò è
impossibile perché l'insieme A possiede 4 elementi e l'insieme B
solo 3 elementi, e poiché gli insiemi non sono iniettive di
consequenza non possono essere neppure *biiettive.*

3. Per quale o quali valori di k la curva d'equazione
$y = x^3 + kx^2 + 3x - 4$ ha una sola tangente orizzontale?

Svolgimento

Per ottenere una sola tangente orizzontale vuol dire che ci sarà un solo punto stazionario, quindi una sola soluzione.

La soluzione del punto stazionario la si ottiene ponendo la condizione che sia (y' = 0), quindi possiamo derivare f(x), cioè

$y' = x^3 + kx^2 + 3x - 4 = 0$ derivando abbiamo

$y' = 3x^2 + 2kx + 3 = 0$ la cui soluzione è il discriminante

$\frac{\Delta}{4} = 0$ ossia $\frac{b^2 - 4ac}{4} = 0 \Rightarrow \frac{(2k)^2 - (4\cdot 3\cdot 3)}{4} = 0 \Rightarrow \frac{4k^2 - 36}{4} = 0 \Rightarrow$

$\frac{4k^2}{4} - \frac{36}{4} = 0$ semplificando si ha $k^2 - 9 = 0 \Rightarrow k^2 = 9 \Rightarrow$

$\sqrt{k^2} = \sqrt{9} \Rightarrow k = \pm 3$, vedi figura

4. *"Esiste solo un poliedro regolare le cui facce sono esagoni"*.
Si dica se questa affermazione è vera o falsa e si fornisca una esauriente spiegazione della risposta.

Svolgimento

I solidi platonici, sono poliedri convessi le cui facce sono poligoni convessi, regolari e uguali. Esistono esattamente 5 poliedri e sono: il tetraedro, il cubo, l'ottaedro, dodecaedro e l'icosaedro

In questi solidi devovo convergere almeno 3 facce complanari, cioè sullo stesso piano, e la somma dei loro angoli deve essere iminore dell'algolo giro (360°), le facce possono essere solamente triangoli equilateri per i solidi (tetraedro, ittaedro e icosaedro), mentre per i solidi (esaedro e cubo) sono sono facce quadrate, infine a facce a 5 facce regolari è il solidi (dodecaedro).

Con 3 facce avremo come somma (120°x3=360°), quindi non esiste alcun poliedro regolare a facce esagonali

5. Si considerino le seguenti espressioni: $\frac{0}{1};\frac{0}{0};\frac{1}{0};0$

A quali di esse è possibile attribuire un valore numerico? Si motivi la risposta.

Svolgimento

Verifichiamo analiticamente le espressioni ponendo che esse siano uguali a x, quindi si hanno le seguenti equazione risolutive:

- $\frac{0}{1} = x$ si ha $x \cdot 1 = 0$ (risultato vero con x = 0)
- $\frac{0}{0} = x$ si ha $x \cdot 0 = 0$ (risultato non possibile attribuire un valore numerico)
- $\frac{1}{0} = x$ si ha $x \cdot 0 = 0$ (risultato non esiste mai $x \cdot 0 = 0$)
- $0^0 = x$ si ha $x \cdot 1 = 0$ (non esiste, la potenza in R e definita con (a > 0)

6. Si calcoli: $\lim_{x \to -\infty} \frac{\sqrt{x^2+1}}{x}$

Svolgimento

Il limite per x che tende a meno infinito di $\lim_{x \to -\infty} \frac{\sqrt{x^2+1}}{x}$, poiché si tratta un un numero elevatissimo 1 dela radice quadrata è trascurabile all0ra il limite è $\lim_{x \to -\infty} \frac{\sqrt{x^2}}{x}$ ossia $\lim_{x \to -\infty} \frac{\pm x}{x} =>$ e per avere infinito negativo si prende in modulo di x, cioè $\lim_{x \to -\infty} \frac{|x|}{x}$ ossia $\lim_{x \to -\infty} \frac{-x}{x} => \lim_{x \to -\infty} = -1$

7. Si dimostri l'identità $\binom{n}{k+1} = \binom{n}{k}\frac{n-k}{k+1}$ con n e k naturali e n > k.

Svolgimento

La formula delle combinazioni disposizione degli oggetti è

$$\binom{n}{k} = \frac{n!}{k!(n-k)!} \quad \text{ossia} \quad \binom{n}{k} = \frac{n!}{k!(n-k-1)!(n-k)!} =>$$

$$\binom{n}{k\text{è}1} = \frac{n!}{k!(n-k-1)!(n-k)!} => \frac{n!}{k!(n-k-1)!(n-k)!} => \binom{n}{k} \cdot \frac{n-k}{k+1}$$

8. Si provi che l'equazione: $x^{2009} + 2009x + 1$ ha una sola radice compresa fra -1 e 0.

Svolgimento

La soluzione dell'equazione è un caso complesso e dobbiamo rappresentarla nello stesso sistema di riferimento scindendo la funzione in due e formare un sistema $\begin{cases} -x^{2009} \\ -2009x - 1 \end{cases}$ dalla seconda equazione del suistema si ha $x = -\frac{1}{2009} => x \cong -0{,}0005$ che andremo a sostituire nella 1^ equazione, si ha $- (-\frac{1}{2009})^{2009}$

ossia $- (-\frac{1}{2009})^{2009} => -(-\frac{1}{2009})^{2009} = -1$

Abbiamo ottenuto due soluzione e quindi la soluzione radice è compresa nell'intervallo [-1, 0,0004]

9. Nei *"Discorsi e dimostrazioni matematiche intorno a due nuove scienze"*, Galileo Galilei descrive la costruzione di un solido che chiama scodella considerando una semisfera di raggio r e il cilindro ad essa circoscritto.

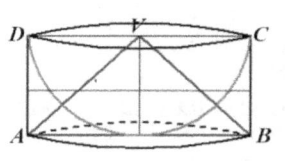

La scodella si ottiene togliendo
la semisfera dal cilindro. Si
dimostri, utilizzando il principio
di Cavalieri, che la scodella ha
volume pari al cono di vertice V
in figura

Svolgimento

Disegniamo il grafico della scodella, con i particolari: cilindro, e

cono, vedi figura

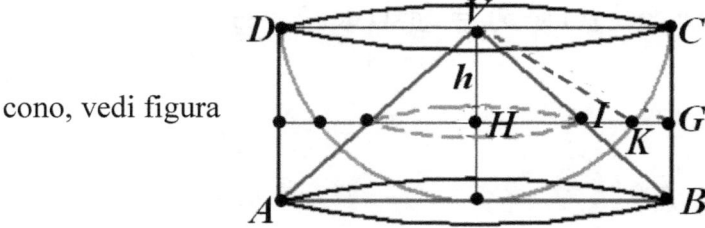

Indichiamo con R il raggio della sfera. Tagliamo la scodella ed il
cono con un piano che dista h da V. La sezione della scodella è
una corona circolare che ha raggio esterno uguale a R e raggio
interno uguale a $\sqrt{R^2 - h^2}$; la sua area vale quindi:
$A = \pi(R^2 - (R^2 - h^2)$ ossia $A = \pi(R^2 - R^2 + h^2)$
semplificando si ha $A = \pi(h^2)$, cioè $A = \pi h^2$
 La sezione del cono è un cerchio di raggio h (il raggio della
sezione con il cono è sempre uguale alla distanza h da V: detto
infatti O il centro della base del cono, il triangolo AOB è
rettangolo isoscele): l'area di tale cerchio è πh^2 , come l'area
della corono circolare. Per il Principio di Cavalieri la scodella ha
quindi volume pari a quello del cono.

10. Si determini il periodo della funzione $f(x) = \cos 5x$.

Svolgimento

Se la funzione f(x) ha periodo T, la funzione $f(nx)$ ha periodo $\dfrac{T}{n}$.

Siccome $\cos(x)$ ha periodo 2π, il $\cos(5x)$ avrà periodo $\dfrac{2\pi}{5}$.

Determiniamo il periodo direttamente, cioè dobbiamo trovare il più piccolo numero reale positivo T per il quale:

$\cos 5(x + T) = \cos(5x)$ allora $\cos 5(x + T) = \cos(5x + 5T)$ e corrisponde a $\cos(5x)$ se $5T = 2\pi$ da cui $T = \dfrac{2\pi}{5}$

Anno 2010 liceo scientifico

Problema 1

Sia ABCD un quadrato di lato 1, P un punto di AB e γ la circonferenza di centro P e raggio AP.

Si prenda sul lato BC un punto Q in modo che sia il centro di una circonferenza λ passante per C e tangente esternamente a γ.

(1) Se AP = x, si provi che il raggio di λ in funzione di x è dato da $f_{(x)} = \frac{1-x}{1+x}$

(2) Riferito il piano ad un sistema di coordinate Oxy, si tracci, indipendentemente dalle limitazioni poste ad x dal problema geometrico, il grafico di f(x).

La funzione f(x) è invertibile? Se sì, quale è il grafico della sua inversa?

(3) Sia $f_{(x)} = \frac{1-x}{1+x}$, $x \in R$; quale è l'equazione della retta tangente al grafico di g(x) nel punto R(0,1) E nel punto S(1,0) ? Cosa si può dire della tangente al grafico di g(x) nel punto S?

(4) Si calcoli l'area del triangolo mistilineo ROS, ove l'arco RS appartiene al grafico di f(x) o, indifferentemente, di g(x).

Svolgimento:

(1) Analizzando i dati della traccia abbiamo 2 circonferenze tra loro tangenti esternamente e su ciascuna lato del quadrato, vedi

fig. A, cioè 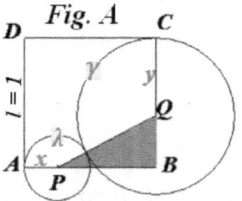 collegando i centri delle

circonferenze con un segmento $\overline{PQ}$ otteniamo la diagonale QBP (*colore rosso*). Denominando i raggi delle due circonferenze x e y e *adottando il teorema di Pitagora* si ha la relazione: $(x + y)^2 = (1 - x)^2 + (1 - y)^2$ che risolviamo in

181

$x^2 + 2xy + y^2 = 1 - 2x + x^2 + 1 - 2y + y^2$ semplificando
abbiamo $+2xy = 1 - 2x + 1 - 2y$ => $2y + 2xy = 2 - 2x$ e
mettendo in evidenza si ha $2y(1 + x) = 2 - 2x$, cioè

$2y(1 + x) = 2(1 - x)$ => $y = \frac{2(1-x)}{2(1+x)}$ semplificando abbiamo

$$y = \frac{(1-x)}{(1+x)}$$ *(equazione iperbolica, l = 1), **vedi Fig. B***

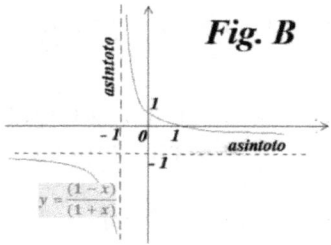

Fig. B

Se poniamo nell'equazione dell'iperbole $\begin{cases} x = 0 \\ x = 1 \end{cases}$ il grafico
dell'iperbole interseca gli assi cartesiani in 2 punti di coordinate,
$\begin{cases} P_1(0,1) \\ P_2(1,0) \end{cases}$ e per (x = -1) non è definita, perché il denominatore si
annulla, vedi Fig. B.

Esempio:
Poniamo come raggio della 1^ circonferenza (x = 0,5) e
inseriamolo nell'equazione della iperbole valida per l = 1, cioè
$y = \frac{(1-x)}{(1+x)}$ $y = \frac{(1-0,5)}{(1+0,5)}$ => $y = \frac{0,5}{1,5}$ ossia
(y = 0,3333) (2° raggio della circonferenza) , vedi figura

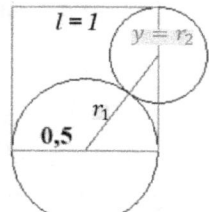

Cosa accade se il lato è diverso da 1 ? .

Possiamo calcolare il caso generale di un qualsiasi quadrato con valore di l qualsiasi.

Si adotti lo stesso criterio sopra esposto e denominando il lato del quadrato con " l ", si ha: $(x + y)^2 = (l - x)^2 + (l - y)^2$ =>
$x^2 + 2xy + y^2 = l^2 - 2lx + x^2 + l^2 - 2ly + y^2$ semplificando abbiamo $+2xy = l^2 - 2lx + l^2 - 2ly$ =>
$2ly + 2xy = 2l^2 - 2lx$ e mettendo in evidenza si ha

$2y(l + x) = 2l(l - x)$, cioè $y = \frac{2l(l-x)}{2(l+x)}$ semplificando abbiamo

$y = \frac{l(l-x)}{(l+x)}$ *(formula generale per qualsiasi quadrato con circonferenze tangenti tra loro)*

Osservazioni: *assegnando un lato qualsiasi si ottiene sempre una funzione iperbolica.*

Esempio:
Assegnato (x = 0,7) e (l = 2) calcolare la funzione l'ordinata y dell'iperbole quando le due circonferenze si intersecano.
Risoluzione:
Dalla formula generale $y = \frac{l(l-x)}{(l+x)}$ si ha $y = \frac{2(2-x)}{2+x}$ =>

$y = \frac{(4-2x)}{2+x}$ *(equazione dell'iperbole).*
Sostituendo in essa l'incognita (x = 0,7) calcoliamo incognita, si ha $y = \frac{2(2-0,7)}{(2+0,7)}$ => $y = \frac{2(1,3)}{(1,4)}$ => $y = \frac{2,6}{(1,4)}$ => $y = 1,857$

(ordinata) , vedi figura

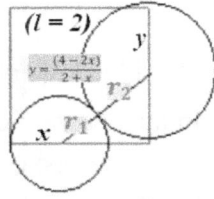

Osservazioni: per ogni valore di l si ottiene una iperbole diversa, vedi figura.

(2) La funzione dell'iperbole della Fig. B è definita dagli intervalli $[-\infty, -1 \cup [-1, +\infty]$, mentre non è definita nell'intervallo $[-1, -1]$ perché riguarda le rette degli asintoti, $(x = -1)$ e $(y = -1)$ di centro $(-1, -1)$, inoltre la funzione è una funzione omografica, iniettiva perché ad ogni valore corrisponde inequivocabilmente una sola immagine, come risulta dall'intervallo $[-\infty, -1 \cup [-1, +\infty]$ ed è anche suriettiva perché $\forall (x_1, x_2) \in [-\infty, -1 \cup [-1, +\infty]$, cioè contiene tutta l'immagine dei reali $[1, +\infty]$ e $[-1, -\infty]$.

Poiché la funzione è sia iniettiva che suriettiva si dice anche che la funzione è biiettiva e quindi risulta anche invertibile.

Ricordiamo che una funzione invertibile viene dimostrata in due modi:

Graficamente:

tracciamo infinite rette orizzontali, se le rette intersecano il grafico in un solo punto o non lo intersecano per nulla, allora la

funzione è invertibile, vedi figura

Matematicamente:

a)   Esplicitare x nella funzione $f(x) => y = \frac{1-x}{1+x}$, cioè

$f^{-1} => y(1 + x) = 1 - x \; f^{-1}: y + xy = 1 - x$ raccogliamo la x abbiamo $f^{-1}: x(y + 1) = 1 - y$ ossia $f^{-1}: x = \frac{1-y}{y+1}$.

b)   invertire le incognite si ha $f^{-1}: y = \frac{1-x}{x+1}$ *(funzione inversa, identica a f(x))*, in tal caso si dice che la funzione inversa ha lo stesso grafico ossia " la funzione è omografica" ed è simmetria rispetto alla retta del 1° e 3° quadrante.

Verifica:

Prendiamo un punto sul dominio $x = 3$ e calcoliamo l'immagine della funzione f(x), si ha $y = \frac{1-3}{1+3} \Rightarrow y = \frac{-2}{4} \Rightarrow y = -0,5$
(immagine della funzione f(x))
Inseriamo l'immagine ottenuta nella funzione inversa f^{-1}: $x = \frac{1-y}{y+1}$, cioè $x = \frac{1-(-0,5)}{-0,5+1} \Rightarrow x = \frac{1,5}{0,5}$ ossia $x = 3$ *(verifica perfetta, ottenuto lo stesso dominio)*

Si afferma che $f_{(x)}$ e $f^{-1}(x)$ sono funzioni omografiche, hanno lo stesso grafico.
Le due funzioni sono simmetriche rispetto alla retta $f_{(x)} = x$, 1° e 3° quadrante.
Proviamo a calcolare, con lo stesso criterio, la funzione inversa della funzione $y = x^2$.

a)   Esplicitando x si ha $x^2 = y$ cioè $x = \sqrt{y}$

b)   Invertiamo le incognite $y = \sqrt{x}$

Si osservi che la funzione quadrata non è invertibile, lo conferma anche il grafico in cui le rette intersecano 2 punti,.

Vedi figura _____ *ossia*

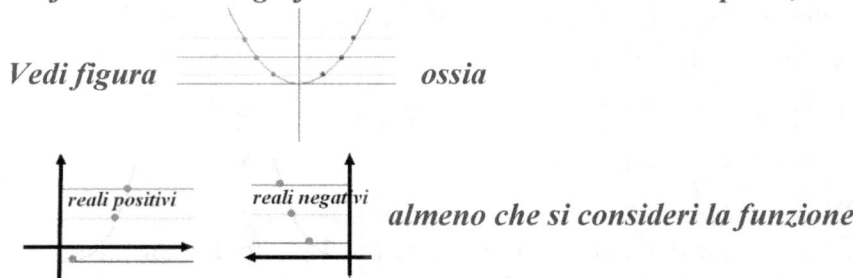

reali positivi   *reali negativi*   *almeno che si consideri la funzione*

nel campo (dei reali positivi e dei reali negativi), in cui le rette intersecherebbero il grafico in un solo punto, vedi figure sopra.
Ora dobbiamo dimostrare che la funzione, oltre ad essere inversa è anche iniettiva:

La derivata della funzione $y = \frac{(1-x)}{(1+x)}$ è un quoziente quindi applichiamo la regola della derivata dei quozienti, cioè

$$y' = \frac{(1-x)' \cdot (1+x) - (1-x) \cdot (1+x)'}{(1+x)^2} \implies y' = \frac{-1 \cdot (1+x) - (1-x) \cdot 1}{(1+x)^2} \implies$$

$$y' = \frac{-1-x-1+x}{(1+x)^2}$$ semplificando abbiamo

$$y' = -\frac{2}{(1+x)^2}$$ *(derivata)*, questo ci fa pensare che ammette valori tutti negativi, ma non è vero perché l'iperbole è omografica, allora per giustificare che la funzione è iniettiva dobbiamo verificare che $f_{(x1)} = f_{(x2)}$ ovvero $\frac{(1-x_1)}{(1+x_1)} = \frac{(1-x_2)}{(1+x_2)}$, infatti svolgendo i calcoli abbiamo

$(1 - x_1)(1 + x_2) = (1 - x_2)(1 + x_1)$ cioè $1 + x_2 - x_1 - x_1 x_2 = 1 + x_1 - x_2 - x_1 x_2$, semplificando abbiamo

$x_2 = x_1$ *(dimostrato che la funzione è iniettiva e inversa)*
Poiché la funzione $f(x)$ coincide con la funzione $f^{-1}(x)$, coincidono anche i loro grafici.
Risposta: la funzione è inversa e ha lo stesso grafico

(3) Per calcolare la tangente nel punto di coordinate $R(0,1)$ dobbiamo dimostrare che le coordinate del punto di tangenza della retta g'(x) e dell'iperbole f(x) siano uguali, cioè $g'_{(0)} = f_{(0)}$ calcoliamo quindi il valore di $g'_{(0)}$ sostituendo (x = 0) nella derivata sopra calcolata, $g' = -\frac{2}{(1+x)^2}$, ovvero

$$y' = -\frac{2}{(1+0)^2}$$ ossia $y' = -\frac{2}{(1+0)^2} \implies$

$y' = -2$ *(coefficiente angolare della tangente)*
L'equazione della tangente passante per 1 punto di coordinate R(0, 1) e coefficiente angolare $m = y' = -2$ è
$y - y' = m(x - x')$ inserendo i dati $y - 1 = -2(x - 0) \implies$
$y - 1 = -2x$ ovvero
$y = -2x + 1$ *(equaz. della tangente nel punto R)* , **vedi Fig. C**

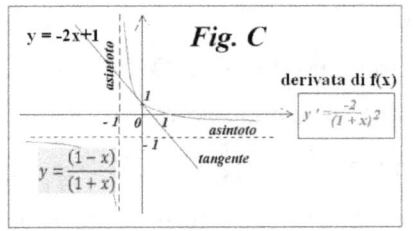

Fig. C

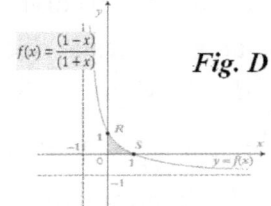

Fig. D

Per il punto S(1, 0) vale lo stesso discorso, sostituendo nella formula della tangente $f'_{(x)} = -\frac{2}{(1+x)^2}$ le coordinate di S, (x = 1) si ha $f'_{(x)} = -\frac{2}{(1+1)^2}$, si ha $y' = -\frac{2}{(2)^2}$ => $y' = -\frac{2}{4}$ ossia $y' = -\frac{1}{2}$ *(coefficiente angolare della retta per il punto S)*.

Nel punto S(1,0) la funzione $g = -\frac{2}{(1+x)^2}$ non è derivabile, infatti i limiti sono diversi,

per (x = 1) => $\begin{cases} g_{(x)} = \frac{-2}{(1+x)^2} \\ f_{(x)} = \frac{1-1}{1+x} = \end{cases}$ ossia $\begin{cases} g_{(x)} = \frac{-2}{(1+1)^2} \\ f_{(x)} = \frac{1-1}{1+1} = \end{cases}$ =>

$\begin{cases} g_{(x)} = -\frac{1}{2} \\ f_{(x)} = \frac{1-1}{1+1} = 0 \end{cases}$ Il limite dell'intorno $(1^+, 1^1)$ è

$\lim_{n \to 1^+} = \frac{g_{(x)} - f_{(x)}}{x-1}$ sostituendo in essa i valori calcolati si ha

$\lim_{n \to 1^+} = \frac{\frac{1}{2}-0}{1-1}$ => $L = \frac{1}{2}$. Il limite dell'intorno $(1^+, 1^1)$ è

$\lim_{n \to 1^-} = \frac{g_{(x)} - f_{(x)}}{-x-1}$ sostituendo in essa i valori calcolati si ha

$\lim_{n \to 1^-} = \frac{-\frac{1}{2}-0}{1-(-1)}$ => $L = -\frac{1}{2}$

Poiché i limiti sono diversi significa che la funzione $f(x)$ presenta un punto angoloso, vuol dire una cuspide , un flesso in

187

cui la funzione non è derivabile perché i limiti destro e sinistro presentano due valori diversi $\frac{1}{2} \neq -\frac{1}{2}$.

(4) L'area richiesta riportata marcata in Fig. D è l'integrale $\int_0^1 \frac{1-x}{1+x}\, dx$ che si può scrivere anche in forma diversa

$A = \int_0^1 -1 + \frac{2}{1+x}\, dx$ e ancora in => $A = \int_0^1 -1 + 2 \cdot \frac{1}{1+x}\, dx$,

quindi -1 è la primitiva di $-x$ e la primitiva di $\frac{1}{1+x}$ è $\ln(1+x)$ allora 'n calcoliamo l'integrale in $A = [-x + 2 \cdot \ln(1+x)]_0^1$ trascurando (x = 0), perché non ha senso, sostituiamo la sola parte (x = 1), abbiamo $A = [-1 + 2 \cdot \ln(1+1)]$ =>
$A = [-1 + 2(ln2)]$ ossia $A = [-1 + 2(0{,}69314718)]$ =>
$A = [-1 + 1{,}386294]$ => $A = 0{,}386294$ *(area)*

Problema 2

Nel piano, riferito a coordinate cartesiane Oxy , si consideri la funzione f definita da $f_{(x)} = b^x$ con $(b > 0 \neq 1)$.

(1) Sia $G_{(b)}$ il grafico di $f_{(x)}$ relativo ad un assegnato valore di b. Si illustri come varia $G_{(b)}$ al variare di b.

(2) Sia P un punto di $G_{(b)}$. La tangente a $G_{(b)}$ in P e la parallela per P all'asse y intersecano l'asse x rispettivamente in A e in B. Si dimostri che, qualsiasi sia P, il segmento AB ha lunghezza costante. Per quali valori di b la lunghezza di AB è uguale a 1?

(3) Sia r la retta passante per O tangente a $G_{(e)}$ (e = numero di Nepero). Quale è la misura in radianti dell'angolo che la retta r forma con il semiasse positivo delle ascisse?

(4) Si calcoli l'area della regione del primo quadrante delimitata dall'asse y, da $G_{(e)}$ e dalla retta d'equazione $y = e$.

Svolgimento:

(1) I grafici delle funzioni sono rappresentate in Fig. E (a sinistra la funzione negativa a destra quella positiva), vedi figura E

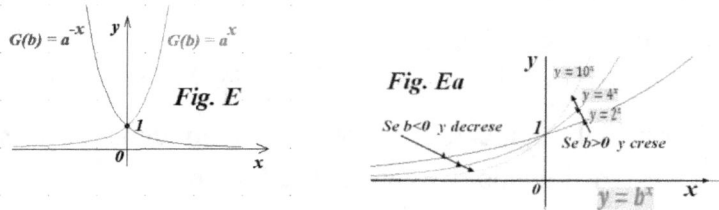

Fig. E

Fig. Ea

Se b<0 y decrese

Se b>0 y crese

$y = b^x$

Al variare della base la funzione $G_{(b)} = b^x$ per (b>0) ha l'ordinata crescente , cioè l'immagine y aumenta da $[1, +\infty]$, mentre per (b<0) l'immagine y diminuisce da $[1, -\infty]$, vedi figura Ea.

(2) Il coefficiente angolare di un generico punto $P(a, b^a)$ della funzione f(x), si trova che la retta tangente in P è la derivata di $f(x) = b^a$ cioè $m = [b^a]'$, adottando i logaritmi abbiamo $m = ln(b) \cdot b^a$ *(coefficiente angolare della retta tangente nel punto P)*

L'equazione per un punto P tangente si calcola con la formula $y - y_0 = m(x - x_0)$ inserendo in essa le coordinate del punto P $\begin{cases} y_0 = b^a \\ x_0 = a \end{cases}$ e il coefficiente angolare della tangente abbiamo $y - b^a = ln(b) \cdot b^a (x - a)$ *(equazione della tangente nel punto $P(a, b^a)$)*.

La retta parallela all'asse y ha equazione $y = (x = a)$, quindi $x = a$ *(retta verticale e parallela all'ordinata y, punto B sul dominio),* **vedi Fig. F**

Per determinare il punto d'intersezione della tangente con l'asse delle ascisse punto A basta trovare l'intersezione dl'equazione tangente con l'ordinata di A in cui abbiamo (y = 0), cioè risolvere il sistema $\begin{cases} y = 0 \\ y = ln(b) \cdot b^a (x - a) \end{cases}$ ponendo 0 nella 2^ equazione del sistema abbiamo $ln(b) \cdot b^a (x - a) = 0$, quindi per calcolare x dobbiamo esplicitarla, si ha $ln(b) \cdot b^a x - ab^a = 0$ cioè $x = \frac{-ab^a}{ln(b) \cdot b^a} = 0$ semplificando si ha $x = \frac{-a}{ln(b)}$ che si scrive anche

189

$x = a - \dfrac{1}{\ln(b)}$ *(coordinata ascissa del punto A)*

Le coordinate del punto A sono

$A(\dfrac{-a}{\ln(b)}, 0)$ *(coordinate del punto A)*, **vedi Fig. F**

La lunghezza del segmento $\overline{AB}$ è il modulo della differenza $[\overline{AB}] = a - x$ sostituendo il valore di x abbiamo

$[\overline{AB}] = a - (a - \dfrac{1}{\ln(b)}) => [\overline{AB}] = -\dfrac{1}{\ln(b)})$ cioè

$\overline{AB} = \dfrac{1}{\ln(b)}$ *(distanza tra i punti A e B)* , **vedi figura F.**

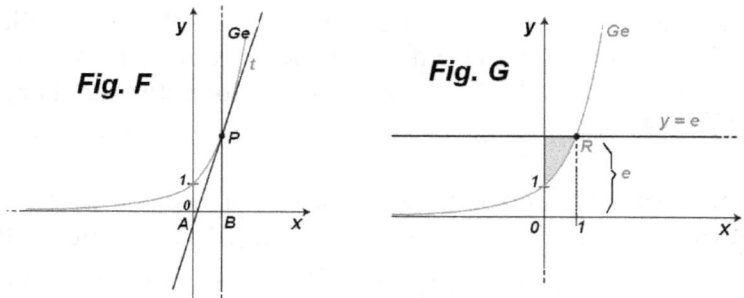

Fig. F   **Fig. G**

(3) Se, come richiesto $(b = e)$ l'equazione della retta tangente calcolata al punto precedente diviene $y - e^a = e^a(x - a)$. ossia $y = e^a x - a e^a + e^a =>$

$y = e^a x - a(e^a + 1)$, imponendo il passaggio per l'origine, si ottiene che $(a = 1)$, per cui sostituendo si ha $y = e^1 x - 1 e^1 + e^1$ cioè $y = e^1 x - e^1 + e^1$ semplificando si ha $y = e^1 x$ ossia

*$y = ex$ (equazione della tangente per $(A = 1)$. **Vedi Fig. F***

Ricordando che il coefficiente angolare di una retta coincide con la tangente trigonometrica che ha la stessa forma con il semiasse positivo delle ascisse.

L'angolo in gradi centigradi della retta tangente l'inversa della tangente si ottiene dal coefficiente angolare $m = e^a$, nel nostro caso, avendo posto $(a = 1)$, $m = e$, cioè $tg^{-1}(e)$ ossia

190

$< 69°48'$ *(angolo della tangente)*

(4) Per calcolare l'area richiesta, determiniamo dapprima le coordinate del punto R di intersezione tra Ge e la retta di equazione $(y = e)$ dalla Fig. G risulta che le coordinate sono:

$R(1, e)$, quindi L'area è data dall'integrale $A = \int_0^{e^1} (e^1 - e^x)\, dx$

$\Rightarrow A = \int_0^{e^1} (e - e^x)\, dx$ poiché le primitive sono

rispettivamente $ex\ et\ e^x$ abbiamo $A = \int_0^{e^1} (ex - e^x)$ cioè $A = [ex - e^x]^1 + [ex - e^x]_0$ inseriamo i valori di (x = 1) e (x = 0), si ha $A = [e \cdot 1 - e^1] - [e \cdot 0 - e^0] \Rightarrow A = (e - e) - [-1] \Rightarrow A = 1$ *(area)* . vedi , parte tratteggiata in Fig. G)

Quesiti 2010 liceo scientifico

(1) Sia p(x) un polinomio di grado n. Si dimostri che la sua derivata n-esima è $p^n(x) = n!\, a_n$, dove a_n an è il coefficiente di x^n. Il quesito è uguale a quello proposto nell'esame dello scientifico sperimentale PIN 2010, per cui si veda la soluzione del quesito numero *1*.

(2) Siano ABC un triangolo rettangolo in A, r la retta perpendicolare in B al piano del triangolo e P un punto di r distinto da B. Si dimostri che i tre triangoli PAB, PBC, PCA sono triangoli rettangoli.

Svolgimento:

Il quesito è uguale a quello proposto nell'esame dello scientifico sperimentale PIN 2010, per cui si veda la soluzione del quesito numero *2.*

(3) Sia γ il grafico di $f(x) = e^{3x} + 1$. Per quale valore di x la retta tangente a γ in $(x, f(x))$ ha pendenza uguale a 2 ?.

Svolgimento:

La pendenza della retta alla funzione $f(x) = e^{3x}$ è ovunque derivabile e poiché la derivata di $f'(x) = e^{3x}$ abbiamo $f'(x) = D'[3x]e^{3x}$ ossia $f'(x) = 3e^{3x}$, allora si ha l'uguaglianza $f'(x) = m$, e poiché (m) è noto (m = 2) possiamo sostituirlo nell'uguaglianza, si ha $3e^{3x} = 2$, da questa calcoliamo il punto di ascissa x_o dell'inclinazione della retta , si ha $e^{3x_o} = \frac{2}{3}$, adottando i logaritmi abbiamo $3 \cdot ln(x_o) = ln(\frac{2}{3})$

da cui $ln(x_o) = \frac{ln(\frac{2}{3})}{3}$ => $ln(x_o) = \frac{1}{3}ln(\frac{2}{3})$ =>

$ln(x_o) = \frac{1}{3} \cdot -0405465$ => $ln(x_o) = -0,135155$

$(x_o) = -0,135155$ *(ascissa per la pendenza m = 2)*

Noto x_o e la funzione $f(x) = e^{3x}$ sostituendo in essa x_o per determinare la sua ordinata, si ha $y = e^{3 \cdot -0,135155} + 1$ => $y = 1,6667$ *(ordinata al punto su f(x))*.

Il punto di f(x) ha coordinate $P(-0,135, 1.6667$ *(punto f(x))*.

Per calcolare l'equazione della retta passante per il punto P si applica la nota formula della retta passante per un punto $y - y_0 = m(x - x_0)$ inseriamo in essa i dati noti, si ha $y - 1,6667 = 2(x - (-0,135)$ => $y = 2x + 0,27031 + 1.6667$ => $y = 2x + 1,937$ *(equazione della retta passante per P su f(x))*, **vedi Figura H**

Se vogliamo conoscere la pendenza della retta, con la calcolatrice troviamo l'inversa della tangente di (m = 2), cioè (63°, 26', 09''),

in salita, vedi figura

$f(x) = e^{3x} + 1$ P **Fig. H**

$y = 2x + 1,937$

(4) Si calcoli il limite: $lim_{x \to \infty} 4x sen\frac{1}{x}$

Svolgimento:

Il limite proposto $lim_{x \to \infty} 4x \frac{sen(x)}{x}$ può essere scritto anche nella

forma $lim_{x \to \infty} 4x \cdot \frac{1}{x} \cdot senx$. Poichè il limite notevole di

$lim_{x \to \infty} \frac{sen(x)}{x} = 1$ possiamo fare il cambiamento di base ponendo

$\frac{1}{x} = t$, allora abbiamo $lim_{x \to \infty} 4\frac{1}{t} \cdot sent$ ovvero $4 \cdot lim_{x \to \infty} \frac{sent}{t}$

$=> 4 \cdot lim_{x \to \infty} 1$ cioè $4 \cdot lim_{x \to \infty} \frac{sent}{t} = 4$ *(il limite è L = 4)*

(5) Un serbatoio ha la stessa capacità del massimo cono circolare retto di apotema 80 cm. Quale è la capacità in litri del serbatoio?
Svolgimento:

Precisiamo che un litro di acqua ha il volume di $l = \overbrace{1dm^3}^{\substack{\textit{volume} \\ \textit{di 1 litro}}}$, quindi la capacità di un qualsiasi contenitore si esprime in $l = \frac{V}{dm^3}$ per cui trasformiamo immediatamente la misura dell'apotema da cm a dm, quindi $a = dm. 8$.

La capacità massima del cono è 1/3 del suo volume, cioè area basee del suo cerchio πr^2 per l'altezza (h).

Poiché l'apotema è un numero fisso, le variabili saranno il raggio r e l'aletta h che per renderla variabile assumerà la lettera x, vedi

Fig. A

Fig. A

. quindi il quadrato del raggio è

facilmente calcolabile con il Teorema di Pitagora $r^2 = (a^2 - x^2)$, inserendo il valore di (a = 8 dm.) $r^2 = (8^2 - x^2)$ che andremo a

inserire nella formula del suo volume $V = \frac{\pi r^2 x}{3}$ ossia

$V = \frac{\pi (64 - x^2)x}{3}$ $=> V = \frac{1}{3}\pi (64 - x^2)x$ *(volume del cono)*

Quando l'altezza è

$\begin{cases} x = 0 & il\ cono\ si\ degenera\ in\ un\ cerchio \\ x = 8 & il\ cono\ si\ degenera\ in\ un\ segmento\ di\ lunghetta\ 8) \end{cases}$

Infatti per imporre all'apotema 8 dm uguale all'altezza, le due entità devono sovrapporsi e generare soltanto una retta verticale e non un cono.

Poiché il serbatoio deve avere la massima capacità del cono esso assume il massimo e minimo con l'applicazione del teorema di Weirstrass , che sfrutta la derivata della funzione, quindi quando la derivata tende a zero si ha il massimo e il volume è quello che vogliamo.

La derivata $f'_{(V)} = \dfrac{\pi\,(64-x^2)x}{3}$ che si scrive anche

$f'_{(V)} = \dfrac{\pi}{3}x\,(64 - x^2)]$ si tratta di una derivata prodotto, cioè

$f'_{(V)} = \dfrac{\pi}{3}(64 - x^2) + \dfrac{\pi}{3}x(-2x)$ => $f'_{(V)} = \dfrac{\pi}{3}64 - \dfrac{\pi}{3}x^2 - \dfrac{2\pi}{3}x^2$

=> $f'_{(V)} = \pi 64 - \pi x^2 - 2\pi x^2$ =>

$f'_{(V)} = \dfrac{\pi 64 - 3\pi x^2}{3}$ *(derivata della funzione)*

Noto la funzione il volume massimo è quando l'incognita y è zero, per cui si imporrà che la derivata assuma (y = 0), quindi calcoliamo l'incognita x, cioè $\dfrac{\pi 64 - 3\pi x^2}{3} = 0$ => $\pi 64 = 3\pi x^2$ =>

$x^2 = \dfrac{\pi 64}{\pi 3}$ semplificando si ha $x^2 = \dfrac{64}{3}$ => $x = \sqrt{\dfrac{64}{3}}$ ossia $x = \dfrac{8}{\sqrt{3}}$

razionalizzando il denominatore si ha $x = \dfrac{8\sqrt{3}}{3}$ *(dominio della derivata)*. Ottenuto x possiamo calcolare il raggio del cono, cioè

$r = \sqrt{a^2 - x^2}$ =>$r = \sqrt{8^2 - (\dfrac{8\sqrt{3}}{3})^2}$=>$r = \sqrt{64 - 21{,}33}$ =>

$r = 6{,}532$ *(raggio della circonferenza del cono)*

Ottenuto tutti i dati, vedi Fig. B

Fig. B

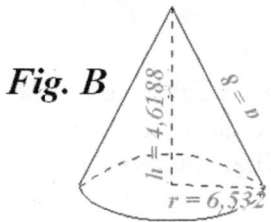

possiamo calcolare il volume massimo del cono

$V_{max} = \frac{\pi r^2 x}{3}$ cioè $V_{max} = \frac{\pi (6,532)^2 (4,6188)}{3}$ =>

$V_{max} = 206,37 dm^3$ *(volume del cono)*

Risposta:

Come abbiamo asserito 1 ($1\ litro = 1dm^3$) , il volume del cono è *(litri 206, 37)*

(6) Si determini il dominio della funzione $f(x) = \sqrt{\cos(x)}$

Svolgimento:

La funzione $f = \sqrt{\cos(x)}$ si esprime con angoli radianti ($da\ 0\ a\ 2\pi$) che corrisponde allo spazio di circonferenza (s), quindi il rapporto π si chiama α_r e vale la formula

$\alpha_r = \frac{s}{r}$, poiché si considera sempre la circonferenza

trigonometrica, il raggio è unitario, si ha $\alpha_r = \frac{s}{1}$ cioè $\alpha_r = s$

(spazio angolo radiante), vedi figura seguente:

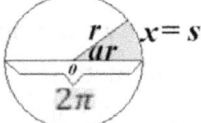

Quindi una circonferenza unitaria corrisponde a 2π , indicheremo la lunghezza s dell'arco di circonferenza unitaria di angoli radianti mediante la proporzione $360°: 2\pi = C°: s$, dalla quale calcoliamo

S per ($c° = 1$) cioè $360°: 2\pi = 1°: s$ => $s = \frac{2\pi \cdot 1}{360}$ =>

$s = \dfrac{\pi}{180}$ ossia $s = 0{,}01745$ *(spazio dell'arco di 1° unitario)* , **vedi figura sopra.**

Per calcolare s abbiamo due scelte: per ottener il numero decimale moltiplicare gli angoli per il valore di $1° = 0{,}01745$ oppure per le frazioni utilizzare la proporzione volta per volta.

La tabella seguente sono riportati alcuni angoli noti calcolati con la proporzione:

TABELLA RADIANTI $360°\!:2\pi = C°\!:s$					
Gradi °	*Radianti*	*S*	*Gradi* °	*Radianti*	*S*
0	0	0	180	π	141593
15	$\dfrac{1}{12}\pi$	0,261799	210	$\dfrac{7}{6}\pi$	665191
30	$\dfrac{1}{6}\pi$	0,523598	225	$\dfrac{5}{4}\pi$	926991
45	$\dfrac{1}{4}\pi$	0,785398	240	$\dfrac{4}{3}\pi$	363323
60	$\dfrac{1}{3}\pi$	1,047197	270	$\dfrac{3}{2}\pi$	4,7123 89
90	$\dfrac{1}{2}\pi$	1,570796	300	$\dfrac{5}{3}\pi$	5,2359 87
120	$\dfrac{2}{3}\pi$	2,094395	315	$\dfrac{7}{4}\pi$	5,4977 87
135	$\dfrac{3}{4}\pi$	2,356194	330	$\dfrac{11}{6}\pi$	5,7595 86
150	$\dfrac{5}{6}\pi$	2,617994	360	2π	6,2831 85

Nella figura che segue notiamo che la curva della funzione trigonometria $f(x)\sqrt{\cos(x)}$ è una curva periodica che si ripe sempre uguale a se stessa per cui la funzione assume valori ad intervalli costanti di ampiezza $x = \pi$ per k volte, cioè $x = k2\pi$.

L'unione dei punti del dominio per $k < 0$ appartiene alla rotazione oraria $\displaystyle\bigcup_{k \in z}\left[-\dfrac{\pi}{2} + 2k\pi, \dfrac{\pi}{2}2k\pi\right]$

Mentre per per $k > 0$ appartiene alla rotazione antioraria $\underset{k \in N}{\cup} \left[\frac{\pi}{2} + 2k\pi, \frac{\pi}{2} 2k\pi\right]$, *vedi figura.*

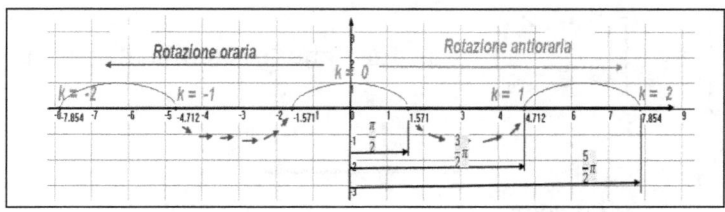

Diremo: $\begin{cases} per\ (k=1)\ si\ ha\ x = 1 \cdot 2\pi\ cioè\ 2\pi \\ per\ (k=2)\ si\ ha\ x = 2 \cdot 2\pi\ cioè\ 4\pi \\ per\ (k=3)\ si\ ha\ x = 3 \cdot 2\pi\ cioè\ 6\pi \end{cases}$ in breve

numero di giri sono: $n = 2k\pi$

Si tratta di una funzione continua con la tendenza $-\infty$ e $+\infty$ è può raggiunge il valore massimo 360°, poi la circonferenza può essere ripetuta infinite volte.

Gli zeri della funzione $f(x) = \sqrt{\cos(x)}$ con l'asse delle ascisse avviene nei punti ($\frac{\pi}{2}$ e $\frac{3}{2}\pi$), mentre nei punti ($0°$, e $360°$) la funzione $f(x) = \sqrt{\cos(x)} = 1$ e in 180° $f(x) = \sqrt{\cos(x)} = -1$ per il tali punti i coseni sono rispettivamente +1 e -1, vedi figura sopra.

(7) Per quale o quali valori di k la funzione $b(x) = \begin{cases} 3x^2 - 11x - 4 \leq 4 \\ kx^2 - 2x - 1 > 4 \end{cases}$ è continua in $(x = 4)$?.

Svolgimento:

Calcoliamo gli zeri della 1^ funzione $3x^2 - 11x - 4 = 0$ con la formula $x_{1,2} = \frac{-b \pm \sqrt{b^2 - 4ac}}{2a}$ => $x_{1,2} = \frac{-(-11) \pm \sqrt{(-11)^2 - 4 \cdot 3 \cdot -4}}{2 \cdot 3}$ =>

$$x_{1,2} = \frac{11 \pm \sqrt{121+48}}{6} \quad \Rightarrow \quad x_{1,2} = \frac{11 \pm \sqrt{169}}{6} \quad \Rightarrow \quad \begin{bmatrix} x_1 = \frac{11+13}{6} \\ x_2 = \frac{11-13}{6} \end{bmatrix} \Rightarrow$$

$$\begin{bmatrix} x_1 = \frac{24}{6} \\ x_2 = \frac{-2}{6} \end{bmatrix} \Rightarrow \begin{bmatrix} x_1 = 4 \\ x_2 = -\frac{1}{3} \end{bmatrix}$$ La funzione è continua nei punti

$$\begin{bmatrix} x_1 = 4 \\ x_2 = -\frac{1}{3} \end{bmatrix}$$, vedi disegno

$$-(1/3) \qquad 4$$
$$y = 3x^2 - 11x - 4$$

Affinché la funzione è continua nel punto $(x = 4)$ si deve verificare se e solo se $(k = 4)$

La 2^ funzione $b(x) = kx^2 - 2x - 1 > 4$ dovrà tendere a 4, cioè dobbiamo calcolare il suo limite, cioè $\lim_{n \to 4} (kx^2 - 2x - 1) = L$ $\Rightarrow \lim_{n \to 4} (k4^2 - 2 \cdot 4 - 1) = L \Rightarrow$

Il limite è $L = (16k - 9)$ (limite di x che tende a 4. Dal quale si deduce che $k = \frac{9}{16}$ *(parametro per la continuità al dominio 4)*

Poiché la funzione $f(b)\; kx^2 - 2x - 1$, ci impone la continuità nel punto (x = 4), inseriamo in essa il valore $k = \frac{9}{16}$ e abbiamo $\frac{9}{16}x^2 - 2x - 1$ verifichiamo se gli zeri di questa funzione coincidono con la 1^ funzione. Sempre con la nota formula

$$x_{1,2} = \frac{-b \pm \sqrt{b^2 - 4ac}}{2a} \quad \Rightarrow \quad x_{1,2} = \frac{-(-2) \pm \sqrt{(-2)^2 - 4 \cdot \frac{9}{16} \cdot -1}}{2 \cdot \frac{9}{16}} \Rightarrow$$

$$x_{1,2} = \frac{2 \pm \sqrt{4+\frac{9}{4}}}{6} \Rightarrow x_{1,2} = \frac{2 \pm \sqrt{\frac{25}{4}}}{\frac{9}{8}} \Rightarrow \begin{bmatrix} x_1 = \frac{2+\frac{5}{2}}{\frac{9}{8}} \\ x_2 = \frac{2-\frac{5}{2}}{\frac{9}{8}} \end{bmatrix} \Rightarrow \begin{bmatrix} x_1 = \frac{9}{2} \cdot \frac{8}{9} \\ x_2 = -\frac{1}{2} \cdot \frac{8}{9} \end{bmatrix}$$

$$\Rightarrow \begin{bmatrix} x_1 = \frac{8}{2} \\ x_2 = \frac{-4}{9} \end{bmatrix} \Rightarrow \begin{bmatrix} x_1 = 4 \\ x_2 = -0,44 \end{bmatrix}$$. La funzione è continua nei

punti $\begin{bmatrix} x_1 = 4 \\ x_2 = -0,44 \end{bmatrix}$, vedi disegno

(8) Se $\binom{n}{1}, \binom{n}{2} \binom{n}{3}$ con (n > 3) sono in progressione aritmetica, qual è il valore di n?

Svolgimento

Il quesito è uguale a quello proposto nell'esame dello scientifico sperimentale PIN 2010, per cui si veda la soluzione del quesito numero *8*.

(9)
Si provi che non esiste un triangolo ABC con AB = 3, AC = 2 e
Si provi altresì che se AB = 3, AC = 2 e allora esistono due triangoli che soddisfano queste condizioni.

Svolgimento

Il quesito è uguale a quello proposto nell'esame dello scientifico sperimentale PIN 2010,
per cui si veda la soluzione del quesito numero *8*.

(10) Si consideri la regione delimitata da $y = \sqrt{x}$, dall'asse x e dalla retta $(x = 4)$ e si calcoli il volume del solido che essa genera ruotando di un giro completo intorno all'asse y.

Svolgimento:

Considerando il punto di ascissa della retta $x = 4$, la rotazione della sola parte positiva del grafico compreso da $(0 \leq x \leq 4)$ intorno all'asse x e intorno all'asse y genera due solidi con volumi diversi:

Rotazione intorno all'asse y:

genera un cilindro di raggio $\begin{cases} r = 4 \\ h_c = \sqrt{x} \end{cases}$ ossia $\begin{cases} r = 4 \\ h_c = \sqrt{4} \end{cases}$ =>

$\begin{cases} r = 4 \\ h_c = 2 \end{cases}$ *(dim. Cilindro)* e volume $V_c = \pi \cdot r^2 \cdot h_c$, vedi **Fig.**

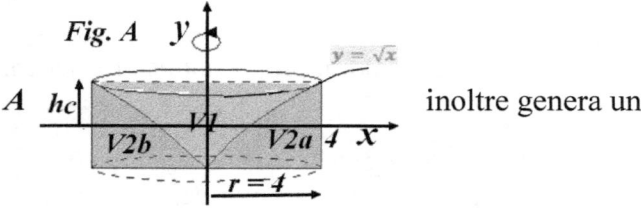

Fig. A

inoltre genera un

solido di 2 volumi identico al grafico della funzione $y = \sqrt{x}$ con $(0 \leq y \leq 2)$, cioè il volume $V_2 = (V_{2a} + V_{2b})$ vedi **Fig. A** .

Quello che ci pone il problema è calcolare il volume della differenza dei due solidi, cioè V_1, come rappresentato in figura con il colore verde.

Il volume del cilindro $V_c = \pi \cdot r^2 \cdot h_c$ è facilmente calcolabile in quanto sono note le dimensioni, quindi si ha $V_c = \pi \cdot 4^2 \cdot 2$ => $V_c = \pi \cdot 32$ => $V_c = 100,5$ *(vol. del cilindro)*

Il volume $V_2 = (V_{2a} + V_{2b})$ da sottrarre al volume del cilindro non è possibile calcolarlo algebricamente e si utilizzerà la funzione $y = \sqrt{x}$ nell'intervallo [0, 4], per moltiplicare poi la superficie per l'altezza (h = 2), quindi l'integrale è: $V_{2a} = h \int_0^2 \sqrt{x}$

200

ossia $V_{2a} = 2\int_0^2 x^{\frac{1}{2}}\,dx$ => $V_{2a} = 2\left[\dfrac{x^{\frac{1}{2}+1}}{\frac{1}{2}+1}\right]_0^4$ poiché a zero

l'integrale si annulla, si ha cioè $V_{2a} = 2\left[\dfrac{x^{\frac{3}{2}}}{\frac{3}{2}}\right]^4$ => $V_{2a} = 2[5.3]$ =>

$V_{2a} = 4\int_0^2 [10,6]$ *(volume)*.Poiché $V_{2a} = V_{2a}$ si calcoli
$V_2 = V_{2a}+V_{2b}$ ossia $V_2 = 10,6 + 10,6$ =>
$V_2 = 12,6$ *(volume del grafico della radice quadrate)*.
Il volume V_1 è la differenza del cilindro e del grafico radice, cioè
$V_1 = V_c - V_2$ => $V_1 = 12,66$ => $V_1 = 100,5 - 21,2$ ossia $V_1 \cong 80$
(volume della parte vuota della rotazione)

Anno 2010 Liceo Sperimentale
Problema 1

Nella figura 1 è rappresentato il grafico di tre circonferenze appartenenti alla funzione $g(x)$ *di intervallo* $(-2 \le x \le 5)$, ed è la derivata della funzione $f(x)$.
Il grafico di $g(x)$ sono 3 circonferenze situate sull'ascissa con centri $(0,0); (3,0); (\frac{9}{2}, 0)$ e raggi rispettivamente $(2; 1; \frac{1}{2})$, vedi

Fig. 1

figura.

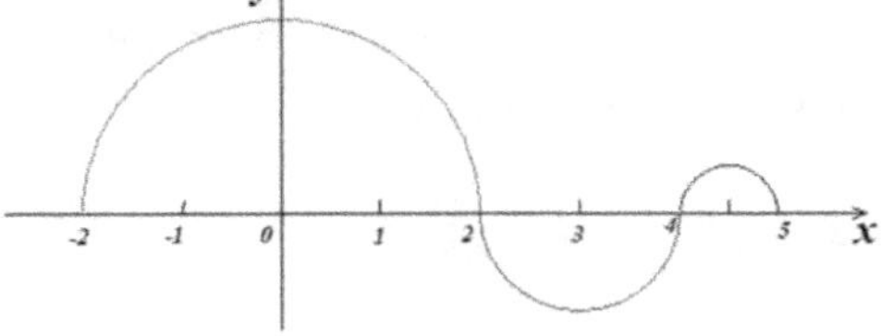

(*a*) Si scriva un'espressione analitica di g(x). Vi sono punti in cui g(x) non è derivabile? Se sì, quali sono?. E perché?
(*b*) Per quali valori di x, $(-2 < x < 5)$, la funzione f presenta un massimo o un minimo relativo? Si illustri il ragionamento seguito.

(*c*) Se $f(x) = \int_{-2}^{x} g(t)dt$ si determini f(4) e f(1).

(*d*) Si determinino i punti in cui la funzione ha derivata seconda nulla. Cosa si può dire sul segno di f(x)? Qual è l'andamento qualitativo di f(x)?

Svolgimento:

(*a*) Osservando la figura possiamo confermare che i limiti delle funzioni sono i seguenti:

> *Limite del rapporto incrementale destro di* $g_{(x)}$:
> $$\begin{cases} per \ (x = -2) = +\infty \\ \quad per \ (x = 2) = -\infty \\ \quad per \ (x = 4) = +\infty \end{cases}$$
> *Limite del rapporto incrementale sinistro* $g_{(x)}$:
> $$\{per \ (x = 5) = -\infty$$

Per cui la funzione $g_{(x)}$ non è derivabile nei punti - 2; + 2 : - 4; +5 perché in tali punti li tangenti sono rette verticali, cioè $\begin{cases} x = 0 \\ y = 0 \end{cases}$

Chiamiamo i raggi nell'ordine dalla prima all'ultima circonferenza $\begin{cases} r_1 = 2 \\ r_2 = 1 \\ r_3 = \frac{1}{2} \end{cases}$

Poiché sono tutte circonferenze dobbiamo calcolare le equazioni di ciascuna circonferenza di centro l'origine (x_o, y_o) e per un punto diverso dall'origine, per cui abbiamo

$$\begin{cases} x^2 + y^2 = r^2 \quad per \ l'origine \\ (x - x_o)^2 + (y - y_o)^2 = r^2 \quad per \ un \ punto \ x_o, y_o \end{cases} \Rightarrow$$
$$\begin{cases} y^2 = -x^2 + r^2 \quad per \ l'origine \\ (x - x_o)^2 + (y - y_o)^2 = r^2 \quad per \ un \ punto \ x_o, y_o \end{cases}$$

Inserendo le coordinate (x_0, y_0) di ciascuna circonferenza otteniamo le 3 equazioni, cioè

202

$$\begin{cases} (1) => y^2 = -x^2 + {r_1}^2 \\ (2) => (x - x_o)^2 + (y - y_o)^2 = {r_2}^2 \quad \textit{(distanze diverse} \\ (3) => (x - x_o)^2 + (y - y_o)^2 = {r_3}^2 \end{cases}$$

dall'origine)

inserendo in essa le rispettive coordinate delle circonferenze x_o, y_o e i raggi abbiamo

$$\begin{cases} (1) => y^2 = -x^2 + 2^2 \\ (2) => (x - 3)^2 + (y - 0)^2 = 1^2 \quad \text{ossia} \\ (3) => (x - \frac{9}{2})^2 + (y - 0)^2 = (\frac{1}{2})^2 \end{cases}$$

$$\begin{cases} (1) => y^2 = -x^2 + 4 \\ (2) => x^2 - 6x + 9 + y^2 = 1^2 \\ (3) => x^2 - 9x + \frac{81}{4} + y^2 = \frac{1}{4} \end{cases}$$

Esplicitando y si ha $\begin{cases} (1) => y^2 = -x^2 + 4 \\ (2) => y^2 = -x^2 + 6x - 9 + 1 \\ (3) => y^2 = -x^2 + 9x - \left(\frac{81}{4} - \frac{1}{4}\right) \end{cases}$

Nota: la seconda semi circonferenza avrà segno negativo in quanto si trova nell'immagine negativa, svolgendo i calcoli e mettendo in radice si ottengono le 3 equazioni volute.

$$\begin{cases} y_2 = \sqrt{4 - x^2} \\ y_3 = -\sqrt{-x^2 + 6x - 8} \quad \textit{(equazioni delle tre circonferenze} \\ y_5 = \sqrt{-x^2 + 9x - 20} \end{cases}$$

della figura assegnata)

(*b*)   Il minimo e il massimo di ciascuna equazione sono subordinate alle rispettive derivate. Derivata in (y = 0) corrisponde un massimo o un minimo relativo, derivata (y massimo) corrisponde un minimo o un massimo relativo, per cui abbiamo:

Prima circonferenza => $\begin{cases} Minimo\ in\ (x = -2) \\ Massimo\ in\ x = 0\ et\ (x = 2) \end{cases}$

Seconda circonferenza => $\begin{cases} Minimo\ in\ (x = 2) \\ Minimo\ in\ (x = 3)\ et\ (x = 4) \end{cases}$

Terza circonferenza => $\begin{cases} Minimo\ in\ (x = 4) \\ Massimo\ in\ (x = 4,5)\ et\ (x = 5) \end{cases}$

(c)   Le funzioni nei punti $f(4)$ e $f(1)$, cioè l'area può essere calcolare in due modi diversi: geometricamente   o con gli integrali, vediamo in entrambi.

Metodo geometrico:
Poiché si chiede di calcolare l'area delle funzioni f(4) ed f(1) è opportuno ricostruire la figura 2 per evidenziare le aree da

calcolare, vedi figura

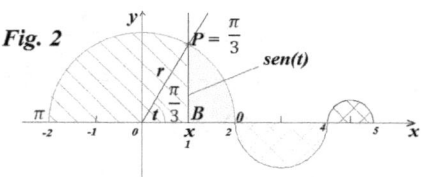

Fig. 2

- Area f(4) è la somma algebrica delle aree della 1^ con la 2^ circonferenza perché la seconda circonferenza ha immagine negativa, quindi $A_{f(4)} = A_{(-2,2)} - A_{(2,4)}$ ossia $A_{f(4)} = \dfrac{\pi r_1^2}{2} - \dfrac{\pi r_2^2}{2}$ inserendo i raggi abbiamo $A_{f(4)} = \dfrac{\pi \cdot 2^2}{2} - \dfrac{\pi \cdot 1^2}{2} => A_{f(4)} = \dfrac{4\pi}{2} - \dfrac{\pi}{2}$ $=> A_{f(4)} = 2\pi - \dfrac{\pi}{2} => A_{f(4)} = \dfrac{4\pi - \pi}{2}$ ossia $A_{f(4)} = \dfrac{3\pi}{2} =>$ $A_{f(4)} = 4,7124$ *(area delle prime due semi circonferenze)*

- L'area f(1) è la differenza dell'area del semicerchio di raggio (r = 2) e il settore (B2P), colore giallo, vedi Fig. 2 (area tracciata in rosso meno l'area tracciata in giallo).
Si procede nel modo seguente: si traccia una retta perpendicolare in f(1) intersecante la circonferenza (r = 2) nel punto P. La

204

distanza PB è il seno dell'angolo (t), quindi per ottenere l'area circoscritta da (-2, P, x) tratteggiata in rosso si fa la differenza dell'area del semicerchio di raggio 2 meno l'area tratteggiata in giallo (P, 2 x).

A sua volta, l'area tratteggiata in giallo è una differenza dell'area del settore circolare (2, P, x) con l'area del triangolo (0, P, x). Per tutto ciò ci serve calcolare l'angolo (t) e il sen(t), dal teorema di Pitagora si ha $sen(t) = \sqrt{r^2 - (\overline{ox})^2}$ inserendo i dati si ha $sen(t) = \sqrt{2^2 - (1)^2}$ ossia

$sen(t) = \sqrt{3}$ *(seno, lato maggiore del triangolo rettangolo)*

L'angolo (t) è l'inverso della tangente, per cui $t = \sphericalangle\, tg = \frac{sen(t)}{\cos(t)}$

inseriamo i valori rispondenti, $t = tan^{-1} \sphericalangle \frac{\sqrt{3}}{1} => t = tan^{-1} \sphericalangle$

1,732050 cioè $t = 60°$ ovvero $\boldsymbol{t = \dfrac{\pi}{3}}$ *(angolo del settore circolare di raggio 2)*

L'area del settore circolare è dato dalla proporzione $r^2\pi : 360 =$ $A_{settore} : t$ ossia $r^2\pi : 360 = A_{settore} : 60° => A_{settore} = \frac{r^2\pi(60°)}{360°}$ =>

$A_{settore} = \frac{r^2\pi}{6}$ *(area settore circolare 02P)*

Area del triangolo è data dalla nota formula $A_{rettangolo} = \frac{b \cdot h}{2}$

inserendo i valori si ha $A_{rettangolo} = \frac{1 \cdot \sqrt{3}}{2}$ ossia $A_{rettangolo} = \frac{\sqrt{3}}{2}$

(area del ret. OxP).

L'area tratteggio giallo (0BP) è data da $A_{OBP} = A_{settore} -$

$A_{triangolo}$ inserendo in essa i dati otteniamo $A_{OBP} = \frac{r^2\pi}{6} - \frac{\sqrt{3}}{2}$

ossia $A_{OBP} = \frac{r^2\pi - 3\sqrt{3}}{6}$ *(area 0BP)*

L'ultimo passo per calcolare l'area della funzione nel punto f(1) è fare la differenza del semi cerchio con OBP, vedi Fig. 2, quindi abbiamo

$A_{f(1)} = semi\ circonferenza - settore\ ciocolare,$

inserendo i dati si ottiene $A_{f(1)} = \dfrac{r^2\pi}{2} - \dfrac{r^2\pi-3\sqrt{3}}{6} => A_{f(1)} =$

$\dfrac{3r^2\pi-(r^2\pi-3\sqrt{3})}{6}$ ossia $A_{f(1)} = \dfrac{3r^2\pi-r^2\pi+3\sqrt{3})}{6} => A_{f(1)} = \dfrac{2r^2\pi+3\sqrt{3}}{6}$

, inserendo in essa i dati di (r = 2) abbiamo $A_{f(1)} = \dfrac{2\cdot2^2\pi+3\sqrt{3}}{6}$

dalla quale $A_{f(1)} = \dfrac{8\pi+3\sqrt{3}}{6}$ ossia

$A_{f(1)} = 5,054815$ *(area della funzione f(1))*.

Per creare il grafico delle aree in singoli punti f(x) impostiamo
una tabella:

f(x)	Formule geometriche	Area
f(-2)	zero	0
f(0)	$\dfrac{r_1{}^2\pi}{4} => \dfrac{2^2\pi}{4} => \dfrac{4\pi}{4}$ ossia π	3,14
f(2)	$\dfrac{r_1{}^2\pi}{2} => \dfrac{2^2\pi}{2} => \dfrac{4\pi}{2}$ ossia 2π	6,28
f(3)	$\dfrac{r_1{}^2\pi}{2} - \dfrac{r_2{}^2\pi}{4} => \dfrac{2^2\pi}{2} - \dfrac{1^2\pi}{4} => \dfrac{8\pi-\pi}{4} => \dfrac{7\pi}{4}$	5,5
f(4)	$\dfrac{r_1{}^2\pi}{2} - \dfrac{r_2{}^2\pi}{2} => \dfrac{2^2\pi}{2} - \dfrac{1^2\pi}{2} => \dfrac{4\pi-\pi}{2} => \dfrac{3\pi}{2}$	4,71
f(9/2)	$\dfrac{r_1{}^2\pi}{2} - \dfrac{r_2{}^2\pi}{2} + \dfrac{r_3{}^2\pi}{4} => \dfrac{2^2\pi}{2} - \dfrac{1^2\pi}{2} + \dfrac{(\frac{1}{2})^2\pi}{4} =>$ $\dfrac{2^2\pi}{2} - \dfrac{1^2\pi}{2} + \dfrac{\frac{1}{4}\pi}{4} => \dfrac{4\pi}{2} - \dfrac{\pi}{2} + \dfrac{\pi}{16} => \dfrac{32\pi-8\pi+\pi}{16} => \dfrac{25\pi}{16}$	4,9
f(5)	$\dfrac{r_1{}^2\pi}{2} - \dfrac{r_2{}^2\pi}{2} + \dfrac{r_3{}^2\pi}{2} => \dfrac{2^2\pi}{2} - \dfrac{1^2\pi}{2} + \dfrac{(\frac{1}{2})^2\pi}{2} =>$ $\dfrac{2^2\pi}{2} - \dfrac{1^2\pi}{2} + \dfrac{\frac{1}{4}\pi}{2} => \dfrac{4\pi}{2} - \dfrac{\pi}{2} + \dfrac{\pi}{8} => \dfrac{16\pi-4\pi+\pi}{8} => \dfrac{13\pi}{8}$	5,11

(*d*)   Il grafico si ottiene riportiamo le aree sul piano cartesiano e
tracciamo il grafico parabolico e non retto perché le funzioni sono
circonferenze e non rette, vedi figura Fig.3

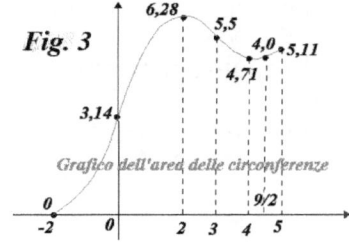

Fig. 3

6,28
5,5
4,0 • 5,11
4,71
3,14

Grafico dell'area delle circonferenze

Il grafico di figura 3 conferma questo

andamento

• f è positiva per tutti gli $(x > -2)$ perché l'area del primo semicerchio è maggiore di quella del secondo.

• f è strettamente crescente negli intervalli $]-2,2[$ e $]4,5[$; e strettamente decrescente nell'intervallo $]2,4[$ positiva per tutti gli $(x > -2)$ perché l'area del primo semicerchio è maggiore di quella del secondo.

• f ha derivata destra nulla in $(x = -2)$ e derivata sinistra nulla in $(x = 5)$

• f ha i punti di flesso in $(x = 0); (x = 3) e (x = \frac{9}{2})$

• f è convessa negli intervalli $]-2,0[$ e $]3, \frac{9}{2}[$

• f è concava negli intervalli $]0,3[$ e $]\frac{9}{2},5[$

Metodo con gli integrali:

L'integrale della circonferenza è un caso particolare "per sostituzione"

Per calcolare l'area della circonferenza $(r = 1)$ l'equazione o funzione è

$$\begin{cases} x^2 + y^2 = r^2 \ (se\ il\ centro\ passa\ per\ l'\ origine\ 0) \\ (x - x_o)^2 + (y - y_o)^2 = r^2 \ (se\ il\ centro\ passa\ per\ un\ punto\ x_o, y_o) \end{cases}$$

Si prende una circonferenza di centro l'origine $x^2 + y^2 = r^2$ e da essa si ricava la sua funzione f(x), cioè $y = \sqrt{-x^2 + r^2}$,

207

poiché $(r = 1)$ di centro gli assi cartesiani integriamo il solo 1°

quadrante di intervallo $I = (0, \frac{\pi}{2})$ e poi lo moltiplichiamo per 2

per ottenere la semi circonferenza, quindi l'integrale seguente:

$$\int_0^{\frac{\pi}{2}} \sqrt{r^2 - x^2}\ dx$$

Si fissa sulla circonferenza un punto P e si traccia il raggio in o,

inoltre si manda la perpendicolare sull'asse x ottenendo la

coordinata x e l'angolo t , per comodità ripetiamo la figura 2, si

ha

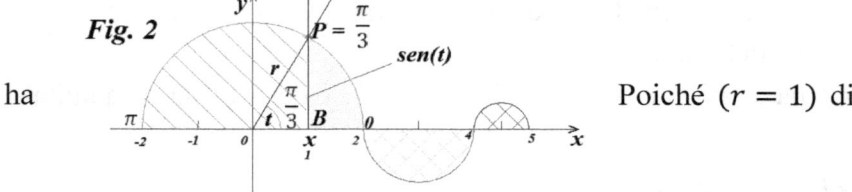

Fig. 2

Poiché $(r = 1)$ di

centro gli assi cartesiani e P nel 1° quadrante di intervallo [0,1]

che per le funzioni trigonometriche corrisponde a $I = (0, \frac{\pi}{2})$.

Per calcolare l'area del 1° quadrante, dobbiamo integrare la

funzione nell'intervallo $(0, \frac{\pi}{2})$.

Per non confondere la x *del dominio* faremo il cambio della

variabile (x) in (t) .

Dalla trigonometria sappiamo che il seno nel punto x è cateto

opposto diviso ipotenusa, quindi $f(x) \Rightarrow sen(x) = \dfrac{\overbrace{f(x)}^{cateto\ opposto}}{\underbrace{r}_{ipotenusa}}$

208

per cui la distanza $\overline{xP} = r \cdot sen(t)$ *(distanza da x a P)*

Se la rotazione avviene in senso opposto l'angolo (t) va preso

sulla circonferenza in P, avremo $f(x) => cos(x) = \dfrac{\overbrace{f(x)}^{cateto\ adiacente}}{\underbrace{r}_{ipotenusa}}$

per cui la distanza $\overline{xP} = r \cdot cos(t)$ *(distanza da x a P)*

Si ricordi che $\begin{cases} Se\ x = 0°\ si\ ha\ (t = 0) \\ Se\ x = 90°\ si\ ha\ \left(t = \dfrac{\pi}{2}\right) \\ Se\ x = 180°\ si\ ha\ (t = \pi) \end{cases}$

In conclusione la funzione f(x) del punto P possiamo chiamarla in

due modi $\begin{cases} f(x) = rsen(t) \\ f(x) = rcos(t) \end{cases}$

a secondo della rotazione da $(0\ a\ \dfrac{\pi}{2})$ o viceversa da $\left(\dfrac{\pi}{2}\ a\ 0\right)$ vedi

figura.

Noi scegliamo, per il calcolo dell'area del 1° quadrante, la prima

formula $f(x) = rsen(t)$ e la inseriamo nell'integrale $A_{(\frac{1}{4})} =$

$\int_0^{\frac{\pi}{2}} \sqrt{1 - x^2}\ dt$, si ha $A_{(\frac{1}{4})} = \int_0^{\frac{\pi}{2}} \sqrt{1 - (r \cdot sen(t)^2}\ dt$,

poiché sappiamo che il differenziale di $rsen(t)dt = cos(t)$

l'espressione diventa $A_{(\frac{1}{4})} = \int_0^{\frac{\pi}{2}} \sqrt{(cost)^2}\ dt$ che si scrive anche

in $A_{(\frac{1}{4})} = \int_0^{\frac{\pi}{2}} \sqrt{cos(t) \cdot cos(t)}\ dt$, ma sappiamo, *(vedi integrali*

per parti), che il differenziale del prodotto è

$[\cos(t) \cdot \cos(t)]dt = \frac{t - sen\,(t) \cdot \cos(t)}{2}$, allora sostituendola si has

$A_{(\frac{1}{4})} = \left[\frac{t - sen(t) \cdot \cos(t)}{2}\right]_0^{\frac{\pi}{2}}$ *(formula solamente del 1° quadrante*

con raggio 1)

Considerando un raggio qualsiasi del 1° quadrante la formula del 1° quadrante diventa:

$(A) => A_{(\frac{1}{4})} = r^2 \left[\frac{t - sen(t) \cdot \cos(t)}{2}\right]_0^{\frac{\pi}{2}}$ *(Integrale del 1° quadrante*

della circonf., (r)

Per il semi cerchio l'intero cerchio, 2 volte abbiamo

$(B) => A_{(c)} = 2 \cdot r^2 \left[\frac{t - sen(t) \cdot \cos(t)}{2}\right]_0^{\frac{\pi}{2}}$ *(Integrale   di   una*

qualsiasi semi circonferenza r)

Per l'intero cerchio, 4 volte abbiamo

$(C) => A_{(c)} = 4 \cdot r^2 \left[\frac{t - sen(t) \cdot \cos(t)}{2}\right]_0^{\frac{\pi}{2}}$ *(Integrale   di   una*

qualsiasi circonferenza r)

Anche se la traccia non lo richiede per completare l'argomento dimostriamo come calcolare l'integrale di una funzione circolare trigonometrica .

<u>Dimostrazione dell'integrale della circonferenza πr^2:</u>

Sostituendo nella formula *(C)* seno e coseno abbiamo l'area della circonferenza. $A_{(c)} = 4r^2 \left[\frac{\frac{\pi}{2} - sen\,(90°) \cdot \cos(90°)}{2}\right]_0^{\frac{\pi}{2}}$

poiché lo zero non fornisce zero la formula dell'area di è

$$A_{(c)} = 4 \cdot r^2 \left[\frac{\frac{\pi}{2} - \text{sen}\,(90°) \cdot \cos(90°)}{2}\right] \text{ ossia } A_{(c)} = 4 \cdot r^2 \left[\frac{\frac{\pi}{2} - 1 \cdot 0}{2}\right],$$

cioè $A_{(c)} = 4 \cdot r^2 \left[\frac{\frac{\pi}{2}}{2}\right] \Rightarrow A_{(c)} = 4 \cdot r^2 \frac{\pi}{4}$ ossia

$A_{(c)} = r^2 \pi$ *(area circonferenza di raggio r, dimostrato l'esattezza)*

Il calcolo dell'area dell'intervallo $I = [2,1]$ si divide in 2 intervalli $I = [-2, 0] - [0, \frac{\pi}{3}]$

Per la semi circonferenza: $I = [-2, 2] \Rightarrow (0, \pi)$

Si prende la formula *(B)* per 2. quadranti.

$$A_{(0,\pi)} = 2r^2 \left[\frac{t - \text{sen}\,(t) \cdot \cos(t)}{2}\right] \frac{\pi}{2} \Big|_0 \text{ ossia}$$

$$A_{(0,\pi)} = 2 \cdot 2^2 \left[\frac{\frac{\pi}{2} - \text{sen}\,(90°) \cos(90°)}{2}\right] \frac{\pi}{2} \Big|_0 \text{ trascurando l'intervallo zero}$$

si ha $A_{(0,\pi)} = 8 \left[\frac{\frac{\pi}{2} - 1 \cdot 0}{2}\right] \Rightarrow A_{(0,\pi)} = 8 \left[\frac{\frac{\pi}{2}}{2}\right] \Rightarrow A_{(0,\pi)} = 8 \left[\frac{\pi}{4}\right]$

semplificando si ha $A_{(0,\pi)} = 2\pi \Rightarrow$

$A_{(0,\pi)} = 6,,28318$ *(area della semi circonferenza)*

Per l'intervallo: $I = [0, 1] \Rightarrow (0, \frac{\pi}{3})$

Si prende la formula *(A)* per l'intervallo $(0, \frac{\pi}{3})$

$$A_{\left(\frac{\pi}{3}\right)} = r^2 \left[\frac{t - \text{sen}\,(t) \cdot \cos(t)}{2}\right] \frac{\pi}{3} \Big|_0 \text{ ossia } A_{\left(\frac{\pi}{3}\right)} = 2^2 \left[\frac{\frac{\pi}{3} - \text{sen}\,(60°) \cos(60°)}{2}\right] \frac{\pi}{3} \Big|_0$$

trascurando l'intervallo zero si ha $A_{(\frac{\pi}{3})} = 2^2 \left[\dfrac{\frac{\pi}{3} - 0,866 \cdot 0,5}{2} \right] =>$

$A_{(\frac{\pi}{3})} = 2^2 \left[\dfrac{\frac{\pi}{3} - 0,433}{2} \right] => A_{(\frac{\pi}{3})} = 4 \cdot 0,307 =>$

$A_{(\frac{\pi}{3})} = 1,228$ (area dell'intervallo $\left[0, \dfrac{\pi}{3} \right]$)

L'area del nostro problema $I = [1, -2] => (\frac{\pi}{3}, 0)$ è la differenza

delle due aree sopra calco late, cioè $A_{[-2,1]} = A_{(0,\pi)} - A_{(\frac{\pi}{3})}$,

sostituendo i valori delle aree abbiamo $A_{[-2,1]} = 6,28318 -$

$1,228$ ossia $A_{[-2,1]} = 5,05518$ *(area voluta dalla traccia assegnata)*

Conclusione: I due metodi hanno prodottolo stesso risultato.

Problema 2

Nel piano riferito ad un sistema Oxy di coordinate cartesiane siano assegnate le parabole d'equazioni: $y^2 = 2x$ e $x^2 = y$.

(*a*)   Si disegnino le due parabole e se ne determinino le coordinate dei fuochi e le equazioni delle rispettive rette direttrici. Si denoti con **A** il punto d'intersezione delle due parabole diverso dall'origine   **O**.

(*b*)   L'ascissa di A è $\sqrt[3]{2}$ si dica a quale problema classico dell'antichità è legato tale numero e, mediante l'applicazione di un metodo iterativo di calcolo, se ne trovi il valore approssimato a meno   di 10^{-2}.

(*c*)   Sia **D** la parte di piano delimitata dagli archi delle due parabole di estremi **O** e **A**. Si determini la retta **r**, parallela all'asse *x*, che stacca su **D** il segmento di lunghezza massima.

(*d*) Si consideri il solido **W** ottenuto dalla rotazione di **D** intorno all'asse *x*. Se si taglia **W** con piani ortogonali all'asse *x*, quale forma hanno le sezioni ottenute?

Si calcoli il volume di **W**.

 Svolgimento

(*a*) La parabola di equazione $y = x^2$ è simmetrica sull'asse y , ha il vertice all'origine (0,0) e il fuoco di coordinate

$$F_1 = -\frac{b}{2a}, \frac{-1-\Delta}{4a} => F_1 = \left(-\frac{b}{2a}, \frac{1-b^2-4ac}{4a} \right) =>$$

$$F_1 = \left(-\frac{0}{2\cdot1}, +\frac{1-0^2\cdot4\cdot2\cdot0)}{4\cdot1}, 0 \right) \;\; => \;\; F_1 = \left(0, \frac{1}{4} \right) \text{ *(fuoco di* } y = x^2$$

vedi figura C

La direttrice è $p = \frac{-1-\Delta}{4a} => p = \frac{-1-b^2-4ac}{4a} =>$

$p = \frac{-1-0^2-4\cdot1\cdot c}{4\cdot1} => p = -\frac{1}{4}$ *(direttrice)*

La parabola di equazione $y^2 = 2x$ dobbiamo esplicitare la x, per cui l'equazione è

$x = \frac{1}{2}y^2$ *(equazione con asse di simmetrica parallelo all'asse x e vertice all'origine (0, 0))*

Nota il fuoco avrà le coordinate invertite cioè

$$F_2 = \frac{1-\Delta}{4a}, -\frac{b}{2a}, => F_2 = \left(\frac{1-b^2\cdot-4ac}{4a}, -\frac{b}{2a} \right) =>$$

$$F_2 = \left(\frac{1-0^2\cdot4\cdot2\cdot0)}{4\cdot\frac{1}{2}}, -\frac{0}{2\cdot1} \right) =>$$

$$F_2 = \left(\frac{1}{2}, 0 \right) \text{ *(fuoco di* } x = \frac{1}{2}y^2 \text{)} \;\; \textbf{vedi figura C}$$

La direttrice è $p = \frac{-1-\Delta}{4a} => p = \frac{-1-b^2-4ac}{4a} =>$

$p = \frac{-1-0^2-4\cdot2\cdot c}{4\cdot\frac{1}{2}} => p = -\frac{1}{2}$ *(direttrice)*

(*b*) Il numero $\sqrt[3]{2}$ è legato ad uno dei tre problemi classici della geometria greca antica, ai tempi di Aristotele, Dinostrato e Menecmo.

213

$$\begin{cases} La\ trisezione\ dell'angolo\ \ (vedi\ Fig.\,a) \\ La\ quadratura\ del\ cerchio\ \ (vedi\ Fig.\,b) \\ La\ duplicazione\ del\ cubo\ \ (cedi\ Fig.\,C) \end{cases}$$

I tre problemi sono: la divisione di un angolo retto in tre parti; la quadratura del cerchio e la duplicazione di un cubo. Come in

figure a, b, c.

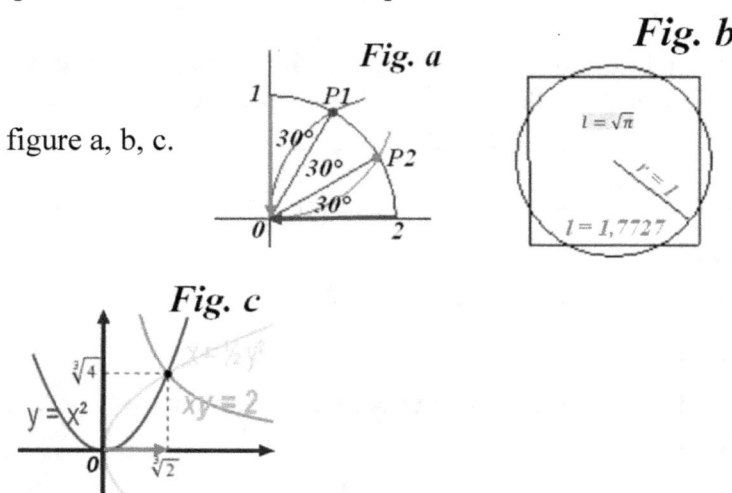

Fig. a

Fig. b

Fig. c

Fig. a

Disegnare un cerchio qualsiasi con centro l'origine; tracciare l'arco $\widehat{OP_1}$ con centro punto 2; tracciare l'arco $\widehat{OP_2}$ con centro punto 1, indi congiungere il vertice con le intersezioni dei due archi tracciati, I segmenti che si ottengono dividono l'angolo retto in 3 parti uguali.

Fig. b

E' la quadratura del cerchio cioè l'area di una circonferenza di raggio 1 deve essere uguale all'area di un quadrato , ossia $\pi r^2 = l^2$ poiché (r = 1) si ha $\pi = l^2$ e quindi $l = \sqrt{\pi}$, si tratta di un problema impossibile e la soluzione migliore è considerare il lato del quadrato

$l = 1,7727$ ottima approssimazione al valore di ($\sqrt{\pi} = 1,7724$).

Fig. c

214

E' quella che a noi interessa è *(la duplicazione del cubo di lato 1 unità)*. **Fig. c , che recita**

Il seguente teorema:

Se consideriamo 3 funzioni: una parabola simmetrica all'asse y, una parabola simmetrica all'asse x e una iperbole equilatera, si verifica il fatto che le tre funzioni si intersecano tutte in un punto in comune di ascissa $x = \sqrt[3]{2}$. (ecco l'importanza della radice cubica di 2).

Per calcolare l'altra coordinata è sufficiente mettere a sistema due delle tre funzioni, mettiamo le parabole perché ci sono note i valori delle funzioni.

■ **Intersezione parabole** $y = x^2$ e $x^2 = y$

Per calcolare i punti d'intersezione delle due funzioni dobbiamo mettere a sistema le due equazioni e risolverlo, poiché le due funzioni sono $y^2 = 2x$ et $x^2 = y$ abbiamo il sistema con le equazioni zero.

$\begin{cases} y^2 - 2x = 0 \\ x^2 - y = 0 \end{cases}$ dalla seconda equazione ricavo $y = x^2$ che andrà

sostituito nella prima: $(x^2)^2 - 2x = 0$ ossia $x^4 - 2x = 0$ mettiamo in evidenza $x(x^3 - 2) = 0$ che si scompone in due

equazioni $\begin{cases} x = 0 \\ x^3 = 2 \end{cases}$ con (x = 0) prima soluzione e 2 dalla seconda

equazione.

Estraendo la radice cubica ad entrambi i membri della seconda

equazione si ha $\begin{cases} x = 0 \\ x = \sqrt[3]{2} \end{cases}$ *(soluzione dell' ascissa del sistema)*

Sostituendo $x = \pm\sqrt[3]{2}$ nell'equazione della parabola passante per l'origine $y = x^2$ si ottiene

$y = (\pm\sqrt[3]{2})^2$ ossia $y = \sqrt[3]{4}$ *(soluz. dell'ordinata del sistema)*

In definitiva possiamo affermare che le coordinate dei punti d'intersezione sono due

$\begin{cases} P_1 = (0,0) \\ P_2 = (\sqrt[3]{2}, \sqrt[3]{4}) \end{cases}$ *(punti d'intersezione)*, vedi Fig. 3 e 4.

Fig. 3

Duplicazione del cubo
ottenuta intersecando
due parabole, (a = 1)

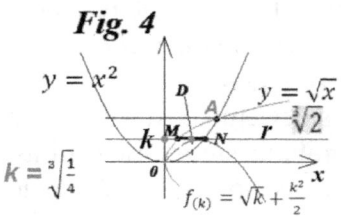

Fig. 4

$$k = \sqrt[3]{\frac{1}{4}}$$

Una retta r parallela all'asse delle ascisse di equazione $y = k$, stacca il segmento MN su D se $0 \le k \le \sqrt[3]{4}$.
La lunghezza di MN si   determinando con le intersezioni della retta (r = k) con ciascuna parabola.

(*c*) *Intersezione parabola* $y = x^2$ *e la retta* k)

Il punto d'intersezione della funzione retta e k è il seguente sistema

$\begin{cases} y = x^2 \\ y = k \end{cases}$ sostituendo la seconda nella prima si ha $k = x^2$ ossia

$x = \sqrt{k}$ *(punto N)*

■ *Intersezione parabola* $y^2 = 2x$ *e la retta* k)

Il punto d'intersezione della funzione retta e k è il seguente

sistema $\begin{cases} y^2 = 2x \\ y = k \end{cases}$ sostituendo la seconda nella prima si ha

$k^2 = 2x$ ossia $x = \frac{k^2}{2}$ *(punto M)* , quindi la distanza è

$MN = \sqrt{k} - \frac{k^2}{2}$ ossia la funzione $f_{(k)} = \sqrt{k} - \frac{k^2}{2}$

Per calcolare il massimo della funzione punto in cui la funzione $f_{(k)}$ dobbiamo calcolare la sua derivata perché il cui la derivata è zero essa inizia a crescere, quindi $f_{(k)}' = \sqrt{k} - \frac{k^2}{2}$ =>

$f' = D.\left[(k)^{\frac{1}{2}}\right] - D.\left[\frac{k^2}{2}\right]$, il secondo termine è la derivata del quoziente, quindi avremo:

216

$$f' = \left[\frac{1}{2}(k)^{\frac{1}{2}-1}\right] - \left[\frac{D.k^2 \cdot 2 - k^2 \cdot D.2}{2^2}\right] \quad \text{facciamo le opportune derivate}$$

$$f' = \left[\frac{1}{2}k^{-\frac{1}{2}}\right] - \left[\frac{4k-0}{4}\right] \implies f' = \left[\frac{1}{2} \cdot \frac{1}{k^{\frac{1}{2}}}\right] - [k] \quad \text{mettiamo in radice}$$

$$f' = \left[\frac{1}{2} \cdot \frac{1}{\sqrt{k}}\right] - [k] \implies f' = \frac{1}{2\sqrt{k}} - k \ \textit{(derivata di f(k)}.$$

Per calcolare l'ordinata y della funzione f(k) dobbiamo sfruttare la regola: quando la derivata si annulla in quel punto di ascissa (x = 0) la funzione è massima, cioè $y_{max} \implies \frac{1}{2\sqrt{k}} - k = 0$, quindi abbiamo $y_{max} \implies \frac{1}{2\sqrt{k}} = k$ ossia $1 = k \cdot 2\sqrt{k}$ portiamo tutto in radice, si ha $1 = \sqrt{4k^2 k}$ ossia $1 = \sqrt{4k^3}$ eleviamo ogni membro al quadrato, $1^2 = (\sqrt{4k^3})^2$ semplificando si ha $1 = 4k^3$ ora possiamo calcolare k, cioè $k^3 = \frac{1}{4}$ da cui la radice cubica è

$$k = \sqrt[3]{\frac{1}{4}} \quad \text{che corrisponde a } k = 0,62996 \ \textit{(ordinata della retta)},$$

vedi Fig. 4

Calcoliamo le ordinate della funzione f(k) nei punti di ascissa d'intersezione parabole e rette sostituendo in esse le ascisse dei punti (N e M)

per il punto $x = \sqrt{k}$, cioè il punto N si ha $x = \sqrt{\sqrt[3]{\frac{1}{4}}}$ ossia $\sqrt[6]{\frac{1}{4}} \implies$

0,7937 (ordinata N)

per il punto $x = \frac{k^2}{2}$, cioè il punto M si ha $x = \frac{1}{2}(\sqrt[3]{\frac{1}{4}})^2$ ossia

$$\frac{1}{2}\sqrt[6]{\frac{1}{4}} \implies \textit{0,39685 (ordinata M)}$$

(d) *Interpolazione: metodo delle bisezioni*

Il metodo delle bisezioni è un caso particolare del processo iterativo, si intende una regola mediante la quale si calcola un valore x^{k+1} a partire da un valore x^k già calcolato precedentemente con la stessa regola, esempio:

considerato una funzione $f(x) = 0$ e supposto che detta funzione abbia almeno uno zero nell'intervallo $[a, b]$ e $x_k \in N$, insieme di numeri naturali, la successione generata da un punto iterativo si dice che un punto converge se il $\sum_{k \to \infty} x_k = x^*$. dove x^* è uno zero della funzione nell'intervallo $I = [a, b]$.

Il metodo delle bisezioni detto *Teorema di Bolzano* asserisce che

■ se $f_{(x)} \in I[a, b]$ di una equazione e si verifica che

$$\overbrace{f_{(a)} \cdot f_{(b)} < 0}^{funzione\ negativa}$$, allora si afferma che nell'intervallo [a, b] esiste almeno uno zero reale.

■ se, invece troviamo che $f_{(a)} \cdot f_{(b)} = 0$ abbiamo terminato il lavoro, lo zero reale appartiene all'intervallo [a, b].

■ Se il secondo caso non si verifica, per trovare lo zero della funzione $f_{(x)}$ dobbiamo adottare *il metodo delle bisezioni*, si prendere il punto medio dell'intervallo che chiameremo $x_{m1} = \frac{[a,b]}{2}$ e si calcola la sua funzione $f_{(xm1)}$, se $f_{(xm1)} \cdot f_{(b)} = 0$ ci fermiamo altrimenti, se $f_{(xm1)} \cdot f_{(b)} < 0$ vuol dire che dobbiamo cercare lo zero della funzione in un altro punto medio dell'intervallo tra a e x_{m1}, cioè $x_{m2} = \frac{[a + x_{m1}]}{2}$ e si verifica se: $f_{(xm2)} \cdot f_{(b)} < 0$ oppure meno zero $f_{(xm2)} \cdot f_{(b)} = 0$, se non troviamo lo zero il procedimento si ripetere con altro punto medio $x_{m2} = \frac{[a + x_{m2}]}{2}$. Con questa procedura si determina una sequenza di intervalli ciascuno contenuto nel precedente, si dice che sono incapsulati uno nell'altro.

Prendiamo il nostro caso delle nostre funzioni, sappiamo che il punto di intersezione di ascissa $\sqrt[3]{2} = 1,25999$, compreso nell'intervallo in difetto e in eccesso tra i reali

218

I = [1, 2] che sono le radici del polinomio ottenuto dal punto d'intersezione della risoluzione del sistema $\begin{cases} y^2 - 2x = 0 \\ x^2 - y = 0 \end{cases}$ che ha prodotto due equazione $\begin{cases} x = 0 \\ x^3 - 2 = 0 \end{cases}$, quindi il punto d'intersezione ha le radici nella risoluzione del polinomio inserendo in esso l'intervallo in difetto e in eccesso di $\sqrt[3]{2} = 1,25999$, cioè [1, 2] appartengono al polinomio $P_{(x)} = x^3 - 2$ *(della 2^ equazione)*.

Sostituendo nel polinomio l'intervallo [1, 2] le funzioni hanno ordinate comprese tra

$\begin{cases} f_{(1)} = x^3 - 2 = 0 \\ f_{(2)} = x^3 - 2 = 0 \end{cases}$ ossia $\begin{cases} f_{(1)} = 1^3 - 2 = 0 \\ f_{(2)} = 2^3 - 2 = 0 \end{cases}$ =>

$\begin{cases} f_{(1)} => y_1 = -1 < 0 \\ \quad f_{(2)} = y_2 = 6 > 0 \end{cases}$.

Per calcolare un valore approssimato a $\pm 10^{-2}$ cioè $\pm \frac{1}{100}$ applichiamo il metodo iterativo della bisezione, tra i quali scegliamo il così detto il " Metodo d'interpolazione della bisezione".

Il metodo di bisezione sull'intervallo [1, 2]; consiste nella successione della media dei due intervalli di riferimento incapsulati uno dopo l'altro fino a trovare un valore della funzione $f_{(x)} = \pm \frac{1}{100}$.

Procedimento:

Si procede calcolando l'ascissa del punto medio dell'intervallo e poi calcolare la funzione in tale ascissa, $x_1 \quad f_{(x1)} = (\frac{[a+b]}{2})$, poi $f_{(x2)} = (\frac{[a+b_1]}{2})$, poi $f_{(x3)} = (\frac{[a+b_2]}{2})$ poi $f_{(x4)} = (\frac{[a+b_3]}{2})$ ecc., ecc.. .

Quando la funzione si avvicina al valore dell'approssimazione voluta quello è l'ascissa del nostro risultato. Vedi 3^ e 4^ riga del prospetto seguente:

$x = \dfrac{[a+b]}{2}$	$x = \dfrac{[a+b]}{2}$	$f_x = f(\dfrac{[a+b]}{2})$ $y = x^2$	$y = x^2$
$\dfrac{1+2}{2} =>$	$x_1 = \dfrac{3}{2} =>$	$(x_1)^2 => (\dfrac{3}{2})^2 => \dfrac{9}{4}$ $=>$	$f_{(x_1)} = 2,25$
$\dfrac{1+x_1}{2} =>$	$x_2 = \dfrac{1+\frac{3}{2}}{2} = \dfrac{5}{4}$ $=>$	$(x_2)^2 => \dfrac{5}{4} => \dfrac{25}{16} =$ $>$	$f_{(x_2)} = 1.5625$
$\dfrac{1+x_2}{2} =>$	$x_3 = \dfrac{1+\frac{5}{4}}{2} = \dfrac{9}{8}$ $=>$	$(x_3)^2 => (\dfrac{9}{8})^2 =$ $> \dfrac{81}{64} =>$	$f_{(x_3)}$ $= 1.265625$
$\dfrac{1+x_3}{2} =>$	$x_4 = \dfrac{1+\frac{9}{8}}{2}$ $= \dfrac{17}{16} =>$	$(x_4)^2 => (\dfrac{17}{16})^2 =$ $> \dfrac{289}{256} =>$	$f_{(x_4)}$ $= 1.1289625$

Nota: La funzione nel punto $y = (\sqrt[3]{2})^2$ ossia $y = \sqrt[3]{4} = 1,5874$ che più si avvicina, è la funzione $x_2 => y = 1,5625$ con una differenza di $(1,5874 - 1,5625 = 0,0249) => \dfrac{1}{100}$ in difetto. Il valore approssimato in eccesso è da prendersi in $(1,5874 + 0,0249 = 1,6123)$.

220

La rotazione delle sezioni D con rette perpendicolari all'asse x sono segmenti, eventualmente degeneri, le sezioni di W con piani ortogonali all'asse x sono corone circolari, che degenerano in un punto se il piano passa per l'origine; in una circonferenza se il piano passa per il punto A.l'area dell'intervallo della coordinata del punto d'intersezione $\sqrt[3]{2}$ fino a 0, quindi l'integrale è

$$V = \int_0^{\sqrt[3]{2}} \pi(2x - x^4)\, dx \implies V = \pi \int_0^{\sqrt[3]{2}} (2\frac{x^{1+1}}{1+1} - \frac{x^{4+1}}{4+1}) \implies$$

$$V = \pi \int_0^{\sqrt[3]{2}} (2\frac{x^2}{2} - \frac{x^5}{5})\ \text{ossia}\ V = \pi \int_0^{\sqrt[3]{2}} (x^2 - \frac{x^5}{5}) \implies$$

$$V = \pi \int_0^{\sqrt[3]{2}} (\frac{5x^2 - x^5}{5})\ \text{mettere in evidenza}\ V = \pi \int_0^{\sqrt[3]{2}} \frac{x^2(5 - x^3)}{5}$$

inserendo $\sqrt[3]{2}$ in x abbiamo $V = \pi \left[\frac{(\sqrt[3]{2})^2(5 - \sqrt[3]{2})^3}{5}) \right] \implies$

$$V = \pi \left[\frac{(2^{\frac{1}{3}})^2[5 - (2^{\frac{1}{3}})^3]}{5}) \right] \implies V = \pi \left[\frac{(2^{\frac{2}{3}})(5 - 2)}{5}) \right]\ \text{mettiamo in radice}$$

$$V = \pi \left[\frac{(\sqrt[3]{2 \cdot 2} - 3)}{5} \right],\ \text{quindi}\ V = \frac{3\pi \sqrt[3]{4}}{5}\ \textit{(volume delle corone circolari)}$$

Approfondimento alle interpolazioni

Per approfondire meglio l'argomento sulle interpolazioni suggerisco di leggere questi esercizi

■   Calcolare l'interpolazione della funzione $f = x^2 - 2$ nell'intervallo $I = [0, 2]$ su (n = 11) punti di divisioni

n	$h = \dfrac{I}{(n-1)};$ $h = \dfrac{0-2}{(11-1)};$ $h = \dfrac{2}{10} => h = 0,2$	$t_n = a + (b - c) \cdot h$	$f_n = (t_n)^2 - 2$ $y = x^2 - 2$
$n_1 = 1$	$h = 0,2$	$t_1 = 0 + (1 - 1) \cdot 0,2 = 0$	-2
$n_2 = 2$	$h = 0,2$	$t_2 = 0 + (2 - 1) \cdot 0,2 = 0,2$	-1,96
$n_3 = 3$	$h = 0,2$	$t_3 = 0 + (3 - 1) \cdot 0,2 = 0,4$	-1,84
$n_4 = 4$	$h = 0,2$	$t_4 = 0 + (4 - 1) \cdot 0,2 = 0,6$	-1,64
$n_5 = 5$	$h = 0,2$	$t_5 = 0 + (5 - 1) \cdot 0,2 = 0,8$	-1,36
$n_6 = 6$	$h = 0,2$	$t_6 = 0 + (6 - 1) \cdot 0,2 = 1$	-1
$n_7 = 7$	$h = 0,2$	$t_7 = 0 + (7 - 1) \cdot 0,2 = 1,2$	-0,56
$n_8 = 8$	$h = 0,2$	$t_8 = 0 + (8 - 1) \cdot 0,2 = 1,4$	-0,04
$n_9 = 9$	$h = 0,2$	$t_9 = 0 + (9 - 1) \cdot 0,1 = 1,6$	0,56
$n_{10} = 10$	$h = 0,2$	$t_{10} = 0 + (10 - 1) \cdot 0,2 = 1,8$	1,24
$n_{11} = 11$	$h = 0,2$	$t_{11} = 0 + (11 - 1) \cdot 0,2 = 2$	2

Si osservi che il cambio del segno, da negativo a positivo, ci consente di definire che lo zero della funzione è compreso tra queste funzioni di intervallo $[t_8, t_9]$ ossia $I = [1.4 , 1.6]$.

Per perfezionare l'intervallo dividiamo ancora l'intervallo $I = [1.4 , 1.6]$ per 5 punti.

Calcolare la tabulazione della funzione $f = x^2 - 2$ nell'intervallo $I = [1.4, \ 1.6]$ su (n = 5) punti di divisioni, come in prospetto che segue:

n	$h = \dfrac{I}{(n-1)} \Rightarrow$ $h = \dfrac{1,6-1,4}{(5-1)}$; $h = \dfrac{0,2}{4} \quad \Rightarrow$ $h = 0,05$	$t_n = a + (b-c)\cdot h$	$f_n =$ $(t_n)^2 - 2$ $y = x^2 - 2$
$n_1 = 1$	$h = 0,05$	$t_1 = 1,4 + (1-1)\cdot 0,05 =$ $1,4$	-0,04
$n_2 = 2$	$h = 0,05$	$t_2 = 1,4 + (2-1)\cdot 0,05$ $= 0,07$	-1,9951
$n_3 = 3$	$h = 0,05$	$t_3 = 1,4 + (3-1)\cdot 0,05 =$ $1,5$	0,25
$n_4 = 4$	$h = 0,05$	$t_4 = 1,4 + (4-1)\cdot 0,05 =$ $1,55$	0,4025
$n_5 = 5$	$h = 0,05$	$t_5 = 1,4 + (5-1)\cdot 0,05 =$ $1,6$	0,56

Osservazione l'ascissa è passata dal valore precedente $t_8 = 1,4$ nel prospetto precedente a $t_3 = 1,5$ di questo prospetto, quindi lo zero della funzione si prova tra l'ascissa (1,4..1,5)., per maggiore approssimazione possiamo ripetere il processo con quest'ultimo intervallo, ma possiamo anche accontentarci di fare la media dei valori, cioè $x = \dfrac{(1,4+1,5)}{2} \Rightarrow$

$x = 1,45$ *(zero della funzione $y = x^2$)*

■ Calcolare l'interpolazione della funzione $f = x^2 - \dfrac{1}{5}$ considerando (n 4) punti presi nell'intervallo $I = [-3, 3]$ e analizzare l'andamento degli zero, cioè dove $f_{(x)} = 0$

Risoluzione:

Le radici degli zeri della funzione $f = x^2 - \dfrac{1}{5}$ sono nei punti di

ascissa $\begin{cases} x_1 = -\dfrac{\sqrt{2}}{2} \\ x_2 = +\dfrac{\sqrt{2}}{2} \end{cases}$, quindi la funzione avrà di certo un intervallo in cui cambierà segno, (la verifica preventiva si fa moltiplicando la funzione di un punto per quella della funzione del punto antecedente $f_{(t1)} \cdot f_{(t2)} < 0$; se il risultato è negativo in quel intervallo esiste lo zero della funzione), quindi proviamo a tabulare l'intervallo [-3, 3] in 4 punti, come nella tabella seguente:

n punti $= 4$	$h = \dfrac{[I]}{(n-1)}$ $=>$ $\dfrac{[-3,3]}{(4-1)} => h = \dfrac{6}{3}$ $=> h = 2$	$t_n = \underset{\substack{inizio \\ intervallo}}{\tilde{a}} + (\ \underset{\substack{meno\ un \\ punto}}{\overset{posizione\ del\ punto}{\tilde{b}}} - \underset{\substack{distanza \\ tra\ 2\ punti}}{\tilde{c}}\ )$ $\cdot\ \tilde{h}$	$f_n = (t_n)^2 - \dfrac{1}{2}$ $f = x^2 - \dfrac{1}{2}$
$n_1 = 1$	$h = 2$	$t_i = -3 + (1-1) \cdot 2 = -3$	$y_1 = 8,5$
$n_2 = 2$	$h = 2$	$t_2 = -3 + (2-1) \cdot 2 = -1$	$y_2 = 0,5$
$n_3 = 3$	$h = 2$	$t_3 = -3 + (3-1) \cdot 2 = 1$	$y_3 = 0,5$
$n_3 = 4$	$h = 2$	$t_4 = -3 + (4-1) \cdot 2 = 3$	$y_4 = 8,5$

NOTE:
- la lettera (a) è l'inizio dell'intervallo che stiamo considerando x_1;
- la lettera (b) è il punto che prendiamo in considerazione n_1;
- la lettera (c) è un numero fisso 1 che si toglie ad ogni posizione del punto (n) che stiamo trattando;
- la lettera (h) è la distanza $h = d = (n_2 - n_1)$ tra un punto e l'altro : viene calcolata   dividendo

l'intervallo con il numero dei punti ridotto di 1, cioè $h = \dfrac{I}{(n-1)}$, quindi

$t = a + (b - c) \cdot h$

Riferendoci alle coordinate abbiamo $\begin{cases} I = [x_1, x_n] \\ h = \dfrac{[I]}{(n-1)} => \dfrac{[x_1 + x^n]}{(n-1)} \\ n = (x_1, x_2, x_3, \dots \dots x_n) \\ t = x_1 + (n-1) \cdot h \end{cases}$

Infatti se moltiplichiamo le funzioni due a due il segno è sempre positivo, per cui con la tabulazione di 4 punti non abbiamo trovato alcun intervallo in cui la funzione cambia segno (significa ordinata y = < 0), come mostrato in figura A.

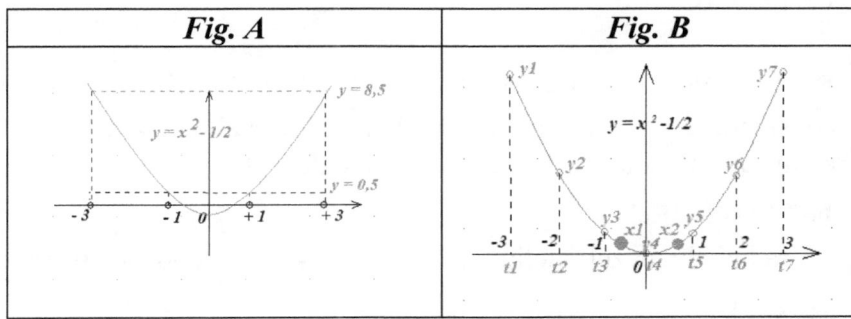

Fig. A	*Fig. B*

Quindi essendo certi che la funzione ha come soluzione 2 zeri

$$\begin{cases} x_1 = -\dfrac{\sqrt{2}}{2} \\ x_2 = +\dfrac{\sqrt{2}}{2} \end{cases}$$

dobbiamo tabulare lo stesso intervallo con un numero di punti maggiori, proviamo con 7 punti, vedi tabella seguente:

n punti $= 7$	$h = \dfrac{[I]}{(n-1)} =$ $>$ $\dfrac{[-3,3]}{(7-1)}$ =>$h = \dfrac{6}{6}$ => $h = 1$	$t_n =$		f_n $= (t_n)^2 - \dfrac{1}{2}$
			inizio intervallo $\overrightarrow{a}$ + (*posizione del punto* $\overrightarrow{b}$ *meno un punto* $- \overrightarrow{c}$) *distanza tra 2 punti* $\cdot \overrightarrow{h}$	
$n_1 = 1$	$h = 1$	$t_i = -3 + (1-1) \cdot 1 = -3$		$y_1 = 8,5$
$n_2 = 2$	$h = 1$	$t_2 = -3 + (2-1) \cdot 1 = -2$		$y_2 = 3,5$
$n_3 = 3$	$h = 1$	$t_3 = -3 + (3-1) \cdot 1 = -1$		$y_3 = 0,5$
$n_4 = 4$	$h = 1$	$t_4 = -3 + (4-1) \cdot 1 = 0$		$y_4 = -05$
$n_5 = 5$	$h = 1$	$t_5 = -3 + (5-1) \cdot 1 = 1$		$y_5 = 0,5$
$n_6 = 6$	$h = 1$	$t_6 = -3 + (6-1) \cdot 1 = 2$		$y_6 = 3,5$
$n_7 = 7$	$h = 1$	$t_7 = -3 + (7-1) \cdot 1 = 3$		$y_7 = 8,5$

Si osservi che nel punto t_4 l'ascissa è $x = 0$, infatti la funzione $f_{(t4)}$ cambia il segno, verificabile anche dal prodotto delle due funzione $f_{(t3)} \cdot f_{(t4)}$ => $0,5 \cdot -0,5 = -0,25$ ha segno negativo. vedi Fig. B.

■ Calcolare l'interpolazione della funzione $f = \frac{x-1}{x-2}$ considerando (n 5) punti presi nell'intervallo $I = [0, 6]$ e analizzare l'andamento degli zero, cioè dove $f_{(x)} = 0$

Risoluzione:

Le radici degli zeri della funzione $f = \frac{x-1}{x-2}$ sono nei punti di ascissa $\begin{cases} x_1 = 1 \\ x_2 = 2 \ (non\ è\ definita) \end{cases}$,

quindi la funzione avrà di certo un intervallo in cui cambierà segno, (la verifica preventiva si fa moltiplicando la funzione di un punto per quella della funzione del punto antecedente $f_{(t1)} \cdot f_{(t2)} < 0$; se il risultato è negativo in quel intervallo esiste lo zero della funzione), quindi proviamo a tabulare l'intervallo in 5 punti, nell'intervallo I = [0, 6] come nella tabella seguente:

n punti = 5	$h = \frac{[I]}{(n-1)}$; $\frac{[6-0]}{(5-1)}$; $h = \frac{6}{4}$ $h = 1,5$	$t_n = $	inizio intervallo $\widetilde{a}$ meno un punto $- \widetilde{c}$	posizione del punto $+ (\widetilde{b}$ distanza tra 2 punti $) \cdot \widetilde{h}$	$-$	$f_n = \frac{(t_n)-1}{(t_n)-2}$ $f = \frac{x-1}{x-2}$
$n_1 = 1$	$h = 1,5$	$t_i = 0 + (1-1) \cdot 1,5 = 0$				$y_1 = 1,5$
$n_2 = 2$	$h = 1,5$	$t_2 = 0 + (2-1) \cdot 1,5 = 1,5$				$y_2 = -1$
$n_3 = 3$	$h = 1,5$	$t_3 = 0 + (3-1) \cdot 1,5 = 3$				$y_3 = 2$
$n_4 = 4$	$h = 1,5$	$t_4 = 0 + (4-1) \cdot 1,5 = 4,5$				$y_4 = 1,4$
$n_5 = 5$	$h = 1,5$	$t_5 = 0 + (5-1) \cdot 1,5 = 6$				$y_5 = 1,25$

Nota: $f_{(x)}$ cambia segno nei punti di ascissa $I = [t_0, t_1]$ cioè nell'intervallo $I = [0,1.5]$, quindi è questo l'intervallo in cui andrà cercato lo zero della funzione., per cui dobbiamo dividere ancora l'intervallo considerato per un numero n maggiore, prendiamo 7 punti.

Se proviamo a trovare le funzioni nei 7 punti si noterà che la l'intervallo non è definito, vedi grafico seguente:

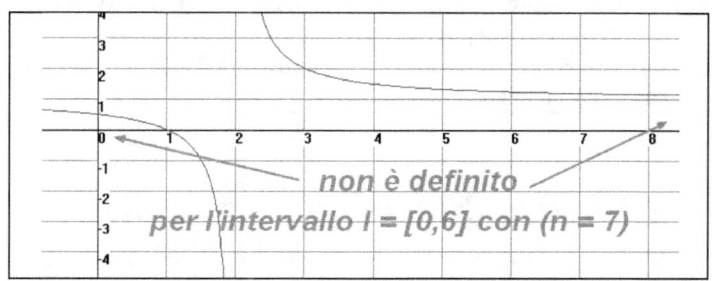

Le scelte, per determinare lo zero della funzione sono due:
* Fare una buona approssimazione con il punto medio delle ascisse x_1 e x_2 cioè $x = \frac{0+1,5}{2}$ ossia $x = 0,75$
* Fare una suddivisione più fitta nell'intervallo x_1 e x_2 , cioè $I = [0,1,5]$.

Scegliamo $(n = 7)$ ed abbiamo $h = \frac{1,5-0}{7-1}$ => $h = 0,25$, vedi prospetto:

n punti $= 7$	$h = \dfrac{[I]}{(n-1)}$; $\dfrac{[1,5-0]}{(7-1)}; h = \dfrac{1,5}{6}$; $h = 02,5$	$t_n = $ inizio intervallo $\tilde{a}$ $+ ($ posizione del punto $\tilde{b}$ meno un punto $- \tilde{c}$) distanza tra 2 punti $\cdot \tilde{h}$	$f_n = \dfrac{(t_n)-1}{(t_n)-2}$
$n_1 = 1$	$h = 0,25$	$t_i = 0 + (1-1)\cdot 0,25 = 0$	$y_1 = 0,5$
$n_2 = 2$	$h = 0,25$	$t_2 = 0 + (2-1)\cdot 0,25 = 0,25$	$y_2 = 0,4286$
$n_3 = 3$	$h = 0,25$	$t_3 = 0 + (3-1)\cdot 0,25 = 0,5$	$y_3 = 0,33\overline{3}$
$n_4 = 4$	$h = 0,25$	$t_4 = 0 + (4-1)\cdot 0,25 = 0,75$	$y_4 = 0,2$
$n_5 = 5$	$h = 0,25$	$t_5 = 0 + (5-1)\cdot 0,25 = 1$	$y_5 = 0$
$n_5 = 6$	$h = 0,25$	$t_5 = 0 + (6-1)\cdot 0,25 = 1,25$	$y_5 = -0,33\overline{3}$
$n_5 = 7$	$h = 0,25$	$t_5 = 0 + (7-1)\cdot 0,25 = 1,5$	$y_5 = 1$

Quesiti 2010 liceo sperimentale

(1) Sia $P_{(x)}$ un polinomio di grado n. Si dimostri che la sua derivata n-esima è

$P^n(x) = n! \, a_n$, dove a_n è il coefficiente di x^n.

Svolgimento:

Per dimostrare che $f'(P^n) = a_n \cdot n!$ dobbiamo considerare il polinomio di Taylor che studia la serie delle derivare della funzione potenza del polinomio al variare di n.
Prendiamo una funzione $P(x) = (1 - x)^{-1}$ e calcoliamo una serie di derivate.

1^ derivata $D'[(1-x)^{-1}] \Rightarrow -1 \cdot (1-x)^{-1-1} \cdot D'[(1-x)]$ cioè $-1 \cdot -1 \cdot (1-x)^{-2}$ ossia $1(1-x)^{-2}$

2^ derivata $D'[(1-x)^{-2}] \Rightarrow -2 \cdot (1-x)^{-2-1} \cdot D'[(1-x)]$ cioè $-2 \cdot -1 \cdot (1-x)^{-3}$ ossia $2(1-x)^{-3}$

3^ derivata $D'[(1-x)^{-3}] \Rightarrow -3 \cdot (1-x)^{-3-1} \cdot D'[(1-x)]$ cioè $-3 \cdot -1 \cdot (1-x)^{-4}$ ossia $3(1-x)^{-4}$

4^ derivata $D'[(1-x)^{-4}] \Rightarrow -4 \cdot (1-x)^{-4-1} \cdot D'[(1-x)]$ cioè $-4 \cdot -1 \cdot (1-x)^{-5}$ ossia $4(1-x)^{-5}$

n^ derivata $D'[(1-x)^{-n}] \Rightarrow -n \cdot (1-x)^{-n-1} \cdot D'[(1-x)]$ cioè $-n \cdot -1 \cdot (1-x)^{-n-1}$ ossia $n! \, (1-x)^{-n-1}$

Quando (x = 0) si ha $n! \, (1-0)^{-n-1} \Rightarrow n! \cdot 1$ ossia $n!$

I coefficienti del polinomio sono la derivata n-esima diviso i fattoriali, $a_n = \dfrac{D[Px]}{n!}$ dalla quale si deduce che $f'(P^n) = a_n \cdot n!$
(dimostrazione perfetta)

Si fa osservare che i coefficienti del polinomio sono la derivata ennesima diviso i fattoriali, dunque dalla formula (1), sopra riportata, si ha

$$P(x) \to n = \frac{x^{n-1}}{1!} \pm \frac{x^{n-2}}{2!} \pm \frac{x^{n-3}}{3!} \pm \frac{x^{n-4}}{4!} \pm \cdots \ldots \pm \frac{x^{n-n}}{n!}$$

(Polinomio di Taylor).

(2) Sia ABC un triangolo rettangolo in A, r la retta perpendicolare in B al piano del triangolo e P un punto di r distinto da B. Si dimostri che i tre triangoli PAB, PBC, PCA sono triangoli rettangoli.

Svolgimento:
    I triangoli PBC e PBA sono rettangoli in B perché la retta PB è perpendicolare sia al piano 1 che al piano 2, vedi Fig. W.

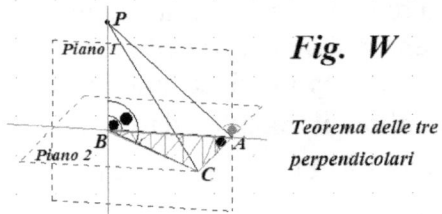

Fig. W

Teorema delle tre
perpendicolari

    Il triangolo PAC è rettangolo in A *per il teorema delle tre perpendicolari*:
    PB è perpendicolare al piano ABC, AB è perpendicolare ad AC, quindi AC è perpendicolare al piano individuato da AB e PB, e dunque anche ad AP.

(3) Sia r la retta d'equazione $y = ax$ tangente al grafico di $y = e^x$. Quale è la misura in gradi sessagesimali dell'angolo che la retta r forma con il semiasse positivo delle ascisse?

Svolgimento:

Poiché la retta r e il grafico della funzione $y = e^x$ devono essere tangenti vuol dire che hanno un punto di intersezione, cioè hanno la stessa retta tangente, ossia la stessa derivata. Questo si traduce nel sistema $\begin{cases} f'(e^x) = e^x \\ f'(ax) = a => e^x \end{cases}$ e quindi risolviamo in $\begin{cases} e^x = e^x \\ ax = e^x \end{cases}$ sostituendo $(a = e^x)$ nella 2^ equazione abbiamo $e^x x = e^x$ dal cui $x = \frac{e^x}{e^x}$ => $x = 1$ (ascissa) Il punto P ha coordinate $P = (1, e)$, vedi figura z.

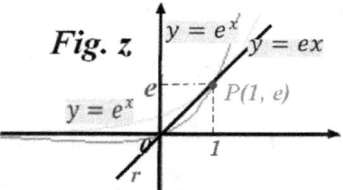

Fig. z

Per calcolare l'inclinazione della retta adottiamo l'equazione della retta passante per un punto: $y - y' = m(x - x')$. Il coefficiente angolare (m) della retta r per l'origine è facilmente calcolabile dal rapporto della coordinate del punto P, cioè $m = \frac{e}{1}$ => $m = e$, allora introdotto i dati nell'equazione abbiamo $y - e = e(x - 1)$ => $y - e = ex - e$ => $y = ex - e + e$ semplificando si ha $y = ex$ (equazione della retta tangente alle funzioni)

Noto il coefficiente angolare $m = e = 2,718281$, con la calcolatrice premiamo il tasto tg^{-1} e otteniamo $69,8024687$.

Togliamo 69 e moltiplichiamo per 60 si ha 48.14812, togliamo 48 e moltiplichiamo per 60, si ha circa 9. In conclusione la retta è inclinato di $\alpha = 69° 48' 9''$ (inclinazione m della retta)

230

(4) Si calcoli con la precisione di due cifre decimali lo zero della funzione $f_{(x)} = \sqrt[3]{x} + x^3 - 1$. Come si può essere certi che esiste un unico zero?

Svolgimento:

Per le proprietà delle potenze La funzione $f_{(x)} = \sqrt[3]{x} + x^3 - 1$

equivale a $y = x^{\frac{1}{3}} + x^3 - 1$, per cui la funzione dello zero è

$f_{(0)} => x^{\frac{1}{3}} + x^3 - 1 = 0$ *(l'equazione di f(x))*

L'ordinata y si calcola sostituendo (x = 0) nell'equazione

$y = x^{\frac{1}{3}} + x^3 - 1$ ossia $y = 0 + 0 - 1$, cioè

$y = -1$ *(ordinata del punto x = 0),*

Poniamo ad arbitrio l'ascissa (x = 1) l'ordinata è

$y = 1^{\frac{1}{3}} + 1^3 - 1$ => $y = 1 + 1 - 1$ ossia $y = 1$, quindi, il grafico della funzione passa dal punto P1(0, -1) al punto P2(1, 1) Questo sta a significare che la funzione è continua e poiché il passaggio avviene da una ordinata negativa (y = -1) ad una ordinata positiva (y =1) vuol dire che lo zero della funzione si trova nell'intervallo del dominio assegnato [0,1]., vedi figura

seguente:

Per calcolare con precisione l'ascissa zero dobbiamo procedere con il metodo di bisezione dell'analisi numerica, è il metodo numerico più semplice per trovare le radici di una funzione

METODO DI BISEZIONE

Poniamo l'intervallo del dominio calcolato $[a, b] = [0, 1]$ e calcoliamo lo zero approssimato della funzione , si ha

$x_1 = \frac{a+b}{2}$ => $x_1 = \frac{0+1}{2}$ => $x_1 = 0,5$, quindi

$\underbrace{}_{sostituen\ x\ si\ ha}$

$y_1 = (0,5)^{\frac{1}{3}} + (0,5)^3 - 1$ => $y_1 = -0,081299474$

$x_1 = \frac{a_1+b}{2}$ => $x_1 = \frac{0,5+1}{2}$ => $x_1 = 0,75$, quindi

$\underbrace{}_{sostituen\ x\ si\ ha}$

$y_1 = (0,75)^{\frac{1}{3}} + (0,75)^3 - 1$ => $y_2 = 0,718541042$

Iterando sempre si giungerà a che $y_{\to 0}$, in tal caso il suo dominio corrisponde a x_o, se continuiamo otterremo che $y_0\ circa\ 0$.

Poiché le ordinate hanno segno discordi significa che il suo valore dell'ascissa x_0 è compreso tra

x_1 e x_2 per cui possiamo calcolare il valore medio $x_0 = \frac{x_1+x_2}{2}$ =>

$x_0 = \frac{0,5+0,7}{2}$ => $x_0 = \frac{1,2}{2}$ =>

$x_0 = 0,6$ *(valore dello zero molto approssimato al valore ottenuto con un calcolatore)*,

Quindi, per una precisione migliore possiamo ripetere con diversi intervalli fino ad ottenere $y_{\to 0}$, si otterrà $x_o = 0,56$, vedi figura

seguente.

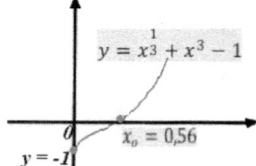

$y = x^{\frac{1}{3}} + x^3 - 1$

$x_o = 0,56$

$y = -1$

(5) Sia G il grafico di una funzione $x \to f_{(x)}$ con $x \in \mathfrak{R}$. Si illustri in che modo è possibile stabilire se G è simmetrico rispetto alla retta $(x = k)$.

Svolgimento:

Un grafico si dice simmetrico se $P(x, y)$ è $P'(x', y')$ appartengono alla retta $(x = k)$, allora $(1) \frac{x+x'}{2} = k$ ossia

232

$(2) x + x' = 2k$ dove k è una qualsiasi retta passante per x, vedi

figura 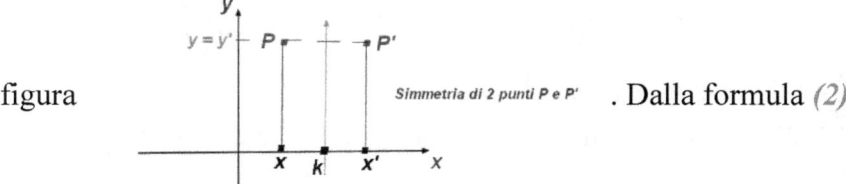 . Dalla formula *(2)*

possiamo calcolare: $\begin{cases} x = \dfrac{2k}{x'} \\ x' = \dfrac{2k}{x} \end{cases}$ *(ascisse dei punti P e P' y = y')*

(6) Si trovi l'equazione cartesiana del luogo geometrico descritto dal punto P di coordinate $(3 \cos t, 2 sen t)$ al variare di t, $(0 \le t \le 2\pi)$.

Svolgimento:

Con le coordinate circolare assegnate si deducono le coordinate cartesiane (x, y), come rappresentato in figura seguente

, cioè

$\begin{cases} x = 3 cost \\ y = 2 sent \end{cases}$, dalla quale le funzioni trigonometriche sono

$\begin{cases} cos = \dfrac{1}{3}x \\ sen = \dfrac{1}{2}y \end{cases}$. La relazione esistente tra le coordinate

trigonometriche e cartesiane e la seguente uguaglianza:

$\left(\dfrac{1}{3}x\right)^2 + \left(\dfrac{1}{2}y\right)^2 = cos^2 t + sen^2 t$ ossia

$\dfrac{x^2}{9} + \dfrac{y^2}{4} = cos^2 t + sen^2 t$,, poiché è noto che

$cos^2 t + sen^2 t = 1$ si ottiene $\dfrac{x^2}{9} + \dfrac{y^2}{4} = 1$, oppure

$\dfrac{x^2}{3^2} + \dfrac{y^2}{2^2} = 1$ *(formula dell'ellisse)*

L'ellisse ha i semi diametri di 3 e 2, vedi figura seguente:

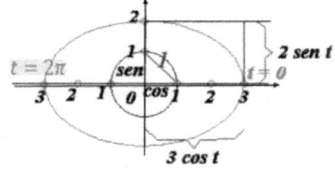

Osservazione: il punto P che gira dalla posizione di coordinate P(3,0) viene raggiunto 2

volte in corrispondenza del valore del parametro $\begin{cases} t = 0 \\ t = 2\pi \end{cases}$

(7) Per la ricorrenza della festa della mamma, la signora Luisa organizza una cena a casa sua, con le sue amiche che hanno almeno una figlia femmina. La sig.ra Anna è una delle invitate e perciò ha almeno una figlia femmina. Durante la cena, la sig.ra Anna dichiara di avere esattamente due figli. Si chiede: qual è la probabilità che anche l'altro figlio della sig.ra Anna sia femmina? Si argomenti la risposta.

Svolgimento:

Poiché i figli possono essere FF, MM, MF le possibili probabilità sono 3 ma quella vera è solo 1 delle 3, quindi la vera robabilità è una delle 3, cioè *Probabilità* $= \dfrac{1}{3}$

(8) Se $(n > 3)$ e $\dbinom{n}{n-1}, \dbinom{n}{n-2}, \dbinom{n}{n-3}$ sono in progressione aritmetica, qual è il valore di n ?.

Svolgimento:

Una successione numerica si dice progressione aritmetica se, a partire dal secondo termine della successione, la differenza fra ogni termine e il precedente è costante, allora se $(n > 3)$ la successione aritmetica $\binom{n}{n-1} ; \binom{n}{n-2} ; \binom{n}{n-3}$ sono 3 numeri ($n = ?$) della successione da calcolare. Per calcolarli dobbiamo utilizzare le formule dei fattoriali $\binom{n}{k}$ dei coefficienti polinomiali di una funzione. Assegnando ai coefficienti la lettera a e tenendo conto della successione aritmetica si impone la condizione che i la tecnica dei $(a_3 - a_2 = a_2 - a_1)$, poiché i numeri assegnati sono 3, si tratta di calcolare i coefficienti di 3 termini fattoriali, quindi $a_1 = \binom{n}{n-1}$ => $a_1 = \frac{n!}{1!(n-1)!}$ per le proprietà che $\binom{n}{1} = \frac{n!}{1!(n-1)}$ si afferma che $a_1 = n$

$a_2 = 2\binom{n}{n-2}$ => $a_2 = \frac{n!}{2!(n-2)!}$ risolviamo i fattoriali per 2 volte (perché n – 2), si ha $a_2 = \frac{n(n-1)(n-2)}{(n-2)!\cdot(2!)}$ risolviamo il denominatore

$a_2 = \frac{n(n-1)(n-2)}{(n-2)\cdot 2}$ semplificando si ha $a_2 = \frac{n(n-1)}{2}$

$a_3 = -\binom{n}{n-3}$ => $a_3 = \frac{n!}{3!(n-3)}$ risolviamo i fattoriali per 3 volte (perché n – 3), si ha $a_3 = \frac{n(n-1)(n-2)(n-3)}{3!(n-3)}$ semplificando si

ha $a_3 = \frac{n(n-1)(n-2)}{3!}$ => $a_3 = \frac{n(n-1)(n-2)}{6}$ =>

L'uguaglianza della progressione aritmetica con i coefficienti è $(a_3 - a_2 = a_2 - a_1)$, quindi abbiamo

$$\overset{a_3}{\overbrace{\frac{n(n-1)(n-2)}{6}}} - \overset{a_2}{\overbrace{\frac{n(n-1)}{2}}} = \overset{a_2}{\overbrace{\frac{n(n-1)}{2}}} - \overset{a_1}{\overbrace{n}} \quad \text{(m. c. m.) si ha}$$

$n(n-1)(n-2) - 3n(n-1) = 3n(n-1) - 6n$ =>
$(n^2 - n)(n-2) - 3n^2 + 3n = 3n^2 - 3n - 6n$ =>
$(n^2 - n)(n-2) - 3n^2 + 3n - 3n^2 + 3n + 6n = 0$ ossia
$n^3 - 2n^2 - n^2 + 2n - 3n^2 + 3n - 3n^2 + 3n + 6n = 0$
raccogliere a fattore comune
$n^3 - 9n^2 + 14n = 0$ *(equazione della successione aritmetica)*

Mettiamo in evidenza n si ha $n(n^2 - 9n + 14) = 0$.
La prima soluzione è zero.

La risoluzione dell'equazione di 2° grado è $n_{1;2} = \frac{-b \pm \sqrt{b^2 - 4ac}}{2a}$ =>

$n_{1;2} = \frac{-(-9) \pm \sqrt{(-9)^2 - 4 \cdot 1 \cdot 14}}{2 \cdot 1}$ => $n_{1;2} = \frac{9 \pm \sqrt{81 - 56}}{2}$ => $n_{1;2} = \frac{9 \pm \sqrt{25}}{2}$

=> $n_{1;2} = \frac{9 \pm 5}{2}$ => $\begin{bmatrix} n_1 = \frac{9+5}{2} \\ n_2 = \frac{9-5}{2} \end{bmatrix}$ => $\begin{bmatrix} n_1 = 7 \\ n_2 = 2 \end{bmatrix}$ *(soluzioni)*, vedi

grafici

$$y = n^2 - 9n + 14$$

$$y = n^3 - 9n^2 + 14n$$

Verifica:

La soluzione che soddisfa la condizione proposta, per $(n > 3)$ è $(n = 7)$, tale valore va sostituito
nei rispettivi coefficienti calcolati per ottenere i 3 numeri della successione aritmetica, cioè

$\begin{bmatrix} a_1 = n \\ a_1 = \frac{n(n-1)}{2} \\ a_1 = \frac{n(n-1)(n-2)}{6} \end{bmatrix}$ cioè $\begin{bmatrix} a_1 = 7 \\ a_1 = \frac{7(7-1)}{2} \\ a_1 = \frac{7(7-1)(7-2)}{6} \end{bmatrix}$ => $\begin{bmatrix} a_1 = 7 \\ a_1 = \frac{42}{2} \\ a_1 = \frac{42(5)}{6} \end{bmatrix}$ =>

$\begin{bmatrix} a_1 = 7 \\ a_1 = 21 \\ a_1 = 35 \end{bmatrix}$ *(coeffic. polinomiali)*

Risposta:

La successione che soddisfa $(n > 3)$ è il numero $(n \geq 7)$ e i 3
numeri della successione sono i seguenti: $\begin{bmatrix} a_1 = 7 \\ a_1 = 21 \\ a_1 = 35 \end{bmatrix}$

Per maggiore approfondimento a questo esercizio, inerente i calcoli fattoria riportiamo alcuni esempi svolti, teoremi e proprietà dei calcoli fattoriali, molto utili, si ha

Proprietà fattoriali

- $\begin{bmatrix} 0! = 1 \\ 1! = 1 \end{bmatrix}$ (per convenzione)
- $(n!) = n(n-1)!$ caso ricorsivo, funziona solo e soltanto se $(n \neq 0)$
- $(n!) = n(n-1)(n-2)(n-3) \ldots (n - n = 0|)$
  assumiamo $(0! = 1)$
- $\binom{n}{0} = 1$ infatti $\binom{n}{0} = \frac{n!}{0!(n-0)!} \Rightarrow \binom{n}{0} = \frac{n!}{1!(n)!}$ ossia
  $\binom{n}{0} = \frac{n!}{n!} \Rightarrow \binom{n}{0} = 1$ dimostrato
- $\binom{n}{k} = \frac{n!}{k!(n-k)!}$ (Una delle proprietà dei fattoriali)
- $\binom{n}{n-k} = \frac{n!}{(n-k)!k \cdot (n-k-1)!}$ che si scrive anche
  $\binom{n}{n-k} = \frac{n!}{(n-k)!k \cdot (n-k) \cdot 1!} \Rightarrow$
  $\binom{n}{n-k} = \frac{n(n-k)}{(n-k)!k \cdot (n-k)}$ semplificando si ha
  $\binom{n}{n-k} = \frac{n}{(n-k)!}$ *(proprietà dimostrata)*

Relazione di Stiefel $\binom{n}{k} = \binom{n-1}{k} + \binom{n-1}{k-1}$

Dobbiamo dimostrare che è valida l'uguaglianza: sviluppiamo il secondo termine e dimostriamo che è uguale al primo $\binom{n}{k}$.

Applicando il calcolo dei fattoriali, si ha
$\frac{(n-1)!}{k!(n-1-k)!} + \frac{(n-1)!}{(k-1)![(n-1-(k-1)]!}$ risolviamo la parentesi quadra
$\frac{(n-1)!}{k!(n-1-k)!} + \frac{(n-1)!}{(k-1)!(n-k)!}$ mettiamo in evidenza $(k-1)$ si ha

237

$(n-1)! \left(\frac{1}{k!(n-1-k)!} + \frac{1}{(k-1)!(n-k)!} \right)$ m. c. m.

$(n-1)! \left(\frac{(n-k)+k}{k(k-1)!(n-k)(n-k-1)!} \right)$ ricordiamo che

$\left[\begin{array}{c} k(k-1)! = k! \\ (n-k)(n-k-1) = (n-k-1)! \end{array} \right]$, quindi otteniamo

$(n-1)! \left(\frac{n-k+k}{k(k-1)!} \right)$ risolvo il numeratore

$(n-1)! \left(\frac{n}{k(n-k)!} \right)$ facciamo il prodotto $\left(\frac{n(n-1)!}{k(n-k)!} \right)$ semplifico in

$\left(\frac{n}{k} \right)$ *(dimostrazione perfetta)*

Relazione di ricorrenza $\binom{n}{k+1} = \binom{n}{k} \cdot \left(\frac{n-k}{k+1} \right)$

Dobbiamo dimostrare che è valida l'uguaglianza: sviluppiamo il secondo termine e dimostriamo che è uguale al primo $\left(\frac{n}{k+1} \right)$.

Applicando il calcolo dei fattoriali, si ha $\binom{n}{k} \cdot \binom{n-k}{k+1} =$

$\left(\frac{n!}{k!(n-k)!} \right) \left(\frac{n.k}{k+1} \right)$ per semplificare ricordiamo che

$\left[\begin{array}{c} (n-k)! = (n-k)(n-k-1)! \\ (k+1)k! = (k+1)! \end{array} \right]$, quindi otteniamo

$\left(\frac{n!(n-k)}{(k+1)!(n-k)(n-k-1)!} \right)$ semplificando si ha

$\left(\frac{n!}{(k+1)k!(n-k-1)!} \right)$ che si scrive anche nella forma

$\left(\frac{n!}{(k+1)![(n-(k+1))]!} \right)$ che corrisponde, in forma fattoriale a $\left(\frac{n}{k+1} \right)$

(dimostrazione dell'uguaglianza perfetta)

Sviluppo dei coefficienti polinomiali $(a + b)^5$

Dobbiamo risolvere il polinomio in forma lineare e calcolare i suoi coefficienti di ciascun termine.

Si pone il polinomio in forma fattoriale $\binom{n}{k} = \frac{n!}{k!(n-k)!}$ per cui il polinomio da risolvere si compone in tanti $\binom{n}{k} = esponente + 1$, perché il primo è zero, cioè

$$(a+b)^5 = \binom{5}{0} + \binom{5}{1} + \binom{5}{2} + \binom{5}{3} + \binom{5}{4} + \binom{6}{5} \text{ ora}$$

applichiamo i fattoriali $\binom{n}{k} = \frac{n!}{k!(n-k)!}$ si ha

$$(a+b)^5 = \binom{5!}{0!\,(5-0)!} + \binom{5}{1!\,(5-1)!} + \binom{5}{2!\,(5-2)!} + \binom{5}{3!\,(5-3)!} +$$
$$\binom{5}{4!\,(5-4)!} + \binom{5}{5!\,(5-5)!} =>$$
$$(a+b)^5 = \binom{5!}{1(5)!} + \binom{5}{1!\,(4!)} + \binom{5}{2!\,(3!)} + \binom{5}{3!\,(2)!} + \binom{5}{4!\,(1!)} +$$
$$\binom{5}{5!\,(0!)}$$ calcoliamo i fattoriali numerici , ricordando che $(0! = 1)$ e $(1! = 1)$

si ha $(a+b)^5 = \left(\frac{120}{1\cdot120}\right) + \left(\frac{120}{24}\right) + \left(\frac{120}{12}\right) + \left(\frac{120}{12}\right) + \left(\frac{120}{24}\right) + \left(\frac{120}{120}\right) =>$

$(a+b)^5 = (1) + (5) + (10) + (10) + (5) + (1)$ (sono i coefficienti del polinomio). Il polinomio è composto

$a^5 \cdot b^0 + a^4 \cdot b^1 + a^3 \cdot b^2 + a^2 \cdot b^3 + a^1 \cdot b^4 + a^0 \cdot b^5$ ossia

$a^5 + a^4 \cdot b + a^3 \cdot b^2 + a^2 \cdot b^3 + ab^4 + b^5$ inserendo in essa i coefficienti calcolati si ha

$1a^5 + 5a^4 \cdot b + 10a^3 \cdot b^2 + 10a^2 \cdot b^3 + 5ab^4 + 1b^5$ ossia

$(a+b)^5 = a^5 + 5a^4 \cdot b + 10a^3 \cdot b^2 + 10a^2 \cdot b^3 + 5ab^4 + b^5$

(scomposizione del polinomio)

Esercizio n. 1

Calcolare l'uguaglianza è $3 \cdot \binom{n}{3} = 2\binom{n}{4}$, la condizione di esistenza per soddisfare l'uguaglianza è che sia $(n \geq 4)$ per cui calcoliamo l'espressione in fattoriali. Si ha

$3\frac{n!}{3!(n-3)!} = 2!\frac{n!}{4!(n-4)!}$ svolgiamo i fattoriali

$\frac{3\cdot n\cdot(n-1)\cdot(n-2)\cdot(n-3)!}{3\cdot2\cdot1(n-3)!} = \frac{2\cdot n\cdot(n-1)\cdot(n-2)\cdot(n-3)\cdot(n-4)!}{4\cdot3\cdot2\cdot1!(n-4)!}$ semplificando si

ha $\frac{n\cdot(n-1)\cdot(n-2)}{2} = \frac{n\cdot(n-1)\cdot(n-2)\cdot(n-3)}{12}$ possiamo ancora emplificare

$\frac{1}{2} = \frac{(n-3)}{12}$ m. c. m. si ha $6 = n - 3 \Rightarrow 6 + 3 = n \Rightarrow$

$n = 9$ *(risultato)*

Poiché $(n > 4)$ l'equazione è realizzabile.

Esercizio n. 2

Calcolare l'uguaglianza $\binom{x+1}{3} = 4x$, la condizione di esistenza

per soddisfare l'uguaglianza è che sia$(n + 1 \geq 3)$ cioè $(n \geq 2)$

per cui calcoliamo l'espressione in fattoriali. Si ha

$\frac{(x+1)!}{3!(n+1-3)!} = 4x$ ossia $\frac{(x+1)!}{3!(n-2)!} = 4x$ svolgiamo i fattoriali

$\frac{(x+1)\cdot(x+1-1)\cdot(x-1)\cdot(x-2)!}{3\cdot2\cdot1(x-2)!} = 4x$ semplificando i numeratori si ha

$\frac{(x+1)\cdot(x)\cdot(x-1)\cdot(x-2)!}{6(x-2)!} = 4x$ possiamo ancora semplificare

$\frac{x(x+1)\cdot(x-1)}{6} = 4x$, m, c. m. $x(x + 1) \cdot (x - 1) = 24x \Rightarrow$

semplifichiamo la x si ha $(x + 1) \cdot (x - 1) = 24$ cioè $x^2 - x +$

$x - 1 = 24 \Rightarrow x^2 = 24 + 1 \Rightarrow x^2 = 25 \Rightarrow \sqrt{x^2} = \sqrt{25}$ ossia

$x = 5$ *(soluzione)*

Poiché $(x > 2)$ l'equazione è realizzabile per $x = 2$.

Esercizio n. 3

Calcolare l'uguaglianza $\binom{x}{3} - \binom{x}{5} = 0$, la condizione di

esistenza per soddisfare l'uguaglianza è che sia $(n \geq 5)$ per cui

calcoliamo l'espressione in fattoriali. Si ha

$\frac{x!}{3!(n-3)!} = \frac{x!}{5!(n-5)!}$ svolgiamo i fattoriali $\frac{x\cdot(x-1)\cdot(x-2)\cdot(x-3)!}{3\cdot2\cdot1(x-3)!} =$

$\frac{x\cdot(x-1)\cdot(x-2)\cdot(x-3)\cdot(x-4)(x-5)!}{5\cdot4\cdot3\cdot2\cdot1!(x-5)!}$ ossia

$\frac{x\cdot(x-1)\cdot(x-2)\cdot(x-3)!}{6(x-3)!} = \frac{x\cdot(x-1)\cdot(x-2)\cdot(x-3)\cdot(x-4)(x-5)!}{120(x-5)!}$ semplificando i

numeratori si ha $\frac{x\cdot(x-1)\cdot(x-2)}{6} = \frac{x\cdot(x-1)\cdot(x-2)\cdot(x-3)\cdot(x-4)!}{120(x-4)!}$ possiamo

ancora semplificare

$\frac{1}{6} = \frac{(x-3)\cdot(x-4)}{120}$, m, c. m. $20 = (x - 3) \cdot (x - 4) \Rightarrow$

$20 = x^2 - 4x - 3x + 12 \Rightarrow 20 = x^2 - 7x + 12 =$
$> x^2 - 7x + 12 - 20$ ossia $x^2 - 7x - 8$ *(equazione di 2°)*

L'equazione di 2° grado è $n_{1;2} = \dfrac{-b \pm \sqrt{b^2 - 4ac}}{2a} \Rightarrow$

$n_{1;2} = \dfrac{-(-7) \pm \sqrt{(-7)^2 - 4 \cdot 1 \cdot -8}}{2 \cdot 1} \Rightarrow n_{1;2} = \dfrac{7 \pm \sqrt{49 + 32}}{2} \Rightarrow n_{1;2} = \dfrac{7 \pm \sqrt{81}}{2} \Rightarrow$

$n_{1;2} = \dfrac{7 \pm 9}{2} \Rightarrow \begin{bmatrix} n_1 = \dfrac{7 \pm 9}{2} \\ n_2 = \dfrac{7 - 9}{2} \end{bmatrix} \Rightarrow \begin{bmatrix} n_1 = 8 \\ n_2 = -1 \end{bmatrix}$ *(soluzioni)*

Poiché $(n > 5)$ l'equazione è realizzabile per $n_1 = 8$.

(9) Si provi che non esiste un triangolo ABC con $(AB = 3)$, $(AC = 2)$ e $A\hat{B}C = 45°$ .Si provi altresì che se $(AB = 3)$, $(AC = 2)$ e $A\hat{B}C = 40°$ allora esistono due triangoli che soddisfano queste condizioni.

Svolgimento

Disegniamo il triangolo con i dati proposti, vedi ***Fig. A***.
Per asserire con certezza che i lati assegnati al triangolo siano compatibili si adotti il teorema dei seni che recita testualmente: "Il rapporto di ciascun lato con il rispettivo seno è una costante", cioè

$\dfrac{a}{sen(\alpha)} = \dfrac{b}{sen(\beta)} = \dfrac{c}{sen(\gamma)} = costante$, vedi ***Fig. A e B.***

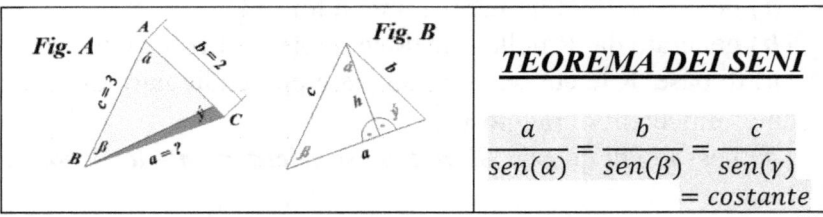

Fig. A   Fig. B

TEOREMA DEI SENI

$$\dfrac{a}{sen(\alpha)} = \dfrac{b}{sen(\beta)} = \dfrac{c}{sen(\gamma)} = costante$$

Poiché conosciamo due lati e l'angolo $\beta = 45$ il cui seno è $\dfrac{\sqrt{2}}{2}$ possiamo prendere due rapporti dal teorema dei seni e calcolare che $\dfrac{b}{sen(\beta)} = \dfrac{c}{sen\gamma)}$ inserendo in essa i dati abbiamo

$$\frac{2}{sen(45°)} = \frac{3}{sen(\gamma)} \quad \text{ossia} \quad \frac{2}{\frac{\sqrt{2}}{2}} = \frac{3}{sen(\gamma)} \quad \text{ovvero} \quad 4\sqrt{2} = \frac{3}{sen(\gamma)} \quad \text{cioè}$$

$$4\sqrt{3}sen(\gamma) = 3 \Rightarrow sen(\gamma) = \frac{3}{4\sqrt{2}} \quad \text{ossia}$$

$sen(\gamma) = 1,06066$ *(risultato errato perche il seno è sempre ≤ 1)*
Se consideriamo l'angolo $\beta = 40°$, il cui seno è 0,643, applicando lo stesso teorema dei seni abbiamo $\frac{2}{sen(40°)} = \frac{3}{sen(\gamma)}$

ossia $\frac{2}{0,643} = \frac{3}{sen(\gamma)}$ da cui $3(0,643) = 2sen(\gamma) \Rightarrow$

$$sen(\gamma) = \frac{3(0,643)}{2} \Rightarrow$$

$sen(\gamma) = 0,94$ *(risultato perfetto perché minore di 1)*

Risposta:

I lati assegnati con l'angolo di 45° non sono compatibili perché il seno di un qualsiasi angolo non può essere mai maggiore di 1. Assegnando invece 40° esistono di certo triangoli che soddisfano la condizione posta.

(**10**) Si consideri la regione R delimitata da $y = \sqrt{x}$, dall'asse x e dalla retta $x = 4$.
L'integrale fornisce $\int_0^4 2\pi x(\sqrt{x})dx$ fornisce il volume del solido:
   (**a**) generato da R nella rotazione intorno all'asse x ;
   (**b**) generato da R nella rotazione intorno all'asse y ;
   (**c**) di base R le cui sezioni con piani perpendicolari all'asse x sono semicerchi di raggio $\sqrt{x}$
   (**d**) nessuno di questi. *Si motivi esaurientemente la risposta.*

Svolgimento:

per una risposta corretta dobbiamo analizzare i casi possibili: ,

vedi Fig. A

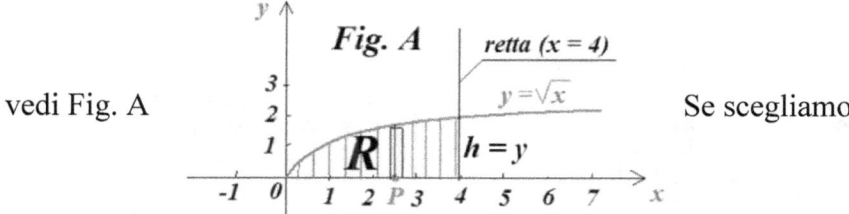

Se scegliamo

un punto P con un intorno piccolissimo ad esso abbiamo il rettangolino in *Fig. A*, restringendo sempre più i rettangoli infinitesimi di base dx fino a ottenere l'altezza h. Il processo di iterazione di tantissimi punti sull'asse x, cioè la sommatoria di piccolissime x da (0 a 4) si chiama integrazione dell'intervallo 0, 4].
Mentre l'altezza h ruota su x descrive una sezione circolare di area $A = \pi f^2(\sqrt{x})$ ossia $A = x^2$ e il volume è $V = A \cdot h$, poiché h abbiamo affermato come integrale dell'intervallo si deduce che il volume che la figura descrive è $V = \int_0^4 \pi x^2$ come in *figura A*.

I casi a) e c) non soddisfano la formula $V = \int_0^4 \pi x^2$ e quindi
La risposta corretta è la " (*b*), *rotazione sull'asse y*.

❖ La rotazione sull'asse y della retta (x = 4) con la funzione $y = \sqrt{x}$ genera 3 solidi ($V_c; V_1; V_2$) e rispettivamente sono:

$$\begin{bmatrix} V_c = vol.\, cilindro \\ V_1 = vol.\, vuoto \\ V_2\, vol.\, triang.\, mistilineo \end{bmatrix}$$ vedi *Fig. B*

, quindi il

volume assegnato corrisponderà a uno dei 3 solidi, vediamo il volume assegnato $V_? = \int_0^4 2\pi x(\sqrt{x})dx$ a quale dei tre corrisponde.

❖ ▌Calcoliamo l'integrale assegnato $V_? = \int_0^4 2\pi x(\sqrt{x})dx$ riducendo l'integrale ad una sola incognita, utilizzando le potenze si ha $V_? =$
$\int_0^4 2\pi x^1 \cdot x^{\frac{1}{2}}dx => V_? = \int_0^4 2\pi x^{1+\frac{1}{2}}\, dx$ ossia $V_? = \int_0^4 2\pi x^{\frac{3}{2}}\, dx$ e integriamo in
$V_? = 2\pi \int_0^4 \frac{x^{\frac{3}{2}+1}}{\frac{3}{2}+1}\, dx => V_? = 2\pi \int_0^4 \frac{x^{\frac{5}{2}}}{\frac{5}{2}}\, dx =>$

243

❖ $V_? = 2\pi \int_0^4 \frac{2}{5} x^{\frac{5}{2}} dx$ portiamo fuori la costante 2/5, si ha

$? = 2\pi \cdot \frac{2}{5} \int_0^4 x^{\frac{5}{2}} dx \Rightarrow$

❖ $V_? = \frac{4\pi}{5} \int_0^4 x^{\frac{5}{2}} dx$ ossia $V_? = \frac{4\pi}{5} \left[x^{\frac{5}{2}}\right]^4 \Rightarrow V_? = \frac{4\pi}{5} \left[4^{\frac{5}{2}}\right] \Rightarrow$

$V_? = \frac{4\pi}{5}\left[4^{\frac{5}{2}}\right]$ ossia

$V_? = 80,42477$ *(volume da confrontare con i 3 solidi di rotazione asse y),*

❖ ▌Il volume V_2 del triangolo mistilineo, intorno all'asse y, il cui intervallo è [0, y] è l'integrale $V_2 = \pi \int_0^y f^2(y)dx$ si tratta della funzione inversa di $y^{-1} = (\sqrt{x})^2$, esplicitando l'incognita x si ha $(\sqrt{x})^2 = y$ ossia $x = y^2$, quindi la funzione di rotazione intorno a y è $x = y^2$ *(funzione da inserire nell'integrale della rotazione su y).*

❖ Sostituiamo y^2 e l'intervallo $\left[0, (y = \sqrt{4})\right]$ nell'integrale, si ha $V_2 = \pi \int_0^2 (y^2)^2 dx \Rightarrow V_2 = \pi \int_0^2 y^4 dx$ e integriamo in $V_2 = \pi \int_0^2 \frac{y^{4+1}}{4+1} dx$ ossia $V_2 = \pi \int_0^2 \frac{y^5}{5} dx \Rightarrow V_2 = \pi \left[\frac{y^5}{5}\right]^2$ cioè $V_2 = \pi \left[\frac{2^5}{5}\right] \Rightarrow$

$V_2 = 20,1062$ *(Il volume del triangolo mistilineo non è V?).*

❖ ▌Il volume del cilindro lo calcoliamo molto facilmente perché è un solido rettangolare e vale la formula algebrica $V_c = (\pi \cdot x^2) \cdot h \Rightarrow V_c = (\pi \cdot 4^2) \cdot \sqrt{x}$ inseriamo in radice il valore di (x = 4), si ha $V_c = (\pi \cdot 4^2) \cdot \sqrt{4} \Rightarrow V_c = 32\pi$ ossia $V_c = 32\pi \Rightarrow$

$V_c 100,531$ *(Il volume del cilindro non è V?).*

❖ ▌Il solido vuoto V_o è la differenza del volume del cilindro meno il volume del triangolo mistilineo, cioè $V_o = V_c - V_2$ sostituendo i dati si ha $V_o = 100,531 - 20.1062$ ossi

❖ $V_o = 80,42477$ *(verifica perfetta: il volume assegnato è il volume vuoto del grafico Fig.B).*

❖ *Risposta;* il volume assegnato è equivalente alla differenza dei solidi generati dalla rotazione della regione R intorno all'asse y, quindi si conferme la risposta b).

Anno 2011 liceo scientifico

Problema 1

Si considerino le funzioni f e g definite, per tutti gli x reali, da:
$f(x) = x^3 - 4x$ e $g(x) = sen(\pi x)$

1. Fissato un conveniente sistema di riferimento cartesiano Oxy , si studino f e g e se ne disegnino i rispettivi grafici Gf e Gg.

2. Si calcolino le ascisse dei punti di intersezione di G_f con la retta y = − 3. Successivamente, si considerino i punti di Gg a tangente orizzontale la cui ascissa è compresa nell'intervallo [− 6; 6] e se ne indichino le coordinate.

3. Sia R la regione del piano delimitata da Gf e Gg sull'intervallo [0; 2]. Si calcoli l'area di R.

4. La regione R rappresenta la superficie libera dell'acqua contenuta in una vasca. In ogni punto di R a distanza x dall'asse y la misura della profondità dell'acqua nella vasca è data da h(x) = 3 − x. Quale integrale definito dà il volume dell'acqua? Supposte le misure in metri, quanti litri di acqua contiene la vasca?

Svolgimento

1.) La prima funzione $f(x) = x^3 - 4x$ è una cubica ed è simmetrica rispetto all'origine, definita su tutto R con limiti ± infinito. Gli zeri della funzione si calcolano ponendo (y = 0), cioè

$0 = x^3 - 4x$ in evidenza $0 = x(x^2 - 4)$ che ammette 2 euazioni soluzioni $\begin{bmatrix} x = 0 \\ x^2 - 4 = 0 \end{bmatrix}$ e ha 3 soluzioni $\begin{bmatrix} x = 0 \\ x^2 = 4 \end{bmatrix}$ =>

$$\begin{bmatrix} x = 0 \\ x = \sqrt{4} \end{bmatrix} \text{ ossia } \begin{bmatrix} x_1 = 0 \\ x_2 = -2 \\ x_3 = +2 \end{bmatrix} \text{ vedi figura}$$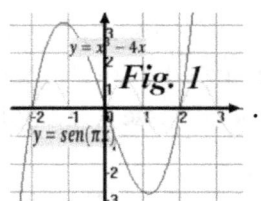

Il Max e minimo si trovano imponendo (y ' = 0) e quindi la derivata prima di $f(x) = x^3 - 4x$ è $f' = 3x^2 - 4 = 0$ ossia

$$3x^2 = 4 \Rightarrow x^2 = \frac{4}{3} \Rightarrow \begin{bmatrix} x_1 = -\frac{2}{\sqrt{3}} \\ x_2 = +\frac{2}{\sqrt{3}} \end{bmatrix} \text{ (ascisse dei punti stazionari)}$$

Sostituendole ascisse nella funzione $f(x) = x^3 - 4x$ si ha

Per $x_1 = -\frac{2}{\sqrt{3}}$ si ha $y_1 = (-\frac{2}{\sqrt{3}})^3 - 4(-\frac{2}{\sqrt{3}})$ si ha

$y_1 = \left(-\frac{8}{3\sqrt{3}}\right) + (\frac{8}{\sqrt{3}}) \Rightarrow y_1 = \frac{16\sqrt{3}}{9}$ Il primo punto stazionario ha

coordinate $P_1 = (-\frac{2}{\sqrt{3}}, \frac{16\sqrt{3}}{9})$ *(è un Max, vedi Fig. 1)*

Per $x_2 = +\frac{2}{\sqrt{3}}$ si ha $y_2 = (\frac{2}{\sqrt{3}})^3 - 4(\frac{2}{\sqrt{3}})$ si ha $y_2 = \left(\frac{8}{3\sqrt{3}}\right) - (\frac{8}{\sqrt{3}})$

$\Rightarrow y_2 = -\frac{16\sqrt{3}}{9}$. Il secondo punto stazionario ha coordinate

$P_2 = (\frac{2}{\sqrt{3}}, -\frac{16\sqrt{3}}{9})$ *(è un Min, vedi Fig. 1)*

Per calcolare il punto stazionario di flessi impone a zero la derivata seconda, cioè (y '' = 0) che sappiamo risolvere in $y'' \Rightarrow 6x = 0$ e quindi $x = 0$ (ascissa del flesso)

Sostituendo (x = 0) nella funzione $f(x) = x^3 - 4x$ si ha facilmente che anche (y = 0), all0ra le coordinate del flesso sono $F(0,0)$ *(coordinate del flesso, vedi Fig. 1)*

La seconda funzione $g(x) = sen(\pi x)$ è una funzione sinusoidale con periodo $T = \dfrac{\overset{per\ f8x)}{2\pi}}{\underset{a\ di\ x}{\frac{\pi}{}}} = 2$ e il suo grafico è riportato nella Fi. 1).

2.) Per calcolare le intersezioni del grafico le due funzioni

sappiamo che vanno messe a sistema $\begin{cases} y = x^3 - 4x \\ y = -3 \end{cases}$ che risolviamo in unica equazione $x^3 - 4x + 3 = 0$ per abbassare di grado la funzione si ricorre alla regola alla regola di Ruffini , si scomposizione il termine noto (3 = 1; 2; 3) e si prova con quale numero (f = 0) , si deduce che si annulla se e solo se (x = -1), allora si divide con (x = -1) e si ottiene il risultato $(x - 1)(x^2 + x - 3) = 0$ con resto zero. Ora abbiamo da risolvere 2 equazioni $\begin{bmatrix} x - 1) = 0 \\ x^2 + x - 3 = 0 \end{bmatrix}$ la seconda è un'equazione di 2° grado che

ammette 2 soluzioni, quindi le soluzioni sono $\begin{bmatrix} x_1 = 1 \\ x_2 = \frac{-1+\sqrt{13}}{2} \\ x_3 = \frac{-1-\sqrt{13}}{2} \end{bmatrix}$ ossia

$\begin{bmatrix} x_1 = 1 \\ x_2 = -2,303 \\ x_3 = 1,303 \end{bmatrix}$ (soluzioni).

I punti in cui il grafico è tangente per $sen(\pi x) = \pm 1$ sono due tangenti al grafico della funzione e ogni tangente tocca il grafico

in [-6, +6], vedi Fig.2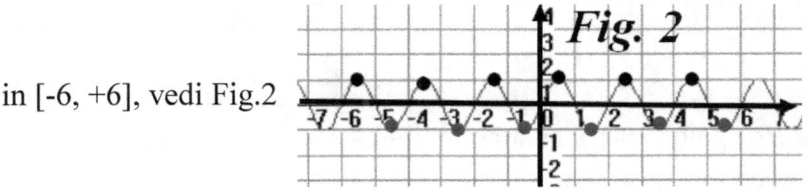

Fig. 2

Il calcolo dei punti di tangenza , cioè la frequenza (f) si calcolano tenendo conto del periodo, quindi la frequenza si calcola con la formula $f = \frac{1}{\pm T}$, per cui le ascisse dei punti della FIg. 2 sono calcolati e riportiamo nella tabella seguente:

Punti di tangenta su $(y = +1) => f = \frac{1}{T}$						
$-\dfrac{7}{2}$ -2	$-\dfrac{3}{2}$ -2	$\dfrac{1}{2}-2$	x	$\dfrac{1}{2}$	$\dfrac{1}{2}$ $+2$	$\dfrac{5}{2}+2$
$-\dfrac{11}{2}$	$-\dfrac{7}{2}$	$\dfrac{-3}{2}$	= 0	$\dfrac{1}{2}$	$\dfrac{5}{2}$	$\dfrac{9}{2}$
Punti di tangenta su $(y = -1) => f = \frac{1}{-T}$						
$-\dfrac{5}{2}-2$	$-\dfrac{1}{2}$ -2	$-\dfrac{1}{2}$	x	$-\dfrac{1}{2}$ -2	$-\dfrac{3}{2}$ -2	$-\dfrac{7}{2}$ -2
$-\dfrac{9}{2}$	$-\dfrac{5}{2}$	$\dfrac{1}{2}$	= 0	$-\dfrac{3}{2}$	$-\dfrac{7}{2}$	$-\dfrac{11}{2}$

3.)   L'area della regione R si calcola con l'integrale della differenza delle due funzioni, tra l'intervallo [2, 0], cioè $\int_0^2 (g(x) - f(x))dx$. Osserviamo che la funzione $g(x) = sen(\pi x)$ si annulla quando l'intervallo è zero e quindi l'integrale diventa $\int_0^2 (0 - f(x))dx$ e cioè $\int_0^2 -(x^3 - 4x)dx$ che integriamo in $\int_0^2 -\left[\left(\frac{x^{3+1}}{3+1} - 4\frac{x^{1+1}}{1+1}\right)\right]\Big]_0^2 => \int_0^2 -\left[\left(\frac{x^4}{4} - 4\frac{4x^2}{2}\right)\right]\Big]_0^2 => \int_0^2 -\left[\frac{x^4}{4} - \right.$ *2x220* , poiché per 0 si annulla, l'area è *A=−x44−2x22* sostituendo 2 ad x si ha

$$A = -\left[\frac{2^4}{4} - 2(2)^2\right] => A = -[4 - 8] => A = -[-4]\ \text{ossia}$$

$A = 4$ *(area della regione R)*

4.)   Il volume del solido S, ottenuto ruotando la regione R intorno all'asse x di intervallo [0, 2], si calcola con l'integrale $V = \int_0^2 [g^2(x) - f^2(x)] \cdot h(x)dx$ ossia $V_R = \int_0^2 [g^2(x)\,(h(x) - f^2(x) \cdot h(x)] \cdot h(x)dx$ ponendo

248

$h(x)=(3-x)$ si ha $V_R = \int_0^2[sen(\pi x)(3 - x) - (x^3 - 4x)(3 - x)]dx$, si tratta di due integrali $V_R = \int_0^2 sen(\pi x)(3 - x)dx - \int_0^2(x^3 - 4x)(3 - x)\,dx$ e risolvendo il secondo in ordine si ha $V_R = \int_0^2 sen(\pi x)(3 - x)dx - \int_0^2 -x^4 + 3x^3 + 4x^2 - 12x\,dx$, quindi risolviamo i 2 integrale separatamente.

Primo integrale:

$\int_0^2 sen(\pi x)(3 - x)dx$ si risolve per parti con la formula seguente

$$\underset{int.}{\widetilde{u}} \cdot v - \int \underset{int.}{\widetilde{u}} \cdot \underset{der.}{\widetilde{v}}\ dx$$

$-\frac{\cos(\pi x)}{\pi} \cdot (3 - x) - \int_0^2 = -\frac{\cos(\pi x)}{\pi}(-1)dx =>$

$\frac{-3\cos(\pi x)+x\cos(\pi x)}{\pi} - \int_0^2 = \frac{\cos(\pi x)}{\pi}dx =>$

$\frac{-3\cos(\pi x)+x\cos(\pi x)}{\pi} - \frac{sen(\pi x)}{\pi^2}$ risolvendo il tutto si ha

$-\frac{sen(\pi x)+(3\pi-\pi x)(\cos(\pi x))}{\pi^2}$ che calcoliamo nell'intervallo

$\left[-\frac{sen(\pi x)+(3\pi-\pi x)(\cos(\pi x))}{\pi^2}\right]^2 - \left[-\frac{sen(\pi x)+(3\pi-\pi x)(\cos(\pi x))}{\pi^2}\right]_0$ ossia

$\left[-\frac{sen(\pi 2)+(3\pi-\pi 2)(\cos(\pi 2))}{\pi^2}\right] - \left[-\frac{sen(\pi 0)+(3\pi-\pi 0)(\cos(\pi 0))}{\pi^2}\right] =>$

$\left[-\frac{0+(1)(1)}{\pi^2}\right] - \left[-\frac{sen(0)+(3\pi)(\cos(0))}{\pi^2}\right] =>$

$\left[-\frac{1}{\pi}\right] - \left[-\frac{(3\pi)(1)}{\pi^2}\right] => -\frac{1}{\pi} + \frac{3}{\pi} => -\frac{1+3}{\pi}$ ossia $\frac{2}{\pi}$ *(risultato del 1°*
integrale)

Secondo integrale:

$\int_0^2(x^3 - 4x)(3 - x)\,dx$ risolviamo il prodotto, si ha $\int_0^2 -x^4 + 3x^3 + 4x^2 - 12x\,dx$ e quindi integrando si ha $\int_0^2 -\frac{x^{4+1}}{4+1} + \frac{x^{3+1}}{3+1} + 4\frac{x^{2+1}}{2+1} - 12\frac{x^{1+1}}{1+1}dx$ ossia $\int_0^2 -\frac{x^5}{5} + \frac{x^4}{4} + 4\frac{x^3}{3} - 12\frac{x^2}{2}dx$ che

nell'intervallo si ha $\left[-\frac{x^5}{5} + \frac{3\cdot x^4}{4} + 4\frac{x^3}{3} - 12\frac{x^2}{2}\right]^2 - \left[-\frac{x^5}{5} + \frac{3\cdot x^4}{4} + \right.$

$$4\frac{x^3}{3} - 12\frac{x^2}{2}\Big]_0 \quad \text{sostituendo l'intervallo alla x si ha} \quad \left[-\frac{2^5}{5} + \frac{3 \cdot 2^4}{4} + \right.$$

$$4\frac{2^3}{3} - 12\frac{2^2}{2}\right] - \left[-\frac{0^5}{5} + \frac{3 \cdot 0^4}{4} + 4\frac{0^3}{3} - 12\frac{0^2}{2}\right] =>$$

$$\left[-\frac{32}{5} + 12 + \frac{32}{3} - 24\right] - [-0 + 0 + 0] \quad \text{m. c. m.}$$

$$\left[\frac{-96 + 180 + 160 - 360}{15}\right] =>$$

$$\left[-\frac{116}{15}\right] \text{ (risultato del 2° integrale)}$$

Il volume della regione R è la differenza dei due integrali, (1° integrale meno 2° integrale cioè

$$V_R = \frac{2}{\pi} - \left(-\frac{116}{15}\right) => V_R = \frac{2}{\pi} + \frac{116}{15} \text{ ovvero } V_R = 8,370 \; m^3 \quad \text{e}$$

poiché un metro cubo corrisponde a 1000 litri moltiplichiamo per mille e abbiamo $V_R = 8,370 \; litri$ *(Volume della regione R).*

PROBLEMA 2

Sia f la funzione definita sull'insieme R dei numeri reali da

$f(x) = (ax + b)e^{-\frac{x}{3}} + 3$, dovea e b sono due reali che si chiede di determinare sapendo che f ammette un massimo nel punto d'ascissa 4 e che f (0) = 2.

1. Si provi che (a = 1) e (b = -1).

2. Si studi su R la funzione $f(x) = (ax + b)e^{-\frac{x}{3}} + 3$ e se ne tracci il grafico Γ nel sistema di riferimento Oxy.

3. Si calcoli l'area della regione di piano del primo quadrante delimitata da Γ, dall'asse y e dalla retta y = 3.

4. Il profitto di una azienda, in milioni di euro, è stato rappresentato nella tabella sottostante designando con x_i l'anno di osservazione e con y_i il corrispondente profitto.

Anno	2004	2005	2006	2007	2008	2009	2010
x_i	0	1	2	3	4	5	6
y_i	1.97	3.02	3.49	3.71	3.80	3.76	3.65

Si cerca una funzione che spieghi il fenomeno dell'andamento del profitto giudicando accettabile una funzione g definita su R^+ se per ciascun xi, oggetto dell'osservazione, si ha: $|g(x_i) - y_i| \leq$

10^{-1}. Si verifichi, con l'aiuto di una calcolatrice, che è accettabile la funzione f del punto 2 e si dica, giustificando la risposta, se è vero che, in tal caso, l'evoluzione del fenomeno non potrà portare a profitti inferiori ai 3 milioni di euro.

Svolgimento

1.) Poiché i punti stazionari (Max e minimo si calcolano imponendo (y ' = 0) calcoliamo la derivata prima della funzione $f'(x) = (ax + b)e^{-\frac{x}{3}} + 3 = 0$, risolviamo per prima il prodotto, si ha

$f'(x) = axe^{-\frac{x}{3}} + be^{-\frac{x}{3}} + 3$, il 1° termine è una derivata prodotto, quindi deriviamo:

$$[\overbrace{(ax)}^{derivata} \left(e^{-\frac{x}{3}}\right) + (ax)\overbrace{\left(e^{-\frac{x}{3}}\right)}^{derivata}] - \overbrace{be^{-\frac{x}{3}}}^{derivata} + \overbrace{3}^{derivata} =>$$

$$[a\left(e^{-\frac{x}{3}}\right) + \left(-\frac{1}{3}axe^{-\frac{x}{3}}\right)] - \frac{1}{3}be^{-\frac{x}{3}} + 0 => axe^{-\frac{x}{3}} - \frac{1}{3}axe^{-\frac{x}{3}} -$$

$\frac{1}{3}be^{-\frac{x}{3}}$ m. c. m. $\dfrac{3ae^{-\frac{x}{3}} - axe^{-\frac{x}{3}} - be^{-\frac{x}{3}}}{3}$ mettiamo in evidenza

$\dfrac{(3a-ax-b)e^{-\frac{x}{3}}}{3}$ *(derivata prima)*

I grafici di f(x) e f'(x) sono in fig.3

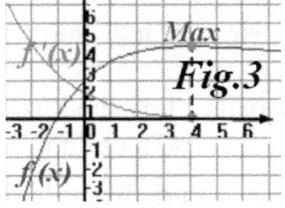

Fig.3

Se f '(4 = 0) significa che (y ' = 0) allora si deduce che *(a + b) = 0*, inoltre sapendo che la f(0)=2
Cioè punto di coordinate P(0, 2) sostituisco le coordinate nella funzione $y = (ax + b)e^{-\frac{4}{3}} + 3$, cioè $2 = (a \cdot 0 + b)e^{-\frac{0}{3}} + 3 =>$
$2 = (0 + b)e^{0} + 3 => 2 = (b)1 + 3 => b = -3 + 2$ ossia

b = −1 , quindi sostituendo (b = -1) in (a + b = 0) si ha (a −1 = 0) ossia a = 1, si conclude che la dimostrazione è perfetta.

2.) Il massimo della funzione si calcola inserendo f '(4) (ascissa della derivata prima) nella funzione f(x), si ha

$y = (a \cdot 4 + b)e^{-\frac{4}{3}} + 3$ inseriamo a e b si ha

$y = (1 \cdot 4 - 1)e^{-\frac{4}{3}} + 3 \Rightarrow y = 3e^{-\frac{4}{3}} + 3$ ossia $y = 3{,}79$, allora le coordinate sono $Max(4, 3.79)$, vedi Fig. 3.

Si tratta di una funzione continua su tutto R, taglia l'asse delle ordinate in P(0, 2) quando (a = 1), in tal caso la funzione diventa

$(1 \cdot x - 1)e^{-\frac{x}{3}} + 3 = 0 \Rightarrow (x - 1)e^{-\frac{x}{3}} + 3 = 0$ cioè

$(x - 1)\dfrac{1}{e^{\frac{x}{3}}} = -3 \Rightarrow (x - 1) = -3e^{\frac{x}{3}}$ si tratta di due funzioni:

una retta e una esponenziale ed è positiva per la retta $(x > a)$,

vedi fig. 4

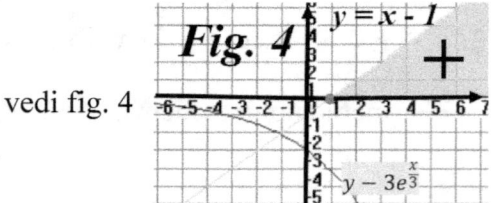

Fig. 4

Il limite sinistro dell'esponenziale $L \to -\infty$ e quello destro è $L \to 3$.

La retta è di ordine superiore rispetto all'esponenziale e c'è un asintoto in (y = 3), obliquo a $-\infty$

Lo studio della derivata della funzione $f'(4) = (a - x)\dfrac{1}{3}e^{-\frac{x}{3}} \geq 0$ (vedi fig.3) corrisponde a un Max assoluto e lo studio della derivata seconda $f''(x) = \dfrac{1}{3}e^{-\frac{x}{3}}(\dfrac{1}{3}x - \dfrac{7}{3}) \geq 0$ ha la concavità rivolta verso il basso e flesso mediante la derivata seconda in (x = 7) con coordinate (y = 3,58), vedi Fig. 5.

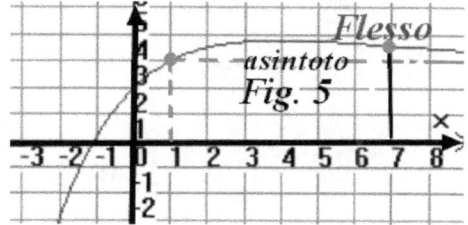

3.)   L'area che ci viene chiesta ha l'intervallo sono 2 funzioni $3 - f(x)$ con intervallo $[1, 0]$ e la funzione $f(x) - 3$ con

intervallo $[1, +\infty]$, vedi figura 6 ,

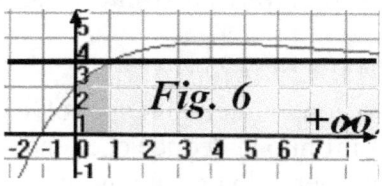

è data dall'integrale $\int_0^1 (3 - f(x))dx + \int^{+\infty} (f(x) - 3)dx$ ossia $\int_0^1 (1 - x)e^{-\frac{x}{3}}dx + \int^{+\infty} (1 - x)e^{-\frac{x}{3}}dx$ sono 2 integrali per parti che risolviamo separatamente, cioè

Primo integrale:

$\int_0^1 (1 - x)e^{-\frac{x}{3}}\,dx$ per parti $\int_0^1 = (1 - x)\ \overbrace{e^{-\frac{x}{3}}}^{integr.} - \int (1 - x)\ \overbrace{e^{-\frac{x}{3}}}^{integr.}\ dx$

cioè $\int_0^1 = (1 - x)(-\frac{1}{3}e^{-\frac{x}{3}}) - \int -1(-\frac{1}{3}e^{-\frac{x}{3}})\,dx$ =>

$\int_0^1 = -\frac{1}{3}e^{-\frac{x}{3}} + \frac{1}{3}x\,e^{-\frac{x}{3}} - \int -\frac{1}{3}e^{-\frac{x}{3}}\,dx$ portiamo fuori -1/3

dall'integrale $\int_0^1 = -\frac{1}{3}e^{-\frac{x}{3}} + \frac{1}{3}x\,e^{-\frac{x}{3}} + \frac{1}{3}\int e^{-\frac{x}{3}}\,dx$ e integriamo in

$\int_0^1 = -\frac{1}{3}e^{-\frac{x}{3}} + \frac{1}{3}x\,e^{-\frac{x}{3}} + \frac{1}{3}(-\frac{1}{3}e^{-\frac{x}{3}})$ => $\int_0^1 = -\frac{1}{3}e^{-\frac{x}{3}} +$

$\frac{1}{3}x\,e^{-\frac{x}{3}} - \frac{1}{9}e^{-\frac{x}{3}}$ e per l'intervallo si ha

$$\int_0^1 = \left[-\frac{1}{3}e^{-\frac{x}{3}} + \frac{1}{3}x\,e^{-\frac{x}{3}} - \frac{1}{9}e^{-\frac{x}{3}}\right]^1 - \left[-\frac{1}{3}e^{-\frac{x}{3}} + \frac{1}{3}x\,e^{-\frac{x}{3}} - \frac{1}{9}e^{-\frac{x}{3}}\right]_0$$

sostituendo 2 e 0 nella x si ha

$$\int_0^1 = \left[-\frac{1}{3}e^{-\frac{1}{3}} + \frac{1}{3}(1)\,e^{-\frac{1}{3}} - \frac{1}{9}e^{-\frac{1}{3}}\right] - \left[-\frac{1}{3}e^{-\frac{0}{3}} + \frac{1}{3}(0)\,e^{-\frac{0}{3}} - \right.$$

19e−03 cioè

$$\int_0^1 = \left[-\frac{1}{3}e^{-\frac{1}{3}} + \frac{1}{3}\,e^{-\frac{1}{3}} - \frac{1}{9}e^{-\frac{1}{3}}\right] - \left[-\frac{1}{3}e^0 + (0)\,e^0 - \frac{1}{9}e^0\right] =>$$

$$\int_0^1 = \left[-\frac{1}{3}e^{-\frac{1}{3}} + \frac{1}{3}\,e^{-\frac{1}{3}} - \frac{1}{9}e^{-\frac{1}{3}}\right] - [\frac{1}{3} - \frac{1}{9}]$$ facendo gli opportuni

calcoli abbiamo $\int_0^1 = 9e^{-\frac{1}{3}} - 6]$ ossia $A = 9e^{-\frac{1}{3}} - 6]$ cioè
$A \cong 0,45$ (area dell'intervallo $(0,-1)$)

Secondo integrale:

Il secondo intervallo si risolve come il primo , avendo il limite all'infinito si deduce che tende a zero, vedi Fig. 3, quindi considerando che la regione R sarà "finita" nell'intervallo $(x < 1)$ concludiamo che il valore dell'aria è il solo integrale.

4.) Riportiamo i dati in una tabella associano le coordinate di ciascun punto che indicheremo con (a; B; C; D; E; F; G), sono 7 punti come con le rispettive coordinate come in tabella.

Punti	x	y	$f(x)$ $= y$	$\lvert f(x)$ $- y\rvert$
A	0	1,97	2	0,030
B	1	3.,02	3	0,020
C	2	3,49	3,513	0,023
D	3	3.,71	3,736	0,026
E	4	3,80	3,791	0,009
F	5	3,76	3,756,	0,004
G	6	3,65	3,677	0,027

Il grafico delle coordinate lo riportiamo sugli assi cartesiani e tracciamo il suo grafico, come è rappresentato in figura 7, cioè

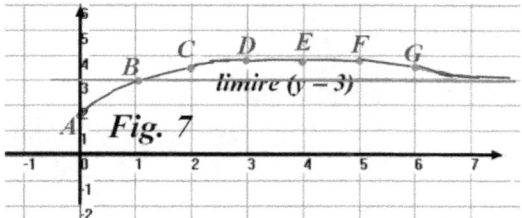

L'evoluzione del fenomeno è garantito dal limite $(y = 3)$, vedi Fig 7, rappresenta la stessa funzione assegnata, quindi l'introito non sarà mai inferiore a 3 milioni.

Quesiti 2011 Liceo scientifico

1. Un serbatoio ha la stessa capacità del cilindro di massimo volume inscritto in una sfera di raggio 60 cm. Quale è la capacità in litri del serbatoio?

Svolgimento:

Disegniamo il grafico dei solidi in sezione e gli elementi

identificativi 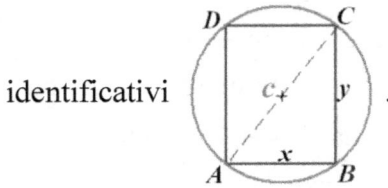 .

Osservando la figura e applicando il Teorema di Pitagora si ha $x^2 + y^2 = (2r)^2$ ossia $x^2 + y^2 = 4r^2$ e considerando che il volume del cilindro è $V = \pi r^2 h$ dove $\begin{bmatrix} h = y \\ r^2 = (\frac{x}{2})^2 \end{bmatrix}$ vanno

sostituiti nella formula, cioè $V = \pi \dfrac{x^2}{4} y$ questo volume è

massimo se lo è $(x^2 \cdot y) = x^2 \cdot (y^2)^{\frac{1}{2}}$ essendo due potenze

255

positive di grandezza a somma costante x^2 e y^2.

Il massimo si avrà quando le basi sono proporzionali agli

esponenti, cioè $\frac{x^2}{1} = \frac{y^2}{\frac{1}{2}}$ che risolvendo ci fornisce $(x^2 = 2y^2)$.

Sostituendo nell'equazione ottenuta all'inizio $x^2 + y^2 = 4r^2$ si

ha $2y^2 + y^2 = 4r^2 => 3y^2 = 4r^2$ ossia $y^2 = \frac{4r^2}{3}$ $=> y = \sqrt{\frac{4r^2}{3}}$

ossia $y = \frac{2}{\sqrt{3}} \cdot r$ *(altezza del cil.)*

Sostituire l'altezza del cilindro $y = \frac{2}{\sqrt{3}} \cdot r$ nell'equazione $x^2 +$

$y^2 = 4r^2$ si ha $x^2 + (y = \frac{2}{\sqrt{3}} \cdot r)^2 = 4r^2 => x^2 = -(y = \frac{2}{\sqrt{3}} \cdot$

$r)2 + 4r2 => x2 = 43 \cdot r2 - 4r2 => 3x2 = 4r2 - 12r2 => 3x2 = 8r2$

$=> x^2 = \frac{8r^2}{3} => x = \frac{\sqrt{8r^2}}{\sqrt{3}}$ ossia

$x = \frac{2\sqrt{2}}{\sqrt{3}} r$ *(base del cilindro).*

Il volume è $V = \pi \left(\frac{\frac{2\sqrt{2}}{\sqrt{3}}r}{2}\right)^2 (\frac{2}{\sqrt{3}} \cdot r) => V = \pi \left(\frac{2\sqrt{2}}{2\sqrt{3}}r\right)^2 (\frac{2}{\sqrt{3}} \cdot r) =>$

$V = \pi \left(\frac{\sqrt{2}}{\sqrt{3}}r\right)^2 (\frac{2}{\sqrt{3}} \cdot r) => V = \pi \left(\frac{2}{3}r^2\right)(\frac{2}{\sqrt{3}} \cdot r) =>$

$V = \frac{\pi 4r^3}{3\sqrt{3}}$ razionalizzando il radicale si ha $V = \frac{4\pi\sqrt{3}r^3}{9}$.

Per calcolare il volume in litri dobbiamo trasformare il raggio da

cm a dm cioè (60 cm = 6 dm, allora si ha $V = \frac{4\pi\sqrt{3}6^3}{9}$ ossia

$V = 522 \, dm$ cioè $V = 522 \, litri$ *(volume in litri del cilindro).*

2. Si trovi il punto della curva $y = \sqrt{x}$ più vicino al punto di coordinate (4; 0).

Svolgimento:

Un punto qualsiasi nel piano (anche quando risulta sugli assi cartesiani, come nel nostro caso, la distanza viene calcolata con il teorema di Pitagora, cioè $d^2 = (x - x_1)^2 + (y - y_1)^2$ inserendo

le coordinate si ha $d^2 = (x - 4)^2 + (\sqrt{x} - 0)^2$ sviluppiamo il quadrato $d^2 = x^2 - 8x + 16 + x =>$
$d^2 = x^2 - 7x + 16$ (funzione f(x), di una parabola)
La minima distanza corrisponde al minimo della funzione parabola che si calcola ponendo la derivata prima a zero, cioè (f '(x) = 0) cioè $2x - 7 = 0 => 2x = 7$ ossia
$x = \frac{7}{2}$ *(ascissa del punto)*
Ci manca l'ordinata che sostituendo l'ascissa nella funzione
$f(x) = x^2 - 7x + 16$ si ha $y = (\frac{7}{2})^2 - 7(\frac{7}{2}) + 16 =>$
$y = \frac{49}{4} - \frac{49}{2} + 16 => y = \frac{49-98+64}{4} => y = \frac{49-98+64}{4} =>$
$y = \frac{15}{4}$ ossia $y = 3,75$ *(ordinata del punto)*
Allora, le coordinate del punto stazionario sono $P(3.5, 3,75)$
(minimo della funzione)

3. Sia R la regione delimitata dalla curva $y = x^3$, dall'asse x e dalla retta x = 2 e sia W il solido
    ottenuto dalla rotazione di R attorno all'asse y. Si calcoli il volume di W.

Svolgimento:

Calcoliamo in che punto la retta (x = 2) interseca il grafico della funzione $y = x^3$, per cui sostituiamo in essa l'ascissa, si ha $y =$

2^3 ossia $y = 8$, vedi figura

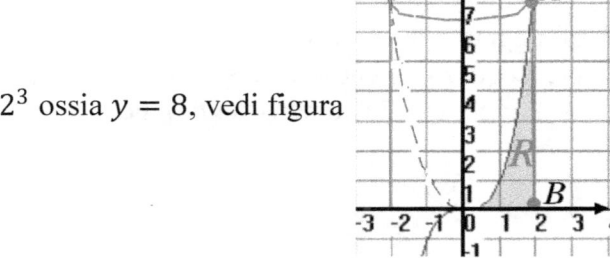

Facendo ruotare intorno all'asse y la retta e la funzione $y = x^3$ si genera un cilindro e un solido del grafico della funzione, quindi l'area della regione R in figura è la differenza dell'are del del cilidro meno il solido di f(x). Il cilindro ha raggio 2 e altezza 8 cioè un intervallo rispetto a y di rotazione [0, 8] , allora il volume del cilindro è la circonferenza per l'altezza e $y = x^3$ dalla quale $\sqrt[3]{y} = x$.

Ricordiamo che l'integrale delle rotazioni richiede il quadrato della funzione cioè $(\sqrt[3]{y})^2$, quindi il volume è l'integrale di

$$V = \overbrace{\pi 2^2 \cdot 8}^{cilindro} - \pi \int_0^8 \overbrace{(\sqrt[3]{y})^2}^{y=x^3} \, dx \text{ ossia } V = \pi 32 - \pi \int_0^8 y^{\frac{2}{3}} dx$$

che integrando si ha $V = \pi 32 - \pi \int_0^8 \frac{y^{\frac{2}{3}+1}}{\frac{2}{3}+1} \, dx =>$

$V = \pi 32 - \pi \int_0^8 \frac{y^{\frac{5}{3}}}{\frac{5}{3}}$ cioè $V = \pi 32 - \pi \left[\frac{y^{\frac{5}{3}}}{\frac{5}{3}} \right]_0^8$ poiché lo zero

annulla si ha $V = \pi 32 - \pi \left[\frac{y^{\frac{5}{3}}}{\frac{5}{3}} \right]^8$ sostituendo a y = 8 si ha

$V = \pi 32 - \pi \left[\frac{8^{\frac{5}{3}}}{\frac{5}{3}} \right] => V = \pi 32 - \pi \left[\frac{3}{5} \cdot 8^{\frac{5}{3}} \right] => V = \pi 32 - \frac{96}{5}\pi$

ossia $V = \cong 40$ *(volume R)*

4. Il numero delle combinazioni di n oggetti a 4 a 4 è uguale al numero delle combinazioni degli stessi oggetti a 3 a 3. Si trovi n.

Svolgimento:

La combinazione degli oggetti a 4 a 4 corrisponde a $n(n - 4)$ allora si deve verificare l'equazione che sia $n - 4 = 3$ e quindi risolviamo in $n = 3 + 4$, cioè $n = 7$ (numero degli oggetti a 3 a 3)

Verifica:

Possiamo verificare se è vero che sono uguali impostando

l'equazione delle formule delle combinazioni cioè $\dfrac{\overbrace{n(n-1)(n-2)}^{3\,a\,3}}{n!} =$

$\dfrac{\overbrace{n(n-1)(n-2)(n-3)}^{4\,a\,4}}{n!}$ inserendo i numeri di (n = 7) si ha

$\dfrac{7(7-1)(7-2)}{3!} = \dfrac{7(7-1)(7-2)(7-3)}{4!} \Rightarrow \dfrac{7(6)(5)}{6} = \dfrac{7(6)(5)(4)}{24} \Rightarrow$

$\dfrac{210}{6} = \dfrac{840}{24} \Rightarrow 35 = 35$ *(verifica perfetta)*.

5. Si trovi l'area della regione delimitata dalla curva y = cos x e dall'asse x da x = 1 a x = 2 radianti.

Svolgimento:

L'area della regione R nell'intervallo [1, 2] radianti corrisponde a 2 intervalli $\left[\frac{\pi}{2}, 2\right]$ e quindi l'integrale sarà la differenza dei due

intervalli, vedi grafico

L'integrale risolutivo dell'area è $S_R = \int_1^{\frac{\pi}{2}} \cos x\ dx - \int_{\frac{\pi}{2}}^{2} \cos x\ dx$

integriamo in $S_R = [senx]_{1}^{\frac{\pi}{2}} - [senx]_{\frac{\pi}{2}}^{2} \Rightarrow$

$S_R = \left\{[senx]^{\frac{\pi}{2}} - [senx]_1\right\} - \left\{[senx]^2 - [senx]_{\frac{\pi}{2}}\right\}$ ossia

$S_R = \{0 - 0,01745\} - \{0,0349 - 0\} \Rightarrow S_R = -0,01745 - 0,0349 \Rightarrow$

$S_R = 0,052$ *(area)*

6. Si calcoli $\quad \lim_{x \to a} \dfrac{tgx - tg\alpha}{x - \alpha}$

Svolgimento:

Il limite di richiesto equivale alla derivata della tangente di x

uguale a, quindi $tg(x)$ *in* $(x = a)$ equivale $1 + tg^2a = \frac{1}{\cos^2 a}$ e
per risolverlo conviene applicare la regola di de L'Hopital,
derivando il quoziente del numeratore e denominatore, dopo aver
verificato che si presenta come limite indeterminato $\frac{0}{0}$, si dedurrà
che numeratore e denominatore sono funzioni continue e
derivabili in un intorno di $(x = a)$ se a è diverso da $\frac{\pi}{2}$, altrimenti
non sono più derivabili.
Si verificherà che $\lim_{x \to a} \frac{1+tg^2x}{1} = 1 + tg^2a.$

7. Si provi che l'equazione: $x^{2011} + 2011x + 12 = 0$ ha una
sola radice compresa fra −1 e 0.

Svolgimento:

Consideriamo la funzione di equazione $f(x) = x^{2011} + 2011x +$
$12 = 0$: essa è continua nell'intervallo chiuso e limitato [-1;0] ed
assume agli estremi di tale intervallo valori di segno opposto:
$f(-1) = 200 < 0$, quindi, per il Teorema degli zeri, l'equazione
data ha almeno una radice tra [1,0]. Per verificare l'unicità di tale
radice studiamo la derivata prima:
$f'(x) = 2011x^{2011-1} + 2011$ enotiamo che la derivata è sempre
positiva, quindi la funzione è sempre crescente: ne segue che il
grafico interseca l'asse delle x in un solo punto e pertanto la
soluzione dell'equazione è unica.

8. In che cosa consiste il problema della quadratura del cerchio?
Perché è così spesso citato?

Svolgimento:

Si tratta di un classico problema di geometria elementare che
consiste nell'impossibilità di costruire con riga e compasso un
quadrato equivalente ad un cerchio; tale costruzione richiederebbe
la costruzione del numero π, dimostrata impossibile (usando solo
riga e compasso):

Lindemann dimostra nel 1882 che $\sqrt{\pi}$ è trascendente, quindi non costruibile.
L'espressione "quadratura del cerchio" è spesso citata per indicare un'impresa impossibile.

9. Si provi che, nello spazio ordinario a tre dimensioni, il luogo geometrico dei punti equidistanti dai tre vertici di un triangolo rettangolo è la retta perpendicolare al piano del triangolo passante per il punto medio dell'ipotenusa.

Svolgimento:

Indichiamo con E il punto medio dell'ipotenusa del triangolo rettangolo ABC; la mediana AE risulta uguale alla metà dell'ipotenusa. Se la retta FE è perpendicolare in E al piano del triangolo ABC i tre triangoli FEB, FEC ed FEA (tutti rettangoli in E) sono congruenti poiché hanno i due cateti rispettivamente congruenti. Pertanto, per ogni punto F della retta FE, le distanze

FA, FB ed FC sono uguali vedi figura

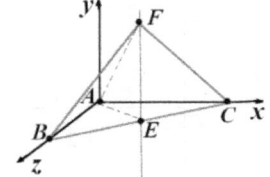

Per dimostrare che la retta in questione è il luogo richiesto dobbiamo dimostrare che ogni punto equidistante da A, B e C si trova su tale retta. A tale scopo basta notare che il luogo dei punti equidistanti da A e B è il piano perpendicolare ad AB nel suo punto medio, analogamente per A e C e per B e C: i punti equidistanti da A, B e C appartengono contemporaneamente a questi tre piani, che hanno in comune proprio la retta perpendicolare al piano del triangolo ABC nel punto medio E dell'ipotenusa BC,

10. $\begin{bmatrix} \textit{Nella figura a lato, denotati con I, II e II sono} \\ \textit{disegnati tre grafici. Uno di essi è il grafico di} \\ \textit{una funzione } f, \textit{un altro lo è della funzione} \\ \textit{derivata } f' \textit{ e l'altrolo ancora di } f'' \\ \textit{Quali delle seguenti alternative identifica} \\ \textit{correttamente cianscuno dei tre grafici ?.} \end{bmatrix}$

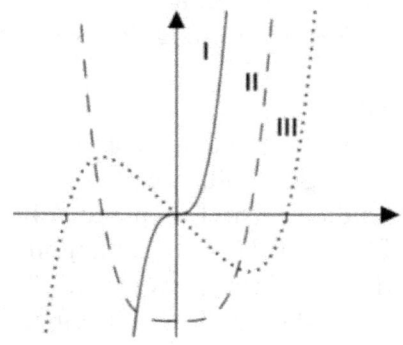

A)	I	II	III
B)	I	III	II
C)	II	III	I
D)	III	II	I
E)	III	I	II

Si motivi la risposta. Per me è la II perché la funzione II avrebbe un massimo nel punto in cui III si

Svolgimento:

La risposta corretta è la D in cui si verifica che $\begin{bmatrix} f(x) = III \\ f'(x) = II \\ f''(x) = I \end{bmatrix}$ cioè

sappiamo che una funzione ha un minimo se la derivata si annulla, quindi la II si annulla nel punto minimo di II, inoltre per esserne certo che si abbia un minimo della funzione si verifica anche che la derivata seconda si annulla.

Come funzione F non può essere la prima perché è sempre crescente, quindi la f ' dovrebbe essere positiva o nulla: ciò non si verifica né per la II né per la III. 2) f non può essere la II, perché essendo la concavità sempre verso l'alto, la f '' dovrebbe essere positiva o nulla:, allora non resta che accettare f la III.

Anno 2011 liceo Sperimentale

Problema 1

Sia f la funzione definita sull'insieme R dei numeri reali da $f(x) = x + \ln(4) + \frac{2}{e^x+1}$ e Γ la sua rappresentazione grafica nel sistema di riferimento Oxy.

1. Si determini il limite di $f(x)$ per x che tende a $+\infty$ e a $-\infty$. Si calcoli $f(x) + f(-x)$ e si spieghi perché dal risultato si può dedurre che il punto A(0; 1 + ln4) è centro di simmetria di Γ.
2. Si provi che, per tutti i reali m, l'equazione $f(x) = m$ ammette una e una sola soluzione in R. Sia α la soluzione dell'equazione $fx = 3$; per quale valore di m il numero è soluzione $-\alpha$ dell'equazione $f(x) = m$?
3. Si provi che, per tutti gli x reali, è: $f(x) = x + 2 + \ln(4) - \frac{2e^x}{e^x+1}$. Si provi altresì che la retta r di equazione $y = x + \ln(4)$ e la retta s di equazione $y = x + 2 + \ln(4)$ sono asintoti di Γ e che Γ è interamente compresa nella striscia piana delimitata da r e da s.
4. Posto $I(\beta) = \int_0^\beta [f(x) - x - \ln(4)]dx$, si calcoli: $\lim_{\beta \to +\infty} I(\beta)$. Qual è il significato geometrico del risultato ottenuto?

Svolgimento

1.) Il limite della funzione quando $\begin{bmatrix} x \to +\infty \\ x \to -\infty \end{bmatrix}$ corrisponde a $f(+x) + (-x)$ e quindi abbiamo da risolvere le funzioni con il

263

segno dell'esponente x invertito $x + \ln(4) + \frac{2}{e^x + 1} + x\ln(4) +$

$\frac{2}{e^{-x}+1}$ ossia quando x e gli esponenziali tendono all'infinito opposti si annullano e quindi si ha come risultato il solo logaritmo $\ln(4) + x\ln(4)$ e cioè $(*)$ **2 $ln(4)$** .

Le equazioni della simmetria rispetto al punto di coordinate A(0, $1 + \ln4$) sono $\begin{cases} x = -x \\ y = y \end{cases}$ e come equazione si ha $\begin{cases} x = -x \\ y = 2 + 2ln4 - y \end{cases}$, mentre ela simmetria di y = f(x) è $2 + 2ln4 - y = -f(-x)$ e sostituendo y con f(x) abbiamo $f(+x) + (-x) = 2 + 2ln4$, quindi confrontando la (*) si afferma che il grafico Γ è simmetrico rispetto al punto A.

2.) Se $f(x) = m$ allora abbiamo l'equazione $f(x) - m = 0$ questa, in base ai limiti , abbiamo calcolato $(*)$ **2 $ln(4)$** e possiamo dire che ammette almeno uno zero.

Per calcolare lo zero, cioè l'ascissa, la fornisce la derivata della funzione $x + 2 + \ln(4) - \frac{2e^x}{e^x + 1}$, quindi si tratta di calcolare una derivata semplice e una derivata di un quoziente che ha risultato $f' = \frac{e^{2x}}{e^{2x} + 2e^x + 1}$ il denominatore è un quadrato, allora è $f' = \frac{e^{2x}}{(e^{2x}+1)^2}$ è positiva per ogni valore di x è sempre crescente e si annulla solouna volta per (m).

Ponendo $f(\alpha) = 3$ si ha $f(-\alpha) = m$, poiché è noto che deve soddisfare l'equazione
$f(\alpha) + f(-\alpha) = 2 + 2\ln(4)$ abbiamo $f(-\alpha) = 2 + 2\ln(4) - f(\alpha)$ ossia
$2 + 2\ln(4) - 1 = m$ e cioè $m = 3{,}77$ *(valore f(x) = m)*

3.) Dobbiamo verificare che la funzione
$y = x + 2 + \ln(4) - \frac{2e^x}{e^x + 1}$ è paragonabile a l'equazione

264

$x + \ln(4)\frac{2}{e^x+1} = x + 2 + \ln(4) - \frac{2e^x}{e^x+1}$ semplificando x e il

logaritmo si ha $\frac{2}{e^x+1} = 2 - \frac{2e^x}{e^x+1}$. questa equazione ha i membri equivalenti.

Per verificare che la retta R di equazione $y = x + \ln(4)$ è un asintoto si deduce subito che quando x tende all'infinito

$\frac{f(x)}{x}$ tende a 1 mentre $f(x) - x$ tende a $\ln(4x)$), quindi la retta r è un asintoto obliquo per x che tende a + infinito.

Co lo stesso ragionamento affermiamo che anche ka retta s di

equazione $y = x + 2 + \ln(4)$ è un asintoto che tende a meno

infinito, vedi figura

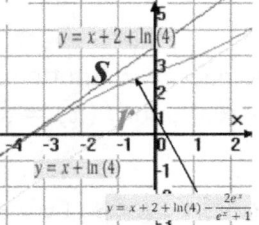

La curva è compresa tra le due rette, come in figura e si osservi

che per ogni x, f(x) > x + ln(4) perché $\frac{2}{e^x+1}$ è sempre maggiore di

zero. Inoltre f(x) < x + 2 + ln(4), poiché $\frac{2e^x}{e^x+1}$ è sempre maggiore

di zero ed è $f(x) = x + 2 + \ln(4) - \frac{2e^x}{e^x+1}$.

4.)   Poiché ci viene chiesto di calcolare il limite dell'integrale

$I(\beta) = \int_0^\beta [f(x) - x - \ln(4)]dx$, ossia $I(\beta) = \int_0^\beta \left(2 - \frac{2e^x}{e^x+1}\right) dx$

che integriamo in $I(\beta) = \int_0^\beta (2x - 2\ln(e^x + 1))$, sostituendo

l'intervallo si ha $I(\beta) = [2x - 2\ln(e^x + 1)]_0^\beta$ cioè

$I(\beta) = [2x - 2\ln(e^x + 1)]^\beta - [2x - 2\ln(e^x + 1)]_0 \Rightarrow$
sostituendo beta ad x si ha
$I(\beta) = [2\beta - 2\ln(e^\beta + 1)] - [2(0) - 2\ln(e^0 + 1)] \Rightarrow$
$I(\beta) = [2\beta - 2\ln(e^\beta + 1)] - [0 - 2\ln(1 + 1)] \Rightarrow$

$I(\beta) = 2\beta - 2\ln(e^{\beta} + 1) + 2ln2$ (risultato dell'integrale)
Calcoliamo il limite per $\beta \to +\infty$ dell'integrale calcolato, si ha
$I(\beta) = \ln(e^{2\beta}) - \ln(e^{\beta} + 1)^2 + 2ln2$ =>

$I(\beta) = \ln(\frac{e^{2\beta}}{(e^{\beta}+1)^2}) + 2ln2$ (espressione che tende a 2ln(2)=ln(4)

limite di $\beta \to +\infty$).

Nota: l'argomento del logaritmo tende a 1 e il suo logaritmo tende a zero, quindi il significato geometrico è che il limite trovato rappresenta l'area della regione compresa tra il grafico e la retta r quando (x > 0).

Problema 2

Per il progetto di una piscina, un architetto si ispira alle funzioni f e g definite, per tutti gli x reali, da: $f(x) = x^3 - 16x$ e $g(x) = sen\frac{\pi}{2}x$

1. Si studino le funzioni f e g e se ne disegnino i rispettivi grafici in un conveniente sistema di riferimento cartesiano Oxy. Si considerino i punti del grafico di g a tangente orizzontale la cui ascissa è compresa nell'intervallo [−10; 10] e se ne indichino le coordinate.

2. L'architetto rappresenta la superficie libera dell'acqua nella piscina con la regione R delimitata dai grafici di f e di g sull'intervallo [0; 4]. Si calcoli l'area di R.

3. Ai bordi della piscina, nei punti di intersezione del contorno di R con le rette y = − 15 e
y = − 5, l'architetto progetta di collocare dei fari per illuminare la superficie dell'acqua.
Si calcolino le ascisse di tali punti (è sufficiente un'approssimazione a meno di 10^{-1}).

4. In ogni punto di R a distanza x dall'asse y, la misura della profondità dell'acqua nella piscina è data da $h(x) = 5 - x$. Quale sarà il volume d'acqua nella piscina? Quanti litri d'acqua saranno

necessari per riempire la piscina se tutte le misure sono espresse in metri?.

Svolgimento

1.)   La prima funzione $f(x) = x^3 - 16x$ è una cubica ed è simmetrica rispetto all'origine, definita su tutto R con limiti $\pm$ infinito. Gli zeri della funzione si calcolano ponendo $(y = 0)$, cioè

$0 = x^3 - 16x$ in evidenza $0 = x(x^2 - 16)$ che ammette 2 euazioni soluzioni $\begin{bmatrix} x = 0 \\ x^2 - 16 = 0 \end{bmatrix}$ e ha 3 soluzioni $\begin{bmatrix} x = 0 \\ x^2 = 16 \end{bmatrix}$ =>

$\begin{bmatrix} x = 0 \\ x = \sqrt{16} \end{bmatrix}$ ossia $\begin{bmatrix} x_1 = 0 \\ x_2 = -4 \\ x_3 = +4 \end{bmatrix}$ vedi figura

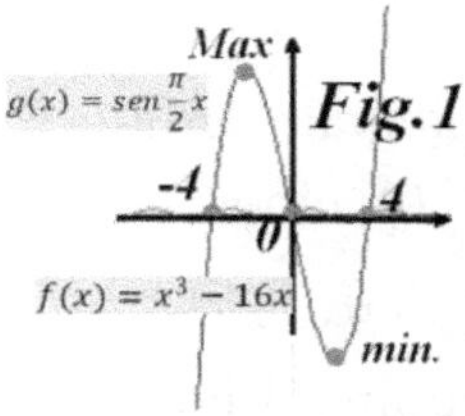

Fig.1

. Il Max e minimo si trovano imponendo

$(y' = 0)$ e quindi la derivata prima di $f(x) = x^3 - 16x$ è

$f' = 3x^2 - 16 = 0$ ossia $3x^2 = 16$ => $x^2 = \frac{16}{3}$ =>

$\begin{bmatrix} x_1 = -\frac{4}{\sqrt{3}} \\ x_2 = +\frac{4}{\sqrt{3}} \end{bmatrix}$ *(ascisse dei punti stazionari)*

Sostituendole ascisse nella funzione $f(x) = x^3 - 16x$ si ha

Per $x_1 = -\frac{4}{\sqrt{3}}$ si ha $y_1 = (-\frac{4}{\sqrt{3}})^3 - 16(-\frac{4}{\sqrt{3}})$ si ha

$y_1 = \left(-\frac{64}{3\sqrt{3}}\right) + \left(\frac{64}{\sqrt{3}}\right)$ => $y_1 = \frac{128\sqrt{3}}{9}$. Il primo punto stazionario

ha coordinate $P_1 = (-\frac{4}{\sqrt{3}}, \frac{128\sqrt{3}}{9})$ *(è un Max, vedi Fig. 1)*

Per $x_2 = +\frac{4}{\sqrt{3}}$ si ha $y_2 = (\frac{4}{\sqrt{3}})^3 - 4(\frac{4}{\sqrt{3}})$ si ha $y_2 = (\frac{64}{3\sqrt{3}}) - (\frac{64}{\sqrt{3}}) =>$

$y_2 = -\frac{128\sqrt{3}}{9}$. Il secondo punto stazionario ha coordinate

$P_2 = (\frac{4}{\sqrt{3}}, -\frac{128\sqrt{3}}{9})$ *(è un Min, vedi Fig. 1)*

Per calcolare il punto stazionario di flessi impone a zero la derivata seconda, cioè (y '' = 0) che sappiamo risolvere in

$y'' => 6x = 0$ e quindi $x = 0$ (ascissa del flesso)

Sostituendo (x = 0) nella funzione $f(x) = x^3 - 4x$ si ha facilmente che anche (y = 0), all0ra le coordinate del flesso sono

$F(0,0)$ *(coordinate del flesso, vedi Fig. 1)*

La seconda funzione $g(x) = sen(\pi x)$ è una funzione sinusoidale

con periodo $T = \frac{\overset{per\ f8x)}{2\pi}}{\frac{\pi}{2x}} = 4$ e il suo grafico è riportato nella Fi. 1).

2.)   L'area della regione R si calcola con l'integrale della differenza delle due funzioni, tra l'intervallo [4, 0], cioè

$\int_0^4 (g(x) - f(x))dx$. Osserviamo che la funzione $g(x) = sen(\pi x)$ si annulla quando l'intervallo è zero e quindi l'integrale

diventa $\int_0^4 (0 - f(x))dx$ e cioè $\int_0^4 -(x^3 - 16x)dx$ che

integriamo in $\int_0^4 - \left[(\frac{x^{3+1}}{3+1} - 16\frac{x^{1+1}}{1+1})\right]_0^4 => \int_0^4 - \left[(\frac{x^4}{4} - 16\frac{4x^2}{2})\right]_0^4 =>$

$\int_0^2 - \left[\frac{x^4}{4} - 8x^2\right]_0^4$, poiché per 0 si annulla, l'area è

$A = - \left[\frac{x^4}{4} - 8x^2\right]^4$ sostituendo 4 ad x si ha

$A = - \left[\frac{4^4}{4} - 8(4)^2\right] => A = -[64 - 128] => -64 + 128$ ossia

$A = 64$ *(area della regione R)*

3.)   Per calcolare le intersezioni del grafico le due funzioni sappiamo che vanno messe a sistema $\begin{cases} y = x^3 - 16x \\ y = -15 \end{cases}$ che

risolviamo in unica equazione $x^3 - 6x + 15 = 0$ per abbassare di grado la funzione si ricorre alla regola alla regola di Ruffini , si scomposizione il termine noto

(-15 = 1; 2; 3...) e si prova con quale numero (f = 0) , si deduce che si annulla se e solo se (x = 1), allora si divide con (x = -1) e si ottiene il risultato $(x - 1)(x^2 + x - 15) = 0$ con resto zero.

Ora abbiamo da risolvere 2 equazioni $\begin{bmatrix} (x - 1) = 0 \\ x^2 + x - 15 = 0 \end{bmatrix}$ la seconda è un'equazione di 2° grado che ammette 2 soluzioni,

quindi le soluzioni sono $\begin{bmatrix} x_1 = 1 \\ x_2 = \frac{-1+\sqrt{61}}{2} \\ x_3 = \frac{-1-\sqrt{61}}{2} \end{bmatrix}$ ossia

$\begin{bmatrix} x_1 = 1 \\ x_2 = -4,4 \\ x_3 = 3,4 \end{bmatrix}$ *(soluzioni)*

Le intersezioni con la retta $y = -5$ si ottengono con il sistema $\begin{cases} y = x^3 - 16x \\ y = -15 \end{cases}$ ci conduce alle equazione $\begin{cases} y = x^3 \\ y = 16x - 5 \end{cases}$, vedi

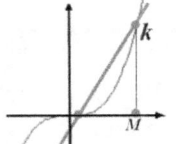

figura seguente .

Le soluzioni richieste sono negli intervall1 [0,1] e [3,4], quindi con il metodo di bisezione o delle tangenti si trovano valori approssimati a meno di 1/10 i valori di 0.3 e 3.8.

4.) Il volume del solido S, ottenuto ruotando la regione R intorno all'asse x di intervallo [0, 4], si calcola con l'integrale

$V = \int_0^4 [g^2(x) - f^2(x)] \cdot h(x)dx$ ossia

$V_R = \int_0^4 [g^2(x) (h(x) - f^2(x) \cdot h(x)] \cdot h(x)dx$ ponendo

h(x)=(5-x) si ha $V_R = \int_0^4 [sen(\frac{\pi x}{2})(5 - x) - (x^3 - 16x)(5 - x)]dx$, si tratta di due integrali

269

$V_R = \int_0^4 sen\left(\frac{\pi x}{2}\right)(5-x)dx - \int_0^4 (x^3 - 16x)(5-x)\,dx$ e

risolvendo il secondo in ordine si ha

$V_R = \int_0^4 sen\left(\frac{\pi x}{2}\right)(5-x)dx - \int_0^4 -x^4 + 5x^3 + 16x^2 - 80x\,dx$,

quindi risolviamo i 2 integrale separatamente.

Primo integrale:

$\int_0^4 sen\left(\frac{\pi x}{2}\right)(5-x)dx$ si risolve per parti con la formula seguente

$\overset{int.}{\widetilde{u}} \cdot v - \int \overset{int.}{\widetilde{u}} \cdot \overset{der.}{\widetilde{v}}\ dx$

$-\frac{\cos(\pi x)}{\pi} \cdot (5-x) - \int_0^4 = -\frac{\cos(\pi x)}{\pi}(-1)dx =>$

Vedi maturità anno 2011, problema 1 per il Liceo

Secondo integrale:

Vedi maturità anno 2011, problema 1 per il Liceo

$V_R = 186,013\ m^3$ e poiché un metro cubo corrisponde a 1000 litri moltiplichiamo per mille e abbiamo

$V_R = 186013\ litri$ *(Volume della regione R)*.

Quesiti 2011 Liceo sperimentale

1.) Silvia, che ha frequentato un indirizzo sperimentale di liceo scientifico, sta dicendo ad una sua amica che la geometria euclidea non è più vera perché per descrivere la realtà del mondo che ci circonda occorrono modelli di geometria non euclidea. Silvia ha ragione? Si motivi la risposta.

Svolgimento:

La geometria euclidea è adeguata a descrivere uno spazio limitato (per esempio lo spazio intorno alla nostra città, o lo spazio della nostra provincia) mentre è inadeguato a descrivere spazi più ampi. Per esempio se il nostro spazio è tutto il globo terrestre, approssimabile ad una sfera, la geometria euclidea non è più adeguata a descriverlo; in tal caso la geometria che meglio si presta a descrivere le proprietà dello spazio è non euclidea, per esempio la geometria sferica.

2.) Si trovi il punto della curva $y = \sqrt{x}$ più vicino al punto di coordinate (4; 0).

Svolgimento:

Questo esercizio è stato risolto alla maturità Liceo 2011 , vedi il numero 2

3.) Sia R la regione delimitata, per $x \epsilon [0, \pi]$, dalla curva $y = senx$ dall'asse x e sia W il solido ottenuto dalla rotazione di R attorno all'asse y. Si calcoli il volume di W.

Svolgimento:

Il volume del solido W sim calcola con la nota formula dei corpi di rotazione intorno all'asse y che conduce alla formula seguente $V = \int_a^b 2\pi x f(x) \, dx$ che portando fuori dall'integrale le costanti 2π si ha $V = 2\pi \int_a^b x f(x) \, dx$, quindi per il nostro caso, per ottenere il volume del solido W, inseriamo la funzione $y = senx$ e l'intervallo $[0, \pi]$, cioè $V_W = 2\pi \int_0^\pi sen(x) \cdot x \, dx$. Si tratta di un prodotto integrale da risolvere per parti con la nota formula seguente $\int uv \, dx = u \cdot \overset{diff}{\widetilde{v}} - \int u' \cdot \overset{diff.}{\widetilde{v}} \, dx$, cioè $V_W = 2\pi [senx \cdot x - \int 1 \cdot senx \, dx]_0^\pi =>$

$V_W = 2\pi[senx \cdot x - xcosx]_0^{\pi}$ cioè $V_W = 2\pi\{[senx \cdot x -$

$xcosx\pi - senx \cdot x - xcosx0$ sostituendo l'intervallo si ha

$V_W = 2\pi\{[sen\pi \cdot \pi - \pi cos\pi] - [sen0 \cdot 0 - 0cos0]\} \Rightarrow$

$V_W = 2\pi[[1 \cdot \pi - \pi \cdot 0] - [0 \cdot 0 - 0 \cdot 1]]$ e quindi $V_W = 2\pi[[\pi] - [0]]$, cioè

$V_W = 2\pi^2$ *(volume regione R: solido W in rotazione a y)*

4.) Il numero delle combinazioni di n oggetti a 4 a 4 è uguale al numero delle combinazioni degli stessi oggetti a 3 a 3. Si trovi n.

Svolgimento:

Questo esercizio è stato risolto alla maturità Liceo 2011 , vedi il numero 4

5.) In una delle sue opere G. Galilei fa porre da Salviati, uno dei personaggi, la seguente questione riguardante l'insieme N dei numeri naturali ("i numeri tutti"). Dice Salviati: «....se io dirò, i numeri tutti, comprendendo i quadrati e i non quadrati, esser più che i quadrati soli, dirò proposizione verissima: non è così?». Come si può rispondere all'interrogativo posto e con quali argomentazioni?

Svolgimento:

Si tratta di un classico esempio di insiemi infiniti "equipotenti", come dire "ugualmente numerosi". Infatti l'insieme dei numeri naturali può essere posto in corrispondenza biunivoca con l'insieme dei numeri naturali che sono quadrati perfetti (si pensi alla legge $n \leftrightarrow n^2$). Quando abbiamo a che fare con insiemi infiniti alcune proprietà valide per gli insiemi finiti sembrano paradossali. In effetti si definisce infinito un insieme che può essere posto in corrispondenza biunivoca con un suo sottoinsieme proprio (come nel caso in esame).

E' chiaro che in tal caso il concetto di "ugualmente numerosi" è più delicato: sembra evidente che i numeri naturali siano "di più" dei quadrati perfetti (0,1,2,3,4,5,....sono "di più" di 0,1, 4, 9, 16, ...), in realtà, potendosi stabilire tra i due insiemi una corrispondenza biunivoca, dobbiamo dire che sono "ugualmente numerosi".

6.)   Di tutti i coni inscritti in una sfera di raggio 10 cm, qual è quello di superficie laterale massima?

Svolgimento:

Questo esercizio è stato risolto alla maturità Liceo 2011 , vedi il numero 6

7.)   Un test d'esame consta di dieci domande, per ciascuna delle quali si deve scegliere l'unica risposta corretta fra quattro alternative. Quale è la probabilità che, rispondendo a caso alle dieci domande, almeno due risposte risultino corrette?

Svolgimento:

Si tratta di un calcolo delle probabilità aleatorie in cui le probabilità 1 su sono 4 eventi sue le risposte di combinazioni polinomiali di risposte sono $\frac{4-1}{4}$. avente la formula seguente:

$$\begin{bmatrix} p = \frac{1}{4} possibilità \\ q = \frac{possibilit\ à-1}{posibilit\ à} \\ n = successi \end{bmatrix} \text{ ossia } [n - pq] \text{ cioè}$$

$1 - \binom{10}{0} p^0 q^{10} - \binom{10}{1} p^1 q^9 => 1 - \left(\frac{3}{4}\right)^{10} - 10 \left(\frac{1}{4}\right)\left(\frac{3}{4}\right)^9$ che

risolvendo si ha $1 - \frac{59049}{1048576} - 2,5(\frac{19681}{462144}) => 1 - \frac{59049}{1048576} -$

$2,5(\frac{19681}{462144}) => 0,944 - 0,187 =>$

$\cong 0,75598$ ossia $\cong 0,76$ *(probabilità di successo per 2 risposte corrette).*

8.) In che cosa consiste il problema della quadratura del cerchio? Perché è così spesso citato?

Svolgimento:

Questo esercizio è stato risolto alla maturità Liceo 2011 , vedi il numero 8

9.) Si provi che, nello spazio ordinario a tre dimensioni, il luogo geometrico dei punti equidistanti dai tre vertici di un triangolo rettangolo è la retta perpendicolare al piano del triangolo passante per il punto medio dell'ipotenusa.

Svolgimento:

274

Questo esercizio è stato risolto alla maturità Liceo 2011 , vedi il numero 9

10.)
$\begin{bmatrix}
Nella\ figura\ a\ lato, denotati\ con\ I, II\ e\ II\ sono \\
disegnati\ tre\ grafici.\ Uno\ di\ essi\ è\ il\ grafico\ di \\
una\ funzione\ f, un\ altro\ lo\ è\ della\ funzione \\
derivata\ f'\ e\ l'altrolo\ ancora\ di\ f'' \\
Quali\ delle\ seguenti\ alternative\ identifica \\
correttamente\ cianscuno\ dei\ tre\ grafici\ ?.
\end{bmatrix}$

Nella figura a lato, denotati con I, II e II sono disegnati tre grafici. Uno di essi è il grafico di una funzione f, un altro lo è della funzione derivata f' e l'altrolo ancora di f''
Quali delle seguenti alternative identifica correttamente cianscuno dei tre grafici ?.

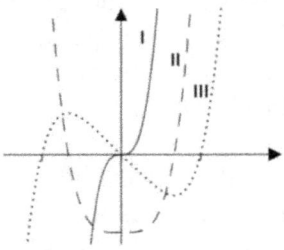

A)	I	II	III
B)	I	III	II
C)	II	III	I
D)	III	II	I
E)	III	I	II

Si motivi la risposta. Per me è la II perché la funzione II avrebbe un massimo nel punto in cui III si

Svolgimento:

Questo esercizio è stato risolto alla maturità Liceo 2011 , vedi il numero 10

Anno 2012 liceo scientifico

Problema 1

Siano f e g le funzioni definite, per tutti gli x reali, da

$f(x) = |27x^3|$ e $g(x) = sen(\frac{3}{2}\pi x)$

1. Qual è il periodo della funzione g? Si studino f e g e se ne disegnino i rispettivi grafici G_f e G_g in un conveniente sistema di riferimento cartesiano Oxy.

2. Si scrivano le equazioni delle rette r e s tangenti, rispettivamente, a Gf e a Gg nel punto di ascissa (x = 1/3). Qual è l'ampiezza, in gradi e primi sessagesimali, dell'angolo acuto formato da r e da s?

3. Sia R la regione delimitata da Gf e da Gg. Si calcoli l'area di R.

4. La regione R, ruotando attorno all'asse x, genera il solido S e, ruotando attorno all'asse y, il solido T. Si scrivano, spiegandone il perché, ma senza calcolarli, gli integrali definiti che forniscono i volumi di S e di T.

Svolgimento

1.) Sappiamo che il periodo della funzione trigonometrica seno è 2π allora il periodo

dell'intera funzione assegnata è il rapporto $T = \frac{f(trigon.)}{coeff.di\ x}$ cioè

$T = \frac{2\pi}{\frac{3}{2}\pi} => T = \frac{2\pi}{3\pi} \cdot 2 => T = \frac{4}{3}$ e la funzione diventa

$g(T) = sen(\frac{4}{3}\pi x)$

La funzione $f(x) = 27x^3$, non modulo e una funzione dispari (grafico del 1° e 3° quadrante,

e la funzione modulo $f(x) = |27x^3|$ è(1° e 2° quadrante, vedi grafico 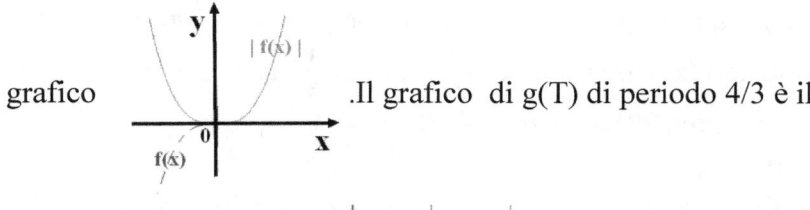 .Il grafico di g(T) di periodo 4/3 è il

seguente vedi grafico 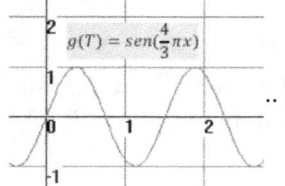 .. I due grafici nello

stesso sistema di riferimento sono: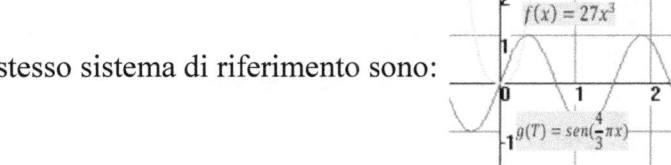

2.) Per calcolare l'equazione della retta tangente al punto (1/3 , 1) al grafico di f(x) ci serve conoscere il coefficiente angolare che si ricava sostituendo l'ascissa del punto tangente (1/3) nella derivata prima della funzione $f(x) = 27x^3$, quindi si ha $f'(x) = y = m = 81x^2$ cioè $m = 81x^2$, sostituendo in essa (x = 1/3) si ha $m = 81(\frac{1}{3})^2$ => $m = 9$ (coefficiente angolare della tangente). Allora l'equazione della retta passante per un punto è $y - y_0 = m(x - x_0)$ sostituiamo in essa le coordinate del punto di tangenza $y - 1 = 9(x - \frac{1}{3})$ => $y - 1 = 9x - 3$ => $y = 9x - 3 + 1$, ossia $y = 9x - 2$ *(equazione della retta "t" tangente)*
Per calcolare l'equazione della retta "s" tangente a g(x) vale lo stesso ragionamento, quindi noto $g'(x) = sen(\frac{3}{2}\pi x)$, si tratta di

una derivata composta [f(x) o g(x)] cioè $y = m = \frac{3}{2}\pi cos(\frac{3}{2}\pi x)$,

sostituendo (x = 1/3) si h $m = \frac{3}{2}cos(\frac{3}{2}\pi \cdot \frac{1}{3})$a , => $m = \frac{3}{2}cos(\frac{\pi}{2})$

=> $m = \frac{3}{2}cos(90°)$ => $m = \frac{3}{2}\cdot 0$ ossia

$m = 0$ *(coefficiente angolare della retta "s"*.

Quindi l'equazione è $y - y_0 = m(x - x_0)$ sostituiamo in essa le

coordinate del punto di tangenza $y - 1 = 0(x - \frac{1}{3})$ => ossia

$y = 1$ (equazione della retta "s" tangente), Si tratta di una

costante, retta orizzontale nel punto $P_s(0,1)$, vedi grafici

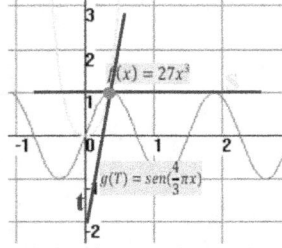

Poiché l'angolo della retta s e parallela all'ascissa x l'angolo delle
due rette equivale al coefficiente angolare della retta t, (m = 9),
allora con una calcolatrice calcoliamo che l'arcotangente
$tg^{-1} = (83,66)°$ ossia $\alpha = 83° 40'$

3.)   Per calcolare l'area della regione R nell'intervallo [1/3. 0]
si applica l'integrale dell'intervallo [0, 1/3] , vedi figura

seguente:
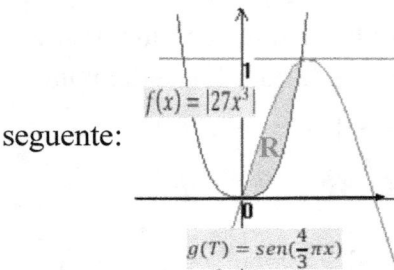

$\int_0^{\frac{1}{3}} sen\left(\frac{3}{2}\pi x\right) - 27x^3 \, dx$ si tratta di due integrali, il primo è calcolabile direttamente, è una primitiva composta, il secondo si calcola normalmente, si ha $\int_0^{\frac{1}{3}}\left[-\frac{2}{3\pi}\cos\left(\frac{3}{2}\pi x\right)-\frac{27x^4}{4}\right]_0^{\frac{1}{3}} =>$

$\int_0^{\frac{1}{3}}=\left[-\frac{2}{3\pi}\cos\left(\frac{3}{2}\pi x\right)-\frac{27x^4}{4}\right]^{\frac{1}{3}}-\left[-\frac{2}{3\pi}\cos\left(\frac{3}{2}\pi x\right)-\frac{27x^4}{4}\right]_0 =>$

$\int_0^{\frac{1}{3}}=\left[-\frac{2}{3\pi}\cos\left(\frac{3}{2}\pi\cdot\frac{1}{3}\right)-\frac{27\left(\frac{1}{3}\right)^4}{4}\right]-\left[-\frac{2}{3\pi}\cos\left(\frac{3}{2}\pi\cdot 0\right)-\frac{27(0)^4}{4}\right] =>$

$\int_0^{\frac{1}{3}}=\left[-\frac{2}{3\pi}\cos\left(\frac{\pi}{2}\right)-\frac{\frac{27}{81}}{4}\right]-\left[-\frac{2}{3\pi}\cos(0)-0\right] => \int_0^{\frac{1}{3}}=$

$-23\pi\cos 90°-27324-0 => 013=-23\pi\cdot 1-27324 =>$

$\int_0^{\frac{1}{3}}=\left[-\frac{2}{3\pi}-\frac{27}{324}\right] => \int_0^{\frac{1}{3}}=\left[-\frac{216-27\pi}{324\pi}\right]$ possiamo semplificare tutti i termini per 27 ottenendo

$\int_0^{\frac{1}{3}}=\left[-\frac{8-\pi}{12\pi}\right]$ ossia $A \cong 3.384$ *(area della sezione R)*

4.) Si denoti con R la regione che Γ delimita con l'asse x e sia W il solido che essa descrive nella rotazione completa attorno all'asse y. Si spieghi perché il volume di W si può ottenere calcolando: $\int_0^3 (2\pi x)g(x)$

Supposte fissate in decimetri le unità di misura del sistema monometrico Oxy, si dia la capacità in litri di W.

Svolgimento

Il volume del solido S, ottenuto ruotando la regione R intorno all'asse x si calcola con l'integrale $V = \pi\int_0^{\frac{1}{3}}(g^2(x)-f^2(x))dx$ ossia $V = \pi\int_0^{\frac{1}{3}}(sen^2(\frac{3}{2}\pi x))-(27x^3)^2 dx$ si tratta della regione delimitata dall'asse x, dalle rette (x = a) e (x = b) e dal grafico di una funzione f data da $V = \pi\int_a^b(f^2(x)\,dx$, che equivale alla somma di infiniti cilindretti di raggio f(x) e altezza dx: cioè $\pi f^2(x)$, tale somma va estesa all'intervallo [a, b].

Ruotando la regione R intorno all'asse y notiamo che nell'intervallo delle ascisse [0, 1/3] le funzioni f(x) e g(x) sono invertibili ed hanno come immagine l'intervallo [0, 1], quindi il volume di T delle funzioni invertibili $f^{-1}(y) = \frac{1}{3}\sqrt[3]{y}$ e

$g^{-1}(y) = \frac{2}{3\pi} arcosen(y)$ corrisponde all'integrale seguente:

$$\pi \int_0^1 \overbrace{(((\tfrac{1}{3})^3\sqrt{h})}^{f^{-1}}{}^2 - \overbrace{(\tfrac{2}{3\pi} arcosen(y)^2}^{g^{-1}}$$

Osservazione:

Il metodo più semplice è calcolare il volume di T utilizzando il " metodo dei gusci" mediante l'integrale seguente: $2\pi \int_0^{\frac{1}{3}} x(g(x) - fx)dx - 013x(32\pi x - 27x3)\ dx$

Problema 2

Nel primo quadrante del sistema di riferimento Oxy sono assegnati l'arco di circonferenza di centro O e estremi A(3, 0) e B(0, 3) e l'arco L della parabola d'equazione $x^2 = 9 - 6y$ i cui estremi sono il punto A e il punto (0, 3/2).

1 Sia r la retta tangente in A a L. Si calcoli l'area di ciascuna delle due parti in cui r divide la regione R racchiusa tra L e l'arco AB.

2. La regione R è la base di un solido W le cui sezioni, ottenute tagliando W con piani perpendicolari all'asse x, hanno, per ogni $(0 \le x \le 3)$, area $S(x) = e^{5-3x}$. Si determini il volume di W.

3. Si calcoli il volume del solido ottenuto dalla rotazione di R intorno all'asse x.

$$\begin{bmatrix} \textit{Si provi che l'arco L è il luogo geometrico to} \\ \textit{descritto dai centri delle circonferenze ti} \\ \textit{tangenti internamenmte all'arco AB e all'asse x.} \\ \textit{Infine, tra le circonferenze di cui, L è il luogo} \\ \textit{dei centri si determini quella che risulta} \\ \textit{tangente anche all' arco di circonferenza di} \\ \textit{centro A e raggio 3 come nella figura a lato} \end{bmatrix}$$

4.

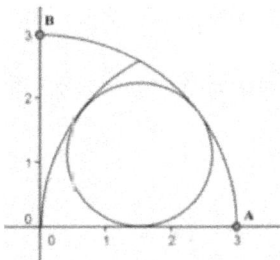

Svolgimento

1.) L'equazione della parabola $x^2 = 9 - 6y$ diventa

$y = -\dfrac{x^2}{6} + \dfrac{3}{2}$ *(equazione L parabola)* ed ha

Il vertice V(0, 3/2). Per calcolare gli estremi dell'arco di parabola si pone l'equazione (x = 0) e (y = 0) cioè

$L = \begin{bmatrix} per\ y = 0\ si\ ha\ x = 1,5 \\ per\ x = 0\ si\ ha\ y = 3 \end{bmatrix}$, ciò dimostra che la circonferenza

ha il raggio *(r = 3)* e origine gli assi cartesiani, all'ora l'equazione di centro l'origine è $x^2 + y^2 = r^2$ ossia $x^2 + y^2 = 3^2$ dalla cui formula si ha $y^2 = -x^2 + 3^2$ =>

$y = \sqrt{-x^2 + 9}$ *(equazione della circonferenza)*

L'equazione della retta tangente ovvero passante per i punti $P_1(0,3)$ e $P_2(3,0)$ e data dalla formula

$\frac{y-y_1}{y_2-y_1} = \frac{x-1}{x_2-x_1}$ inserendo in essa le coordinate dei punti si ha

$\frac{y-3}{0-3} = \frac{x-0}{3-0} \Rightarrow \frac{y-3}{-3} = \frac{x}{3} \Rightarrow$

$3y - 9 = -3x \Rightarrow 3y = -3x + 9 \Rightarrow y = -x + 3$ *(equazione della retta)* .

Costruiamo il grafico delle 3 equazioni m vedi figura

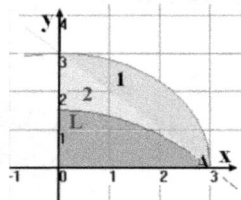

. Premesso che le aree del grafico sono

$\begin{bmatrix} A1 = cerchio \\ A2 = retta\ (triangolo) \\ AL = parabola \end{bmatrix}$ e le rispettive equazioni corrispondono a

$\begin{bmatrix} cerchio \Rightarrow y = \sqrt{-x^2 + 9} \\ retta \Rightarrow y = -x + 3 \\ parabola \Rightarrow y = -\frac{x}{6} = \frac{3}{2} \end{bmatrix}$ .Tutte le aree vanno calcolate con

intervallo $[0, 3]$.

Nel nostro caso possiamo non risorrere agli integrali in quanto la soluzione e facilmente ottenibile algebricamente, infatti l'are A1 è la quarta parte della circonferenza e abbiamo $A1 = \frac{1}{4}(\pi \cdot r^2)$

ossia $A1 = \frac{1}{4}(\pi \cdot 3^2) \Rightarrow A1 = \frac{9\pi}{4}$ cioè

$A1 = \frac{9\pi}{4}$ *(area A1 (quarto di circonferenza))*

L'area A2 triangolo è $A2 = \frac{b \cdot h}{2}$ ossia $A2 = \frac{3 \cdot 3}{2} \Rightarrow A2 = \frac{9}{2}$ (area A2 triangolo), allora l'area della regione (arco di circonferenza e retta) è la differenza delle due: $A_R = \frac{9\pi}{4} - \frac{9}{2} \Rightarrow A_R = \frac{9\pi - 18}{4} \Rightarrow$

$A_R = \frac{10,274}{4} \Rightarrow A_R = 2,568$ *(area della regione R)*

2.) Considerando che l'altezza del solido della regione R è l'intervallo [0, 3] e l'area della sezione è $S(x) = e^{5-3x}$, vedi

grafico 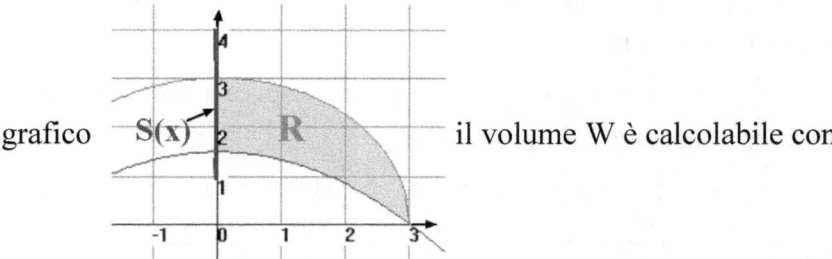 il volume W è calcolabile con

gli integrali $W = \int_0^3 s(x)dx$ sostituendo in esso l'area S, si ha

$W = \int_0^3 e^{5-3x} \, dx$, che si scrive anche $W = \int_0^3 e^5 \cdot e^{-3x} \, dx$ si

tratta di un integrale per parti $W = \int_0^3 0 \cdot e^{-3x} + e^5 \cdot 3e^{-3x}$ ossia

$W = \int_0^3 e^5 \cdot -3e^{-3x}$ dividendo per -3 si ha

$W = \int_0^3 -\frac{1}{3} e^{5-3x}$ portando fuori dall'integrale -1/3 si ha

$W = -\frac{1}{3}\int_0^3 e^{5-3x}$, quindi $W = -\frac{1}{3}\int_0^3 [e^{5-3x}]^3 - [e^{5-3x}]_0$ ossia

$W = -\frac{1}{3}\int_0^3 [e^{5-3\cdot3}] - [e^{5-3\cdot0}] => W = -\frac{1}{3}\int_0^3 [e^{-4}] - [e^5] =>$

$W = -\frac{1}{3}[e^5 - e^4]$ *(volume del solido)*

3.) Se facciamo ruotare la regione R intorno all'asse x si genera un solido con due funzioni: la funzione superiore è la circonferenza, mentre quella inferiore è la parabola, quindi il volume della regione R è la differenza dei due volumi, (circonferenza meno parabola). Poiché la prima è una ½ della sfera il cui volume è $V_{sfera} = \frac{1}{2}(\frac{4}{3}\pi r^3)$ e la seconda è l'integrale dell'intervallo [0, 3] della parabola (con altezza π) e integrale $\int_0^3 f(x)^2 \cdot \pi$, quindi portando fuori dall'integrale π abbiamo:

$$V_R = \overbrace{\frac{1}{2}\left(\frac{4}{3}\pi r^3\right)}^{\frac{1}{2}\,sfera} - \overbrace{\pi \int_0^3 f(x)^2\,dx}^{parabola}$$ sostituendo in essa l'equazione

della parabola si ha

$$V_R = \frac{1}{2}\left(\frac{4}{3}\pi r^3\right) - \pi \int_0^3 \left(-\frac{1}{6}x^2 + \frac{3}{2}\right)^2 dx,$$ risolvendo il quadrato

del si ha e inserendo il raggio si ha

$$V_R = \frac{1}{2}\left(\frac{4}{3}\pi 3^3\right) - \pi \int_0^3 \left(\frac{1}{36}x^4 - \frac{1}{2}x^2 + \frac{9}{4}\right) dx \Rightarrow V_R = \frac{1}{2}\left(\frac{4}{3}\pi 27\right) -$$

$$\pi \int_0^3 \left(\frac{1}{36}\frac{x^5}{5} - \frac{1}{2}\frac{x^3}{3} + \frac{9}{4}\right) \Rightarrow V_R = 18\pi - \pi \int_0^3 \left(\frac{x^5}{180} - \frac{x^3}{6} + \frac{9}{4}x\right) \Rightarrow$$

$$V_R = 18\pi - \pi \int_0^3 \left[\frac{x^5}{180} - \frac{x^3}{6} + \frac{9}{4}x\right]_0^3 \Rightarrow$$

$$V_R = 18\pi - \pi \left[\frac{x^5}{180} - \frac{x^3}{6} + \frac{9}{4}x\right]^3 - \left[\frac{x^5}{180} - \frac{x^3}{6} + \frac{9}{4}x\right]_0$$ il secondo

termine dell'integrale si annulla, allora si ha

$$V_R = 18\pi - \pi \left[\frac{3^5}{180} - \frac{3^3}{6} + \frac{9}{4}(3)\right] - [0] \Rightarrow V_R = 18\pi - \pi\left(\frac{18}{5}\right)$$

ossia $V_R = \frac{5 \cdot 18\pi - 18\pi}{5}$ cioè

$$V_R = \frac{72}{5}\pi \text{ (volume della rotazione della regione R su x)}$$

4.) Poiché la circonferenza coincide con l'interno dell'arco AB di raggio 3, si deduce che è tangente nel punto T, vedi figura

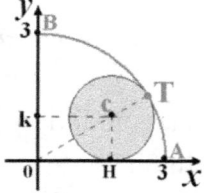 , indicando con C il centro della circonferenza

e con x, y le coordinate del centro C e con R il raggio, allora l'equazione della circonferenza è

$$x^2 + y^2 = r^2 \text{ cioè } x^2 + y^2 = \overline{OC}^2 \text{ ma } \begin{bmatrix} \overline{OC} = \overline{OT} - \overline{CT} \\ \overline{CT} = \overline{CH} = r \\ \overline{OT} = 3 \end{bmatrix} \text{ allora}$$

si ha $x^2 + y^2 = (3 - y)^2$ cioè $x^2 + y^2 = 9 - 6y + y^2$

semplificando si ha $x^2 - 9 = -6y$ ossia $y = -\dfrac{x^2}{6} + \dfrac{9}{6}$ =>

$y = -\dfrac{x^2}{6} + \dfrac{3}{2}$ *(equazione della circonferenza, ovvero equazione di L).*

Cerchiamo il luogo dei centri delle circonferenze, vedi figura

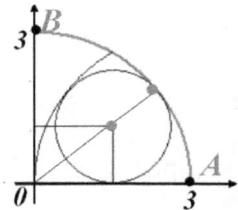

Indicando con $C = (x,y)$ applichiamo il teorema di Pitagora al triangolo $O\hat{C}A$ e la sua proiezione sull'asse x risulta anche $AC^2 = (3 - x)^2 + y^2$, pertanto $(3 - x)^2 = (3 - x)^2 + y^2$, ricordando che

$y = -\dfrac{1}{6}x^2 + \dfrac{3}{2}$ otteniamo il risultato $\begin{bmatrix} x = \dfrac{3}{2} \\ y = \dfrac{9}{8} \end{bmatrix}$ allora la

circonferenza ha equazione $(x - \dfrac{3}{2})^2 + (y - \dfrac{9}{8})^2 = (\dfrac{9}{8})^2$ =>
$x^2 + y^2 - 3x - \dfrac{9}{4}y + \dfrac{9}{4} = 0$

Questionario 2012 liceo scientifico

1.)   Cosa rappresenta il limite seguente e qual è il suo valore?

$\lim_{x \to 0} \dfrac{5(\frac{1}{2}+h)^2 - 5(\frac{1}{2})^4}{h}$

Rifacendo mente locale al rapporto incrementale della derivata, la cui formula è

$f'(x) = \dfrac{f(x_0+h) - f(x_0)}{h}$ l'espressione assegnata indica $(x_0 = \dfrac{1}{2})$ e 5 volte x elevata alla 4 per cui possiamo risalire alla funzione, cioè $f(x)$ => $5x^4$ e da questa calcolare la sua derivata prima

$f'(x) => 5x^4$ ossia $f'(x) => 20x^3$ (derivata della funzione).
Noto il punto $x_0 = (1/2)$ e la funzione $f(x) => 5x^4$ possiamo
calcolare il limite (valore di y) quando la derivata tende a

$x_0 = (1/2)$, cioè $\lim_{x \to 0} \frac{5(\frac{1}{2}+h)^4 - 5(\frac{1}{2})^4}{h}$ si tratta di una differenza

di quadrati, cioè $\lim_{x \to 0} \frac{5((\frac{1}{2}+h)^2 - (\frac{1}{2})((\frac{1}{2}+h)^2 - (\frac{1}{2})^2}{h} =>$

$\lim_{x \to 0} 5 \cdot \frac{(h^2+h)(h^2+h+\frac{1}{2})}{h}$ che possiamo scrivere il primo fattore

anche in $\lim_{x \to 0} 5 \cdot \frac{h(h+1)(h^2+h+\frac{1}{2})}{h}$ e possiamo semplificare h, si

ha $\lim_{x \to 0} 5(h+1)(h^2+h+\frac{1}{2})$ ora facciamo tendere $(h \to 0)$

si ha $\lim_{x \to 0} 5(0+1)(0^2+0+\frac{1}{2}) => \lim_{x \to 0} 5(1)(\frac{1}{2})$ ossia

$L = \frac{5}{2}$ *(ordinata y di x_0).*

2.) Si illustri il significato di asintoto e si fornisca un esempio
di funzione f(x) il cui grafico presenti un asintoto orizzontale e
due asintoti verticali.

Svolgimento
Si dice che una cura di equazione $y = f(x)$ ammette una retta
come asintoto quando la distanza tra la retta e il grafico di f(x)
tende all'infinito senza mai toccarsi, vedi figure

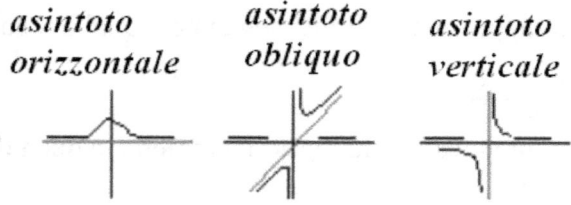

asintoto   *asintoto*   *asintoto*
orizzontale   *obliquo*   *verticale*

3.) La posizione di una particella è data da $S(t) =$
$20(2e^{-\frac{t}{2}} + t - 2)$ Qual è la sua accelerazione al tempo t = 4?

Svolgimento

In fisica abbiamo imparato che l'accelerazione è la derivata seconda della funzione S(t), quindi dobbiamo calcolare prima

$S'(t) = 20(2 \cdot -\frac{1}{2}e^{-\frac{t}{2}} + 1)$ ossia $S'(t) = 20(-e^{-\frac{t}{2}} + 1)$ e quindi

la derivata seconda è $S''(t) = 20(-(-\frac{1}{2})e^{-\frac{t}{2}})$ ossia $S''(t) =$

$20(\frac{1}{2}e^{-\frac{t}{2}}) => S''(t) = 10e^{-\frac{t}{2}})$, sostituendo in essa (t = 4) si ha

$acc. = 10e^{-\frac{4}{2}} => acc. = 10e^{-2}$ cioè $acc. = \cong 1,35 \ ms^2$

4.) Quale è la capacità massima, in litri, di un cono di apotema 1 metro?

Svolgimento

Disegniamo il cono indicando le sue dimensioni, vedi figura

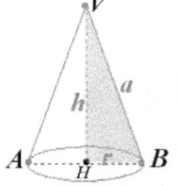 e calcoliamo il suo volume $V = \frac{1}{3}\pi r^2 h$ poiché

$(r^2 = a^2 - h^2)$ abbiamo $V = \frac{1}{3}\pi(a^2 - h^2)h =>$

$V = \frac{1}{3}\pi(a^2h - h^3) \ => \ V = \frac{1}{3}\pi a^2 h - \frac{1}{3}\pi h^3$ ora, per avere il massimo si pone (h > a) e deriviamo rispetto ad h, si ha

$V' = \frac{1}{3}\pi a^2 - \frac{1}{3} \cdot 3\pi h^3$ semplifichiamo in $V' = \frac{1}{3}a^2 - h^2$ ossia

$V = \frac{1}{3}a^2 - h^2 = h => V => a^2 = 3h^2 => V => h^2 = \frac{a^2}{3}$

mettendo in radice si ha $V = \sqrt{h^2} = \sqrt{\frac{a^2}{3}} => V => h = \frac{a}{\sqrt{3}}$,

poiché l'apotema è (a = 1) inserita in essa si ha

$V => h = \frac{1}{\sqrt{3}}$ (formula del volume massimo quando a = 1))

Per conoscere il vero volume inseriamo il valore di h nel volume di partenza $V = \frac{1}{3}\pi(a^2 - h^2)h$, si ha $V = \frac{1}{3}\pi\left(1^2 - (\frac{1}{\sqrt{3}})^2\right)\frac{1}{\sqrt{3}}$

$\Rightarrow V = \frac{\pi}{3\sqrt{3}}\left(1 - \frac{1}{3}\right) \Rightarrow V = \frac{\pi}{3\sqrt{3}} - \frac{\pi}{9\sqrt{3}} \Rightarrow$

razionalizziamo le radici $V = \frac{\pi\sqrt{3}}{3\sqrt{3}\cdot\sqrt{3}} - \frac{\pi\cdot\sqrt{3}}{9\sqrt{3}\cdot\sqrt{3}}$ ossia $V = \frac{\pi\sqrt{3}}{9} - \frac{\pi\sqrt{3}}{27}$

m. c. m $V = \frac{3\pi\sqrt{3}-\pi\sqrt{3}}{27} \Rightarrow V = \frac{\pi\sqrt{3}(3-1)}{27} \Rightarrow V = \frac{2\pi\sqrt{3}}{27}$ ossia

$V = 0,403 \ m^3$. Essendo un metro cubo 1000 litri, il volume è $V = 403 \ litri$ *(volume massimo del cono con a = 1)*

5.) Siano dati nello spazio n punti $P_1, P_2, P_3 \ldots P_n$. Quanti sono i segmenti che li congiungono a due a due? Quanti i triangoli che hanno per vertici questi punti (supposto che nessuna terna sia allineata)? Quanti i tetraedri (supposto che nessuna quaterna sia complanare)?

Svolgimento

La quantità dei segmenti che si congiungono a due a due sono tanti quante le combinazioni senza ripetizioni, per cui la disposizione degli oggetti senza ripetizioni a 2 a 2 ha formula

$\overbrace{\binom{n}{2}}^{a\,2\,a\,2} = \frac{n(n-1)}{2!}$ e quindi, il numero dei triangoli richiesti (senza

ripetizioni) ha come formula $\overbrace{\binom{n}{3}}^{a\,3\,a\,3} = \frac{n(n-1)(n-2)}{3!}$ e per quelli

a 4 a 4 (i tetraedri) la formula è $\overbrace{\binom{n}{4}}^{a\,2\,a\,2} = \frac{n(n-1)(n-3)(n-3)}{4!}$

Nota: per l'utilizzo delle formule si deve conoscere il numero degli oggetti da combinare.

6.) Sia $f(x) = 5senx\,cosx + cos^2x - sen2x - \frac{5}{2}sen2x - cos2x - 17$; si calcoli f '(x).

Svolgimento

Prima di derivare l'espressione convertiamo le espressioni trigonometriche e raggruppiamoli nel modo seguente

$$\begin{bmatrix} senxcosx = -\frac{5}{2}\cos(2x) \\ cos^2x - sen^2x = cos2x \\ -\frac{5}{2}sen(2x) \\ -\cos(2x) - 17 \end{bmatrix} \text{semplificando si ha}$$

$$\begin{bmatrix} -\frac{5}{2}\cos(2x) \\ -\frac{5}{2}sen(2x) \\ -17 \end{bmatrix} \text{allora si ha } -\frac{5}{2}\cos(2x) -\frac{5}{2}sen(2x) - 17 =>$$

$-\frac{5}{2}(\cos(2x) - sen(2x)) = 17.$, ossia

$f(x) = 17$ e quindi $f'(17) = 0$

7.) E' dato un tetraedro regolare di spigolo l e altezza h. Si determini l'ampiezza dell'angolo α formato da *l* e da *h*.

Svolgimento

Il tetraedro ha base un triangolo equilatero, vedi disegno

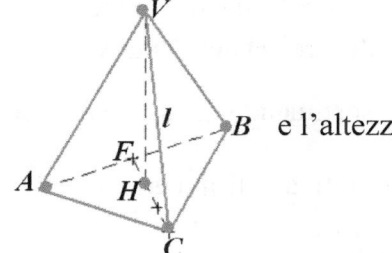 e l'altezza del triangolo equilatero FC è la

mediana del triangolo, quindi l'altezza del tetraedro (H) è perpendicolare al baricentro del triangolo, cioè ad 1/3 dalla base F e a 2/3 da punto C .

Poiché il triangolo è equilatero (3 lati uguali), dal teorema di Pitagora si ha

289

$$CF = \sqrt{l^2 - (\tfrac{l}{2})^2} \Rightarrow CF = \sqrt{l^2 - \tfrac{l^2}{4}} \Rightarrow CF = \sqrt{\tfrac{4l^2 - l^2}{4}} \Rightarrow$$

$$CF = \sqrt{\tfrac{3l^2}{4}} \Rightarrow CF = \tfrac{l}{2}\sqrt{3} \quad \text{Noto CF} \quad \text{abbiamo} \quad \begin{bmatrix} FH = \tfrac{1}{3}(CF) \\ CH = \tfrac{2}{3}(CF) \end{bmatrix} \Rightarrow$$

$$\begin{bmatrix} FH = \tfrac{1}{3}(\tfrac{l}{2}\sqrt{3}) \\ CH = \tfrac{2}{3}(\tfrac{l}{2}\sqrt{3}) \end{bmatrix} \text{ossia} \begin{bmatrix} FH = \tfrac{l}{6}\sqrt{3} \\ CH = \tfrac{l}{3}\sqrt{3} \end{bmatrix}$$

Denominando α l'angolo tra l'altezza del tetraedro (H) e il segmento della base (CH) si applica la trigonometria in cui $sen\alpha = \dfrac{CH}{l}$, quindi sostituendo in essa i dati sopra calcolati abbiamo:

$sen\alpha = \dfrac{\tfrac{l}{3}\sqrt{3}}{l} \Rightarrow sen\alpha = \tfrac{l}{3}\sqrt{3} \cdot \tfrac{1}{l}$ semplificando si ha $sen\alpha = \dfrac{\sqrt{3}}{3}$ ossia $arctangente(0,577)$, quindi con una calcolatrice si ha $sen^{-1}(0,577) \Rightarrow \alpha \cong 35°$

8.) Qual è il valor medio di $f(x) = \dfrac{1}{x}$ da (x = 1) a (x = e) ?.

Svolgimento

Il valore medio di una funzione è dato dal limite del rapporto dell'integrale della funzione con la differenza dell''intervallo sull'ascissa , cioè $\lim_{b-a} \dfrac{\int_b^a f(x)dx}{b-a}$ sostituendo in essa le ascisse si ha $\lim_{e-1} = \dfrac{\int_1^e \tfrac{1}{x}dx}{e-1}$, poiché la primitiva dell'integranda è il logaritmo si ha $\lim_{e-1} = \dfrac{[\ln(x)]_1^e}{e-1}$ ossia

$\lim_{e-1} = \dfrac{[\ln(x)]^e - [\ln(x)]_1}{e-1} \Rightarrow \lim_{e-1} = \dfrac{[1]-[0]}{e-1} \Rightarrow$

$\lim_{e-1} = \dfrac{1}{e-1}$ ossia *valore medio* = 0.5819

9.) Il problema di Erone (matematico alessandrino vissuto probabilmente nella seconda metà del I secolo d.C.) consiste, assegnati nel piano due punti A e B, situati dalla stessa parte rispetto ad un retta r, nel determinare il cammino minimo che congiunge A con B toccando r. Si risolva il problema nel modo che si preferisce.

Svolgimento

Prendendo un qualsiasi punto sulla retta . il cammino più breve si verifica quando AD è simmetrico in A'D, vedi figura 1° caso

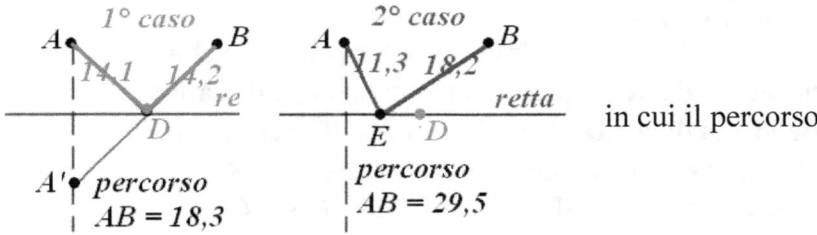

ADB = 18,3 è minore di un qualsiasi punto D che non sia simmetrico, vedi 2° caso in cui si dimostri nettamente che il percorso è maggior, AEB > ADB, cioè 29,5 > 18,3.

Risposta

Il minor percorso si ha quando la congiungente di B sul punto della retta con la perpendicolare di A si verifica la simmetria (AD = A'D) vedi figure.

10.) Quale delle seguenti funzioni è positiva per ogni x reale?
A) $\cos(sen(x^2 + 1))$ B) $sen(\cos(x^2 + 1))$ C) $sen(\ln(x^2 + 1))$ D) $\cos(\ln(x^2 + 1))$
Si giustifichi la risposta.

Svolgimento

Considerando la funzione A: i valori del seno hanno intervallo [-1, 1] quindi la funzione seno è sempre positiva e di conseguenza, quando si calcola il coseno il risultato è sempre positivo, per cui si deduce che A) è la risposta giusta.

La B) è errata perché se risulta il seno [-1,1] il seno non è sempre positivo, infatti sen(-1) = -0,07.

La C) è errata perché l'argomento del seno è un numero >0 e il seno non è sempre positivo.

La D) è errata per lo stesso motivo, il coseno è un numero >0 e il suo coseno non è sempre positivo.

Anno 2012 liceo scientifico PIN

Problema 1

Della funzione f, definita per $0 \le x \le 6$, si sa che è dotata di derivata prima e seconda e che il grafico della sua derivata $f'(x)$, disegnato a lato, presenta due tangenti orizzontali per $x = 2$ e $x = 4$.

Si sa anche che $f(0) = 9$, $f(3) = 6$ e $f(5) = 3$

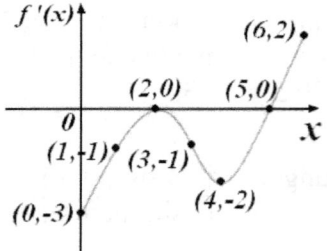

1. Si trovino le ascisse dei punti di flesso di f motivando le risposte in modo esauriente.

2. Per quale valore di x la funzione f presenta il suo minimo assoluto? Sapendo che $\int_0^6 f'(x)dx = -5$ per quale valore di x la funzione f presenta il suo massimo assoluto?

3. Sulla base delle informazioni note, quale andamento potrebbe avere il grafico di f ?

4. Sia g la funzione definita da $g(x) = xf(x)$. Si trovino le equazioni delle rette tangenti ai grafici di f e di g nei rispettivi punti di ascissa (x = 3) e si determini la misura, in gradi e primi sessagesimali, dell'angolo acuto che esse formano.

Svolgimento

1.) Quando la derivata prima f '(x) è crescente "nell'intervallo [0, 2] e [4, 6]", vuol dire che f '' (x) è positiva e la concavità di f(x) sarà (convessa, rivolta verso l'alto).

Viceversa, quando f '(x) è decrescente "nell'intervallo 2, 4]" la derivata, vuol dire che f ''(x) è negativa e la concavità di f(x) sarà (concava, rivolta verso il basso).

Poiché punti (x = 2) e (x = 4) la funzione f '(x) cambia concavità , rispettivamente: (da ascendente a discendente) e da discendente ad ascendente, si avranno due flessi. In (x = 2) il flesso è a tangente orizzontale e in (x = 4) il flesso è a tangente obliqua con coefficiente angolare perché f ' (4) = -2.

2.) Osservando il grafico (tutta la parte negativa) di f ' corrisponderà a f(x) positiva cioè f(x) sarà decrescente da x(= 0) a (x = 5) e crescente da (x = 5) a (x = 6). F(x) avrò un un minimo assoluto in (x = 5) e un Max assoluto in (x = 0) oppure in (x = 6),

Poiché l'integrale proposto è $\int_0^6 f'(x)dx = -5$ si ha $[f(x)]_0^6$

ossia $[f(x)]^6 - [f(x)]_0 = -5 =>$

$f(6) - f(0) = -5$ ma (f(0) = -3) (vedi grafico), allora $f(6) - (-3) = -5$ =>

$f(6) + 3 = -5$ ossia $f(9) = -5$ cioè $9 - 5 = 4$, si deduce che il massimo assoluto si

Ha nel punto (x = 0).

3.) Riassumiamo le condizioni dell'andamento della funzione f(x) in base a quanto espresso precedentemente, quindi le caratteristiche di f(x) sono: vedi grafico, Fig. W

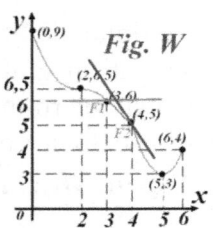

Fig. W

- si parte dal punto di coordinata P(0, 9) poi decresce con la concavità rivolta verso l'alto fino a (x = 2), poi in (x =3) si ha (un punto di flesso a tangente orizzontale) e ha coordinate F1(3, 6).

- Dal punto (x = 2) al punto (x = 4) decresce verso il basso e nel punto (x =4) si ha un flesso obliquo con coefficiente angolare (y = m = 2) .

- Dal punto (x = 4) al punto (x = 5) f(x) decresce con la concavità verso l'alto e nel punto (x = 5) si ha il minimo assoluto nel punto Minass.(5, 3)

- Dal punto (x = 5 al punto (x = 6) f(x) cresce e ha la concavità in l'alto fino al punto (5, 4).

4,) Consideriamo le funzioni $g(x) = xf(x)$, la tangente al grafico di f in (x = 3 è data dall'espressione $y - (3) = x + 2$ => $y = x + 2 - 3$ => $y = m = -1$ allora l'equazione per un punto è data dalla forma $y - f(x) = m(x - x_0)$ ossia

$y - 6 = -1(x - 3)$ ossia $y = -x + 3 + 6\ y — x + 9$ (tangente al grafico di f in (x = 3), mentre la tangente al grafico di g in (x = 3) notiamo che $g(3) = 3f(3)$ cioè $g'(3) = m = 3$, allora $g(3) = 3f(3)$ ossia $g(3) = 3f(6)$ ossia $g(3) = 18$, quindi calcoliamo la derivata di g: $g'(x) = (xf(x))'$ => $f(x) + xf'(x)$ => $g'(3) = f(3) + 3f'(3)$ => $g'(3) = 6 - 3$ cioè $g'(3) = 3$, allora la tangente per la g risulta

294

$y - g'(3) = m(x - x_0)$ inserendo i dati si ha $y - 18 = 3(x - 3)$
$\Rightarrow y = 3x - 9 + 18 \Rightarrow y = 3x + 9$ *(equazione per g)*

Per calcolare l'angolo acuto formato dalle due rette (detto α), indichiamo i coefficienti angolari con (m e m'), quindi risulta

$tg\alpha = \dfrac{m - m'}{1 + m \cdot m'}$ ossia $tg\alpha = \dfrac{3+1}{1-3}$ cioè $tg\alpha = 2$, quindi si tratta dell'arco tangente atan(2) con una calcolatrice si ha la funzione inversa della tangente $\alpha = tg^{-1}(2)$ che corrisponde a $\alpha = 63{,}435°$ ossia $\alpha = 63°26'$

Problema 2

Siano f e g le funzioni definite da $f(x) = e^x$ e $g(x) = \ln(x)$.

1. Fissato un riferimento cartesiano Oxy, si disegnino i grafici di f e di g e si calcoli l'area della regione R che essi delimitano tra $\left(x = \dfrac{1}{2}\right)$ e $(x = 1)$.

2. La regione R, ruotando attorno all'asse x, genera il solido S e, ruotando attorno all'asse y, il solido T. Si scrivano, spiegandone il perché, ma senza calcolarli, gli integrali definiti che forniscono i volumi di S e di T.

3. Fissato $x_0 > 0$, si considerino le rette r e s tangenti ai grafici di f e di g nei rispettivi punti di ascissa x_0 . Si dimostri che esiste un solo x0 per il quale r e s sono parallele. Di tale valore x_0 si calcoli un'approssimazione arrotondata ai centesimi.

4. Sia $h(x) = f(x) - g(x)$. Per quali valori di x la funzione h(x) presenta, nell'intervallo chiuso $(\dfrac{1}{2} \le x \le 1)$, il minimo e il massimo assoluti? Si illustri il ragionamento seguito.

Svolgimento

1.)   Le funzioni assegnate , una esponenziale e una logaritmo in cui calcolare l'area della regione R sono rappresentate in figura

(parte colorate)

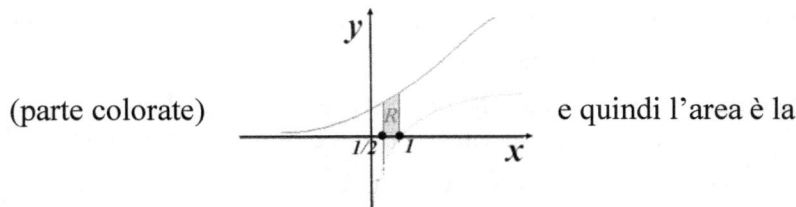

e quindi l'area è la

differenza delle due funzioni nell'intervalle [1/2 , 1] e si calcola con il seguente integrale: $\int_{\frac{1}{2}}^{1}(e^x - \ln x)dx$ => si rammenta che

l'integrale di
$$\begin{bmatrix} e^x = (e^x) \\ mentre \\ \ln x = x \cdot lnx - x \end{bmatrix}$$

Nota: ln x viene risolto per parti, si pone come se fosse un prodotto ln x · 1 e si applica la formula

$\ln x \cdot \overset{integr.}{\overset{\frown}{1}} = -\int \overset{D'}{\overset{\frown}{lnx}} \cdot \overset{integr.}{\overset{\frown}{1}} \, dx$ cioè $lnx \cdot x - \int \frac{1}{x} \cdot xdx$

semplificando e integrando si ha $lnx \cdot x - \int x \, dx$ ossia $lnx \cdot x - x$ (integrale per parti di ln x).

Allora l'integrale $\int_{\frac{1}{2}}^{1}(e^x - \ln x)dx$ diventa $\int_{\frac{1}{2}}^{1} = [e^x - (xlnx -$

$x)]1-ex-(xlnx-x)12$ ossia

$A_R = [e^x - xlnx + x]^1 - [e^x - xlnx + x]_{\frac{1}{2}}$ =>

$A_R = [e^1 - 1\ln(1) + 1)] - \left[e^{\frac{1}{2}} - \frac{1}{2}ln\frac{1}{2} + \frac{1}{2}\right]$ =>

$A_R = e^1 - e^{\frac{1}{2}} - \ln(1) + ln\frac{1}{2} - \frac{1}{2}$ =>

$A_R = e^1 - e^{\frac{1}{2}} - 0 + ln\frac{1}{2} - \frac{1}{2}$ => $A_R = e - e^{\frac{1}{2}} - ln\frac{1}{2} + \frac{1}{2}$ =>

$A_R = 1.22$ *(area della regione R).*

2.)   Il volume generato dalla rotazione di *R intorno all'asse x* compreso tra le rette in (x = ½) e (x = 1), il volume del solido è l'area della circonferenza che si genera a causa della rotazione per l'altezza , nel nostro caso l'area della circonferenza ha il raggio

296

(r = f(x)) e come altezza l'intervallo delle rette, la formula
generale è $V_S = \int_{\frac{1}{2}}^{1} \pi f(x)^2 \, dx$ ossia $V_S = \int_{\frac{1}{2}}^{1} \pi (e^x)^2 \, dx$
portando fuori dall'integrale e risolvendo la potenza si ha
$V_S = \pi \int_{\frac{1}{2}}^{1} (e^{2x}) \, dx$ integrando si ha $V_S = \pi \int_{\frac{1}{2}}^{1} (\frac{e^{2x}}{2})$ allora si ha

$V_S = \pi \left[\frac{1}{2} e^{2x}\right]^1 - \pi \left[\frac{1}{2} e^{2x}\right]_{\frac{1}{2}} \Rightarrow V_S = \pi \left[\frac{1}{2} e^{2 \cdot 1}\right] - \pi \left[\frac{1}{2} e^{2 \cdot \frac{1}{2}}\right] \Rightarrow$

$V_S = \pi \left[\frac{1}{2} e^2\right] - \pi \left[\frac{1}{2} e^1\right] \Rightarrow V_S = \frac{\pi}{2} e^2 - \frac{\pi}{2} e$ in evidenza $V_R =$
$\frac{\pi}{2}(e^2 - e) \Rightarrow V_S = 7{,}37$ *(volume del solido S)*

Il volume generato dalla rotazione di R attorno all'asse x
compreso tra le rette in (x = ½) e (x = 1), il volume del solido T
che si genera intorno all'asse y si calcola utilizzando il cosidetto
metodo dei "gusci cilindrici", si tratta di sommare l'intervallo in
infiniti cilindri cavi aventi altezza f(x) – g(x); raggio esterno (x +
dx); raggio interno (x), quindi il volume ha l'integrale

$V_T = \int_{\frac{1}{2}}^{1} 2\pi x (fx - gx) \, dx$ portando fuori dall'integrale 2π si ha

$V_T = 2\pi \int_{\frac{1}{2}}^{1} x (fx - gx) \, dx$ inserendo le funzioni abbiamo

$V_T = 2\pi \int_{\frac{1}{2}}^{1} x (e^x - lnx) \, dx$ integrando per parti abbiamo

$V_T = 8\pi(8\sqrt{e} + 3 - 2ln2)$ ossia
$V_R = 5{,}813$ *(volume del solido T intorno all'ass y).*

3.)   Poiché viene chieste le derivate delle funzioni si ha
$\begin{bmatrix} f'(e^x) = e^x \\ \ln(x) = \frac{1}{x} \end{bmatrix}$ allora il grafico corrisponde alla figura seguente

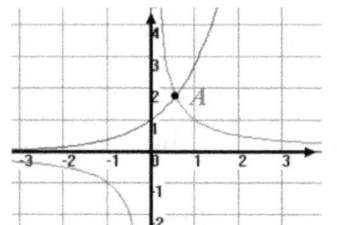

Le rette sull'intervallo [1/2 , 1] , r ed s, sono parallele se abbiamo $(f'(x_0) - g'(x_0))$, questa condizione avviene quando $e^{(x_0)} = \frac{1}{x_0}$, vedi (punto A, intersezione dei grafici).

L'intersezione del punto A si verifica nell'intervallo [1/2 , 1] , quindi si ha che $(\frac{1}{2} < x_0 < 1)$,

Per calcolare lo zero della funzione nell'intervallo [a, b] si applica il metodo delle tangenti, cioè l'iterazione dell'intervallo, formula $x_1 = b - \frac{f(b)}{f'(b)}$ dove (b = è un punto dell'intervallo è [1/2, 1].

Nel nostro caso prendiamo abbiamo il valore approssimato a meno di 1/100, si ha $x_1 = 0,56$.

4.) Siccome le funzioni sono continue possiamo applicare il teorema di Weierstrass per trovare il massimo e il minimo assoluti oppure studiare il segnio della funzione , cioè il segno della derivata prima $h'(x) = e^x - \frac{1}{x} > 0$ si ha che $e^x > \frac{1}{x}$ allora si deduce che $(x_0 < x < 1)$, in tale intervallo h(x) è crescente e in $(\frac{1}{2} < x < x_0)$ è decrescente, pertanto è x_0. *(minimo assoluto)*

Per calcolare il Max assoluto basta confrontare i valori assunti negli estremi dell'intervallo $h\left(\frac{1}{2}\right) = \sqrt{e} + \ln(2)$ ossia $h\left(\frac{1}{2}\right) = 2,34$ e di conseguenza $h(1) = e > 2,34$, quindi il Max assoluto si ha per $x = 1$ *(Max assoluto)*

Quesiti 2012 Liceo scientifico PIN

1.) Si calcoli il $\lim_{x\to 0^+} \frac{2^{3x}-3^{4x}}{x^2}$ 47

Svolgimento

Il limite dell'espressione $\lim_{x\to 0^+} \frac{2^{3x}-3^{4x}}{x^2}$ si puo scrivere anche in

foma di potenze in $\lim_{x\to 0^+} \frac{8^x-81^x}{x\cdot x}$ con un piccolo artificio

(moltiplichiamo e dividiamo tutto per 81, si ha

$\lim_{x\to 0^+} \frac{81^x[\frac{8^x}{81^x}-\frac{81^x}{81^x}]}{x\cdot x} \Rightarrow \lim_{x\to 0^+} \frac{81^x[\frac{8^x}{81^x}-1]}{x\cdot x}$ che si scrive

$\lim_{x\to 0^+} \frac{81^x[(\frac{8}{81})^x-1]}{x\cdot x}$ in forma di logaritmi si ha

$\lim_{x\to 0^+} \frac{81^x x[ln(\frac{8}{81})-\ln(1)]}{x\cdot x} \Rightarrow \lim_{x\to 0^+} \frac{81^x x ln(\frac{8}{81})-0}{x\cdot x}$ semplificando si

ha $\lim_{x\to 0^+} \frac{81^x\cdot ln(\frac{8}{81})}{x}$ cioè $\lim_{x\to 0^+} \frac{81^x}{x}(\ln\frac{8}{81})$ e quando $x\to 0^+$

$\frac{81^x}{x}\to +\infty$ e $\frac{8}{81}$ è $< 0, (negativo)$, quindi si ha

$\lim_{x\to 0^+} \frac{2^{3x}-3^{4x}}{x^2} = L - \infty$ *(risultato)*

2.) Una moneta da 1 euro (il suo diametro è 23,25 mm) viene lanciata su un pavimento ricoperto con mattonelle esagonali (regolari) di lato 10 cm. Quale è la probabilità che la moneta vada a finire internamente ad una mattonella (cioè non tagli i lati degli esagoni)?

Svolgimento

Affinché possa verificarsi che la moneta cada nella mattonella dobbiamo considerare che la moneta abbia la stessa forma della mattonella cioè entrambi a forma esagonale e che il suo centro dista meno di quello della mattonella, vedi figura

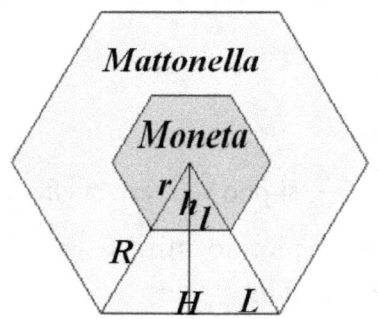

La probabilità che si verifica la risoluzione consiste nel rapporto dell'area della monetina su quella della piastrella, quindi per calcolare le aree cerchiamo alcuni elementi utili:

Conoscendo il diametro della monetina in millimetri dobbiamo trasformarli in centimetri e il suo raggio è $r = \frac{d}{2} => r = \frac{2,325}{2}$ ossia $r = 1,1625$ *(raggio della monetina, vedi figura)*

Il lato della monetina è uguale al raggio della monetina perché i triangoli dell'esano regolare sono equilateri (3 lati uguali, vedi disegno).

E le apotema sono le altezze dei triangoli, cioè $\begin{bmatrix} h = l \cdot nf \\ H = L \cdot nf \end{bmatrix}$ (nf = numero fisso esagono 0,866) , $\begin{bmatrix} h = 1,1625 \cdot 0,866 \\ H = 10 \cdot 0,866 \end{bmatrix}$ ossia $\begin{bmatrix} h = 1,006725 \\ H = 8,66 \end{bmatrix}$ (apotema o altezze dei triangoli equilateri).

Abbiamo gli elementi necessari per calcolare le aree dei triangoli adottando la formula

$A = \frac{P}{2} \cdot a$ che nel nostro caso abbiamo $\begin{bmatrix} A_{moneta} = \frac{6l}{2} \cdot 1,006725 \\ A_{mattonella} = 6L \cdot 8,66 \end{bmatrix} =>$

$$\begin{bmatrix} A_{mon\,eta} = 3 \cdot 1,1625 \cdot 1,006725 \\ A_{mattonella} = 3 \cdot 10 \cdot 8,66 \end{bmatrix} \text{ossia}$$

$$\begin{bmatrix} A_{moneta} = 3,511 \\ A_{mattonella} = 259,8 \end{bmatrix} \text{(aree)}$$

Allora facciamo il rapporto delle aree e calcoliamola probabilità, cioèprobabilità $= \dfrac{A_{moneta}}{A_{mattonella}}$ => probabilità $= \dfrac{3,511}{259,8}$ => probabilità $= 0,013514$ ossia

probabilità $\cong 13,5\%$ *(probabilità percentuale)*

Risposta

La probabilità che la moneta vada a finire senza tagliare l'esagono è il rapporto inverso cioè

probabilità $= \dfrac{A_{mattonella}}{A_{monetala}}$ => probabilità $= \dfrac{259,8}{3,511}$ => *74%*

3.) Sia $f(x) = 3^x$. Per quale valore di x, approssimato a meno di 10^{-3}, la pendenza della retta tangente alla curva nel punto (x, f(x)) è uguale a 1?

Svolgimento

Calcoliamo la derivata prima di $f'(x) = 3^x$ cioè $f'^{(x)} = 3^x$ => $3xln(3)$ e poiché la f'(x) = 1

si ha $3xln(3) = 1$ da questa calcoliamo che $3x = \dfrac{1}{ln(3)}$

sottoponiamo tutto in logaritmi, si ha $xln(3) = ln(\dfrac{1}{ln(3)})$ dalla

quale $x = \dfrac{ln(\frac{1}{ln(3)})}{ln(3)}$ portiamo al numeratore $x = \dfrac{ln(-ln3)}{ln3}$, per

rendere il logaritmo positivo portiamo il segno fuori $x = \dfrac{-ln(ln3)}{ln3}$

=> $x = -0,086$ *(arrot. Per eccesso).*

4.) L'insieme dei numeri naturali e l'insieme dei numeri razionali sono insiemi equipotenti? Si giustifichi la risposta.

Svolgimento

Si, sono equipollenti perché hanno lo stesso valore e vengono anche rappresentati come frazione composti da numeri naturali,

come dalla seguente tabella

$$\frac{1}{1} \quad \frac{2}{1} \quad \frac{3}{1}$$
$$\frac{1}{2} \quad \frac{2}{2} \quad \frac{3}{2}$$
$$\frac{1}{3} \quad \frac{2}{3} \quad \frac{3}{3}$$

5.) Siano dati nello spazio n punti P1, P2, P3, ... Pn . Quanti sono i segmenti che li congiungono a due a due? Quanti i triangoli che hanno per vertici questi punti (supposto che nessuna terna sia allineata)? Quanti i tetraedri (supposto che nessuna quaterna sia complanare)?

Svolgimento

La quantità dei segmenti che si congiungono a due a due sono tanti quante le combinazioni senza ripetizioni, per cui la disposizione degli oggetti senza ripetizioni a 2 a 2 ha formula

$$\overbrace{\binom{n}{2}}^{a\,2\,a\,2} = \frac{n(n-1)}{2!}$$ e quindi, il numero dei triangoli richiesi (senza

ripetizioni) ha come formula $$\overbrace{\binom{n}{3}}^{a\,3\,a\,3} = \frac{n(n-1)(n-2}{3!}$$ e per quelli a 4 a

4 (i tetraedri) la formula è $$\overbrace{\binom{n}{4}}^{a\,2\,a\,2} = \frac{n(n-1)(n-3)(n-3)}{4!}$$

Nota: per l'utilizzo delle formule si deve conoscere il numero degli oggetti da combinare.

6.) Si dimostri che la curva di equazione $y = x^3 + ax + b$ ha uno ed un solo punto di flesso rispetto a cui è simmetrica.

302

Svolgimento

La funzione $y = x^3 + ax + b$ è una cubica e le cubiche hanno un solo punto di flesso che si ottiene ponendo (f '(x) = 0) e poi (f ''(x) = 0) quindi le derivate sono $\begin{bmatrix} f' => 3x^2 + a = 0 \\ f'' => 6x = 0 \end{bmatrix}$. Si deduce che il risultato di f ''(x) ha risultato (x = 0), allora sostituendo x nella funzione $y = x^3 + ax + b$ si ha $y = 0^3 + a(0) + b$ ossia $y = b$ e quindi le coordinate del flesso sono nel punto F(0, b).

Per verificare la simmetria della curva data dobbiamo associare ad x $-x$ e cioè dobbiamo invertire il segno all'incognita x della funzione ossia $y = -x^3 - ax + b$ =>

7.) E' dato un tetraedro regolare di spigolo l e altezza h. Si determini l'ampiezza dell'angolo α formato da *l e da h*.

Svolgimento

Questo quesito è stato risolto nel quesito numero 7 del questionario del Liceo scientifico 2012 per cui vedi stesso numero dei quesiti del liceo 2012.

8.) Un'azienda industriale possiede tre stabilimenti (A, B e C). Nello stabilimento A si produce la metà dei pezzi, e di questi il 10% sono difettosi. Nello stabilimento B si produce un terzo dei pezzi, e il 7% sono difettosi. Nello stabilimento C si producono i pezzi rimanenti, e il 5% sono difettosi.

Sapendo che un pezzo è difettoso, con quale probabilità esso proviene dallo stabilimento A?

Svolgimento

Indicando con D i pezzi difettosi e non D i pezzi non difettosi possiamo costruire un grafico ad albero delle aziende (A B e C) con le rispettive percentuali (difettosi e non difettosi), vedi figura

303

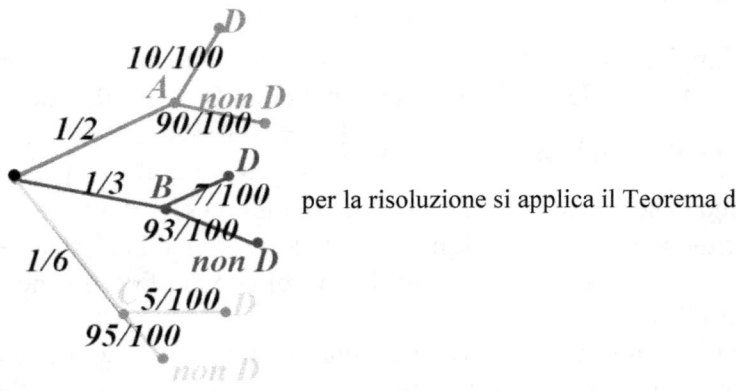

per la risoluzione si applica il Teorema di

Bayes, cioè

$$Percentuale = \frac{\frac{1}{2}\cdot\frac{10}{100}}{\frac{1}{2}\cdot\frac{10}{100}+\frac{1}{3}\cdot\frac{7}{100}+\frac{1}{6}\cdot\frac{5}{100}} => Percentuale = \frac{\frac{5}{100}}{\frac{5}{100}+\frac{7}{300}+\frac{5}{600}}$$

$$=> Percentuale = \frac{\frac{5}{100}}{\frac{30+14+5}{600}} =>$$

$$Perc. = \frac{5}{100}\cdot\frac{600}{49} => Perc. = \frac{30}{49} => Perc. = 0.6124 => Perc. \cong$$
61,2% (percentuale

9.)   Il problema di Erone (matematico alessandrino vissuto probabilmente nella seconda metà del I secolo d.C.) consiste, assegnati nel piano due punti A e B, situati dalla stessa parte rispetto ad un retta r, nel determinare il cammino minimo che congiunge A con B toccando r. Si risolva il problema nel modo che si preferisce.

Svolgimento
Questo quesito è stato risolto nel quesito numero 9 del questionario del Liceo scientifico 2012 per cui vedi stesso numero dei quesiti del liceo 2012.

10.) Si provi che fra tutti i coni circolari retti circoscritti ad una sfera di raggio r, quello di minima area laterale ha il vertice che dista 2 r dalla superficie sferica.

Svolgimento

Disegniamo il grafico del cono con la circonferenza in esso tangente al lati del cono e poiché adotteremo la similitudine abbiamo colorato le parti in esame, vedi figura seguente:

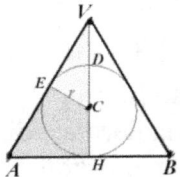

poniamo (VD = x) e con Pitagora si ha

$$\begin{bmatrix} VE = \sqrt{(x+r)^2 - r^2} \\ ossia \\ VE = \sqrt{x^2 + 2rx} \end{bmatrix}$$

Applichiamo il teorema della similitudine tra i triangoli colorati

- $(VE):(CE) = (VH):(AH)$ e calcoliamo $AH = \frac{CE \cdot VH}{VE}$,

sostituendo in essa i dati sopra calcolati si ha $AH = \frac{r(2x+r)}{\sqrt{x^2+2rx}}$

- $(VA):(VH) = (VC):(VE)$, e calcoliamo $VA = \frac{(VH)(VC)}{VE}$,

sostituendo i dati noti si ha $VA = \frac{(x+r)(x+2r)}{\sqrt{x^2+2rx}}$

Calcoliamo la superficie laterale, cioè superficie del raggio per l'altezza del cono, cioè $S_{lat.} = \pi r \cdot (AH) \cdot (VA)$ inseriamo i dati

$S_{lat.} = \pi r \cdot \frac{r(2x+r)}{\sqrt{x^2+2rx}} \cdot \frac{(x+r)(x+2r)}{\sqrt{x^2+2rx}}$ risolvendo e semplificando si ha

$S_{lat.} = \pi r \cdot \frac{x^2+3rx+2r^2}{x}$ Questa espressione sarà minima se e solo

se anche la funzione è uguale $y = \frac{x^2+3rx+2r^2}{x}$.

La derivata (mettendo come incognita r) è un quoziente ed è data da $y' = \frac{x^2 - 2r^2}{x^2}$ per $x^2 \geq 2r^2$. Cioè ponendo come limitazione della x, $x > r\sqrt{2}$; quindi la funzione è crescente per tali valori $0 < x < r\sqrt{2}$ e pertanto $x = r\sqrt{2}$ ha il minimo, come richiesto.

Anno 2013 liceo scientifico

Problema 1

La funzione f è definita da $f(x) = \int_0^x \left[cos\left(\frac{t}{2}\right) + \frac{1}{2} \right] dt$ per tutti i numeri reali x appartenenti all'intervallo chiuso [0, 9] .

1. Si calcolino $f'(\pi)$ e $f'(2\pi)$ ove f ' indica la derivata di f .

2. Si tracci, in un sistema di coordinate cartesiane, il grafico $\sum$ di f '(x) e da esso si deduca per quale o quali valori di x , f(x) presenta massimi o minimi. Si tracci altresì l'andamento di f(x) deducendolo da quello di f '(x) .

3. Si trovi il valor medio di f'(x) sull'intervallo $[0, \pi]$.

4. Sia R la regione del piano delimitata da $\sum$ e dall'asse x per $0 \leq x \leq 4$; R è la base di un solido W le cui sezioni con piani ortogonali all'asse x hanno, per ciascun x , area $A(x) = 3sen\left(\frac{\pi}{4}x\right)$. Si calcoli il volume di W.

Svolgimento

1.) Calcoliamo la funzione dell'integrale

$f(x) = \int_0^x \left[cos\left(\frac{t}{2}\right) + \frac{1}{2} \right] dt$ cioè $f = \left[sen\left(\frac{t}{2}\right) + \frac{1}{2}t \right]$, che

corrisponde a $f = \left[sen\left(\frac{\pi}{2}\right) + \frac{1}{2} \right]$

La sua derivata è $\overbrace{f' = cos\left(\frac{t}{2}\right) + \frac{1}{2}}^{\textit{Derivata di } f(x)}$ he corrisponde a $y = \left[sen\left(\frac{x}{2}\right) + \frac{1}{2} \right]$, allora sostituiremo, prima $f'(\pi)$ e dopo $f'(2\pi)$ abbiamo

Per $f'(\pi)$ si ha $cos\left(\frac{\pi}{2}\right)+\frac{1}{2}$ => $cos(90°)+\frac{1}{2}$ => $2\cdot0+\frac{1}{2}$
ossia $+\frac{1}{2}$

Per $f'(2\pi)$ si ha $cos\left(\frac{2\pi}{2}\right)+\frac{1}{2}$ => $cos(180°)+\frac{1}{2}$ => $-1+\frac{1}{2}$
ossia $-\frac{1}{2}$

2.) Il periodo T della funzione trigonometrica è il reciproco di ω (coefficiente a della funzione trigonometrica), allora si ha

$T=\frac{1}{\omega}f(x)$, cioè $T=\frac{f(x)}{\omega}$ poiché $\begin{bmatrix} \omega=\frac{1}{2} \\ f(cos)=2\pi \end{bmatrix}$ si ha

$T=\frac{2\pi}{\frac{1}{2}}$ ossia $T=2\pi\cdot2$ =>

$T=4\pi$ *(periodo della funzione ½ coseno(x))*

Il suo grafico $y=cos\left(\frac{\pi}{2}\right)+\frac{1}{2}$ si ottiene da una traslando la funzione $y=cos\left(\frac{\pi}{2}\right)$ di ½ sell'asse y di ½ (in alto). , vedi grafico

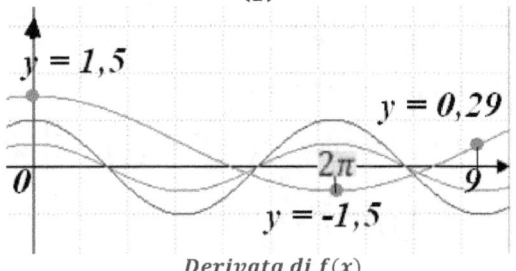

La derivata $y=cos\left(\frac{x}{2}\right)+\frac{1}{2}$ *(funzione traslata),* vedi grafico colore rosso, ha punti stazionari: Max assoluto in P(0, 1.5) ; minimo assoluto in $P(2\pi,-\frac{1}{2})$ e Max relativo in P(9, 0.29), vedi grafico in figura.

Il grafico di f '(x) taglia l'asse x quando $cos\left(\frac{2\pi}{2}\right)+\frac{1}{2}=0$, cioè quando $cos\left(\frac{x}{2}\right)=-\frac{1}{2}$, ossia quando $x=\frac{4}{3}\pi$ e $x=\frac{2}{3}\pi$, f(x)

cresce da (x = 0) a $x = \frac{4}{3}\pi$ e da $x = \frac{8}{3}\pi$ a 9, dove f '(x) è positiva, decresce da $x = \frac{4}{3}\pi$ ad $x = \frac{8}{3}\pi$, dove f '(x) è negativa, quindi ha un Max in $x = \frac{4}{3}\pi$ ed un minimo in $x = \frac{8}{3}\pi$; in (x = 9) ha un Max relativo e presenta un minimo assoluto in (x = 0), dove vale zero perché $f(x) = \int_0^0 \left[COS\left(\frac{t}{2}\right) + \frac{1}{2}\right] dt$.

Poiché la derivata seconda f "(x) è positiva dove la f '(x) cresce e negativa dove decresce, deduciamo che la concavità della f(x) è rivolta verso il basso da 0 a 2π e verso l'alto da 2π a 9; quindi in $x = 2\pi$ c'è un flesso. Valutando le aree delle regioni comprese tra il grafico di f '(x) e l'asse delle x, si può qualitativamente notare che f(9) > 0 , che $f\left(\frac{8}{3}\pi\right) > 0$ e che $F(9) < f(\frac{4}{3}\pi)$,

Vedi grafico seguente.

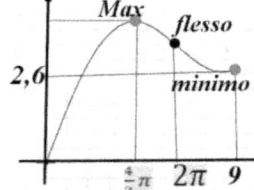

Calcoliamo le aree degli intervalli delle funzioni.

Per la funzione $f(\frac{4}{3}\pi)$ si ha l'integrale $\int_0^{\frac{4}{3}\pi} \left[COS\left(\frac{t}{2}\right) + \frac{1}{2}\right] dt$

cioè due volte il seno di t. $\left[2sen\left(\frac{t}{2}\right) + \frac{1}{2}t\right]_0^{\frac{4}{3}\pi} =>$

$\left[2sen\left(\frac{t}{2}\right) + \frac{1}{2}t\right]^{\frac{4}{3}\pi} - \left[2sen\left(\frac{t}{2}\right) + \frac{1}{2}t\right]_0 =>$

$\left[2sen\left(\frac{\frac{4}{3}\pi}{2}\right) + \frac{1}{2}(\frac{4}{3}\pi)\right] - \left[sen\left(\frac{0}{2}\right) + \frac{1}{2}(0)\right] =>$

$\left[2sen\left(\frac{4}{6}\pi\right) + (\frac{4}{6}\pi)\right] - [0]$, poiché $\frac{4}{6}\pi = 120°$ si ha

$\left[2sen(120°) + (\frac{4}{6}\pi)\right] => \left[2(\frac{\sqrt{3}}{2}) + (\frac{4}{6}\pi)\right]$ semplificando si ha =>

$\sqrt{3} + 2.0944 => \mathbf{A \cong 3,8}$

Per la funzione $f(\frac{8}{3}\pi)$ si ha l'integrale $\int_0^{\frac{8}{3}\pi} \left[COS\left(\frac{t}{2}\right) + \frac{1}{2} \right] dt$

cioè due volte il seno di t. $\left[2sen\left(\frac{t}{2}\right) + \frac{1}{2}t \right]_0^{\frac{4}{3}\pi} =>$

$\left[2sen\left(\frac{t}{2}\right) + \frac{1}{2}t \right]^{\frac{8}{3}\pi} - \left[2sen\left(\frac{t}{2}\right) + \frac{1}{2}t \right]_0 =>$

$\left[2sen\left(\frac{\frac{8}{3}\pi}{2}\right) + \frac{1}{2}(\frac{8}{3}\pi) \right] - \left[sen\left(\frac{0}{2}\right) + \frac{1}{2}(0) \right] =>$

$\left[2sen\left(\frac{8}{6}\pi\right) + (\frac{8}{6}\pi) \right] - [0]$, poiché $\frac{8}{6}\pi = 240°$ si ha

$\left[2sen(240°) + (\frac{8}{6}\pi) \right] => \left[2(-0,866) + (\frac{8}{6}\pi) \right]$ si ha

$-1,732 + 4,19 => A \cong 2,5$

Per la funzione $f(9)$ si ha l'integrale $\int_0^9 \left[COS\left(\frac{t}{2}\right) + \frac{1}{2} \right] dt$ cioè

due volte il seno di t. $\left[2sen\left(\frac{t}{2}\right) + \frac{1}{2}t \right]_0^9 => \left[2sen\left(\frac{t}{2}\right) + \frac{1}{2}t \right]^9 -$

$\left[2sen\left(\frac{t}{2}\right) + \frac{1}{2}t \right]_0 => \left[2sen\left(\frac{9}{2}\right) + \frac{1}{2}(9) \right] - \left[sen(0) + \frac{1}{2}(0) \right] =>$

$[2sen(4,5) + (4,5)] - [0]$, poiché abbiamo $sen(4,5)$
dobbiamo trasformarlo in gradi con una proporzione: $180° : \pi =$
$x° : 4,5$ dalla quale $x° = \frac{180°·4,5}{\pi}$ ossia $x° = \frac{180°·4,5}{\pi} => 257°,83$
allora si ha $[2sen(257°,83) + 4,5] => [2(-0,9775) + (4,5)]$
semplificando si ha $=> -1,955 + 4,5 => A \cong 2,6$

3.) Il valore medio di f' (x) nell'intervallo $[0, 2\pi]$ avviene
mediante la formula : $\frac{1}{b-a}\int_0^{2\pi x} f(x)\, dx$, inserendo in essa
l'intervallo e la funzione si ha $\frac{1}{2\pi - 0}\int_0^{2\pi x} \left[COS\left(\frac{t}{2}\right) + \frac{1}{2} \right] dt =>$

$\frac{1}{2\pi}\int_0^{2\pi x} \left[2sen\left(\frac{t}{2}\right) + \frac{1}{2}t \right]_0^{2\pi} dt => \frac{1}{2\pi}\left\{ \left[2sen\left(\frac{t}{2}\right) + \frac{1}{2}t \right]^{2\pi} - \right.$
2sent2+12t0 =>

$$\frac{1}{2\pi}\left\{\left[2sen\left(\frac{2\pi}{2}\right)+\frac{1}{2}(2\pi)\right]-\left[2sen\left(\frac{2\cdot0}{2}\right)+\frac{1}{2}(2\cdot0)\right]\right\}=>$$

$\frac{1}{2\pi}\{[2sen(\pi)+(\pi)]-[0]\}$, poiché $\pi=180°$ si ha

$\frac{1}{2\pi}[2sen(180°)+(\pi)]$ $=>\frac{1}{2\pi}[2(0)+(\pi)]$ si ha $\frac{1}{2\pi}[\pi]=>$

$A\cong\frac{1}{2}$ *(area media)*.

Il volume medio di f '(x) nell'intervallo $[0, 2\pi]$] avviene

mediante la formula : $V(w)=\int_0^4 f(x)\,dx$, inserendo in essa

l'intervallo e la funzione si ha $V(W)=\int_0^4\left[3sen\left(\frac{\pi}{4}x\right)\right]dx=>$

$3volte\cdot\frac{1}{\frac{\pi}{4}}=>$ $V(W)=\left[\frac{12}{\pi}\left(-\cos\frac{\pi}{4}x\right)\right]_0^4=>$

$V(W)=\left[\frac{12}{\pi}\left(-\cos\frac{\pi}{4}\cdot4\right)\right]-\left[\frac{12}{\pi}\left(-\cos\frac{\pi}{4}\cdot0\right)\right]=>$

$V(W)=\left[\frac{12}{\pi}(-\cos(\pi))\right]-\left[\frac{12}{\pi}(-\cos(0))\right]=>$

$V(W)=\left[\frac{12}{\pi}-(-1)\right]-\left[\frac{12}{\pi}(-1)\right]$ $=>V(W)=\left[\frac{12}{\pi}\right]+\left[\frac{12}{\pi}\right]$ ossia

$V(w)\cong\frac{24}{\pi}$ **(volume)**

Problema 2

Sia f la funzione definita, per tutti gli x reali, da $f(x)=\frac{8}{4+x^2}$.
Si studi f e se ne disegni il grafico ϕ in un sistema di coordinate
cartesiane Oxy . Si scrivano le equazioni delle tangenti a ϕ nei
punti P(-2, 1) e Q(2, 1) e si consideri il quadrilatero convesso che
esse individuano con le rette OP e OQ . Si provi che tale
quadrilatero è un rombo e si determinino le misure, in gradi e
primi sessagesimali, dei suoi angoli.
2. Sia Γ la circonferenza di raggio 1 e centro (0, 1). Una retta t ,
per l'origine degli assi, taglia Γ oltre che in O in un punto A e
taglia la retta d'equazione (y = 2) in un punto B. Si provi che,
qualunque sia t , l'ascissa x di B e l'ordinata y di A sono le
coordinate (x, y) di un punto di ϕ.
3. Si consideri la regione R compresa tra ϕ e l'asse x
sull'intervallo [0, 2]. Si provi che R è equivalente al cerchio

delimitato da Γ e si provi altresì che la regione compresa tra φ e tutto l'asse x è equivalente a quattro volte il cerchio.

4. La regione R, ruotando attorno all'asse y , genera il solido W. Si scriva, spiegandone il perché, ma senza calcolarlo, l'integrale definito che fornisce il volume di W.

Svolgimento

1.) Calcoliamo per prima le tangenti della funzione che ci serviranno per la costruzione del grafico: calcolo del massimo, minimo, flesso, ecc., quindi abbiamo *La derivata prima*

$f'(x) = \frac{8}{4+x^2}$ si tratta di quoziente $\frac{0(2x)-8(2x)}{(4+x^2)^2}$ =>

$f' = \frac{-16x}{(4+x^2)^2}$ *(derivata 1^)*

La derivata prima $f''(x) = \frac{8}{4+x^2}$ equivale alla derivata delle

derivata prima di $\frac{-16x}{(4+x^2)^2}$, si tratta ancora di una derivata

quoziente, ha $\frac{-16x \cdot 2 \cdot 2x(4+x^2)^{2-1}-(-16(4+x^2)^2)}{((4+x^2)^2)^2}$ =>

$\frac{-64x^2(4+x^2)+16(4+x^2)^2}{(4+x^2)^4}$ in evidenza si ha $\frac{16(4+x^2)[-4x^2+(4+x^2)]}{(4+x^2)^4}$

semplificando si ha $\frac{16(-4x^2+4+x^2}{(4+x^2)^3}$ => $f'' = \frac{16(4-3x^2)}{(4+x^2)^3}$ *(derivata 2^)*

Calcolo delle rette: poiché le rette passano per i punti PO e PQ adottiamo l'equazione della retta per 2 punti, si ha $\frac{y-y_1}{y_2-y_1} = \frac{x-x_1}{x_2-x_1}$

Equazione per PO => $\frac{y-1}{0-1} = \frac{x-(-2)}{0-(-2)}$ => $\frac{y-1}{-1} = \frac{x+2}{2}$ =>

$2y - 2 = -x - 2$ => $2y = -x - 2 + 2$ => $2y = -x$ =>

$y = -\frac{x}{2}$ *(equazione retta PO)*

Equazione per QO => $\frac{y-1}{0-1} = \frac{x-2}{0-2}$ => $\frac{y-1}{-1} = \frac{x-2}{-2}$ =>

$-2y + 2 = -x + 2$ => $-2y = -x + 2 - 2$ => $-2y = -x$ =>

$y = \frac{x}{2}$ *(equazione retta QO)*

Il grafico ha l'aspetto di una campana,Vedi grafico

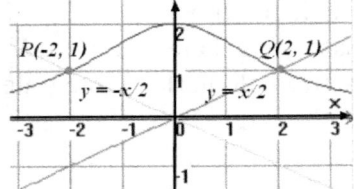

Calcolo del Max e minimo, punti stazionari:

Per calcolare i punti stazionari(massimo e minimo della funzione si impone la derivata prima a zero, $f'(x) = 0$, la derivata calcolata sopra, cioè $f' = \frac{-16x}{(4+x^2)^2} = 0 \implies -16x = 0 \implies x = 0$ (ascissa)

Sostituendo l'ascissa nella funzione $f(x) = \frac{8}{(4+x^2)}$ si ha

$y = \frac{8}{(4+0^2)} \implies y = 2$ *(ordinata)*

La funzione ha un solo punto di stazionamento in M(0,2) e corrisponde al punto di Max.

Siccome la funzione è pari, per x > 0 la concavità e rivolta verso il basso,, vedi grafico.

Calcolo dei flessi Max , punti stazionari:

Per calcolare i punti di flesso della funzione si impone la derivata seconda a zero, $f''(x) = 0$, la derivata calcolata sopra, cioè

$f'' = \frac{16(4-3x^2)}{(4+x^2)^3} = 0 \implies 16(4 - 3x^2) = 0 \implies 64 - 48x^2 = 0 \implies$

$64 = 48x^2 \implies x^2 = \frac{64}{48} \implies x = \sqrt{\frac{64}{48}} \implies x = \sqrt{\frac{4}{3}}$ ossia $x = \pm\frac{2}{\sqrt{3}}$

(numero 2 ascissa flesso)

Avremo 2 flessi e quindi calcoleremo 2 ordinate sostituendo le ascisse nella funzione f(x):

Per $x = +\frac{2}{\sqrt{3}}$ si ha $y = \frac{8}{(4+(\frac{2}{\sqrt{3}})^2)} \implies y = \frac{8}{4+\frac{4}{3}} \implies y = \frac{8}{\frac{16}{3}} \implies$

$y = \frac{24}{16} \implies y = 1,5$ *(ordinata)*

Il punto di flesso ha coordinate F1(1.15, 1.5) *(primo flesso)*

Per $x = -\frac{2}{\sqrt{3}}$ si ha $y = \frac{8}{(4-(\frac{2}{\sqrt{3}})^2}$ => $y = \frac{8}{4+\frac{4}{3}}$ => $y = \frac{8}{\frac{16}{3}}$ =>

$y = \frac{24}{16}$ => $y = 1,5$ *(ordinata)*

Il punto di flesso ha coordinate F2(-1.15, 1.5) *(secondo flesso).*

Abbiamo dimostrato le tangenti P e Q, **vedi figura W1 sequente**

Calcolo delle tangenti del flesso:

Equazione per PM => $\frac{y-1}{2-1} = \frac{x-(-2)}{0-(-2)}$ => $\frac{y-1}{1} = \frac{x+2}{2}$ =>

$2y - 2 = x + 2$ => $2y = x + 2 + 2$ => $2y = x + 4$ =>

$y = \frac{x}{2} + 2$ *(equazione retta tangente a F1)*

Equazione per QM => $\frac{y-1}{2-1} = \frac{x-(2)}{0-(2)}$ => $\frac{y-1}{1} = \frac{x-2}{-2}$ =>

$-2y + 2 = x - 2$ => $-2y = x - 2 - 2$ => $-2y = x - 4$ =>

$y = -\frac{x}{2} + 2$ *(equazione retta tangente a F2 PO)*

Vedi figura W1.

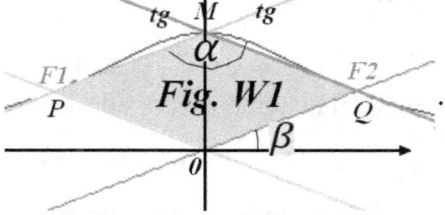

Fig. W1

La figura W1 è un rombo, quindi le distanze sono tutte uguali, quindi dal >>Teorema di Pitagora distanza si ha $d = \sqrt{(y2 - y1)^2 + (x2 - x1)^2}$ prendendo due punti qualsiasi del rombo, esempio P e M abbiamo $d = \sqrt{(2 - 1)^2 + (-2 - 0)^2}$ ossia $d = \sqrt{1 + 4}$ => $d = \sqrt{5}$ *(lato del rombo)*

Se denominiamo con α l'angolo tra le rette (P-M) e (Q – M) e con β l'angolo della retta OQ col l'asse x, vedi figura W1, risulta che tangente di β è $tg = \frac{sen}{cos}$ ossia $tg = \frac{1}{2}$ e per deduzione l'angolo (POM = POQ) è uguale a $180° - 2\beta$ cioè (180°-2arctg(1/2)). Poiché $tg^{-1}\left(\frac{1}{2}\right) = 26,565$ allora $2\beta = 2(26°,565)$ => $2\beta = 53°,08'$, allora $\alpha = 180° = 53°,08'$ => $\alpha = 126°,52'$

Gli angoli (MPO) e (MQO), sono supplementari di α e misurano
$180° - 126°,52' = 53°,08$

2.)   La circonferenza   di raggio (r = 1), come sappiamo è
$(x - x_c)^2 + (y - y_c)^2 = r^2$ e l'equazione della generica retta ,
come   noto,   è $y = mx + q$ e   quindi   l'equazione   della
circonferenza si calcola mettendo a sistema le due equazioni.
$$\begin{cases} \qquad y = mx + q \\ (x - x_c)^2 + (y - y_c)^2 = r^2 \end{cases}$$
Poiché l'ordinata del punto A è $y_c = 2 - r$ ossia $y_c = 2 - 1 =>$
$y_c = 1$, quindi la retta per il punto zero è (x = 0) e l'ordinata è (y
= 1) , allora sostituendo nell'equazione della circonferenza
$(x - x_c)^2 + (y - y_c)^2 = r^2$ si ha $(x - 0)^2 + (y - 1)^2 = 1^2$,
cioè $x^2 + (y - 1)^2 = 1$ si ha
$x^2 + y^2 - 2y = 0$.

Mettendo a sistema $\begin{cases} y = mx + q \\ x^2 + y^2 - 2y = 0 \end{cases}$, poiché la retta passa per

l'origine (q = 0) e il sistema diventa del tipo e risolvendo si ha
$\begin{cases} y = mx + 0 \\ x^2 + y^2 - 2y = 0 \end{cases}$. Dalla prima equazione calcoliamo che

$y = mx$ che sostituita nella 2^ equazione del sistema abbiamo
$\begin{cases} y = mx \\ x^2 + (mx)^2 - 2(mx) = 0 \end{cases}$ ossia

$\begin{cases} y = mx \\ x^2 + m^2x^2 - 2mx = 0 \end{cases}$ mettiamo in evidenza

$\begin{cases} y = mx \\ x^2(1 + m^2) - 2mx = 0 \end{cases}$ cioè

$\begin{cases} \qquad y = mx \\ x^2(1 + m^2) = 2mx \end{cases}$ dividendo per x ambo i membri si ha

$\begin{cases} \qquad y = mx \\ x(1 + m^2) = 2m \end{cases}$ => dalla quale

$\begin{cases} y = mx \\ x = \dfrac{2m}{(1+m^2)} \end{cases}$ *(ascissa del punto A sulla circonferenza).*

Sostituendo l'ascissa nella prima equazione si ha

314

$$\begin{cases} y = \dfrac{m(2m)}{1+m^2} \\ x = \dfrac{2m}{(1+m^2)} \end{cases} => \begin{cases} y = \dfrac{2m^2}{1+m^2} \\ x = \dfrac{2m}{(1+m^2)} \end{cases}$$, quindi le coordinate del punto A

sulla circonferenza sono: $A(\dfrac{2m}{(1+m^2)}, \dfrac{2m^2}{1+m^2})$ *(coordinate di A)*

Con lo stesso metodo mettendo a sistema $\begin{cases} y = mx + q \\ x^2 + y^2 - 2y = 0 \end{cases}$

l'equazione della circonferenza e il punto B di $(y = 2)$si ha

$\begin{cases} 2 = mx + 0 \\ x^2 + y^2 - 2y = 0 \end{cases}$ dalla prima equazione si ha $x = \dfrac{2}{m}$ e quindi

le coordinate sono $B(\dfrac{2}{m}, 2)$ *(coordinate del punto B)*

Nota: se $(m = 0)$, retta orizzontale, la retta t non taglia la retta $(y = 2)$, quindi l'ascissa di B e l'ordinata di A hanno equazioni

parametriche $\begin{cases} x = \dfrac{2}{m} \\ y = \dfrac{2m^2}{1+m^2} \end{cases}$ troviamo m dalla prima e sostituiamola

nella seconda equazione $\begin{cases} m = \dfrac{2}{x} \\ y = \dfrac{2(\frac{2}{x})^2}{1+(\frac{2}{x})^2} \end{cases} => \begin{cases} m = \dfrac{2}{x^2} \\ y = \dfrac{\frac{8}{x^2}}{1+\frac{4}{x^2}} \end{cases} =>$

$\begin{cases} m = \dfrac{2}{x^2} \\ y = \dfrac{\frac{8}{x^2}}{\frac{x^2+4}{x^2}} \end{cases} => \begin{cases} m = \dfrac{2}{x^2} \\ y = \dfrac{8}{x^2} \cdot \dfrac{x^2}{x^2+4} \end{cases}$ semplificando si ha $\begin{cases} m = \dfrac{2}{x^2} \\ y = \dfrac{8}{4+x^2} \end{cases}$.

Risposta: l'equazione richiesta à stata dimostrata e corrisponde a

$y = \dfrac{8}{4+x^2}$

3.) Per calcolare l'area della regione R si calcolerà l'integrale dell'intervallo $[0, 2]$, cioè

$A(R) = \int_0^2 \dfrac{8}{4+x^2} dx$ si intravede una primitiva dell'arcotangente

per cui iniziamo a scomporre il numeratore $A(R) = \int_0^2 \dfrac{2 \cdot 4}{4+x^2} dx$, portiamo fuori dall'integrale 4 si ha $A(R) = 4\int_0^2 \frac{2}{4+x^2}\,dx$, dividiamo numeratore e denominatore per 4 si ha

$A(R) = 4\int_0^2 \frac{\frac{1}{2}}{1+\frac{x^2}{4}}\,dx$ l'incognita del denominatore si può scrivere

anche come potenza $A(R) = 4\int_0^2 \frac{\frac{1}{2}}{1+(\frac{x}{2})^2}\,dx$ ed ecco fatto, ci

siamo, si tratta di una primitiva dell'arco tangente di (x/2) per cui

si ha $A(R) = 4\left[arctg(\frac{x}{2})\right]_0^2$ =>

$A(R) = 4\left\{\left[arctg(\frac{x}{2})\right]^2 - \left[arctg(\frac{x}{2})\right]_0\right\}$ =>

$A(R) = 4\left\{\left[arctg(\frac{2}{2})\right] - \left[arctg(\frac{0}{2})\right]\right\}$ =>

$A(R) = 4\{[arctg(1)] - [arctg(0)]\}$ => $A(R) = 4\left[\frac{\pi}{4}\right] - [0]$

ossia $A(R) = \pi$ *(area di R)*.

L'area del grafico $A(\Gamma) = A(R) \cdot r^2$ cioè $A(\Gamma) = \pi \cdot 1$ =>

$A(\Gamma) = \pi$ *(area del grafico)Quindi le due aree sono uguali.*

L'area della regione compresa tra Φ e tutto l'asse x si ottiene dall'integrale di intervallo $[0, +\infty]$, cioè due volte l'integrale,

$2\int_0^{+\infty} \frac{8}{4+x^2}\,dx$ => $2\lim_{k\to+\infty}\left[4arctg(\frac{x}{2})\right]_0^k\,dx$ =>

$8\lim_{k\to+\infty}\left\{\left[arctg(\frac{x}{2})\right]^k - \left[arctg(\frac{x}{2})\right]_0\right\}$ =>

$8\lim_{k\to+\infty}\left\{\left[arctg(\frac{k}{2})\right] - \left[arctg(\frac{0}{2})\right]\right\}$ =>

$8\lim_{k\to+\infty}\left\{\left[arctg(\frac{k}{2})\right] - [0)]\right\}$ => $8\lim_{k\to+\infty}\left[arctg(\frac{k}{2})\right]$ => $8 \cdot \frac{\pi}{2}$

ossia 4π che corrisponde a 4 volte ,

$4(\pi r^2 \cdot 1)$, *l'area del cerchio assegnato.*

4.) Se in $f(x) = \frac{8}{4+x^2}$ sostituiamo (x = 2) otteniamo (y = 1),

inoltre da $f(x) = \frac{8}{4+x^2}$ si ricava x^2 , cioè $y(4 + x^2) = 8$ =>

316

$4y + x^2y = 8 \Rightarrow x^2y = 8 - 4y \Rightarrow x^2 = \dfrac{8}{y} - \dfrac{4y}{y}$ semplificando si

ha $x^2 = \dfrac{8}{y} - 4$ e quindi $x = \sqrt{\dfrac{8}{y} - 4}$.

Il volume del solido W, ottenuto ruotando la regione R attorno all'asse y, si ottiene sommando il volume del cilindro di raggio 2 e altezza 1 con il volume ottenuto dalla rotazione della regione delimitata dal grafico di f dall'asse y e dalla retta di equazione y = 1. L'ultimo volume può essere visto come somma di tanti piccolissimi volumi ΔV di cilindri di raggio x e altezza infinitesima Δh e quindi $\Delta V = \pi x^2 \Delta y$ ossia $\Delta V = \pi(\dfrac{8}{y} - 4)\Delta y$,

pertanto abbiamo $V(W) = \pi \int_0^1 2^2 dh + \pi \int_1^2 \left(\dfrac{8}{y} - 4\right) dy$ e

risolviamo in cioè $V(W) = \pi 4 + \pi [8lny - 4y]_1^2 \Rightarrow$

$V(W) = \pi 4 + \pi 8 [lny - 4y]^2 - [8lny - 4y]_1 \Rightarrow$
$V(W) = \pi 4 + \pi\{[8ln2 - 4 \cdot 2] - [8\ln(1) - 4 \cdot 1]\} \Rightarrow$
$V(W) = \pi 4 + \pi\{[8ln2 - 8] - [8\ln(1) - 4]\} \Rightarrow$
$V(W) = \pi 4 + \pi\{[8 \cdot 0,69 - 8] - [8 \cdot 0 - 4]\} \Rightarrow V(W) = \pi 4 + \pi\{[8\ln(2) - 8 + 4]\} \Rightarrow$
$V(W) = \pi 4 + \pi[5,54 - 4] \Rightarrow \quad V(W) = \pi 4 + \pi \cdot 1.55 \quad \Rightarrow$
$V(W) = \pi 4 + 4.85 \Rightarrow$
$V(W) = 17,42$ *(volume del solido W)*

Quesiti anno 2013 liceo scientifico

1. Un triangolo ha area 3 e due lati che misurano 2 e 3. Qual è la misura del terzo lato?
Si giustifichi la risposta.

Svolgimento

Considerando la formula trigonometria $A = \dfrac{a \cdot b \cdot sen(\alpha)}{2}$ e l'are = 3,

si ha $A = \dfrac{2 \cdot 3 \cdot sen(\alpha)}{2} = 3 \Rightarrow A = \dfrac{6\, sen(\alpha)}{2} = 3 \Rightarrow A \Rightarrow$

$6 sen(\alpha) = 6 \Rightarrow sen\alpha = \dfrac{6}{6} \Rightarrow sen(\alpha) = 1$, poiché il seno di 1 corrisponde a 90°, ovvero $\alpha = \frac{\pi}{2}$ si deduce che il triangolo è rettangolo con cateti 2 e 3. Il terzo lato è l'ipotenusa, calcolabile con Pitagora $d = \sqrt{2^2 + 3^2}$ => $d = \sqrt{4+9}$ => $d = \sqrt{13}$.

2. Si calcoli il dominio della funzione

$$f(x) = \sqrt{1 - \sqrt{2 - \sqrt{3 - x}}}$$

Svolgimento

L'espressione $f(x) = \sqrt{1 - \sqrt{2 - \sqrt{3 - x}}}$ forma un sistema di scompone in 3 equazione
e poiché il dominio deve essere maggiore di zero si ha il seguente

sistema risolutivo $\begin{cases} 3 - x \geq 0 \\ 2 - \sqrt{3 - x} \geq 0 \\ 1 - \sqrt{2 - \sqrt{3 - x}} \geq 0 \end{cases}$ per cui $\begin{cases} x \leq 3 \\ x \geq 3 \text{ e quindi} \\ x \leq 2 \end{cases}$

il dominio è $(-1 \leq x \leq 2)$

3. Si considerino, nel piano cartesiano, i punti A(2, -1) e B(-6, -8) . Si determini l'equazione della retta passante per B e avente distanza massima da A.

Svolgimento

Calcoliamo l'equazione della retta passante per i punti A(2, -1) e B(-6, -8) con la nota formula $\frac{y - y_A}{y_B - y_A} = \frac{x - x_A}{x_B - x_A}$, sostituendo in essa le coordinate si ha $\frac{y - (-1)}{-8 - (-1)} = \frac{x - 2}{-6 - 2}$ => $\frac{y + 1}{-7} = \frac{x - 2}{-8}$ =>

$-8y - 8 = -7x + 14$ => $-8y = -7x + 14 + 8$ => $-8y = -7x + 22$ => $y = -\frac{7x}{-8} + \frac{22}{-8}$ =>

$y = \frac{7}{8}x - \frac{11}{4}$ *(equazione della retta per i punti A e B)*
Poiché la retta passante per il punto B deve essere perpendicolare alla retta (AB) vuol dire che il coefficiente angolare della retta

perpendicolare è -1/m', quindi la retta (AB) ha (m = 7/8) allora $m' = -\dfrac{1}{\frac{7}{8}}$ ossia $m' = -\dfrac{8}{7}$.

L'equazione della retta per il punto B è data da $y = m'x + q$ sostituendo in essa le coordinate

di B si calcola q, cioè $-8 = -\dfrac{8}{7}(-6) + q$ => $-8 = \dfrac{48}{7} + q$ =>

$-56 = 48 + 7q$ => $7q = -56 - 48$ => $7q = -104$ =>

$q = -\dfrac{104}{7}$ *(termine noto dell'equazione per B)*

Sostituendo q nell'equazione $y = m'x + q$ si ha $y = -\dfrac{8}{7}x - \dfrac{104}{7}$
(equazione retta per B)

Una retta con distanza massima dal punto A significa che tale distanza è un raggio di circonferenza, ed è massima quando essa è

perpendicolare a B, vedi disegno

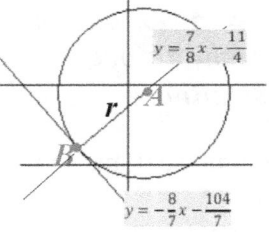

Calcolabile mediante Pitagora $r = \sqrt{(x_1)^2 + (y_1)^2}$ inserendo in essa le coordinate dei punti A 2 B si ha $r = \sqrt{(-6)^2 + (-8))^2}$ =>

$r = \sqrt{36 + 64}$ => $r = \sqrt{100}$ ossia

$r = 10$ *(raggio della circonferenza)*

L'equazione della circonferenza è $x^2 + y^2 = r^2$ che abbiamo $y^2 = -x^2 + r^2$ ossia $y = \sqrt{-x^2 + r^2}$ sostituendo in essa il raggio al quadrato si ha $y = \sqrt{-x^2 + 100}$ *(equaz. circonf.)*

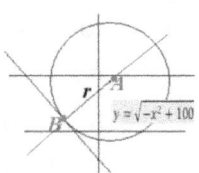

4. Di un tronco di piramide retta a base quadrata si conoscono l'altezza h e i lati a e b delle due basi. Si esprima il volume V del tronco in funzione di a, b e h, illustrando il ragionamento seguito.

Svolgimento

Costruiamo in prospettiva il tronco di piramide e piramide

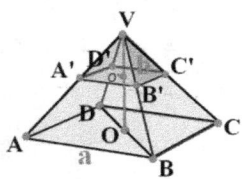

Per comprendere meglio facciamo una legenda

$\begin{bmatrix} H = VO = \text{altezza piramide} \\ VO' = x = \text{altezza sopra il tronco} \\ h = OO' = \text{altezza tronco} \\ a = \text{base maggiore} \\ b = \text{base minore} \\ VO = h + x \end{bmatrix}$

Facciamo una sezione longitudinale alla piramide, vedi figura

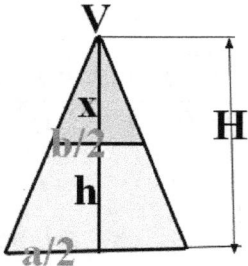

E poiché la base è un quadrato e l'altezza (H = VO) ha il piede O alla mezzeria della base, che forma due triangoli rettangoli con le basi a e b, applichiamo la similitudine dei triangoli:

$x:\frac{b}{2} = (x - h):\frac{a}{2} => \frac{a}{2}x = (x - h)\frac{b}{2} => \frac{a}{2}x = \frac{b}{2}x - h\frac{b}{2}$ m. c. m.

$ax = bx - hb$ ossia $ax - bx + hb = 0$ in evidenza

$x(a - b) = hb$ e quindi $x = \frac{hb}{a-b}$ *(altezza parte sopra il tronco)*

320

Il volume del tronco di piramide è il volume totale meno il volume della parte superiore del tronco di piramide, cioè

$V_{tronco} = \frac{a^2(H)}{3} - \frac{b^2 x}{3}$ ossia $V_{tronco} = \frac{1}{3}(a^2 H - b^2 x)$ sostituendo

in essa H e x calcolati si ha $V_{tronco} = \frac{1}{3}[a^2(\frac{hb}{a-b} + h) - b^2(\frac{hb}{a-b})]$

$\Rightarrow V_{tronco} = \frac{1}{3}[(\frac{a^2 h(b+1)}{a-b}) - (\frac{b^2 hb}{a-b})]$m. c. m.

$V_{tronco} = \frac{1}{3}[\frac{a^2 h(b+1) - b^2 hb}{a-b}] \Rightarrow$ in evidenza h si ha

$V_{tronco} = \frac{1}{3}h\frac{[a^2 b + a^2 - b^3]}{a-b} \Rightarrow V_{tronco} = \frac{1}{3}h\frac{[a^2 b + a^3 - a^2 b - b^3]}{a-b}$

semplificando $V_{tronco} = \frac{1}{3}h\frac{[a^3 - b^3]}{a-b} \Rightarrow$

$V_{tronco} = \frac{1}{3}h\frac{[a^3 - b^3]}{a-b}$ *(volume del tronco della piramide)*

5. In un libro si legge: *"Due valigie della stessa forma sembrano "quasi uguali", quanto a capacità, quando differiscono di poco le dimensioni lineari: non sembra che in genere le persone si rendano ben conto che ad un aumento delle dimensioni lineari (lunghezza, larghezza, altezza) del 10% (oppure del 20% o del 25%) corrispondono aumenti di capacità (volume) di circa 33% (oppure 75% o 100% : raddoppio)". È così? Si motivi esaurientemente la risposta.*

Svolgimento

Il volume della valigia è $V = a \cdot b \cdot c$, allora supponiamo il volume delle dimensioni unitarie $V = 1a \cdot 1b \cdot 1c$, e poniamo di variare le dimensioni unitarie di k, ossia $(1+k)(1+k(1+k)$, allora il volume di k % diventa $V' = (abc)(1+)(1+k)(1+k)$ ossia $V' = (abc)(1+k)^3$.

La formula delle percentuale dei volumi è $V_\% = \frac{V'-V}{V}$ cioè

$V_\% = \frac{(abc)(1+k)^3 - (abc)}{(abc)}$ che possiamo scriverla anche in

$V_\% = \frac{(abc)(1+k)^3}{(abc)} - \frac{(abc)}{(abc)}$, semplificando si ha $V_\% = (1+k)^3 - 1$

Verifica:

per (k = 10%), si ha $V_\% = (1 + 0{,}1)^3 - 1 \Rightarrow V_\% = 0{,}331$ ossia $V_\% = 33\%$

per (k = 20%), si ha $V_\% = (1 + 0{,}2)^3 - 1 \Rightarrow V_\% = 0{,}728$ ossia $V_\% = 73\%$

per (k = 25%), si ha $V_\% = (1 + 0{,}25)^3 - 1 \Rightarrow V_\% = 0{,}953151$ ossia $V_\% = 33\%$

6. Con le cifre da 1 a 7 è possibile formare $7! = 5040$ numeri corrispondenti alle permutazioni delle 7 cifre. Ad esempio i numeri 1234567 e 3546712 corrispondono a due di queste permutazioni. Se i 5040 numeri ottenuti dalle permutazioni si dispongono in ordine crescente qual è il numero che occupa la settima posizione e quale quello che occupa la 721-esima posizione?

Svolgimento

Permutando le prime tre cifre del numero *123*4567 si scrive 3! Ossia $(1 \cdot 2 \cdot 3) = 6$

Il secondo numero 3546712 (escluso il 3) ha come quartultima cifra crescente il 5, allora il numero diventa nell'ordine 1235467 .

Il numero 721 nella forma permutazione deve essere un numero pari, quindi togliamo 1 unità e diventa pari, cioè $(721 - 1) = 720$ e scriviamo la permutazione $(721 = 6! + 1)$.

Il totale di 720 è il fattoriale 6! , delle ultime sei cifre e al numero si scambia le prime due cifre e diventa $(2134567! = 5040$.

7. Un foglio rettangolare, di dimensioni a e b , ha area $1\,m^2$ e forma tale che, tagliandolo a metà (parallelamente al lato minore) si ottengono due rettangoli simili a quello di partenza. Quali sono le misure di a e b ?

Svolgimento

Trascuriamo il caso (semplicissimo in cui la parallela è alla mezzeria della base) ove l'area risulta ½ dell'area totale, vedi

figura 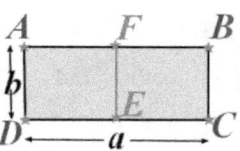 e consideriamo il caso i casi

Per $(\frac{a}{2} < b)$*:* la base à minore dell'altezza, quindi dalla similitudine dei rettangoli si ha $(b:\frac{a}{2} = a:b)$ ossia $b \cdot b = \frac{a}{2} \cdot a =>$ $2b^2 = a^2$ poiché $ab = 1 \; si \; ha \; b = \frac{1}{a}$ allora sostituendo si ha $2(\frac{1}{a})^2 = a^2 => \frac{2}{a^2} = a^2 \; => \; a^4 = 2$ e quindi $a = \sqrt[4]{2}$.

Si riprende l'equazione $ab = 1$ e sostituiamo a in essa, si ha $\sqrt[4]{2}b = 1$ e quindi $b = \frac{1}{\sqrt[4]{2}}$

Per $(\frac{a}{2} > b)$*:* la base à maggiore dell'altezza, quindi dalla similitudine dei rettangoli si ha $(b:\frac{a}{2} = a:b)$ ossia $b \cdot b = \frac{a}{2} \cdot a =>$ $2b^2 = a^2$ poiché $ab = 1 \; si \; ha \; a = \frac{1}{b}$ allora sostituendo si ha $2(b)^2 = (\frac{1}{a})^2 => 2b^2 = \frac{1}{a^2}$ equazione impossibile, risultano due quadrati e non due rettangoli come condizione di partenza.

8. ⎡ La funzione f ha il grafico in figura. Se $g(x) = \int_0^x f(t) \; dt$, per quale valore positivo di x , g ha un minimo? Si illustri il ragionamento seguito. ⎤

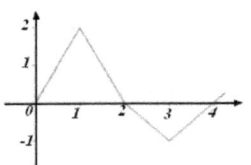

Svolgimento

L'integrale $g(x) = \int_0^x f(t) \; dt$ corrisponde a $g(x) = \int_0^x f(t) \; dt => [\frac{t^{1+1}}{1+1}]_0^x => g(x) = [\frac{t^2}{2}]_0^x$ ossia $g(x) = [\frac{x^2}{2}]$
Per (x = 2) l'area dell'integrale, triangolo superiore, vedi grafico) è crescente, è un Max e vale 2. Per (x = 4) l'area dell'integrale, triangolo iferiore, è decrescente, è un Minimo e vale (4-2)/2 = 1.

9. Si calcoli: $\lim_{x \to 0} 4 \frac{senx \; cosx - senx}{x^2}$

Svolgimento

Il $\lim_{x \to 0} 4 \frac{senx \ cosx - senx}{x^2}$ mettendo in evidenza sen(x) si ha

$\lim_{x \to 0} 4 \frac{senx \ (cosx - 1)}{x^2}$ ossia

$\lim_{x \to 0} \left[-4 \frac{senx \ (1 - cosx)}{x^2} \right] = 0$ quando $sen(x) \to 0$ è

$\lim_{x \to 0} \left[-4 \frac{0 \ (1 - cosx)}{x^2} \right] \Rightarrow \lim_{x \to 0} [-4 \cdot 0]$, ossia $\lim_{x \to 0} [L = 0]$

Risposta:

il limite dell'espressione: $\lim_{x \to 0} 4 \frac{senx \ cosx - senx}{x^2}$ è

$L = 0$ *(risultato)*

10. ⎡Se la figura a lato rappresenta il grafico di
f(x), quale dei seguenti potrebbe essere il
il grafico di f'(x)?
Si giustifichi la risposta⎤

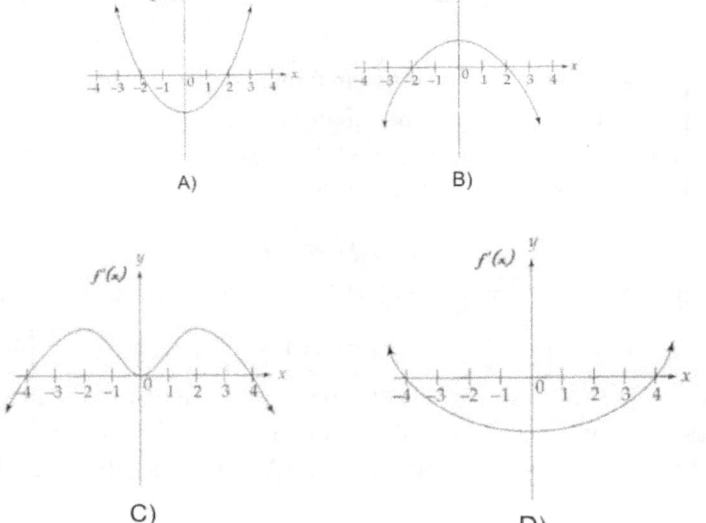

A)

B)

C)

D)

Svolgimento

Dall'esame attenta dei grafici si deduce che f ' è positiva per
(x > 2) e per (x < -2), punto in cui f è crescente, inoltre la
funzione f ha un flesso nel punto (x = 0, quindi f' ha un estremo.
Il grafico della f' è quindi quello indicato con A. Considerando la
formula

Anno 2013 Liceo scientifico PIN

Problema 1

Una funzione f(x) è definita e derivabile, insieme alle sue derivate
prima e seconda, in [0, +∞[e nella figura sono disegnati i grafici
Γ e Λ di f(x) e della sua derivata seconda f ''(x).

La tangente a Γ nel suo punto di flesso, di coordinate (2; 4), passa
per (0, 0) , mentre le rette (y = 8) e (y = 0)   sono asintoti
orizzontali per Γ e Λ, rispettivamente.

1) Si dimostri che la funzione f '(x)   , ovvero la derivata prima
di f(x) , ha un massimo e se ne determinino le coordinate.

Sapendo che per ogni x del dominio è: $f''(x) \leq f'(x) \leq f(x)$,
qual è un possibile andamento di f '(x) ?

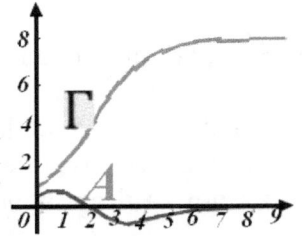

2) Si supponga che f(x) costituisca, ovviamente in opportune
unità di misura, il modello di crescita di un certo tipo di
popolazione. Quali informazioni sulla sua evoluzione si possono
dedurre dai grafici in figura e in particolare dal fatto che   Γ
presenta un asintoto orizzontale e un punto di flesso?

3) Se Γ è il grafico della funzione $f(x) = \frac{a}{1+e^{b-x}}$, si provi che $(a = 8)$ e $(b = 2)$.

4) Nell'ipotesi del punto 3), si calcoli l'area della regione di piano delimitata da Λ e dall'asse x sull'intervallo [0, 2]

Svolgimento

1.) Studiamo il grafico delle funzioni, in particolare quello della derivata prima f ''(x), è positiva da 0 a 2 ed è negativa per (x > 2), mentre la tangente passante per il punto di flesso di coordinate (0, 2) corrisponde ha le stesse ascisse della derivata prima e seconda, vedi figura.

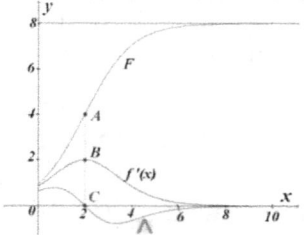

derivata prima f '(x) è decrescente   per (x > 2) per cui si deduce che in (x = 2) ha un massimo.

Il massimo ha ordinata f '(2) che è il coefficiente angolare della tangente al grafico di f in (2,4); siccome tale tangente passa per l'origine, il suo coefficiente angolare è 4/2=2: quindi il massimo di f ' ha coordinate (2, 2).

Per il grafico di f ' (x), oltre a quanto osservato sopra, notiamo che il limite per x che tende a + infinito è $+ 0^+$, come si deduce dall'andamento della f che ha un asintoto orizzontale per x che tende a + infinito. I grafici delle tre funzioni possono essere così rappresentati come in Figura.

2.) Supponiamo che la popolazione abbia valore iniziale 1 unità (u = 1) e cresca nel tempo x indefinitamente senza mai raggiungere il valore di (u = 8), allora si deduce che la velocità nel tempo x + data dalla derivata prima, che cresce fino al punto B(2, 2) e poi decresce nel tempo fino a tendere a zero , quindi quando il tempo tende all'infinito la popolazione non cresce. Osservando la Fig. a nel punto di coordinata (y = 8), punto di asintoto la funzione cresce fino a questo punto ed essendo un asintoto rimane costante nel tempo, si dice che la popolazione in tale punto ha quantità massima di abitanti, cioè raggiunge il massimo in (u = 8).

L'accrescimento della variabile avviene fino al punto di flesso F(2, 4) , forse a causa di vari fattori ambientali o di risorse economiche.

3.) Per verificare il grafico della funzione $f(x) = \frac{a}{1+e^{b-x}}$ dobbiamo prima calcolare la sua derivata (si ricordi che si tratta di un quoziente), quindi si ha la derivata prima di $f'(x) = \frac{a}{1+e^{b-x}}$ è

$$f' = \frac{[D'a]\cdot(1+e^{b-x})-a\cdot[(D'1+e^{b-x})]}{(1+e^{b-x})^2} => f' = \frac{0\cdot(1+e^{b-x})-8\cdot(-1\cdot e^{b-x})}{(1+e^{b-x})^2}$$

ossia $\boldsymbol{f'} = \frac{a\cdot e^{b-x}}{(1+e^{b-x})^2}$ *(derivata).*

Ottenuta la derivata dobbiamo imporre la condizione che quando (x = 2) l'ordinata è (y = 4), allora si ha il sistema risolutivo

$$\begin{cases} \frac{a}{1+e^{b-2}} = 4 \\ \frac{a\cdot e^{b-2}}{(1+e^{b-2})^2} = 2 \end{cases}$$ dalla prima equazione del sistema si ha

$a = 4(1 + e^{b-2})$ che sostituita nella seconda equazione abbiamo $\frac{4(1+e^{b-2})}{(1+e^{b-2})^2} = 2$ semplificando si ha $\frac{4}{(1+e^{b-2})} = 2 =>$

$4 = 2(1 + e^{b-2}) => 4 = 2 + 2e^{b-2} => 2 = 2e^{b-2} => e^{b-2} = \frac{2}{2}$

$\Rightarrow e^{b-2} = 1$ dalla quale si ha l'equazione degli esponenti
$b - 2 = 0$ ossia $b = 2$ *(prima soluzione perfetta)*
Sostituendo (b = 2) nella prima equazione del sistema
$\frac{a}{1+e^{b-2}} = 4$ si ha $\frac{a}{1+e^{2-2}} = 4 \Rightarrow \frac{a}{1+e^0} = 4 \Rightarrow \frac{a}{1+1} = 4 \Rightarrow$
$a = 8$ *(seconda soluzione del sistema)*

Risposta:

La funzione f ha equazione sostituendo i risultati ottenuti

$f(x) = \frac{8}{1+e^{2-x}}$ e la sua derivata corrisponde a $f' = \frac{8 \cdot e^{2-x}}{2e^{x+2}+e^{2x}+e^4}$

Verifica:

possiamo verificare che non abbiamo commesso errori,

calcolando la derivata prima di $f'(x) = \frac{8}{1+e^{2-x}}$, si tratta di una

derivata quoziente per cui $f' = \frac{[D'8]\cdot(1+e^{2-x})-8\cdot[(D'1+e^{2-x})]}{(1+e^{2-x})^2} \Rightarrow$

$f' = \frac{0\cdot(1+e^{2-x})-8\cdot(-1\cdot e^{2-x})}{(1+e^{2-x})^2}$ ossia $f' = \frac{8\cdot e^{2-x}}{(1+e^{2-x})^2}$ che risolviamo il

quadrato $f' = \frac{8\cdot e^{2-x}}{1+2e^{2-x}+e^{2-x}\cdot e^{2-x}} \Rightarrow f' = \frac{8\cdot e^{2-x}}{1+2e^{2-x}+e^{4-2x}}$ dalle

regole delle potenze (prodotto e quoziente) si ha $f' = \frac{8\cdot e^{2-x}}{1+\frac{2e^2}{e^x}+\frac{e^4}{e^{2x}}}$

m. c. m. $f' = \frac{8\cdot e^{2-x}}{\frac{e^x e^{2x}+2e^2 e^{2x}+e^x e^4}{e^2 e^x}} \Rightarrow$ in evidenza si ha

$f' = \frac{8\cdot e^{2-x}}{\frac{e^2 e^x(2e^{x+2}+e^{2x}+e^4)}{e^2 e^x}}$ semplificando si ha

$f' = \frac{8\cdot e^{2-x}}{2e^{x+2}+e^{2x}+e^4}$ *(derivata prima, verifica perfetta.)*

Con lo stesso metodo si ottiene anche la derivata seconda, quindi le derivate sono: Le derivate della finzione f(x) sono:

$$\left[\begin{array}{l} f'(x) = \frac{8e^{x+2}}{2e^{x+2}+e^{2x}+e^4} \\ f''(x) = -\frac{8e^{2x+2}-8e^{x+4}}{3e^{2x+2}+3e^{x+4}+e^{3x}+e^6} \end{array} \right]$$, vedi Figura a.

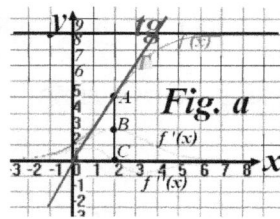

Fig. a

4.)   L'area del grafico della derivata seconda dell'intervallo [0, 2] si calcola con l'integrale

$\int_0^2 \frac{8e^{2x+2}-8e^{x+4}}{3e^{2x+2}+3e^{x+4}+e^{3x}+e^6}$, senza calcolare l'integrale sappiamo che la primitiva di f ''(x) è proprio la derivata prima f '(x) per cui si ha da calcolare $\int_0^2 [f'(x)]_0^2$ ossia $f'(2) - f'(0)$, poiché è noto l'ordinata della derivata prima (y = 2) quando (x = 2) ed è anche nota la f '(x) sostituiamo questi e abbiamo $Area = 2 - \frac{8 \cdot e^2}{(1+e^2)^2}$

cioè $Area = 2 - \frac{59,11}{(8,389)^2} => Area = 2 - \frac{59,11}{70.376} =>$

$Area = 2 - 0,84 \ => Area = 1,16$ *(area richiesta)*

Problema 2

Sia f la funzione definita per tutti gli x positivi da $y = x^3 \ln x$.

1. Si studi f e si tracci il suo grafico γ su un piano riferito ad un sistema di assi cartesiani ortogonali e monometrici Oxy; accertato che γ presenta sia un punto di flesso che un punto di minimo se ne calcolino, con l'aiuto di una calcolatrice, le ascisse arrotondate alla terza cifra decimale.

2. Sia P il punto in cui γ interseca l'asse x. Si trovi l'equazione della parabola, con asse parallelo all'asse y , passante per l'origine e tangente a γ in P.

3. Sia R la regione delimitata da γ e dall'asse x sull'intervallo aperto a sinistra]0,1] . Si calcoli l'area di R, illustrando il ragionamento seguito, e la si esprima in mm^2 avendo supposto l'unità di misura lineare pari a 1 *decimetro*.

4. Si disegni la curva simmetrica di γ rispetto all'asse y e se ne scriva altresì l'equazione.
Similmente si faccia per la curva simmetrica di γ rispetto alla retta $(y = -1)$.

Risoluzione

1.)   Sappiamo che il dominio della funzione k(ln) è tutto il dominio positivo $< x < +\infty$. Per $(y = 0)$ abbiamo $0 = x^3 \ln(0)$ => e quindi $x^3 = e^0$ cioè $x^3 = 1$ => $x = 1$ allora possiamo affermare che $\begin{bmatrix} y > 0 \ quando \ x > 0 \\ cioè \ quando \ x > 1 \end{bmatrix}$, vedi Figura b

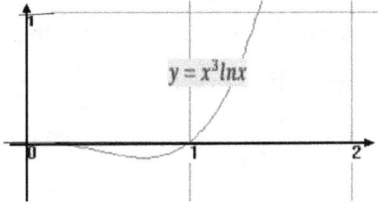

Il limite di $\begin{bmatrix} (x \to 0) => L = 0 \\ (x \to +\infty) => L = +\infty \end{bmatrix}$ e non ha asintoti
La derivata prima di $f(x) = x^3 \ln(x)$ è una derivata prodotto che si svolge in $y' = [Dx^3]\ln(x) + x^3[D' \ln(x)]$ ossia
$y' = 3x^2 \cdot \ln(x) + x^3 \cdot \frac{1}{x}$ semplificando si ha $y' = 3x^2 \cdot \ln(x) + x^2$
(derivata prima il cui dominio coincide con f(x)).
I punti di stazionari (eventuali massimo e minimo) si calcolano ponendo (y' = 0) cioè $x => 3x^2 \cdot \ln(x) + x^2 = 0$ dividendo per x^2 si ha $3\ln(x) + 1 = 0$ ossia $\ln(x) = -\frac{1}{3}$ il cui calcolo corrisponde a $\ln(x) = e^{-1/3}$ ossia $x = 0,717$ (ascissa del punto stazionario).
L'ordinata del punto stazionario si calcola sostituendo l'ascissa nella funzione $f(x) = x^3 \cdot \ln(x)$ si ha $y = 30.717^3 \cdot \ln(0,717)$ => $y = -0,123$ (ordinata del punto stazionario).
Le coordinate del punto stazionario sono $P(0,717, -0,123)$.

Per esserne certo di un massimo o minimo si studia il grafico dei segni ponendo (y' >0) cioè $3x^2 \cdot \ln(x) + x^2 > 0$ => dividendo per x^2 si ha $3\ln(x) > -1$ => $\ln(x) > -\frac{1}{3}$, cioè il grafico

seguente $\quad 0 - - - - \left(-\frac{1}{3}\right) + + + +$, vedi concavità

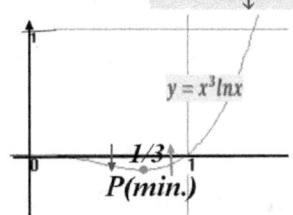

$y = x^3 lnx$

a sinistra di -1/3 decresce e a destra

$P(min.)$

di $-1/3$ cresce, significa che si tratta di un minimo
Per verificare se ci sono flessi si pone (f ''(x) = 0), quindi deriviamo ancora la derivata prima $f' = 3x^2 \cdot \ln(x) + x^2 = 0$, si tratta di derivata prodotto che sappiamo risolvere in
$x = 6x \cdot \ln(x) + 3x^2 \cdot \frac{1}{x} + 2x = 0$ semplificando $x = 6x \cdot \ln(x) + 3x + 2x = 0$ => $x = 6x \cdot \ln(x) + 5x = 0$ in evidenza si ha $x(6ln(x) + 5) = 0$, si hanno due soluzioni $\begin{bmatrix} x = 0 \\ 6lnx + 5 = 0 \end{bmatrix}$

=> $\begin{bmatrix} x = 0 \\ 6lnx = -5 \end{bmatrix}$ => $\begin{bmatrix} x = 0 \\ lnx = -\frac{5}{6} \end{bmatrix}$ svolgiamo il logaritmo della

seconda equazione $x = e^{-\frac{5}{6}}$ cioè $x = 0,435$ *(ascissa del flesso)* ,
Sostituendo (x = 0,435) in $f(x) = 3x^3 \cdot \ln(x)$ si ha
$y = 3(0,435)^3 \cdot \ln(0,435)$ => $y = 3(0,435)^3 \cdot -0.83$ ossia
$y = -0,068$ *(ordinata del flesso)* Le coordinate del flesso sono
$F(0.435, -0.068)$ *(coordinate del flesso)*

2.)   Noto l'equaz. della generica parabola $y = x^2 + bx + c$;
le coordinate del punto di tangenza P(1, 0) e sapendo oltre che la tangente è la derivata passante per (x = 1) il rispettivo coefficiente angolare è (m = 1) , allora l'equaz. della tangente è $y = mx + q$,
inserendo in essa i dati si ha $1 = 1 \cdot x + 0$ ossia $x - 1 = 0$,

quindi l'equazione della retta tangente è $y = x - 1$.

Il vertice della parabola ha è $V_x \Rightarrow b = \dfrac{1}{2a}$ otteniamo

l'equazione: $V_x \Rightarrow 2a + b = 1$

Quindi calcoliamo i coefficienti dell'equazione ; del vertice e del termine noto (c = 0), impostando il sistema risolutivo seguente:

$$\begin{cases} c = 0 \\ a + b + c = 0 \\ 2a + b = 1 \end{cases}$$, dalla 2^ equazione (a = -b) che sostituiamo

nella 3^ equazione $2(-b) + b = 1$ cioè

b = −1 *(prima soluzione)*

Sostituendo (b = 1) nella 2^ equazione si ha $a \pm 1 + 0 = 0$ ossia

cioè **a = 1** *(seconda soluzione)*

Le soluzioni del sistema sono $\begin{cases} \mathbf{c = 0} \\ \mathbf{a = 1} \\ \mathbf{b = 1} \end{cases}$ (soluzioni del sistema)

E quindi l'equazione della parabola è $y = 1 \cdot x^2 - 1 \cdot x + 0$ ossia

$y = x^2 - x$ (parabola)

Vedi disegno equazione della tangente e della parabola

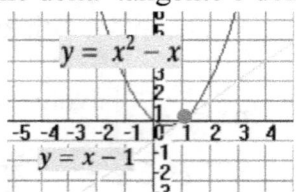

3.)   L'area della regione R della funzione $f(x) = x^3 \ln(x)$ si calcola mediante l'integrale riferita all'intervallo [0, 1]. Si fa osservare che la funzione, nel punto (x = 0) non è continua, quindi l'integrale che risolveremo è $A_R = \int_0^1 x^3 \ln(x)\ dx$ si tratta di risolvere un integrale per parte con la formula

$$\int uv\ dx = \overset{int.}{\widetilde{u}} \cdot v - \int \overset{int.}{\widetilde{u}} \cdot \overset{der.}{\widetilde{v}}\ dx$$, cioè

$A_R = \frac{x^{3+1}}{3+1} \cdot lnx - \int \frac{x^{3+1}}{3+1} \cdot \frac{1}{x} \; dx => A_R = \frac{x^4}{4} \cdot lnx - \int \frac{x^4}{4} \cdot \frac{1}{x} \; dx$

semplificando $A_R = \frac{x^4}{4} \cdot lnx - \int \frac{x^3}{4} \; dx$ portiamo fuori

dall'integrale ¼ e integriamo, si ha $A_R = \frac{x^4}{4} \cdot lnx - \frac{1}{4} \cdot \frac{x^{3+1}}{3+1} =>$

$A_R = \frac{x^4}{4} \cdot lnx - \frac{1}{4} \cdot \frac{x^4}{4}$ ossia $A_R = \left[\frac{x^4}{4} \cdot lnx - \frac{x^4}{16}\right]^1 =>$

$A_R = \left[\frac{1^4}{4} \cdot ln(1) - \frac{1^4}{16}\right] => A_R = \left[\frac{1}{4} \cdot 0 - \frac{1}{16}\right] => A_R = -\frac{1}{16}$ si

accetta la parte positiva perché si tratta di area, quindi l'are è

$A_R = \frac{1}{16} dm^2 => A_R = 0,0625 \; dm^2$, trasformando i decimetri

quadrati in millimetri abbiamo due posti da scalare , che per i
quadrati sono 4 posti di spostamento della virgola, per cui si ha
$A_R = 625 \; mm^2$.

4.)   La simmetria della funzione $f(x) = x^3 ln(x)$ rispetto
all'asse y si ottiene con la trasformazione geometrica, cioè si
scambiamo solamente i segni alla coordinate non simmetrica

(la x), quindi si ha $\begin{bmatrix} x = -x \\ y = y \end{bmatrix}$. L'equazione si trasforma in

$f(x) = -x^3 ln(-x)$, vedi grafico

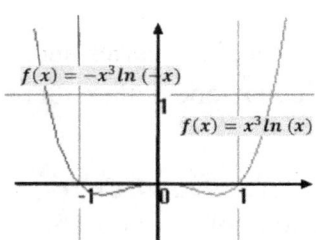

Quesiti 2013 liceo scientifico PIN

Un triangolo ha area 3 e due lati che misurano 2 e 3. Qual è la misura del terzo lato? Si giustifichi la risposta.

Svolgimento

Questo quesito è stato risolto nel questionario del Liceo stesso anno, quindi vedi: questionari liceo scientifico 2013

1.)   Se la funzione f(x) – f(2) ha derivata 5 in (x = 1) e derivata 7 in (x = 2) , qual è la derivata di f(x) – f(4x) in (x = 1) ?

Svolgimento

Dobbiamo porre un sistema con quanto proposto, si pone che
$$\begin{cases} (A) => f'(1) - 2f'(2) = 5 \\ (B) => f'(2) - 2f'(4) = 7 \end{cases}.$$
Ora si deve calcolare che (x = 1) soddisfa l'equazione $f'(x) - 4f'(x)$, quindi inserendo in essa il valore di x si ha
$f'(1) - 4f'(4)$ che si scrive anche le equazioni del sistema (A e B) si ha $f'(1) - (2f'(4))(2f'(4))$ confrontando il sistema abbiamo $A + 2B$ ed inserendo i risultati di A e di B si ha $5 + 2 \cdot 7$ ossia **19** *(derivata di (x) – f(4x) in (x = 1))*

2.)   Si considerino, nel piano cartesiano, i punti A(2, -1) e B(- 6. -8) . Si determini l'equazione della retta passante per B e avente distanza massima da A.

Svolgimento

Questo quesito è stato risolto nel questionario del Liceo stesso anno, quindi vedi: questionari liceo scientifico 2013

3.)   Di un tronco Di un tronco di piramide retta a base quadrata si conoscono l'altezza h e i lati a e b delle due basi. Si esprima il volume V del tronco in funzione di a, b e h, illustrando il ragionamento seguito.

Svolgimento

Questo quesito è stato risolto nei problemi del Liceo stesso anno, quindi vedi: problemi liceo scientifico 2013

4.)   In un libro si legge: "se per la dilatazione corrispondente a un certo aumento della temperatura un corpo si allunga (in tutte le direzioni) di una certa percentuale (p.es. 0,38%), esso si accresce in volume in proporzione tripla (cioè dell'1,14%), mentre la sua superficie si accresce in proporzione doppia (cioè di 0,76%)". È così? Si motivi esaurientemente la risposta.

Svolgimento

Questo quesito è stato risolto nel questionario del Liceo stesso anno, quindi vedi: questionari liceo scientifico 2013

6,)   Con le cifre da 1 a 7 è possibile formare 7! = 5040 numeri corrispondenti alle permutazioni delle 7 cifre. Ad esempio i numeri 1234567 e 3546712 corrispondono a due di queste permutazioni.

Se i 5040 numeri ottenuti dalle permutazioni si dispongono in ordine crescente qual è il numero che occupa la 5036-esima posizione e quale quello che occupa la 1441-esima posizione?

Svolgimento

Questo quesito è stato risolto nel questionario del Liceo stesso anno, quindi vedi: questionari liceo scientifico 2013

7.) In un gruppo di 10 persone il 60% ha occhi azzurri. Dal gruppo si selezionano a caso due persone. Quale è la probabilità che nessuna di esse abbia occhi azzurri?

Svolgimento

Se su 10 persone, con gli occhi azzurri sono 4 allora le coppie favorevoli sono di numero uguali alle combinazione di 4 oggetti a due a due, cioè $2^4 = \binom{4}{2}$, mentre le coppie sono $2^{10} = \binom{10}{2}$ e quindi la probabilità è il rapporto $\frac{2^4}{2^{10}}$ ossia $\frac{2^2}{2^5} \Rightarrow \frac{4}{32} \Rightarrow \frac{2}{16} \Rightarrow \frac{1}{8} \Rightarrow$ 0,125 => 12,5% *(probabilità)*

8.) Si mostri, senza utilizzare il teorema di l'Hôpital, che:

$$\lim_{x \to \pi} \frac{e^{senx} - e^{sen\pi}}{x - \pi} = -1$$

Svolgimento

In alternativa alla regola di L'Hopital si calcola direttamente il limite della funzione $\lim_{x \to \pi} \frac{e^{senx} - e^{sen\pi}}{x - \pi} = -1$, per le proprietà delle potenze si ha $\lim_{x \to \pi} \frac{-e^{sen\,(\pi - x)} - 1}{x - \pi} = -1 \Rightarrow$

$\lim_{x \to \pi} \frac{-e^{sen\,(\pi - \pi)} - 1}{\pi - \pi} = -1 \Rightarrow \lim_{x \to \pi} \frac{-e^{sen\,(0)} - 1}{0} = -1 \Rightarrow$

$\lim_{x \to \pi} \frac{-1 - 1}{0} = -1 \Rightarrow \lim_{x \to \pi} -\frac{2}{0} = -1 \Rightarrow \lim_{x \to \pi} -0 = -1$,

quando la funzione f(x) tende a zero il seno è 1

Risposta:

Il limite , quando la funzione f(x) tende a zero è

$$\lim_{x \to \pi} \frac{e^{f(x)} - 1}{f(x)} \to -1$$

9.) Tre amici discutono animatamente di numeri reali. Anna afferma che sia i numeri razionali che gli irrazionali sono infiniti e dunque i razionali sono tanti quanti gli irrazionali. Paolo sostiene che gli irrazionali costituiscono dei casi eccezionali, ovvero che la maggior parte dei numeri reali sono razionali. Luisa afferma, invece, il contrario: sia i numeri razionali che gli irrazionali sono infiniti, ma esistono più numeri irrazionali che razionali. Chi ha ragione? Si motivi esaurientemente la risposta.

Svolgimento

Anna ha torto perchè due insiemi infiniti non sono necessariamente equipotenti; infatti l'insieme dei numeri razionali è numerabile, quello degli irrazionali no (ha la potenza del continuo). Anche Paolo ha torto, perché gli irrazionali "sono di più" dei razionali dato che la potenza del continuo supera la potenza del numerabile ; ha quindi ragione Luisa

10.) Si stabilisca per quali valori $k \epsilon R$ l'equazione $x^2(3-x) = k$ ammette due soluzioni distinte appartenenti all'intervallo [0, 3] . Posto (k = 3) , si approssimi con due cifre decimali la maggiore di tali soluzioni, applicando uno dei metodi iterativi studiati.

Svolgimento

La funzione di equazione $y = x^2(3-x)$ corrisponde a $y = -x^3 + 3x^2$ si tratta di una cubica, e i punti stazionari (massimo e minimo) si calcolano ponendo (y' = 0), si ha $y' = -3x^2 + 6x = 0$ mettiamo in evidenz $y' = 3x(-x+2) = 0$a , abbiamo due equazione con rispettivi risultati

$$\begin{bmatrix} 3x = 0 \\ -x + 2 = 0 \end{bmatrix} \Rightarrow \begin{bmatrix} x = 0 \\ x = 2 \end{bmatrix}$$ allora i punti stazionari sono due.

Per calcolare le coordinate dei punti stazionari dobbiamo sostituire le ascisse nella funzione di partenza $y = x^2(3-x)$ si ha

Per (x = 0) si ha $y = 0^2(3-0) \Rightarrow y = 0$
Per (x = 2) si ha $y = 2^2(3-2) \Rightarrow y = 4$

Le coordinate dei 2 punti stazionari sono $\begin{bmatrix} P_1(0,0) \\ P_2 = (2,4) \end{bmatrix}$ (coordinate di eventuali massimo e minimo)

Per calcolare il massimo e minimo si pone (y' > 0), cioè $y' - 3x^2 + 6x > 0 \Rightarrow -3x^2 + 6x = 0$ mettere in evidenza $3x(-x + 2) = 0$, abbiamo due equazione con rispettivi risultati

$$\begin{bmatrix} 3x > 0 \\ -x > -2 \end{bmatrix} \Rightarrow \begin{bmatrix} x > 0 \\ x < 2 \end{bmatrix}$$ allora si studiano le concavità dei punti stazionari con un diagramma lineare mediante frecce ascendente (positive in alto); discendente (negative in basso).

Diagramma delle concavità $(y' > 0)$

A sinistra de punto stazionario di ascissa (0) il grafico è discendente (freccia blu), mentre a destra
e ascendente (freccia rossa) e quindi si tratta di un minimo. A sinistra di ascissa (2) il grafico è ascendente (freccia rossa e a a destra (freccia blu) è discendente, quindi si tratta di un Max.

vedi grafico

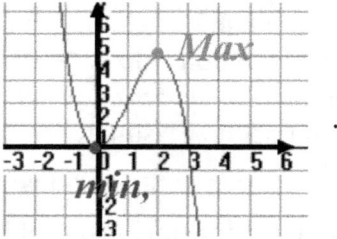

Con (k = 3) la funzione risulta $y = f(x) \Rightarrow k = -x^3 + 3x^2$, cioè $y \Rightarrow 3 = -x^3 + 3x^2 \Rightarrow y = -x^3 + 3x^2 - 3$ che ha

soluzioni $\begin{bmatrix} x_1 = -0{,}879 \\ x_2 = 1{,}347 \\ x_3 = 2{,}53 \end{bmatrix}$,vedi figura

Essa ammette un solo zero nell'intervallo [2;3] cioè $x_2 = 1{,}347$ e $y_2 = 1$, inoltre ammette $x_3 = 2{,}53$ e $y_3 = -3$, vedi figura sopra.
Per calcolare lo zero della funzione nell'intervallo [2, 3] si applica il metodo delle tangenti, cioè l'iterazione dell'intervallo, formula $x_1 = b - \frac{f(b)}{f'(b)}$ dove (b = è un punto dell'intervallo).

338

Nel nostro caso prendiamo (b = 3), si ha $x_1 = 3 - \frac{-x^3+3x^2}{3x^2+6x}$ =>

$x_1 \cong 2{,}6666$ Iterando ancora $x_2 = x_1 - \frac{f(x_1)}{f'(x_1)}$ si ha

$x_2 \cong 2{,}5486$ e proseguendo ancora si arriva a $x_3 \cong 2{,}553$.

Anno 2014 liceo scientifico

Problema 1

<table>
<tr>
<td>

Nella figura a lato è disegnato il grafico Γ di $g(x) = \int_0^x f(t)$ con f funzione definita sull'intervallo [0, w] e ivi continua e derivabile. Γ è tangente all'asse x nell'origine O del sistema di riferimento e presenta un flesso e un massimo rispettivamente per (x = y) e (x = k)

</td>
<td>

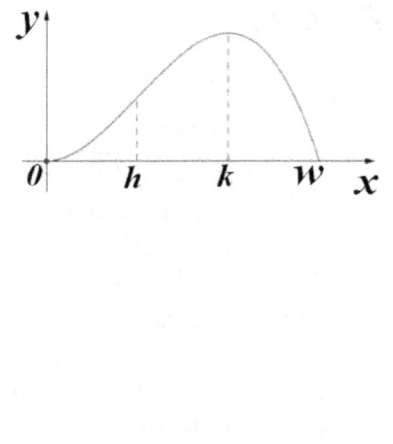

</td>
</tr>
</table>

1)   Si determinino f(0) e f(k); si dica se il grafico della funzione f presenta punti di massimo o di minimo e se ne tracci il possibile andamento.

 2) Si supponga, anche nei punti successivi 3 e 4, che g(x) sia, sull'intervallo considerato, esprimibile come funzione polinomiale di terzo grado. Si provi che, in tal caso, i numeri h e k dividono l'intervallo [0, w] in tre parti uguali.

3) Si determini l'espressione di f(g) nel caso (w = 3) e $g(1) = \frac{2}{3}$ e si scrivano le equazioni delle normali a Γ nei punti in cui esso è

tagliato dalla retta $y = \frac{2}{3}$.

4) Si denoti con R la regione che Γ delimita con l'asse x e sia W il solido che essa descrive nella rotazione completa attorno all'asse y. Si spieghi perchè il volume di W si può ottenere calcolando:

$\int_0^3 (2\pi x) g(x)$

Supposte fissate in decimetri le unità di misura del sistema monometrico Oxy, si dia la capacità in litri di W.

Problema 2

A lato è disegnato il grafico Γ della funzione $\qquad f(x) = x\sqrt{4 - x^2}$ *1.* Si calcolino il massimo e il minimo assoluti di f(x) . 2. Si dica se l'origine O è centro di simmetria per Γ e si calcoli, in gradi e primi sessagesimali, l'angolo che la tangente in O a Γ forma con la direzione positiva dell'asse x.	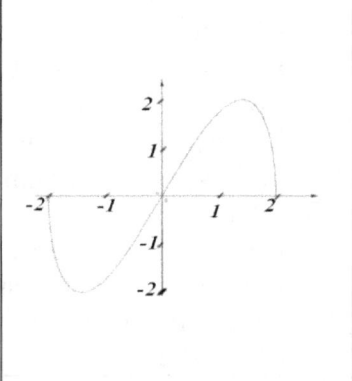

3. Si disegni la curva d'equazione $y^2 = x^2(4 - x^2)$ e si calcoli l'area della parte di piano da essa racchiusa.

4. Sia $h(k) = sen(f(x))$ con $(0 \le x \le 2)$. Quanti sono i punti del grafico di h(k) di ordinata 1? . Il grafico di h(k) presenta punti di minimo, assoluti o relativi? Per quali valori reali di k l'equazione h(x) = k ha 4 soluzioni distinte?

1.)   Si determinino f(0) e f(k); si dica se il grafico della funzione f presenta punti di massimo o di minimo e se ne tracci il possibile andamento.

Svolgimento

Sappiamo che quando la derivata è nulla (x = 0) la funzione è massima (y = Max) e viceversa al massimo si ha (y minimo), Teorema di Torricelli, inoltre i grafici f(x) e f '(x) si intersecano sull'asse x, quindi la funzione di (x = 0) è uguale alla funzione (g' = 0) allora possiamo asserire che $f(0) => g'(0) = 0$ *(tangente orizzontale nell'origine 0).* Lo stesso discorso vale se si applica al punto k, $f(k) => g'(k) = 0$ *(Max di x = k , f derivabile)*

Studio del Max e minimo

La funzione f(x) cresce dal punto (f '(x) > 0); mentre nel punto di flesso (o < x < h)non si prende in considerazione la derivata seconda $f(x) = g''(x) > 0$, quindi f(x) cresce dove (f(x) < 0) , ma f(x) = g''(x) < 0 per le ascissa (h < x < w).

Allora f ha un Max relativo (o anche Max assoluto) nel punto (x = h) quando f(h) > 0;

$$\left[\begin{array}{l}(x > 0)\ in\ g' > 0\ corrisponde\ (0 < x < k)\\ (f < 0)corrisponde\ (k < x < w)\\ (f = 0)corrisponde\ (x = 0)e\ (x = k)\\ (f'(w) < 0)\ ,vedi\ g'(w)\grave{e}\ il\ coefficiente\\ angolare\ della\ tangente\ di\ g\ in\ (x = w)\end{array}\right]$$, grafico

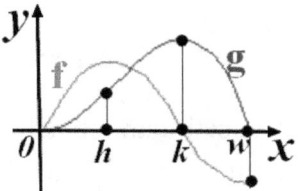

2.)   Si supponga, anche nei punti successivi 3 e 4, che g(x) sia, sull'intervallo considerato, esprimibile come funzione polinomiale di terzo grado. Si provi che, in tal caso, i numeri h e k dividono l'intervallo [0, w] in tre parti uguali.

Svolgimento

La funzione polinomiale ha equazione $ax^3 + bx^2 + cx + d$ allora la derivata g(x) ha funzione $g(x) = ax^3 + bx^2 + cx + d$ e per dimostrare che $h = \frac{1}{3}w$ e $k = \frac{2}{3}w$ dobbiamo considerare che

$$\begin{bmatrix} d = 0 \, perch\grave{e} \, g(0) = 0 \\ g'(0) = 0 \, perch\grave{e} \, (c = 0) \\ allora \\ g'(x) = 3ax^2 + 2bx + c \end{bmatrix} \text{ pertanto la funzione g(x) è}$$

calcolabile facendo l'integrale di $g'(x) = 3ax^2 + 2bx + 0 \Rightarrow$

$f(x) = \int 3ax^2 + 2bx + 0 \, dx$ ossia $f(x) = 3a\frac{x^{2+1}}{2+1} + 2b\frac{x^{1+1}}{1+1} + 0 \Rightarrow$

$f(x) = 3a\frac{x^3}{3} + 2b\frac{x^2}{2}$ semplificando si ha

$f(x) = ax^3 + 2bx^2$ *(funzione di f)*. Calcoliamo le derivate di

f(x), si ha $\begin{bmatrix} g'(x) = 3ax^2 + 2bx \\ g''(x) = 6ax + 2b \end{bmatrix}$ *(derivate di g)*

Dalle notizie che abbiamo $\begin{cases} g(w) = 0 \\ g'(k) = 0 \\ g''(h) = 0 \end{cases}$ le equazioni sono

$(*) \begin{cases} aw^2 + bw^2 = 0 \\ 3ak^2 + 2bk = 0 \\ 6ah + 2b = 0 \end{cases}$, considerando che ($w$ e k sono $\neq 0$) si

risolve il sistema *(*)* e si ottiene: $\begin{cases} aw + b = 0 \\ 3ak + 2b = 0 \\ 3ah + b = 0 \end{cases}$, risolviamo il

sistema: dalla 1^ equazione si ha $b = -aw$, sostituiamo b nella

2^, si ha $3ak + 2(-aw) = 0 \Rightarrow 3ak = 2aw \Rightarrow k = \frac{2aw}{3a}$ ossia

$k = \frac{2}{3}w$ *(1° soluz.)*

Sostituendo b nella 3^ equazione si ha $3ah + (-aw) = 0 \Rightarrow$

$3ah - aw = 0 \Rightarrow 3ah = aw \Rightarrow h = \frac{aw}{3a}$ ossia

$h = \frac{w}{3}$ *(seconda soluzione)*

3.)   Si determini l'espressione di f(g) nel caso (w = 3) e

$g(1) = \frac{2}{3}$ e si scrivano le equazioni delle normali a Γ nei punti in

342

cui esso è tagliato dalla retta $y = \frac{2}{3}$.

Svolgimento

Noto la funzione $g(x) = ax^3 + bx^2$ e $g(1) = \frac{2}{3}$ risulta che

$a + b = \frac{2}{3}$, inoltre sappiamo anche che $w = -\frac{b}{a} = 3$, da questa

prendiamo $\frac{b}{a} = -3$ ossia $b = -3a$ Possiamo comporre il sistema

$\begin{cases} a + b = \frac{2}{3} \\ b = -3a \end{cases}$, sostituendo la 2^ equazione nella 1^ si ha e

risolviamo in $a - 3a = \frac{2}{3} => -2a = \frac{2}{3} => -6a = 2 => a = \frac{2}{-6} =>$

$a = -\frac{1}{3}$ *(1^ soluz.)*

Sostituendo a nella 2^ equazione si ha $b = -3(-\frac{1}{3}) =>$

$b = 1$ *(2^ soluzione)*

Le soluzioni sono $\begin{bmatrix} a = -\frac{1}{3} \\ b = 1 \end{bmatrix}$ *(soluzioni del sistema)*

Noto i coefficienti a e b, la funzione è $g(x) = \frac{1}{3}x^3 + x^2$ e

poiché ci interessa l'ordinata di $g(1) = \frac{2}{3}$ ossia $y = \frac{2}{3}$ abbiamo

da risolvere l'equazione $\frac{2}{3} = \frac{1}{3}x^3 + x^2$, cioè

$-\frac{1}{3}x^3 + x^2 - \frac{2}{3} = 0 => x^3 - 3x^2 + 2 = 0$ che mediante la

regola di Ruffini possiamo abbassarla di grado, scomponendo il
termine noto 2 che annulla l'equazione solo con (x = 1), allora il
polinomio si divide per (x -1) e dà risultato

$(x^2 - 2x - 2)(x - 1) = 0$ che ammette due equazioni

$\begin{cases} x - 1 = 0 \\ x^2 - 2x - 2 = 0 \end{cases}$ le cui soluzioni sono $\begin{bmatrix} x_1 = 1 \\ x_2 = 1 - \sqrt{3} \\ x_3 = 1 + \sqrt{3} \end{bmatrix}$ se le

soluzioni devono essere maggiore di zero, quindi la soluzione

$$\begin{bmatrix} x = 1 \text{ è accettabile} \\ 1 - \sqrt{3} \text{ è } (< 0) \text{ non è accettabile} \\ 1 + \sqrt{3} \text{ è } (> 0) \text{ è accettabile} \end{bmatrix} \text{ allora per}$$

y = 2/3 le coordinate dei punti d'intersezione sono

$$\begin{bmatrix} A\left(1, \frac{2}{3}\right) \\ B(1 + \sqrt{3}; \frac{2}{3}) \end{bmatrix}.$$ Si ricordi che la derivata g(x) è stata calcolata

$g'(x) = -x^2 + 2x$, grafico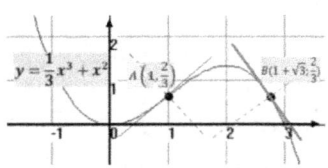

Le equazioni perpendicolari si calcolano con la formula $\boldsymbol{y -}$ $\boldsymbol{y_0 = -\dfrac{1}{m}(x - x_0)}$ allora calcoliamo i coefficienti angolari delle rette inserendo le rispettive ascisse nell'equazione $g'(x) = -x^2 + 2x$.

Per $(x = 1)$ si ha $y = m = -1^2 + 2(1)$ => $m = 1$ (coefficiente m della tangente per A)

Per $(x = 1 + \sqrt{3})$ si ha $y = m = -(1 + \sqrt{3})^2 + 2(1 + \sqrt{3})$ => $m = -(1 + 2\sqrt{3} + 3) + 2 + 2\sqrt{3}$ => $m = -4 - 2\sqrt{3} + 2 + 2\sqrt{3}$ semplificando si ha $m = -4 + 2$ =>

$m = -2$ *(ceffi. m della tangente per B)*

noto i coefficienti angolari delle tangenti $\begin{bmatrix} m_a = 1 \\ m_b = -2 \end{bmatrix}$ possiamo calcolare le equazioni delle rette parallele alle tangenti, si ha:

Per il punto $A\left(1, \frac{2}{3}\right)$ con (m = 1) si ha $y - \frac{2}{3} = -1(x - 1)$ =>

$y - \frac{2}{3} = -x + 1$ => $3y - 2 = -3x + 3$ => $3y = -3x + 5$

$y = -\frac{3x}{3} + \frac{5}{3}$ ossia $y = -x + \frac{5}{3}$ *(perpendicolare al punto A)*

(vedi grafico sopra)

Per il punto $B\left(1 + \sqrt{3}, \frac{2}{3}\right)$ con (m = -2) si ha

$y - \frac{2}{3} = -\frac{1}{-2}(x - 1 + \sqrt{3})$ => $y - \frac{2}{3} = \frac{1}{2}x - \frac{1}{2} - \frac{\sqrt{3}}{2}$ =>

344

$y - \frac{2}{3} = \frac{1}{2}x - \frac{1}{2} - \frac{\sqrt{3}}{2} \Rightarrow 6y - 4 = 3x - 3 - 3\sqrt{3} \Rightarrow$

$6y = 3x + 4 - 3 - 3\sqrt{3} \Rightarrow 6y = 3x + 1 - 3\sqrt{3} \Rightarrow$

$y = \frac{3x}{6} + \frac{1}{6} - \frac{3\sqrt{3}}{6}$ ossia $y = \frac{1}{2}x + \frac{1}{6} - \frac{\sqrt{3}}{2}$ *(perpendicolare al punto B)* (vedi grafico sopra)

4.) Si denoti con R la regione che Γ delimita con l'asse x e sia W il solido che essa descrive nella rotazione completa attorno all'asse y. Si spieghi perché il volume di W si può ottenere calcolando: $\int_0^3 (2\pi x) g(x)$

Supposte fissate in decimetri le unità di misura del sistema monometrico Oxy, si dia la capacità in litri di W.

Svolgimento

Il volume calcolato con l'integrale $V = \int_0^3 (2\pi x) g(x)$ riguarda un solido vuoto nell'interno ma munito di uno spessore , normalmente chiamo guscio cilindrico, per cui facendo ruotare una corna circolare, un cilindro vuoto o altri corpi si tiene conto della circonferenza come differenza di due diametri che si indicano con x e come altezza la funzione f(x), quindi il volume del solido W dell'intervallo [0, 3], della nostra funzione

$g(x) = -\frac{1}{3}x^3 + x^2$ si può calcolare come accennato, cioè

$V_{(W)} = \int_0^3 (2\pi x) g(x) dx \Rightarrow V_{(W)} = \int_0^3 (2\pi x)\left(-\frac{1}{3}x^3 + x^2\right) dx$ è conveniente portare fuori dall'integrale 2π , si ha

$V_{(W)} = 2\pi \int_0^3 x\left(-\frac{1}{3}x^3 + x^2\right) dx$ è conveniente risolvere il prodotto $V_{(W)} = V_{(W)} = 2\pi \int_0^3 \left(-\frac{1}{3}x^4 + x^3\right) dx \Rightarrow$

$V_{(W)} = 2\pi \int_0^3 -\frac{1}{3} \cdot \frac{x^{4+1}}{4+1} + \frac{x^{3+1}}{3+1} \Rightarrow V_{(W)} = 2\pi \int_0^3 -\frac{1}{3} \cdot \frac{x^5}{5} + \frac{x^4}{4} \Rightarrow$

$V_{(W)} = 2\pi \left[-\frac{x^5}{15} + \frac{x^4}{4}\right]^3 - 2\pi \left[-\frac{x^5}{15} + \frac{x^4}{4}\right]_0 \Rightarrow$

$V_{(W)} = 2\pi \left[-\frac{3^5}{15} + \frac{3^4}{4}\right] - 2\pi \left[-\frac{0^5}{15} + 2\pi \frac{0^4}{4}\right]$ si ha $V_{(W)} = 2\pi \left[-\frac{243}{15} + \frac{81}{4} \right] - [0] \Rightarrow V_{(W)} = 2\pi \left[\frac{-972+1225}{60} \right] \Rightarrow$

$V_{(W)} = 2\pi \left[\frac{43}{60} \right] \Rightarrow$

$V_{(W)} = 25,45$ *(volume in* dm^3 *), che in litri sono* $25,45$ *litri*

Quesiti 2014 liceo scientifico

Quesito 1

Nel triangolo disegnato a lato, qual è la misura, in gradi e primi sessagesimali, di α ?

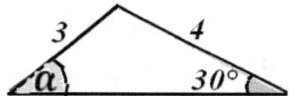

Svolgimento

Poiché è noto un solo angolo per calcolare, almeno un altro angolo, si adotta il teorema dei seni il cui rapporto tra lati e funzione seno ci consente di ottenere l'angolo, si ha

$\frac{a}{sen\ \alpha} : \frac{b}{sen\ \beta} : \frac{c}{sen\ \gamma}$ per cui prendiamo solo 2 rappor$\frac{4}{sen\ \alpha} : \frac{3}{sen\ 30°}$

prodotto in croce

$4 \cdot sen\ 30° = 3sen\ \alpha$ poiché sen $30° = ½$ si ha $4 \cdot \frac{1}{2} = 3sen\ \alpha \Rightarrow$

$2 = 3sen\ \alpha$ ossia $sem\ \alpha = \frac{3}{2}$, con una calcolatrice troviamo l'arco seno col tasto sen^{-1} .

Risposta:

La misura dell'angolo α , considerando il suo supplemento sono

2 angoli $\begin{bmatrix} \alpha_1 = 41°49' \\ \alpha_2 = 138°11' \end{bmatrix}$

Quesito 2

I poliedri regolari o convesso regolare congruenti hanno tutti angli , spigoli e i vertici equivalenti. La somma dei loro angoli deve essere inferiore ad un angolo giro,

- Le facce possono essere solo triangoli equilateri :

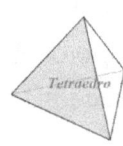  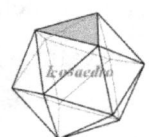

(tetraedro, ottaedro, icosaedro) e gli angoli possono essere 3(3x60°) sono < 180° oppure 4(4x60°) < 360° oppure 5(5x60°) < 360°
- se sono facce quadrate abbiamo(esaedro e cubo),

 e gli angoli non possono essere più di 3(3x90° =

270°) , ma 4x90=360°, si tratta del cubo
- se sono a cinque facce sono i pentagoni regolari (dodecaedro) , e gli angoli possono essere (120 x 3 = 360°),

Risposta:

Non esiste un poliedro regolare a facce esagonali

Quesito 3

Nello sviluppo di $(2a^2 - 3b^3)^n$ compare il termine $-1080a^4b^9$ Qual è il valore di n?

Svolgimento

La potenza $(2a^2 - 3b^3)^n$ equivale alla somma algebrica seguente: $(2a^2 - 3b^3)^n = \sum_{k=0}^{n} \binom{n}{k} (2a^2)^k)(-3b^3)^n$ e il

termine a^4b^9 si ottiene dagli esponenti $\begin{bmatrix} 2k = 4 \\ 4 - n = 9 \end{bmatrix}$ cioè

$\begin{bmatrix} k = 2 \\ n = 5 \end{bmatrix}$ con i coefficienti calcolati e inseriti nell'espresssione

se l'esponente della somma algebrica $\sum_{k=0}^{n} \binom{n}{k} (2a^2)^k)(-3b^3)^n$

si ha $\frac{5}{2} \cdot 2^2 - 3^{5-2}$ => $10 \cdot 4 - 3^3$ ossia 1080 *(risultato OK)*

Quesito 4

Un solido Ω ha per base la regione R delimitata dal grafico di $f(x) = e^{\frac{1}{x}}$ e dall'asse x sull'intervallo [-2, -1]. In ogni punto di R di ascissa x, l'altezza del solido è data da $h(x) = \frac{1}{x^2}$ Si calcoli il volume del solido.

Svolgimento

Sappiamo che il volume dei solidi di rotazione sono dall'integrale (prodotto della funzione per l'altezza) allora considerando l'intervallo e l'altezza nota andiamo a sostituirli nell'integrale, si ha $\int_{-2}^{-1} f(x)h(x)dx \Rightarrow \int_{-2}^{-1} e^{\frac{1}{x}} \cdot \frac{1}{x^2} dx$ Questo integrale fa parte degli integrali immediati e corrisponde $-e^{\frac{1}{x}}$

> *Nota:* solo per informazione l'integrale si impone sotto forma di radici cioè si integra $\sqrt[x]{e} \cdot \frac{1}{x^2}$ e non $e^{\frac{1}{x}} \cdot \frac{1}{x^2}$ per cui si ha l'integrale $\int_{-2}^{-1} \sqrt[x]{e} \cdot \frac{1}{x^2} dx = -\sqrt[x]{e}$
> per cui il risultato ottenuto è il primo fattore dell'integrale di partenza con
> segno opposto.

Riprendiamo la risoluzione dell'integrale si ha $\left[-e^{\frac{1}{x}}\right]^{-1} -$

$\left[-e^{\frac{1}{x}}\right]_{-2} \Rightarrow \left[-e^{\frac{1}{-1}}\right] - \left[-e^{\frac{1}{-2}}\right] \Rightarrow [-e^{-1}] - [-e^{-2}] \Rightarrow$

$\left[-\frac{1}{e}\right] - \left[-\frac{1}{e^2}\right] \Rightarrow -\frac{1}{e} + \frac{1}{e^2} \Rightarrow 0,239 \, m^3$

Risposta:

Il volume del solido è $0,239 \, m^3$

Quesito 5

Dei numeri 1,2,3.......6000, quanti non sono divisibili né per 2, né 3 né per 5?

Svolgimento

Il problema proposto lo risolviamo con la tecnica gli insiemi, utilizzando il teorema di Eulero

Venn, quindi l'inseme universale U di tutti i numeri è (U = 6000) e indichiamo i divisori nel

modo seguente :

$$
\begin{bmatrix}
U = insieme\ universale \\[4pt]
A2 = il\ sottinsieme\ di\ U\ divisibili\ per\ 2 => (\frac{8000}{2} = 3000) \\[4pt]
A3 = ivisibili\ per\ 3\ => \left(\frac{6000}{3} = 2000\right) \\[4pt]
A(2,3) = divisibili\ per\ 2\ e\ per\ 3\ => (\frac{6000}{2\cdot3} = 1000) \\[4pt]
A5 = divisibili\ per\ 3\ > (\frac{6000}{5} = 1200 \\[4pt]
A(2,5) = divisibili\ per\ 2\ e\ per\ 5\ => (\frac{6000}{2\cdot5} = 600) \\[4pt]
A(3,5) = divisibili\ per\ 3\ e\ per\ 5\ => (\frac{6000}{3\cdot5} = 400) \\[4pt]
A(2,3,5) = divisibili\ per\ 2\ per\ 3\ per\ 5\ => \left(\frac{6000}{2\cdot3\cdot5} = 200\right)
\end{bmatrix}
$$

Il complemento di (A2,5) –(A2,3,5) = (600 – 200 = *400*)
Il complemento di (A2,3 - A2,3,5)) =(1000 – 200 = *800*) allora si ha *Il complemento di* (A3,5 -2,3,5) = (400 – 200 = *200*)

$$
\begin{bmatrix}
Solo\ i\ divisori\ per\ 2\ sono: (3000 - 1400 = 1600) \\
Solo\ i\ divisori\ per\ 3\ sono: (2000 - 1200 = 800) \\
Solo\ i\ divisori\ per\ 5\ sono: (1200 - 800 = 400)
\end{bmatrix}
$$
, quindi i

numeri (da 1 a 6000) che

non sono divisibili né $\begin{bmatrix} per\ 2 \\ per\ 3 \\ per\ 5 \end{bmatrix}$ sono $6000 - (1600 + 400 +$

$200 + 800 + 200 + 400)$ e

calcolando l'espressione si ha 1600 *(numeri non divisibile per 2, per 3, per 5)*
Si può osservale l'insieme universale U =>

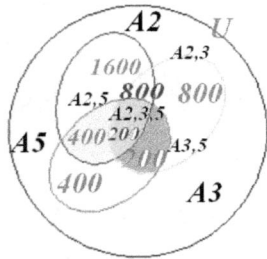

Quesito 6

Un'azienda commercializza il suo prodotto in lattine da 5 litri a forma di parallelepipedo a base quadrata. Le lattine hanno dimensioni tali da richiedere la minima quantità di latta per realizzarle. Quali sono le dimensioni, arrotondate ai mm, di una lattina?

Svolgimento

Si tratta di problema del calcolo del minimo inerente una superficie per risparmiare materiale alla confezione del

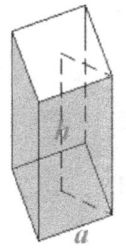

parallelepipedo a base quadrata, vedi figura

Poiché la base è quadrata il volume di 1 litro è $(a \cdot a) \cdot (h = 1\ dm^3)$

350

, cioè $a^2 \cdot h = 1$ *litro* e quindi , per deduzione, il volume dell'intera lattina è $V = 5$ *litri, ovvero 5* dm^3 .

Noto il volume possiamo calcolare l'altezza della lattina dalla formula del volume, se $V = a^2 h$ $=> h = \frac{1}{a^2}$ e indicando (a = x) , vedi figura, abbiamo $h = \frac{1}{x^2}$ *(altezza)*.

Ci sono tutti gli elementi per calcolare la superficie totale della lattina , cioè $S_t = (2a^2 + 2ah + 2ah)$ e sostituendo (a = x) si ha $S_t = (2x^2 + 2xh + 2xh)$ ossia $S_t = (2x^2 + 4xh)$ mettiamo in evidenza $S_t = 2(x^2 + 2xh)$ non resta che inserire in essa l'altezza calcolabile $5 = x^2 h$, cioè $h = \frac{5}{x^2}$ che andremo a sostituire in $S_t = 2(x^2 + 2x\frac{5}{x^2})$ $=> S_t = (x^2 + x\frac{2 \cdot 5}{x^2}) =>$ $S_t = 2(x^2 + \frac{10}{x^2})$ $S_t = (2x^2 + \frac{20}{x})$ abbiamo ottenuto una equazione in cui $S_t = y$, quindi la superficie è minima nel punto stazionario della funzione. Si ricordi che il punto stazionari di una funzione si calcola ponendo la derivata prima è

$f'(x) = 0$ cioè $f' = \left(2x^2 + \frac{20}{x^2}\right) = 0$ abbiamo

$f' = 4x + 20\left(-\frac{1}{x^2}\right) = 0 => 4x - \frac{20}{x^2} = 0$ $=> \frac{4x^3 - 20}{x^2} = 0$ ossia

$4x^3 - 20 = 0 => x^3 = \frac{20}{4} => x = \sqrt[3]{\frac{20}{4}} =>$

$x = \sqrt[3]{5}$ *(lato a della base del parallelepipedo).*

Sostituendo x nell'espressione altezza $h = \frac{5}{x^2}$ abbiamo

$h = \frac{5}{(\sqrt[3]{5})^2} => h = \frac{5}{(5^{\frac{1}{3}})^2} => h = \frac{5}{5^{\frac{2}{3}}}$ portiamo al numeratore si ha

$h = 5 \cdot 5^{-\frac{2}{3}} => h = 5^{-\frac{2}{3}+1} => h = 5^{\frac{1}{3}}$ ossia $h = \sqrt[3]{5}$ *(altezza)*, quindi le dimensioni: altezza e lato sono uguali.

Risposta:

Poiché le dimensioni: altezza e lato sono uguali , vuol dire che il minimo si ha quando la forma della lattina è un cubo:

$lato = base = \sqrt[3]{5}\ dm = 171\ mm.$

Quesito 7

Il valor medio della funzione $f(x) = x^3$ sull'intervallo chiuso [0, k]. È 9. Si determini k .

Svolgimento

Il valore medio dell'omonimo teorema è dato dalla formula

$\frac{1}{b-a} \cdot \int_a^b f(x)\ dx$, inserendo in essa l'intervallo e la funzione si ha

$\frac{1}{k-0} \cdot \int_0^k x^3\ dx => \frac{1}{k} \cdot \int_0^k x^3\ dx$ che integriamo in $\frac{1}{k} \cdot \int_0^k \frac{x^{3+1}}{3+1}\ dx =>$

$\frac{1}{k} \cdot \left\{ \left[\frac{x^4}{4}\right]^k - \left[\frac{x^4}{4}\right]_0 \right\}$ non considerando lo zero si ha $\frac{1}{k} \cdot \left[\frac{x^4}{4}\right]^k$ cioè

$\frac{1}{k} \cdot \left[\frac{k^4}{4}\right] => \frac{1}{k} \cdot \frac{k^4}{4}$ semplificando si ha $\frac{k^3}{4}$

Poiché il valore medio deve esse uguale a 9 si ha l'uguaglianza

$\frac{k^3}{4} = 9$ ossia $k^3 = 36$ allora calcoliamo ch $k = \sqrt[3]{36}$ e

Risposta:

Il valore medio di 9 si ha quando l'intervallo è $\left[0,\ (k = \sqrt[3]{36})\right]$

Quesito 8

Del polinomio di quarto grado $P(x) = ax^4 + bx^3 + cx^2 + dx + e$ si sa che assume il suo massimo valore 3 per (x = 2) e (x = 3) e, ancora, che $P(1) = 0$. Si calcoli P(4) .

Svolgimento

Il valore massimo si ha nel punto stazionario della derivata prima della funzione f(x) , nel nostro caso dobbiamo derivare il polinomio assegnato, per cui derivando abbiamo :

$P'(x) = 4ax^3 + 3bx^2 + 2cx + d$

Poiché dobbiamo confrontare il polinomio per 5 casi di ascisse diverse avremo 5 equazioni risolutive , queste equazioni si

352

ottengono sostituendo nel polinomio il suo valore , quindi e necessario che la derivata prima si annulla per (x = 2) e per (x = 3) , quindi 2 equazioni sono la derivata, si ha il sistema

$$\begin{cases} P(x=1)=0 \\ P(x=2)=3 \\ P(x=3)=3 \\ P'(x=2)=0 \\ P'(x=3)=0 \end{cases} \Rightarrow \begin{cases} a+b+c+d=0 \\ 16a+8b+4c+2d+e=3 \\ 81a+27b+9c+3d+e=3 \\ 32a+12b+4c+d=0 \\ 108a+27b+6c+d=0 \end{cases}$$

risolvendo il sistema si hanno le soluzioni

$$\begin{cases} a=-\dfrac{3}{4} \\ b=\dfrac{15}{2} \\ c=-\dfrac{111}{4} \\ d=45 \\ e=-24 \end{cases}$$

. Con lo stesso criterio possiamo calcolare il polinomi di ascissa (x = 4) Sostituendo nell'equazione di base $P(x)=ax^4+bx^3+cx^2+dx+e$ si a x = 4) che i coefficiente testé calcolati, si ha $P(4)=-\dfrac{3}{4}(4)^4+\dfrac{15}{2}(4)^3 \pm \dfrac{111}{4}(4)^2+$ $45(4)-24$ facendo gli opportuni calcoli si ha $P(4)=-192+480-444+180-24=0$ *(risultato OK)*

Quesito 9
Si determini il dominio della funzione: $f(x)=\sqrt{3-log_2(x+5)}$

Svolgimento

Il dominio della funzione (gli zeri(si cercano ponendo la funzione a zero , cioè (y = 0), quindi $\sqrt{3-log_2(x+5)}=0$, elevando al quadrato ambo i membri si ha $3-log_2(x+5)=0$ si hanno due equazioni risolutive che formano il sistema

$$\begin{cases} x+5>0 \\ 3-log_2(x+5)\geq 0 \end{cases}$$ da risolvere in $$\begin{cases} x>-5 \\ 3-log_2(x+5)\geq 0 \end{cases}$$

sostituendo la 1^ equazione nella seconda si ha

$$\begin{cases} x > -5 \\ 3 - log_2(-5 + 5) \geq 0 \end{cases} => \begin{cases} x > -5 \\ 3 - log_2(0) \geq 0 \end{cases}$$ poiché il logaritmo

di 0 è zero, si ha $\begin{cases} x > -5 \\ 3 - 0 \geq 0 \end{cases}$ ossia $\begin{cases} x > -5 \\ 3 \geq 0 \end{cases}$, quindi il dominio

della funzione è $(-5 < x \leq 3)$

Risposta:

Il dominio della funzione $f(x) = \sqrt{3 - log_2(x + 5)}$ è l'intervallo $(-5 < x \leq 3)$

Quesito 10

Si determinino i valori reali di x per cui:

$$\left(\frac{1}{5}(x^2 - 10x + 26)\right)^{x^2 - 6x + 1} = 1$$

Svolgimento

La risoluzione dell'esponente così complesso può essere facilmente risolvibile se pensiamo a mettere ambo i membri in radice dell'esponente, cioè

$$\sqrt[x^2-6x+1]{\left(\frac{1}{5}(x^2 - 10x + 26)\right)^{x^2 - 6x + 1}} = \sqrt[x^2-6x+1]{1}$$, quindi

semplificando si ha $\left(\frac{1}{5}(x^2 - 10x + 26)\right) = 1$ e risolviamo il

prodotto in $\frac{1}{5}x^2 - 2x + \frac{26}{5} = 1$ m. c. m.

$x^2 - 10x + 26 = 5 => x^2 - 10x + 26 - 5 = 0 =>$

$x^2 - 10x + 21 = 0$ è un'equazione di 2° grado che risolta ha

radici $\begin{bmatrix} x_1 = 3 \\ x_2 = 7 \end{bmatrix}$ *(risultato)*

Risposta:

Il dominio della funzione ha valori reali $\begin{bmatrix} x_1 = 3 \\ x_2 = 7 \end{bmatrix}$

ANNO 2015 liceo scientifico PIN

Problema 1

l piano tariffario proposto da un operatore telefonico prevede, per le telefonate all'estero, un canone fisso di 10 euro al mese, più 10 centesimi per ogni minuto di conversazione.

Indicando con x i minuti di conversazione effettuati in un mese, con $f(x)$ la spesa totale nel mese e con $g(x)$ il costo medio al minuto:

1. individua l'espressione analitica delle funzioni e rappresentale graficamente; verifica che la funzione $g(x)$ non ha massimi né minimi relativi e dai la tua interpretazione dell'andamento delle due funzioni alla luce della situazione concreta che esse rappresentano.

2. Detto x_0 il numero di minuti di conversazione già effettuati nel mese corrente, determina x_1 tale che: $g(x_1) = \frac{g(x_0)}{2}$.

Traccia il grafico della funzione che esprime x_1 in funzione di x_0 e discuti il suo andamento.

3. Sul suo sito web l'operatore telefonico ha pubblicato una mappa che rappresenta la copertura del segnale telefonico nella zona di tuo interesse , vedi mappa seguente.

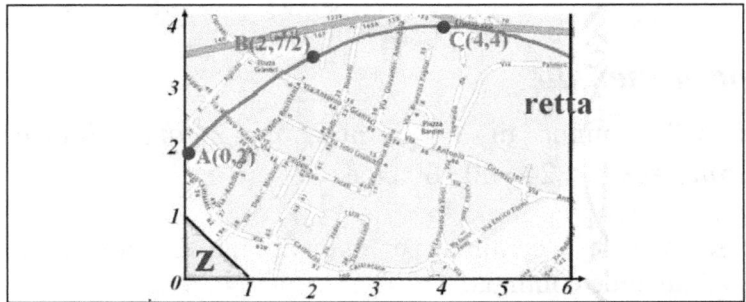

La zona è delimitata dalla curva passante per i punti A, B e C, dagli assi x e y , e dalla retta di equazione $x = 6$; la porzione etichettata con la "Z" , rappresenta un'area non coperta dal segnale telefonico dell'operatore in questione.

Rappresenta il margine superiore della zona con una funzione polinomiale di secondo grado, verificando che il suo grafico passi per i tre punti A, B e C.

3.a Sul sito web dell'operatore compare la seguente affermazione: "nella zona rappresentata nella mappa risulta coperto dal segnale il *96%* del territorio"; verifica se effettivamente è così.

3.b L'operatore di telefonia modifica il piano tariffario, inserendo un sovrapprezzo di 10
centesimi per ogni minuto di conversazione successivo ai primi 500 minuti.

4. Determina come cambiano, di conseguenza, le caratteristiche delle funzioni $g(x)$ e $g(x)$, riguardo agli asintoti, alla monotonia, continuità e derivabilità, individua eventuali massimi e minimi assoluti della funzione $g(x)$ ( ) e della sua derivata e spiegane il significato nella
situazione concreta.

Svolgimento:

1. Spesa mensile

L'ascissa X (minuti di 30 giorni è $x = 24\ ore \cdot 30\ giorni \cdot 60\ minuti \Rightarrow x = 24 \cdot 30 \cdot 60$ cioè
$x = 43200$ *(minuti per un mese)*
La spesa mensile è continua per ogni minuto di conversazione, cioè una funzione continua.

Il primo giorni abbiamo un costo fisso € 10 poi si aggiunge l'intervallo dei minuti che variano

Da 0 a 43200, cioè $I = \left[\overbrace{0 \le x \le 43200)}^{minuti}\right]$ e l'equazione della

sua funzione si compone in $\overbrace{\widetilde{y}}^{Costo\ mensile} = \overbrace{€\ 10}^{fisso} + \underbrace{\overbrace{0,10}^{costo}\ \overbrace{(43200)}^{minuti}}_{funzione\ f(x)}$

, quindi l'equazione definitiva della spesa mensile è

$f(x) = 0,10x + 10$, vedi grafico

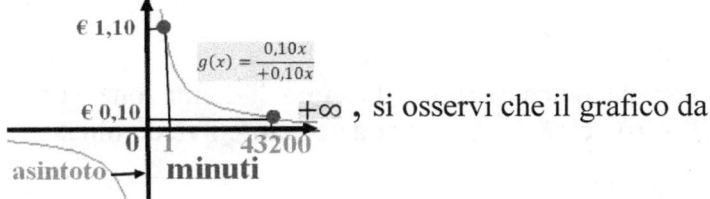

La funzione è continua, limitata nell'intervallo e ha un minimo in
$(x = 0)$ è un Max in $(x = 43200)$, vedi grafico.

• *Costo medio*

Il costo medio $g(x)$ è il rapporto del costo mensile su x giorni da

considerare, quindi in forma di funzione è $g(x) = \dfrac{\overbrace{f(x)}^{costo}}{\underset{tempo}{\underbrace{x}}}$,

inserendo in essa la funzione f(x) si ha $g(x) = \dfrac{0,10x + 10}{x}$ che si

scrive anche in $g(x) = \dfrac{0,10x}{x} + \dfrac{10}{x}$ e semplificando si ha

$(x) = \dfrac{10}{x} + 0,10$ *(costo medio al minuto)*,

vedi il grafico in cui a sinistra c'è l'asintoto verticale $(x = 0)$ e a
destra è delimita dalla durata di un intero mese di ascissa 43200
minuti, vedi grafico della sola parte dei reali.

, si osservi che il grafico da

357

considerare è solo la parte dei reali ed è delimitato dai minuti dell'intero mese, ha un massimo nel punto $\begin{bmatrix} x = 1 \\ \text{€ } 10,10 \end{bmatrix}$ e un minimo nel punto $\begin{bmatrix} x = 43200 \\ \text{€ } 0,10 \end{bmatrix}$, da non confondere con il vero grafico della funzione completa di g(x) come iperbole che non ammette, né massimo, né minimo (assoluto o relativo), perché il suo limite tende a $\pm\infty$, vedi grafico sopra.

$$\begin{bmatrix} \textit{Se si telefonasse ininterrottamente per} \\ \textit{un il mese. Il costo medio sarebbe di € 0,10} \\ \textit{al minuto, che ammortizzerebbe il costo} \\ \textit{fisso iniziale di € 10.} \end{bmatrix}$$

2. *Studio di g(x)*

Detto x_0 la funzione è $g(x) = \dfrac{g(x_0)}{2}$ cioè

$\dfrac{10}{x_1} + 0,10 = \dfrac{1}{2}(\dfrac{10}{x_0} + 0,10)$ ossia $\dfrac{10}{x_1} = \dfrac{5}{x_0} + \dfrac{0,10}{2}$ =>

$\dfrac{10}{x_1} = \dfrac{5}{x_0} + \dfrac{0,10}{2} - 0,10$ => $\dfrac{10}{x_1} = \dfrac{5}{x_0} - 0,05$ =>

$10x_0 = 5x_1 - 0,05x_0x_1$ mettiamo in evidenza

$10x_0 = x_1(5 - 0,05x_0)$ => $x_1 = \dfrac{10x_0}{5-0,05x_0}$ e tenendo conto che

$x_1 = g(x_0)$ abbiamo l'equazione finale $y = \dfrac{10x_0}{5-0,05x_0}$

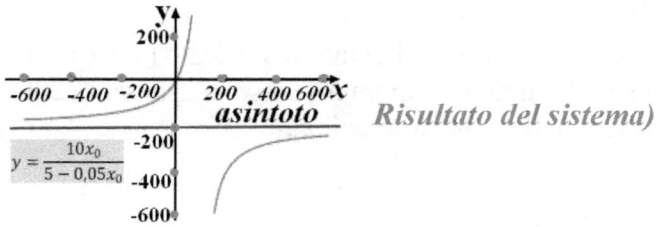

asintoto   *Risultato del sistema)*

Poiché l'equazione è una iperbole, il campo di definizione è tutto R escluso (D = 0) , cioè trovare per quale valore il denominatore si annulla per cui poniamo $5 - 0,05x_0 = 0$ => $5 - \dfrac{5}{100}x_0 = 0$ =>

358

$-\frac{5}{100}x_0 = -5 \Rightarrow -5x_0 = -500 \Rightarrow x_0 = -\frac{500}{-5} \Rightarrow x_0 = 100$,

allora la funzione è definita per $x_0 \in \Re - \{100\}$ cioè

$0 < x_0 \leq 43200$, escluso (x = 100). Possiamo affermare, vedi figura, che per valori maggiore di $x_0 > 100$ il corrispondente valore di x_1 cresce in definitivamente a +∞, mentre

per valori minori $x_0 < 100$ il corrispondente valore di x_i decresce in definitivamente a −∞ , come ovvio, per $x_0 = 100$ la funzione non è definita.

La funzione ha due asintoti: orizzontale e verticale ; è definita per tutti i reali eccetto l'annullamento del denominatore

$5 - 0,05x_0 = 0$ che risolviamo in $5 = 0,05x_0$ ossia $x_0 = \frac{5}{0,05} \Rightarrow$

$x_0 = 100$ *(punto di asintoto verticale in cui la funzione non è determinata)*

L'asintoto verticale è il rapporto dei coefficienti di grado massimo, infatti la funzione $x_1 = \frac{10x_0}{5-0,05x_0}$ è il rapporto di due

polinomi i cui coefficienti sono $x_1 = \frac{10}{5-0,05}$, allora l'asintoto

corrisponde al rapporto $asintoto = \frac{10}{5-0,05} \Rightarrow$

$y = -200$ *(asintoto verticale)*.

3. I punti dell'arco (A, B, C) sulla mappa fornita un arco di parabola, con 3 punti su di essa, dobbiamo formare un sistema di 3 equazioni , la cui equazione risultante y ci consentirà di integrare l'area dell'intervallo delle ascisse del primo punto A e dell'ultimo punto C, vedi figura

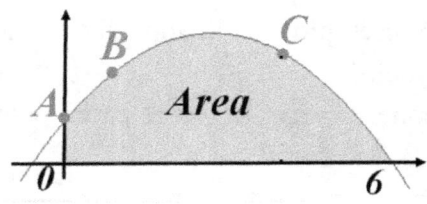

Quindi le coordinate dei punti sono $\begin{cases} A(0,2) \\ B(2,\frac{7}{2}) \\ C(4,4) \end{cases}$ e il sistema delle

equazioni da risolvere è il seguente: $\begin{cases} y_1 = ax^2 + bx + c \\ y_2 = ax^2 + bx + c \\ y_3 = ax^2 + bx + c \end{cases}$

sostituendo in esse le coordinate dei punti (A; B; C) abbiamo

$\begin{cases} 2 = a0^2 + b0 + c \\ \frac{7}{2} = a2^2 + b2 + c \\ 4 = a4^2 + b4 + c \end{cases}$ => $\begin{cases} 2 = c \\ \frac{7}{2} = 4a + 2b + c \\ 4 = 16a + 4b + c \end{cases}$ inserendo (c = 2)

nella 2^ equazione abbiamo $\frac{7}{2} = 4a + 2b + 2$ =>

$7 = 8a + 4b + 4$ => $\mathbf{7 - 4 - 8a = 4b}$ =>

$\mathbf{3 - 8a = 4b}$ => $b = \frac{-8a+3}{4}$ dalla quale $(*)$ $b = -2a + \frac{3}{4}$

Sostituiamo (-2a + 3/4) e (c = 2) nella 3^ equazione, si ha

$4 = 16a + 4(-2a + \frac{3}{4}) + 2$ => $4 = 16a - 8a + 3 + 2$ =>

$4 - 5 = 8a$ => $-1 = 8a$ => $a = -\frac{1}{8}$ *(1^ soluzione)*

Sostituire la 1^ soluzione nella $(*)$, si ha $b = -2\left(-\frac{1}{8}\right) + \frac{3}{4}$ =>

$\frac{1}{4} + \frac{3}{4}.$ => $b = \frac{4}{4}$ => $b = 1$ *(2^ soluzione)*

Le soluzioni del sistema sono $\begin{cases} a = -\frac{1}{8} \ ossia - 0,125 \\ b = 1 \\ c = 2 \end{cases}$

• Per farvi piacere di come intervenire alla risoluzione di equazioni di funzione diversa

vi mostro un altro esempio di soluzione di equazioni cubica mediante sistema, cioè

Sia data l'equazione $y = ax^3 + bx^2 + cx$ e i punti sul grafico

$$\begin{cases} A(-1,-3) \\ B(0.5\,,\ 3) \quad \text{determinare per quali coefficienti, (se esistono),} \\ C(1,9) \end{cases}$$

l'equazione è soddisfatta.

Svolgimento:

Poiché i punti sono 3 avremo 3 equazioni, per cui inseriamo le coordinate dei punti formando un sistema

$$\begin{cases} y_1 = ax^3 + bx^2 + cx \\ y_2 = ax^3 + bx^2 + cx \quad \text{sostituendo in esse le coordinate dei 3} \\ y_3 = ax^3 + bx^2 + cx \end{cases}$$

punti cioè $\begin{cases} A(-1,-3) \\ B(0.5\,,\ 3) \\ C(1,9) \end{cases}$ si ha $\begin{cases} -3 = a(-1)^3 + b(-1)^2 + c(-1) \\ 3 = a(0,5)^3 + b(0,5)^2 + c(0,5) \\ 9 = a(1)^3 + b(1)^2 + c(1) \end{cases}$ =>

$$\begin{cases} -3 = -a + b - c \\ 3 = 0{,}125a + 0{,}25b + 0{,}5c \\ 9 = a + b + c \end{cases}$$

La 3^ equazione è $(*)$ $a = -b - c + 9$ da inserire nella prima, si ha $-3 = -(-b - c + 9) + b - c$ => $-3 = b + c - 9 + b - c$, semplificando si ha $-3 = 2b - 9$ => $2b = 6$ =>
$b = 3$ *(1^ soluzione)*

Inseriamo b nella $(*)$ => $a = -3 - c + 9$ => $a = -c + 6$
Inserendo nella 3^ equazione (b = 3) e (a = –c + 6) abbiamo
$3 = 0{,}125(-c + 6) + 0{,}25(3) + 0{,}5c$ =>
$3 = -0{,}125c + 0{,}75 + 0{,}75 + 0{,}5c$ => $3 - 1{,}5 = 0{,}375c$ =>
$1{,}5 = 0{,}375c$ => $c = \frac{1{,}5}{0{,}375}$ => $c = 4$ *(2^ soluzione)*

Sostituire (c = 4) nella $(**)$, si ha $a = -4 + 6$ => $a = 2$ *(3^ soluzione)*

Le soluzioni del sistema sono $\begin{cases} a = 2 \\ b = 3 \\ c = 4 \end{cases}$ .Risolto il sistema inserire i coefficienti ottenuti nell'equazione assegnata, si ha $y = 2x^3 + 3x^2 + 4x$

Verifica:

Per essere certi che i punti appartengono all'equazione dobbiamo inserire le coordinata di ciascun punto e vedere se l'equazione è soddisfatta.

Per P1(-1, 3) si ha $-3 = 2(-1)^3 + 3(-1)^2 + 4(-1)$ =>
$-3 = -2 + 3 - 4$ => $-3 = -3$ *(OK, verificato)*

Per P2(0.5, 3) si ha $3 = 2(0,5)^3 + 3(0,5)^2 + 4(0,5)$ =>
$3 = 0,25 + 0,75 + 2$ => $3 = 3$ *(OK, verificato)*

Per P3(-1, 3) si ha $9 = 2(1)^3 + 3(1)^2 + 4(1)$ =>
$9 = 2 + 3 + 4$ => $9 = 9$ *(OK, verificato)*

Risposta: I punti assegnati con i coefficienti $\begin{cases} a = 2 \\ b = 3 \\ c = 4 \end{cases}$

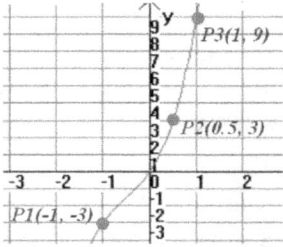

appartengono all'equazione, vedi figura

- Riprendiamo la soluzione delle tariffe, risolto il problema dobbiamo inserire i coefficienti ottenuti nell'equazione standard della parabola $y = ax^2 + bx + c$, cioè inserendo (a, b, c), si ha $y = -0,125x^2 + x + 2$ (equazione della parabola passante per i tre punti A; B; C , vedi figura.

Considerando la parte di parabola in figura sopra, punti ABCD, l'area si determina calcolando l'integrale considerando che l'intervallo interessato è compreso tra le ascisse dei punti A e D, cioè I[0,6], allora l'integrale da calcolare è il seguente $Area =$

362

$\int_0^6(-0{,}125x^2 + x + 2)dx$, si tratta di tre semplici integrali

$Area = \int_0^6(-0{,}125x^2 + x + 2)dx$ ossia

$Area = \int_0^6(-0{,}125\frac{x^{2+1}}{2+1} + \frac{x^{1+1}}{1+1} + 2x) =>$

$Area = \int_0^6(-0{,}125\frac{x^3}{3} + \frac{x^2}{2} + 2x)$ ossia

$Area = \left[-0{,}125\frac{x^3}{3} + \frac{x^2}{2} + 2x\right]^6 - \left[-2(0{,}125)\frac{x^3}{3} + \frac{x^2}{2} + 2x\right]_0$

$=>$

$Area = \left[-0{,}125\frac{6^3}{3} + \frac{6^2}{2} + 2(6)\right] - \left[-0{,}125\frac{0^3}{3} + \frac{0^2}{2} + 2 \cdot 0\right]^6$

$=>$

$Area = [-9 + 18 + 12] - 0 =>$

Area = 21 (area totale della mappa)

- L'area della zona " Z " è calcolabile geometricamente

$A_Z = \frac{b \cdot h}{2}$ cioè $A_Z = \frac{1 \cdot 1}{2}$ ossia

$A_Z = \frac{1}{2}$ *(area scoperta dalla ricezione)*

- L'area coperta dal segnale è la differenza

$A_{segnale} = A_{mappa} - A_Z$ cioè $A_{segnale} = 21 - \frac{1}{2} =>$

$A_{segnale}$ = 20,5 (area segnale di coperture)

- La percentuale è la seguente proporzione:

$21 : 100 = 20{,}5 : \% => \% = \frac{100 \cdot 20{,}5}{21}$ cioè

% = 97,619 (quasi il 98% del territorio)

4. L'operatore di telefonia modifica il piano tariffario, inserendo un sovrapprezzo di 10 centesimi per ogni minuto di conversazione successivo ai primi 500 minuti., significa che applica due tariffe, la prima fino a 500 minuti lasciando le condizioni immutate e la seconda tariffa, riguardante i restanti minuti verrà calcolata con € 0,20 per minuto, allora la funzione corrispondente   sarà la seguente:

$$f(x) = \begin{cases} \overbrace{y_1 = 10 + 0,10x \ (solo \ per \ 500')}^{Prima \ tariffa \ € \ 0,10 \ per \ 500 \ minuti} \\ \underbrace{y_1 = 0,2(x - 500') \ per(43200 - 500)}_{seconda \ tariffa \ per \ 42700 \ minuti} \end{cases} \quad ossia$$

la somma di due equazioni distinte tra loro che risulta essere
$f(x) = \begin{cases} y_1 = 10 + 0,10(500) \\ y_2 = 0,2(x - 500) \end{cases}$, allora l'equazione risultante

delle è la somma $f(x) = (y_1 + y_2)$ ossia

$y = \overbrace{10 + 0,10(500)}^{1^\wedge tariffa} + \overbrace{0,2(x - 500)}^{2^\wedge tariffa}$ che risolviamo in

$y = 10 + 50 + 0,2x - 100 \Rightarrow$

$y = 0,2x - 40$ *(equazione finale)*

Verifica:

Il costo complessivo delle due tariffe lo ricaviamo sostituendo i minuti nell'equazione.

Per 500 minuti si ha $Costo = 0,2(500) - 40 \Rightarrow$
$Costo = 100 - 40 \ Costo = 60$ *(prima tariffa)*
Per 42700 minuti si ha $Costo = 0,2(42700) - 40 \Rightarrow$
$Costo = 8540 - 40 \Rightarrow Costo = 8500$ *(seconda tariffa)*
$Costo \ totale = 60 + 8540 \Rightarrow$
$Costo \ totale = 8600$ *(costo delle due tariffe)*
*Verifica:*per 43200 minuti $0,2(43200) - 40 \Rightarrow 8640 - 40$ ossia
$Costo \ totale = 8600$ (verifica dell'equazione perfetta)
Lo stesso ragionamento vale per il valore medio di g(x) allora

Per $g(x) = \begin{cases} y_1 = \dfrac{10}{x} + 0,10 \\ y_2 = 0,2(x) \end{cases}$ ossia $\begin{cases} \overbrace{y_1 = \dfrac{10}{500} + 0,10}^{Prima \ tariffa} \\ \underbrace{y_2 = 0,2(x - 500)}_{seconda \ tariffa} \end{cases}$.

Il costo totale è la somma delle due equazioni, cioè

$y = \overbrace{(y_2 + y_2)} = \frac{10}{500} + 0,1 + 0,2(x - 500)$ ossia

$y = \frac{10}{500} + 0,1 + 0,2x - 100 \Rightarrow y = 10 + 0,1(500) +$
$0,2(-500) \Rightarrow y = 10 + 50 + 0,2x - 100 \Rightarrow$
$y = 60 + 0,2x - 100 \Rightarrow y = 0,2x - 40$

per isolare x dobbiamo dividere ambo i termini per x, si ha

$y = \frac{0,2x}{x} - \frac{40}{x}$ cioè $y = -\frac{40}{x} + 0,2$ *(equazione dei 2 scaglioni)*

I limiti delle funzioni f(x) e g(x) sono i seguenti prospetti

LIMITI DELLA PRIMA TARIFFA $f(x) = 10 + 0,10x$		
	sinistro	destro
$\lim\limits_{x \to 0} 10 + 0,10x$	L = 10	L = 10
$\lim\limits_{x \to 500} 10 + 0,10x$	L = 60	L = 60

LIMITI DELLA SECONDA TARIFFA $g(x)\frac{-40}{x} + 0,2$		
	sinistro	destro
$y_1 = \lim\limits_{x \to 42700} -\frac{40}{x} + 0,2$	L = 0,199063	L = 0,199063
$y_1 = \lim\limits_{x \to 43200} -\frac{40}{x} + 0,2$	L = 1,99074	L = 1,99074

• Per controllare la derivabilità delle funzioni (1^ e 2^
tariffa) dobbiamo calcolare le derivate dei quoziente delle

funzioni di f(x) e g(x) Le derivate $g(x) = \begin{cases} \overbrace{y'_1 = \frac{10}{x} + 0,10}^{Prima\ tariffa\ 500'} \\ \underbrace{y'_2 = -\frac{40}{x} + 0,2}_{Seconda\ tariffa > 500} \end{cases}$

corrispondono ai risultati $g(x) = \begin{cases} y'_1 = \dfrac{-10}{x^2} \\ y'_2 = \dfrac{40}{x^2} \end{cases}$ *(derivate delle due tariffe)*

- I limiti delle derivate prime per f '(x) e g'(x) sono i seguenti

LIMITI DELLE DERIVATE PRIME $f'(x) = \dfrac{-10}{x^2} \ e \ f'(x) = \dfrac{40}{x^2}$		
	sinistro	destro
$\lim\limits_{x \to 0} \dfrac{-10}{x^2}$	$-\infty$	$-\infty$
$\lim\limits_{x \to 500} \dfrac{-10}{x^2}$	L = 0,00004	L = 0,00004
$g(x)\dfrac{40}{x^3}$	sinistro	destro
$\lim\limits_{x \to 0} \dfrac{40}{x^2}$	$+\infty$	$+\infty$
$\lim\limits_{x \to 500} \dfrac{40}{x^2}$	L = 0,00016	L =0,00016

Commento della tariffa unica :

La tariffa unica è una funzione continua all'aumentare per tutti i minuti e decresce al diminuire dei minuti. E una funzione crescente senza minimo e senza massimo, vedi figura

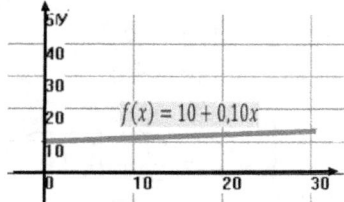

$f(x) = 10 + 0,10x$

Commento della doppia tariffa :

366

La funzione della prima tariffa $y = \frac{10}{x} + 0,1$ è decrescente senza subire salti, all'aumentare dei minuti, mentre è crescente se i minuti diminuiscono per cui si dice che la funzione è continua,

vedi figura 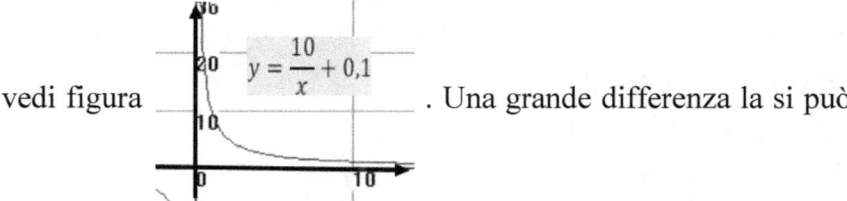 . Una grande differenza la si può

osservare studiando il grafico delle derivate $y = \frac{-10}{x^2}$ è di $y = \frac{40}{x^2}$,

vedi figura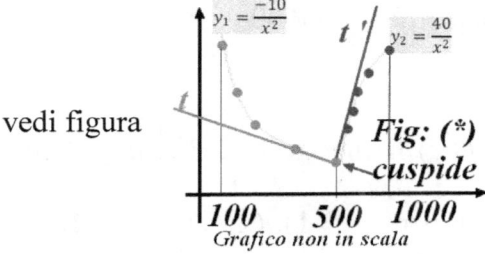

Fig: (*)
cuspide

Grafico non in scala

Le funzione non è continua in quanto i limiti delle due derivate non sono uguali, infatti il limite della prima tariffa

$y_1 = lim_{x \to 500^-} \frac{-10}{x^2} => L = -0,0004$ e quello della seconda

tariffa $y_2 = lim_{x \to 500'} -\frac{40}{x^2} =>$

$y_1 = \lim_{x \to 500^+} => L = -0,00016$

Poiché i limiti non sono uguali la funzione non è derivabile, si tratta di una cuspide, cioè un punto angoloso, vedi grafico, la funzione è decrescente nell'intervallo $I = [0, 500]$, mentre è crescente per l'intervallo $I = [\,500, +\infty]$.
Poiché si richiedono i coefficienti della media dobbiamo inserire nelle equazioni i rispettivi minuti dei due scaglioni.

Prima tariffa:

Per 500 minuti il valore medio è $g(x_1) = \frac{10}{x} + 0,1$ cioè

367

$g(x_1) = \dfrac{10}{500} + 0,1 =>$

$g(x_1) = 0,12$ *(costo per minuto della prima tariffa)*

Seconda tariffa:

Per (43200 – 500) minuti il valore medio è $g(x) = \dfrac{10}{x} + 0,2$ cioè

$g(x_2) = \dfrac{10}{42700} + 0,2 =>$

$g(x_1) = 0,2$ *(costo per minuto della seconda tariffa)*

Verifica costo delle due tariffe:

Costo dei due scaglioni $= 0,12(500) + [-€10 +$
$(0,2 \cdot 42700)]$ allora si ha $60 + [-10 + (8550)]$ ossia
$60 - 10 + 8550 =>$ *costo scaglioni $= 8600$* *(perfetto)*

Problema 2

La funzione derivabile $y = f(x)$ ha per $x \in [-3, 3]$, il grafico Γ
disegnato in figura 2

Γ presenta tangenti orizzontali per $(x = -1)$; $(x = 1)$; $(x = 2)$. Le
aree delle regioni A, B, C, D sono rispettivamente 2, 3, 3 e 1.
Sia $y = g(x)$ una primitiva di $y = f(x)$ tale che $g(3) = -5$.

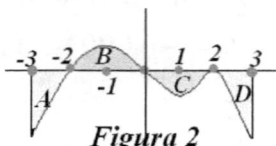

Figura 2

1.   Nel caso f(x) fosse esprimibile con un polinomio, quale potrebbe
essere il suo grado minimo ? Illustra il ragionamento seguito.
2.   Individua i valori di $x \in [-3, 3]$ per cui g(x) ha un massimo relativo e
determina i valori di x per i quali g(x) volge la concavità verso l'alto.
3.   Calcolare g(0) e, se esiste, il limite $\min_{x \to 0} \dfrac{1 + g(x)}{2x}$.
4.   Sia $h(x) = 3 \cdot f(2x + 1)$, determina il valore di $\int_{-2}^{1} h(x)\,dx$

Svolgimento:

L'ipotesi di condizione, affinché la funzione sia derivabile nell'intervallo [-3,3] deve verificarsi che

$$\left[\begin{array}{c} f'(-1) = f'(1) = f'(2) = 0 \\ \int_{-3}^{-2} f(x)dx = -2 \, ; \quad \int_{-2}^{0} f(x)dx = 3 \, ; \\ \int_{0}^{2} f(x)dx = -3 \, ; \quad \int_{2}^{3} f(x)dx = 1 \\ infine \; sappiamo \; che \; g(x) \grave{e} \; una \; primitiva \\ di \; f(x), tale \; che \; (g(3) = -5) \end{array} \right]$$

Punto 1

Se f(x) fosse una funzione polinomiale, il minimo grado sarebbe 4 per il fatto che l'equazione
$f(x) = 0$ ammette 3 radici, cioè 3 punti sull'ascissa (-1, 1, 2).
Se questo fosse vero avremmo le tre radici si rappresentano tipo
$f(x) = a(x + 2)x(x - 2)^2$,
valida solo per alcune condizioni e non per tutte, infatti se fosse una funzione polinomiale la derivata sarebbe di 3° grado essendo f(x) di 4° grado, inoltre la funzione f(x) si annulla almeno tre volte e g(x), allora   sarebbe almeno di 5° grado.
Presumiamo che f(x) passi per l'origine, ma non sappiamo cosa succede al di fuori dell'intervallo
[-3,3], si cerca un polinomio di 4° grado che non esiste.

Punto 2

Osservando il grafico e l'intervallo [3, -3] possiamo asserire che g(x) ha un massimo relativo sull'ascissa (x = 0) , infatti essendo f(x) la derivata di g(x) per $(-2 < x < 0)$ la derivata di
$g'(x) > 0$, invece per $(0 < x < 2)$ risulta la derivata $g'(x) < 0$
Per calcolare l'integrale, quindi (x = 0) è un massimo relativo per g(x).
Lo studio delle concavità si ottiene studiando la derivata seconda
$\left[g''(x) = f'(x) \right]$ allora è positiva quando f(x) è crescente

nell'intervallo. Si conferma che g(x) è convessa (concavità verso l'alto) per i valori di ascissa

$$\begin{bmatrix} (-3 < x < -1) \\ e \\ (1 < x < 2 \end{bmatrix}$$

Punto 3

Poiché ci è noto che $g(3) = g(0) + \int_0^3 f(x)dx$, sostituendo i dati otteniamo che

$-5 = g(0) + \int_0^2 f(x)dx + \int_2^3 f(x)dx$ oppure con le rispettive ascisse si ha

$-5 = g(0) + (-3) + (-1)$, quindi risolvendo si ha $g(0) = 5 - 3 - 1 \Rightarrow g(0) = -1$

Ci resta solo di verificare il limite di $\lim_{x \to 0} \frac{1+g(x)}{2x}$, sostituendo $(g(x) = -1)$ si ha $\lim_{x \to 0} \frac{1-1}{2x}$ facendo tendere x a zero si ha $\lim_{x \to 0} \frac{0}{0} \Rightarrow L = 0$ (limite indeterminato).

Ricorrendo all'applicazione di De L'Hospital, la derivata di $(2x = 2)$ e quindi $\lim_{x \to 0} \frac{1-1}{2} L = 0$.

Anche con De L'Hospital il limite non esiste, Dobbiamo fermarci qui perché la derivate oltre sono finite, quindi si conferma che il limite non esiste.

Punto 4

Se la traccia ci pone che $h(x) = 3 \cdot f(2x + 1)$, allora si ha $\int_{-2}^1 h(x)dx = 3 \cdot \int_{-2}^1 (2x + 1)$

Per calcolare l'integrale dobbiamo trovare l'ascissa zero della funzione f(x), ponendo

$f(2x + 1) = 0$ cioè $2x = -1$ $\Rightarrow$ $x = -\frac{1}{2}$ *(ascissa zero della funzione)* ,

allora l'integrale avrà 2 intervalli $\left[-2, -\frac{1}{2}\right] \cup \left[-\frac{1}{2}, 1\right]$

370

L'integrale saranno due $\int_{-2}^{-\frac{1}{2}}(2x+1)dx$ + $\int_{1}^{-\frac{1}{2}}(2x+1)dx$, quindi deriviamo i due integrali in

Integrale 1 => $\left[2\frac{x^{1+1}}{1+1}+x\right]_{-2}^{-\frac{1}{2}}$ => $[x^2+x]_{-2}^{-\frac{1}{2}}$ => $[x^2+x]^{-\frac{1}{2}}$ –

$[x^2+x]_{-2}$ => $\left[(\frac{1}{2})^2+(-\frac{1}{2})\right]-[(-2)^2+(-2)]$ =>

$\left[\frac{1}{4}-\frac{1}{2}\right]-[4-2]$ => $\left[-\frac{1}{4}\right]-[2]$ => $-\frac{9}{4}$ si prende la sola parte positiva $\frac{9}{4}$

Integrale 2 => $\left[2\frac{x^{1+1}}{1+1}+x\right]_{-\frac{1}{2}}^{1}$ => $[x^2+x]_{-\frac{1}{2}}^{1}$ => $[x^2+x]^1$ –

$[x^2+x]_{-\frac{1}{2}}$ => $[(1)^2+(1)]-\left[(-\frac{1}{2})^2+(-\frac{1}{2})\right]$ =>

$[1+1]-\left[\frac{1}{4}-\frac{1}{2}\right]$ => $[2]-\left[-\frac{1}{4}\right]$ => $[2]\left[+\frac{1}{4}\right]$ => $\frac{9}{4}$. La somma degli integrali è $\frac{9}{4}+\frac{9}{4}$ => $\frac{18}{4}$ => $\frac{9}{2}$ ossia

4,5 *(integrale di $\int_{-2}^{1}(2x+1)dx$)*

Quesiti liceo scientifico 2015

Quesito n.1

Determinare l'espressione analitica della funzione $y=f(x)$ sapendo che la retta $y=-2x+5$ è tangente al grafico di f nel secondo quadrante e che $f'(x)=-2x^2+6$.

Svolgimento

Poiché conosciamo la primitiva (primitiva) possiamo risalire alla funzione integranda che ha generato la primitiva , cioè dobbiamo integrale la derivata, si ha $\int(-2x^2+6)dx$ =>

$\left[-\frac{2x^{2+1}}{2+1}+6x\right]$ => $\left[-\frac{2}{3}x^3+6x+c\right]$ *(funzione integranda che conduce alla derivata)*

Per ottenere la derivata nel secondo quadrante (ascisse negative) dobbiamo calcolare l'ordinata della retta tangente di $y = -2x + 5$ che corrisponde al punto in cui la derivata taglia l'asse delle ascisse x per cui derivando si ha $f' - 2x + 5$ =>

-2, *(ordinata del punto di tangenza)*

Assegniamo l'ordinata $(x = -2)$ alla funzione della tangente $f'(x) = -2x^2 + 6$ si ha $-2 = -2x^2 + 6$ =>

$-2 - 6 = -2x^2$ => $-2x^2 = -8$ => $x^2 = \frac{-8}{-2}$ => =>

$x^2 = 4$ $x = \pm 2$ *(ascissa della tangente)*

Sostituiamo $(x = -2)$ nell'equazione della retta $y = -2x + 5$ e calcoliamo la sua ordinata, si ha $y = -2 \cdot -2 + 5$ =>

$y = 4 + 5$ $y = 9$ *(ordinata della tangente)*

Noto ascissa e ordinata possiamo calcolare la costante C esistente nella funzione f(x) ossia in $-\frac{2}{3}x^3 + 6x + c$, quindi abbiamo

$-\frac{2}{3}(-2)^3 + 6(-2) + c = 9$ => $\frac{16}{3} - 12 + c = 9$ =>

$c = -\frac{16}{3} + 12 + 9$ => $c = \frac{47}{3}$ *(costante della funzione)*

Ottenuto la costante C, possiamo calcolare la funzione definitiva in cui la retta è tangente, sostituendo in essa la costante c nella

funzione $-\frac{2}{3}x^3 + 6x + c$ => $-\frac{2}{3}x^3 + 6x + \overset{\text{cost. } c}{\frac{47}{3}}$ *(equazione*

definitiva) , vedi figura

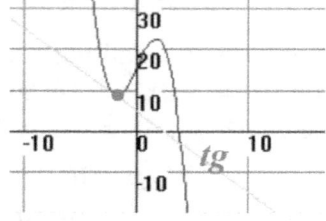

Quesito n.2

Dimostrare che il volume del tronco di cono è espresso dalla formula

$V = \frac{1}{3}\pi \cdot h \cdot (R^2 + r^2 + R \cdot r)$, dove R e r sono i raggi e h

l'altezza.

Svolgimento

La dimostrazione è sia algebrica che con gli integrali; tralasciando quella algebrica dimostriamo quella con gli integrali.

Sezionando un tronco di cono si ottiene la figura geometrica di un trapezio. Se lo facciamo ruotare il intorno all'asse x si ha la seguente figura

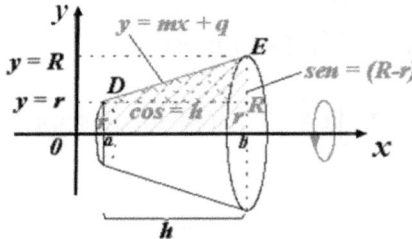

La rotazione intorno all'asse x, ha generato un tronco di cono e le sezioni interessate sono due di raggio (r ed R). Se vogliamo calcolare il volume del tronco di cono generato per rotazione, dobbiamo riferirci alle due sezioni dell'intervallo [a, b] in cui l'altezza del solido nel punto (a) ha valore (h = 0), mentre nel punto (b) ha valore (b = h), (veda figura).

Si consideri una retta passante per i punti D e per il punto E di equazione y = mx + q .

Poiché *(q U r) l'equazione diventa* $y = mx + r$.

Il parametro angolare (m) della retta vale $m = tgx = \frac{senx}{cosx}$

inserendo in essa i valori del seno e del coseno si ha $m = \frac{(R-r)}{h}$

veda figura, e l'equazione della retta diventa

$y = \frac{(R-r)}{h}x + r$ *(generatrice del tronco di cono)*

Il volume è l'integrale $V = \pi \int_a^h f(x)^2\, dx$ inserendo in essa il valore della funzione sopra calcolata, al quadrato e tenendo conto che in (a) il valore dell'altezza del solido è (h = 0) si ha

$V = \pi \int_0^h (\frac{R-r}{h} \cdot x + r)^2 dx$, svolgendo il quadrato si ha

$V = \pi \int^h \left[\frac{(R-r)^2}{h^2} \cdot x^2 + \frac{2(R-r)r}{h}x + r^2 \right] dx$ per la proprietà

lineare degli integrali si ha

$V = \int^h \pi \left[\frac{(R-r)^2}{h^2} \cdot x^2 + \int^h \frac{2(R-r)r}{h} x\, dx + \int^h r^2 dx \right] dx$

integrando la variabile (x) si ha

$V = \int^h \pi \left[\frac{(R-r)^2}{h^2} \cdot \frac{x^{2+1}}{2+1} + \frac{2(R-r)r}{h} \cdot \frac{x^{1+1}}{1+1} + r^2 x \right] dx =>$

$V = \int^h \pi \left[\frac{(R-r)^2}{h^2} \cdot \frac{x^3}{3} + \frac{2(R-r)r}{h} \cdot \frac{x^2}{2} + r^2 x \right] dx$ sostituendo h al

posto di x si ha $V = \int^h \pi \left[\frac{(R-r)^2}{h^2} \cdot \frac{h^3}{3} + \frac{2(R-r)r}{h} \cdot \frac{h^2}{2} + r^2 h \right] dx$

semplificando le altezze e il 2 si ha

$V = \int^h \pi \left[\frac{(R-r)^2 h}{3} + (R-r)rh + r^2 h \right] dx$ portando fuori h si ha

$V = \pi h \left[\frac{(R-r)^2 h}{3} + (R - r)r + r^2 \right]$ risolvendo il quadrato e

prodotto si ha $V = \pi h \left[\frac{R^2 - 2Rr + r^2}{3} + Rr - r^2 + r^2 \right]$ semplificando

si ha $V = \pi h \left[\frac{R^2 - 2Rr + r^2}{3} + Rr \right]$ il m.c.m. si ha

$V = \pi h \left[\frac{R^2 - 2Rr + r^2 + 3Rr}{3} \right]$ raccogliendo Rr si ha $V = \pi h \left[\frac{R^2 + Rr + r^2}{3} \right]$

portando fuori 1/3 si ha $V = \frac{\pi h}{3}(R^2 + Rr + r^2)$ *(dimostrato:*

volume del tronco di cono)

Quesito n.3

Lanciando una moneta sei volte qual è la probabilità che si ottenga testa "al più" due volte ?

Qual è la probabilità che si ottenga testa "al meno" due volte?

Svolgimento

Denominiamo x la variabile casuale che conteggia le volte che esce testa durante i sei lanci di una moneta.

La probabilità che si ottenga testa almeno due volte e la somma delle seguenti probabilità :

Poiché conosciamo la (primitiva

$p(A) = \overbrace{p(x = 0)}^{prima} + \overbrace{p(x = 1)}^{seconda} + \overbrace{p(x = 2)}^{terza}$ in formula dei coefficienti polinomiali si scrive

$p(A) = \overbrace{\binom{6}{0}}^{6=2^6} q^6 + \overbrace{\binom{6}{1}}^{6=2^6} p^1 \cdot q^5 + \overbrace{\binom{6}{2}}^{6=2^6} p^2 \cdot q^4 =>$

$\frac{1}{64} + \frac{6}{64} + \frac{15}{64} => \frac{22}{64} => 34,4\%$ *(probabilità che si ottenga testa al più due volte)*

Le probabilità che si ottenga testa almeno due volte è la formula

$$p(B) = 1 - \overbrace{p(x=0)}^{prima} - \overbrace{p(x=1)}^{seconda} \Rightarrow \overbrace{\binom{6}{0}}^{6=2^6} q^6 + \overbrace{\binom{6}{1}}^{6=2^6} p^1 \cdot q^5 \Rightarrow$$

$1 - \dfrac{1}{64} - \dfrac{6}{64} - \dfrac{57}{64}$ ossia

89 % *(probabilità che si ottenga testa almeno due volte)*

Quesito n.4

Di quale delle seguenti equazioni differenziali la funzione $y = \dfrac{\ln(x)}{x}$ è soluzione di

$$\left[\begin{array}{c} y'' + 2\dfrac{y'}{x} = y \\ y' + y'' = 1 \\ xy' = \dfrac{1}{x} + y \\ y^2 \cdot y'' + x \cdot y' + \dfrac{2}{x} = y \end{array}\right]$$

Svolgimento

Poniamo come condizione che sia $(x > 0)$ e sviluppiamo le derivate della funzione $y = \dfrac{\ln(x)}{x}$, si ha $y' = \dfrac{\ln(x)}{x}$ è una derivata prodotto, cioè $y' = \left[D'\dfrac{1}{x}\right](\ln(x) + \dfrac{1}{x}[D'\ln(x)]) \Rightarrow$

$y' = -\dfrac{1}{x^2} \cdot \ln(x) + (\dfrac{1}{x} \cdot \dfrac{1}{x}) \Rightarrow y' = -\dfrac{1}{x^2} \cdot \ln(x) + \dfrac{1}{x^2}$ in evidenza si ha $y' = \dfrac{1}{x^2} \cdot (1 - \ln x)$ *(derivata prima)*

$y'' = \dfrac{\ln(x)}{x} \Rightarrow D'$ *di* $y' = \dfrac{1}{x^2} \cdot (1 - \ln x)$ si tratta di un prodotto, cioè

$y'' = \left[D'\dfrac{1}{x^2}\right](1 - \ln x) + \dfrac{1}{x^2}[D'(1 - \ln x)] \Rightarrow$

$y'' = -\dfrac{2}{x^3} \cdot (1 - \ln x) + \dfrac{1}{x^2} \cdot -\dfrac{1}{x} \Rightarrow y'' = -\dfrac{2}{x^3} \cdot (1 - \ln x) - \dfrac{1}{x^3}$

in evidenza si ha $y'' = \dfrac{1}{x^3}(-2 - 2\ln x - 1)$

$y'' = \dfrac{1}{x^3}(2\ln x - 3)$ *(derivata seconda)*

Risposta:

la risposta è la quarta equazione , infatti

$$y^2 \cdot \overbrace{\frac{1}{x^3}(2lnx - 3)}^{y''} + x \cdot \overbrace{\frac{1}{x^2} \cdot (1 - ln\,x)}^{y'} + \frac{2}{x} = y .$$

Quesito n.5
Determinare un'espressione analitica della retta perpendicolare nell'origine al piano di equazione $x + y - z = 0$.

Svolgimento:
Poiché l'equazione interessa 3 piani, vedi figura

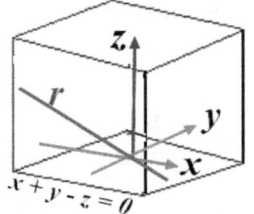

i coefficienti angolari della retta sono 3,

cioè m_x; m_y; m_z e tenendo conto dell'equazione assegnata i coeffienti angolari sono 2 uguali a 1 e l'altro -1, per cui abbiamo $m_x = 1$; $m_y = 1$; $m_z = -1$, di conseguenza si verifica che l'equazione cartesiana nel piano tridimensionale è composta dal sistema risolutivo $\begin{cases} x = y \\ y = -z \end{cases}$ *(risultato dell'equazione voluta)*

Quesito n.6
Sia f la funzione, definita per tutti gli x reali, da
$$f(x) = (x - 1)^2 + (x - 2)^2 + (x - 3)^2 + (x - 4)^2 + (x - 5)^2,$$
determinare il minimo di f

Svolgimento:
Per ottenere il massimo e il minimo, della funzione si pone come condizione che la derivata prima della funzione sia $f'(x) > 0$, si ha $\quad f'(x) = 2(x - 1)^{2-1} + 2(x - 2)^{2-1} + 2(x - 3)^{2-1} + 2(x - 4)^{2-1} + 2(x - 5)^{2-1} \Rightarrow$
$f'(x) = 2(x - 1) + 2(x - 2) + 2(x - 3) + 2(x - 4) + 2(x - 5) \Rightarrow$

$f'(x) = 2x - 2 + 2x - 4 + 2x - 6 + 2x - 8 + 2x - 10$

raccogliendo a fattor comune si ha $f'(x) = 10x - 30$

Ponendo la condizione $y' = 10x - 30 = 0$ abbiamo $10x > 30$ ossia $x > 3$ *(ascissa della funzione)*.

Per calcolare l'ordinata del punto di stazionamento di eventuali massimi o minimi, si sostituisce l'ascissa in f(x), si ha

$y = (3 - 1)^2 + (3 - 2)^2 + (3 - 3)^2 + (3 - 4)^2 + (3 - 5)^2 =>$
$y = 4 + 1 + 0 + 1 + 4 \Rightarrow y = 10$ (ordinata della funzione)

Il punto di stazionamento ha coordinate $P(3,10)$, avrà la concavità rivolta verso l'alto perche si tratta di coefficiente (+ a)

positivo, vedi figura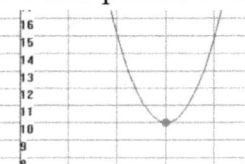

Il vertice della parabola è un minimo, ma ci chiediamo come dimostrarlo ? 1. La risposta è lo studio delle concavità delle funzioni, si applica un diagramma lineare, si porta l'ascissa (x >3) su una linea e si marca la parte positiva e si tratteggia quella negati. I positivi sono le frecce in alto, viceversa in basso per i negativi, vedi grafico

Studio della derivata $(y>0)$

$(x > 3) - - -\downarrow - - -(3) + ++\uparrow + + + +$

A sinistra dell'ascissa 3 la funzione è discendente, mentre a destra di 3 la funzione è ascendente, la concavità è convessa (in alto) e

abbiamo un minimo, vedi figura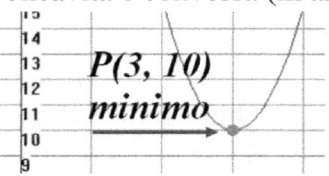

Quesito n.7

Detta $A_{(n)}$ l'area del poligono regolare di n lati inscritto in un cerchio C di raggio r, verificare che $A_{(n)} = \frac{\pi}{2}r^2 sen\frac{2\pi}{n}$ e calcolare il limite per $n \to \infty$

Svolgimento:

Un qualsiasi polinomio regolare di n lati può essere scomposto in n triangoli isosceli, ciascuno di area calcolabile con la

trigonometria, vediamo come in figura

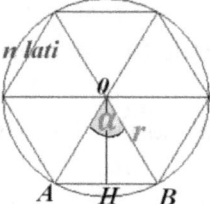

Prendiamo in considerazione il triangolo $A\hat{O}B$, con angolo al vertice $\begin{bmatrix} \alpha = \frac{2\pi}{n} \ (n = lato) \\ \frac{\alpha}{2} = \frac{\pi}{n} \ (n = lato) \end{bmatrix}$

Per calcolare la sua area ci servono due elementi (base e altezza), cioè la corda e l'altezza che applicando le formule trigonometriche sono $\begin{bmatrix} \overline{HB} = (rsen\frac{\pi}{n}) \\ \overline{OH} = r \cdot cos\frac{\pi}{n} \end{bmatrix}$ considerando la base si

ha $\begin{bmatrix} \overline{AB} = 2(rsen\frac{\pi}{n}) \\ \overline{OH} = r \cdot cos\frac{\pi}{n} \end{bmatrix}$ per cui l'are del triangolo $A_{tr.} = \frac{b \cdot h}{2}$ ossia

$A_{tr.} = \frac{2rsen\frac{\pi}{n} \cdot r \cdot cos\frac{\pi}{n}}{2}$ cioè $(*)$ $A_{tr.} = \frac{1}{2}r^2(2cos\frac{\pi}{n}sen\frac{\pi}{n})$.

Dalla duplicazione degli angoli la $(*)$ $\left(2cos\frac{\pi}{n}sen\frac{\pi}{n}\right) = sen(\frac{2\pi}{n})$ allora l'area risulta essere

$A_{tr.} = \frac{1}{2}r^2 \cdot sen(\frac{2\pi}{n})$ *(area di un solo triangolo del poligono)*

Poiché ci si chiede quella dell'intero poligono dobbiamo moltiplicare per n settori, cioè

$$\boxed{A_{tr.} = n \cdot \frac{1}{2}r^2 \cdot sen(\frac{2\pi}{n})}$$ *(dimostrazione dell'area dell'intero* *poligono)*

Il limite per $n \to \infty$ è dato dall'area del cerchio di raggio r e il calcolo è il seguente: $\lim_{n\to\infty} A(n) = \lim_{n\to\infty} \frac{n}{2}r^2 sen(\frac{2\pi}{n})$, con un piccolo artificio possiamo moltiplicare e dividere per $\frac{2\pi}{n}$ senza che il risultato muta, ossia $\lim_{n\to\infty} A(n) = \lim_{n\to\infty} \frac{(\frac{2\pi}{n}) \cdot \frac{n}{2}r^2 sen(\frac{2\pi}{n})}{(\frac{2\pi}{n})}$

semplificando si ha $\lim_{n\to\infty} \pi \cdot r^2 sen\frac{(\frac{2\pi}{n})}{\frac{2\pi}{n}}$. Il limite del seno colore blu $sen\frac{(\frac{2\pi}{n})}{\frac{2\pi}{n}}$ è il limite notevole della forma

$\lim_{n\to0} \frac{sen(x)}{x} = 1$, allora abbiamo $\lim_{n\to\infty} \pi \cdot r^2 \cdot 1$ e quindi si ha $\lim_{n\to\infty} \pi \cdot r^2$.
Si conclude il limite è $\lim_{n\to\infty} L = \pi \cdot r^2$, infatti quando i lati del poligono aumentano infinitamente si avvicinano a descrivere una circonferenza, la cui area è proprio il limite calcolato.

Quesito n.8
I lati di un triangolo misurano, rispettivamente 6 cm., 6 cm., e 5 cm . Preso a caso un punto P all'interno del triangolo, qual è la probabilità che P disti più di 2 cm da tutti e tre i vertici del triangolo ?.

Svolgimento:

380

Poiché il triangolo ha due lati uguali si deduce che sia isoscele e la somma degli angoli interni misurano 180°, il triangolo è

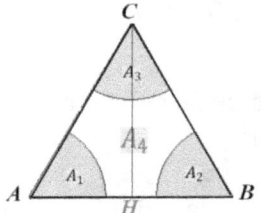

La probabilità richiesta è verificabile solo se facciamo il rapporto delle aree, quella centrale con la somma delle altre, cioè

$$(*) \quad \frac{A_4}{A_1+A_2+A_3}$$

Poiché ci manca la dimensione dell'altezza CH la calcoliamo con

il teorema di Pitagora è $\overline{CH} = \sqrt{\overline{CB}^2 - (\frac{\overline{AB}}{2})^2}$ inserendo i dati si

ha $\overline{CH} = \sqrt{6^2 - (\frac{5}{2})^2}$ => $\overline{CH} = \sqrt{36 - 6,25}$ => $\overline{CH} = \sqrt{29,5}$ =>

$CH = 5,454$ *(altezza del triangolo ABC)*

Calcoliamo l'area del triangolo isoscele $A_{tr.} = \frac{\overline{AB} \cdot \overline{CH}}{2}$ inserendo i

dati si ha $A_{tr.} = \frac{5 \cdot 5,454}{2}$ =>

$A_{tr.} = 13,634$ *(area del triangolo isoscele)*

L'area dei settori circolari formano una semi circonferenza per il fatto che la somma degli angoli dei tre settori è 180°, vedi

figura 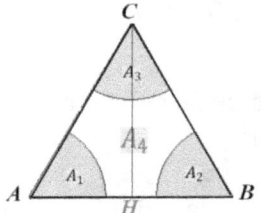, il triangolo A_3, è stato capovolto

perché gli angoli sono ai vertici dei settori circolari.

L'area della semi circonferenza è $A_{\frac{c}{2}} = \frac{\pi r^2}{2}$ inserendo i dati si ha

$A_{\frac{c}{2}} = \frac{\pi 2^2}{2}$ => $A_{\frac{c}{2}} = 2\pi$ *(area della semi circonferenza, ovvero i 3 settori circolari)*

L'area centrale del triangolo A_4 e la differenza delle aree del triangolo con i settori circolari, cioè dei settori

$A_4 = 13{,}634 - 2\pi$ *(area della parte centrale del triangolo)*

Le probabilità sono il rapporto delle aree, triangolo e settori circolari è la formula *(*)* , quindi inseriamo in essa le aree calcolate, si ha $p = \frac{13{,}634 - 2\pi}{13{,}634}$ => $p = 0{,}539$ che in percentuale è $p = 54\%$ *(probabilità in percentuale)*

Risposta

La probabilità, affinché il punto dista almeno più di 2 cm da tutti i 3 vertici è il 54%.

Quesito n.9

Data la funzione $f(x) = \begin{cases} x^3 \ con \ (0 < x \le 1) \\ x^2 - kx + k \ con \ (1 < x \le 2) \end{cases}$

Determinare il parametro k in modo che nell'intervallo [0,2] sia applicabile il teorema di Lagrange e trovare il punto in cui la tesi del teorema assicura l'esistenza .

Svolgimento:

La condizione di derivabilità si ottiene derivando i limiti delle due funzioni per cui derivate sono rispettivamente

$\begin{cases} f'(x^3) = 3x^2 \\ f'(x^2) = 2x - k \end{cases}$ *(derivate delle funzioni)*

Per la condizione di continuità le due derivate del sistema devono avere limite sinistro e destro, uguale quindi considerando la condizione $x \le 1)$ si ha l'uguaglianza dei limiti delle derivate $\lim_{x \to 1^-} 3x^2 = \lim_{x \to 1^+} 2x - k$, quando i limiti dendono a $x = 1)$ si ha

$\lim_{x \to 1^-} 3(1)^2 = \lim_{x \to 1^+} 2(1) - k \implies 3 = 2 - k$ dalla quale $k = -32 \implies k = -1$.

Sostituendo ($k = -1$) nella funzione si ha la funzione assegnatasi ha $x^2 - (-1)x + (-1)$ cioè $x^2 + x - 1$, quindi

$f(x) = \begin{cases} x^3 \\ x^2 + x - 1 \end{cases}$ *(funzione cercata)*

Verificato che la funzione è continua applichiamo il teorema di Lagrange per calcolare l'ascissa della derivata, infatti Lagrange asserisce che in un intervallo chiuso e limitato [a, b] di una funzione continua e derivabile all'interno dell'intervallo allora esiste nell'interno dell'intervallo un punto c tale che

$\boxed{(*) f'(c) = \dfrac{f(b) - f(a)}{b - a}}$, nel nostro caso gli intervalli sono 2 cioè [0, 1] e [0, 2] allora vanno verificati separatamente per ciascuna derivata:

$\begin{cases} f'(b) = 2x + 1 \\ f'(a) = f' = 3x^2 \\ [a, b] = [0, 1] \end{cases}$, allora si ha $\begin{bmatrix} f(b) = 2 \cdot 2 + 1 \\ f(a) = 3 \cdot 0^2 \\ (b - a) = (2 - 0) \end{bmatrix}$ ossia

$\begin{bmatrix} f(b) = 5 \\ f(a) = 0 \\ (b - a) = 2 \end{bmatrix}$ sostituendo i dati nella *(*)* si ha $f'(c) = \dfrac{5 - 0}{2 - 0} \implies$

$f'(c) = \dfrac{5}{2}$ *(punto c di Lagrange nell'intervallo [0, 1])*,

Ottenuto il punto C dobbiamo confrontarlo con le rispettive derivate , si ha:

Per la derivata $\begin{cases} y' = 2x + 1 \\ [1, 2] \end{cases}$ si ha $\begin{cases} \frac{5}{2} = 2x + 1 \\ [1, 2] \end{cases} \implies$

$\begin{cases} 5 = 4x + 2 \\ [1, 2] \end{cases} \implies \begin{cases} 4x = 3 \\ [1, 2] \end{cases}$ ossia

$\begin{cases} x = \frac{3}{4} \\ [1, 2] \end{cases}$ *(soluzione non accettabile, perché non soddisfa l'intervallo [1, 2])*

Per la derivata $\begin{cases} y' = 3x^2 \\ [0,1] \end{cases}$ si ha $\begin{cases} \frac{5}{2} = 3x^2 \cdot \frac{5}{2} \\ [0,1] \end{cases}$ => $\begin{cases} 5 = 6x^2 \\ [0,1] \end{cases}$ =>

$\begin{cases} x^2 = \frac{5}{6} \\ [0,1] \end{cases}$ => $\begin{cases} x = \sqrt{\frac{5}{6}} \\ [0,1] \end{cases}$ ossia $\begin{cases} x = 0,92 \\ [0,1] \end{cases}$ *(soluzione accettabile,*

perché soddisfa l'intervallo [0, 1])

L'ordinata della tangente si ottiene sostituendo l'ascissa

accettabile $\sqrt{\frac{5}{6}}$ nella funzione $y = x^2 + x - 1$ cioè

$y = (\sqrt{\frac{5}{6}})^2 + \sqrt{\frac{5}{6}} - 1$ => $y = 0,83 + 0,92 - 1$ =>

$y = 0,75$ *(ordinata della tangente)*

Il punto di tangenza è $P(0.92,\ 0.75)$, vedi figura

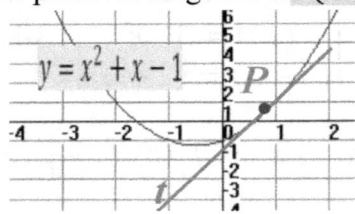

Quesito n.10

Il grafico della funzione $f(x) = \sqrt{x}$ $(x \in \Re,\ x \geq 0)$ divide in due porzioni il rettangolo ABCD avente vertici $A(1,0)$; $B(4,0)$; $C(4,2)$; $D(1,2)$, Calcolare il rapporto tra le aree delle due porzioni.

vedi figura

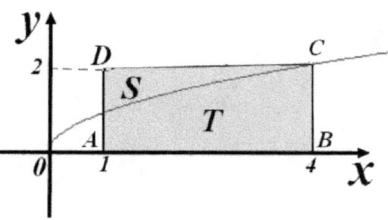

Svolgimento:

L'area del rettangolo è $A_{ABCD} = b \cdot h \Rightarrow A_{ABCD} = (4 - 1) \cdot (2 - 0) \Rightarrow A_{ABCD} = (4) \cdot (2) \Rightarrow A_{ABCD} = 6$ *(area del rettangolo)*.

L'area T si calcola con gli integrali dal punto (x = 4) al punto (x = 1), per cui abbiamo l'integrale

$$A_T = \int_1^4 \sqrt{x}\, dx \quad \Rightarrow \quad A_T = \int_1^4 x^{\frac{1}{2}}\, dx \quad \text{ossia} \quad A_T = \int_1^4 \left[\frac{x^{\frac{1}{2}+1}}{\frac{1}{2}+1}\right]^4 -$$

$$x12+112+11 \quad \Rightarrow \quad AT=14x32324-x32321 \quad \Rightarrow$$

$$A_T = \int_1^4 \left[\frac{2}{3}x^{\frac{3}{2}}\right]^4 - \left[\frac{2}{3}x^{\frac{3}{2}}\right]_1 \quad \text{ossia} \quad A_T = \int_1^4 \left[\frac{2}{3}(4)^{\frac{3}{2}}\right] - \left[\frac{2}{3}(1)^{\frac{3}{2}}\right] \Rightarrow$$

$$A_T = \int_1^4 \left[\frac{2}{3}\sqrt{4^3}\right] - \left[\frac{2}{3}\cdot 1\right] \Rightarrow$$

$$A_T = \int_1^4 \left[\frac{2}{3}\sqrt{64}\right] - \left[\frac{2}{3}\right] \Rightarrow A_T = \int_1^4 \left[\frac{2}{3}\cdot 8\right] - \left[\frac{2}{3}\right] \Rightarrow$$

$$A_T = \int_1^4 \frac{16}{3} - \frac{2}{3} \Rightarrow$$

$$A_T = \int_1^4 \frac{14}{3} \text{ *(area racchiusa dalla radice quadrata tra 1 e 4)*}$$

L'area del triangolo mistilinea è la differenza delle due aree calcolate, si ha $A_S = A_{ABCD} - A_T$ inserendo i dati si ha

$$A_S = 6 - \frac{14}{3} \Rightarrow A_S = \frac{4}{3} \text{ *(area del rettangolo mistilineo S)*}$$

Il rapporto delle are è $Rapporto = \frac{A_T}{A_S} \Rightarrow Rapporto = \frac{\frac{14}{3}}{\frac{4}{3}} \Rightarrow$

$$Rapporto = \frac{A_T}{A_S} = \frac{14}{3} \cdot \frac{3}{4} \Rightarrow Rapporto = \frac{A_T}{A_S} = \frac{14}{4} \Rightarrow$$

$$Rapporto = \frac{A_T}{A_S} = \frac{7}{2} \text{ *(rapporto delle aree volute)*}$$

Anno 2016 Liceo scientifico

Problema 1

L'amministratore di un piccolo condominio deve installare un nuovo serbatoio per il gasolio da riscaldamento. Non essendo soddisfatto dei modelli esistenti in commercio, ti incarica di progettarne uno che risponda alle esigenze del condominio.

Allo scopo di darti le necessarie informazioni, l'amministratore ti fornisce il disegno in figura 1, aggiungendo le seguenti indicazioni:

- la lunghezza L del serbatoio deve essere pari a otto metri;
- la larghezza l del serbatoio deve essere pari a due metri;
- l'altezza h del serbatoio deve essere pari a un metro;
- il profilo laterale (figura 2) deve avere un punto angoloso alla sommità, per evitare l'accumulo di ghiaccio durante i mesi invernali, con un angolo $\partial \geq 10$;
- la capacità del serbatoio deve essere pari ad almeno 13 m^3, in modo da garantire al condominio il riscaldamento per tutto l'inverno effettuando solo due rifornimenti di gasolio;
- al centro della parete laterale del serbatoio, lungo l'asse di simmetria (segmento AB in figura 2 deve essere installato un indicatore graduato che riporti la percentuale di riempimento V del volume del serbatoio in corrispondenza del livello z raggiunto in altezza dal gasolio.

1.) Considerando come origine degli assi cartesiani il punto A in figura 2, individua tra le seguenti famiglie di funzioni quella che meglio può descrivere il profilo laterale del serbatoio per

$x\epsilon[-1, 1]$, k intero positivo, motivando opportunamente la tua scelta:

$$f(x) = (1 - |x|)^{\frac{1}{k}} \ldots f(x) = -6|x|^2 + 9kx^2 - 4|x| + 1$$
$$f(x) = \cos(\frac{\pi}{2}x^k)$$

2.)   Determina il valore di k che consente di soddisfare i requisiti richiesti relativamente all'angolo ∂ e al volume del serbatoio

3.)   Al fine di realizzare l'indicatore graduato, determina l'espressione della funzione $V(z)$ che associa al livello z del gasolio (in metri) la percentuale di riempimento V del volume da riportare sull'indicatore stesso. Quando consegni il tuo progetto, l'amministratore obietta che essendo il serbatoio alto un metro, il valore z del livello di gasolio, espresso in centimetri, deve corrispondere alla percentuale di riempimento: cioè, ad esempio, se il gasolio raggiunge un livello z pari a 50 cm vuol dire che il serbatoio è pieno al 50%; invece il tuo indicatore riporta, in corrispondenza del livello 50 cm, una percentuale di riempimento 59,7%.

4.)   . Illustra gli argomenti che puoi usare per spiegare all'amministratore che il suo ragionamento è sbagliato; mostra anche qual è, in termini assoluti, il massimo errore che si commette usando il livello z come indicatore della percentuale di riempimento, come da lui suggerito, e qual è il valore di z in corrispondenza del quale esso si verifica.

Svolgimento

1.)   L a funzione modulo di f(x) ha due derivare perché la

funzione è in modulo e va calcolata   per $\begin{bmatrix} (x = 1) \\ (x = -1) \\ (x = 0) \end{bmatrix}$ per cui

derivando la funzione si ha $f'(x) = (1 - |x|)^{\frac{1}{k}}$ si risolve in

$y' = \frac{1}{k} \cdot -1 \cdot (1 - |x|)^{\frac{1}{k}-1} \Rightarrow y' = -\frac{1}{k}(1 - |x|)^{\frac{1}{k}-1}$ oppure

portando al denominatore si cambiano i segni, si ha

$y' = -\frac{1}{k}\dfrac{1}{(1-|x|)^{-\frac{1}{k}+1}}$ *(derivata in modulo)*

Poiché il modulo è sempre positivo la derivata è

$y' = \begin{bmatrix} -\frac{1}{k}\dfrac{1}{(1-(+x))^{-\frac{1}{k}+1}} & (per\ x > 0) \\ -\frac{1}{k}\dfrac{1}{(1-(-x))^{-\frac{1}{k}+1}} & (per\ x < 0) \end{bmatrix}$ ossia

$y' = \begin{bmatrix} -\frac{1}{k}\dfrac{1}{(1-x)^{-\frac{1}{k}+1}} & (per\ x > 0) \\ -\frac{1}{k}\dfrac{1}{(1+x))^{-\frac{1}{k}+1}} & (per\ x < 0) \end{bmatrix}$ la prima si annulla per

(x = 1), mentre la seconda no.

Si ha Si fa osservare che la derivata il denominatore si annulla per

(Considerando il punto A come origine degli assi cartesiani, vedi figura 2

Quindi la funzione che meglio descrive il profilo del serbatoio tra le funzioni

$f(x) = (1 - |x|)^{\frac{1}{k}} \ ... \ f(x) = -6|x|^2 + 9kx^2 - 4|x| + 1$

$f(x) = cos(\frac{\pi}{2}x^k)$ è la prima $f(x) = \frac{1}{k}(1 - |x|)^{\frac{1}{k}}$, infatti se

prendiamo la larghezza come (k = 2), inserendola nella funzione si ha $f(x) = \frac{1}{k}(1 - |x|)^{\frac{1}{2}}$, vedi grafico seguente

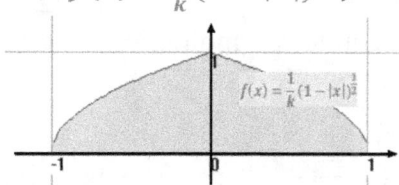

$$f(x) = \frac{1}{k}(1 - |x|)^{\frac{1}{2}}$$

2.) Considerando che la tangente si annulla in (x = 0) è l'angolo di inclinazione è $(\partial = 10°)$, sostituiremo entrambi i dati a x e al parametro (k = 10) , nella formula della derivata sopra

calcolata $f'(x) = -\frac{1}{k}\frac{1}{(1-(-x))^{-\frac{1}{k}+1}}$, cioè

$f'(x) = -\frac{1}{10}\frac{1}{(1-(-0))^{-\frac{1}{10}+1}} => f'(x) = -\frac{1}{10}\frac{1}{(1)^{-\frac{1}{10}+1}}$ ossia

$f'(x) = -\frac{1}{10} \cdot \frac{1}{1} => f'(x) = -\frac{1}{10}$

Allora avremo da verificare $\frac{1}{k} \le -tg(10°)$ ossia $1 \le -tg(10°)k$

e da questa $k \le \frac{1}{tg(10°)}$ calcolando la tg(10°) con una calcolatrice

si ottiene (tg = 0,18), allora $k \le \frac{1}{0,14} => k \le 5,7$ scegliamo un

valore con margine $k \le 5$ *(angolo di inclinazione)*
La capacità del serbatoio con la condizione che il suo volume sia maggiore di 13 metri cubi, richiede l'uso degli integrali .
Si precisa che il volume è il prodotto della sezione dell'area
$A(x) \cdot h$, nel nostro caso (h = L) e la funzione è

$f(x) = (1 - x)^{\frac{1}{k}}$, allora si ha l'integrale

$\int_0^L (1 - x)^{\frac{1}{k}} \, dx => \int_0^9 (1 - x)^{\frac{1}{k}} \, dx$
Poiché si chiede la simmetria , vedi area colorata

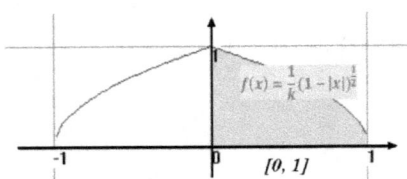

$f(x) = \frac{1}{k}(1-|x|)^{\frac{1}{2}}$

[0, 1]

l'integrale va moltiplicato per 2

volte , si ha $2 \int_0^1 (1-x)^{\frac{1}{k}} \, dx => 2 \int_0^1 \frac{(1-[x])^{\frac{1}{k}+1}}{\frac{1}{k}+1} \, dx$ per x negativo

si ha $2 \int_0^1 \frac{-(1-x)^{\frac{1}{k}+1}}{\frac{1}{k}+1} \, dx$ portiamo fuori dall'integrale il

denominatore si ha $\frac{2}{-\frac{1}{k}+1} \int_0^1 (1-x)^{\frac{1}{k}+1} \, dx$ ossia

$-\frac{2k}{1+k} \left[x - x^{\frac{1}{k}+1} \right]_0^1 => -\frac{2k}{1+k} \left[1 - (1)^{\frac{1}{k}+1} \right] => -\frac{2k}{1+k} \, (-1)$ cioè

$\frac{2k}{1+k}$ *(area della doppia sezione)*

Calcoliamo il volume dell'intervallo [0, 8])lunghezza L della

funzione $f(k) = \frac{2k}{1+k}$, corrispondente all'integrale $\int_0^8 \frac{2k}{1+k} \, dk$,

poiché Il volume è il prodotto della superficie calcolata per

l'altezza (L = 8) per cui si ha $\int_1^8 \overset{area}{\overbrace{\frac{2k}{1+k}}} \cdot \overset{altezza}{\overbrace{(8-0)}}$ ossia $\frac{2k}{1+k} \cdot (8-0)$

$=> \frac{2k}{1+k} \cdot 8 => \frac{16k}{1+k}$ *(volume)*

Tale volume soddisferà la disequazione tratta di un integrale per

parti, infatti l'integrale si scrive anche come prodotto $\frac{16k}{1+k} \geq 13$,

quindi $16k \geq 13(1 + k) => 16k \geq 13 + 13k$ ossia

$16k - 13k \geq 13 => 33k \geq 13 => k \geq \frac{13}{3} => k \geq 4{,}3$. E per

ottenere un numero intero arrotondiamo a $k \geq 5$ (condizione

richiesta)

Risposta:

Le due condizioni richieste sono verificate per la funzione

$f(x) = (1 - |x|])^{\frac{1}{5}}$

390

Il grafico della funzione è il seguente

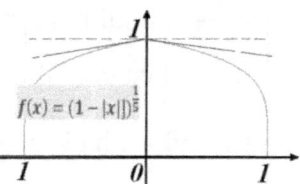

$f(x) = (1 - |x|)^{\frac{1}{5}}$

3.) L'ordinata y che associa al livello del gasolio la indichiamo con z, e quindi la funzione sarà

$f(x) = (1 - x])^{\frac{1}{5}} = z$ e considerando $(x > 0)$ avremo

4.) $z^5 = (1 - x)$ dalla quale $x = 1 - z^5$, con intervallo $(0 \leq z \leq 1)$

Chiamiamo la sezione della base del serbatoio B(x) e poiché la forma è un rettangolo $B(x) = b \cdot h$ cioè $B(x) = 2 \cdot 8$ ossia $B(x) = 16$ allora si ha $16x = B(z)$ inserendo in essa il valore di x si ha $16(1 - z^5) = B(z)$.

Il volume della parte del serbatoio con altezza z è calcolabile con l'integrale dell'intervallo della lunghezza (L = 8) e cioè l'integrale $V(z) = \int_0^8 B(z)\, dz$ sostituendo in essa

$B(z) = 16(1 - z^5)$ abbiamo $V(z) = \int_0^8 16(1 - z^5)\, dz$ che

integriamo portando fuori 16, si ha $V(z) = 16 \int_0^8 1 - z^5\, dz$ =>

$V(z) = 16 \int_0^8 z - \frac{z^{5+1}}{5+1}\, dz$ => $V(z) = \int_0^8 \left[16(z - \frac{z^6}{6})\right]$. =>

$V(z) = 15(z - \frac{z^6}{6})$ *(volume di V(z))*

Avendo posto un'altezza $(z < 1)$ sostituendo si ha

$V(z) = 16 \left[1 - \frac{1^6}{6}\right]$ => $V(z) = 16 \left[8 - \frac{1}{6}\right]$ $V(z) = 13,3\ m^3$.

La percentuale di volume V di riempimento del serbatoio in funzione del livello dell'altezza z del gasolio è data dalla seguente proporzione $V : 100 = V(z) : (V(5) = \frac{16k}{1+k})$, si ricordi che $\frac{16k}{1+k}$ è

il volume con k = 5 che calcoliamo in $V(5) = \frac{16 \cdot 5}{1+5}$ ossia

391

$V(5) = \frac{80}{6}$ quindi la proporzione diventa $V : 100 = V(z) : \frac{80}{6}$

dalla quale si calcola il volume $V = \frac{100 \cdot V(z)}{\frac{80}{6}} \Rightarrow V = \frac{100 \cdot V(z)}{80} \cdot 6$

semplificando si ha $V = \frac{5 \cdot V(z)}{2} \cdot 3 \Rightarrow (*) \ V = \frac{15}{2} \cdot V(z)$

sostituendo in essa il volume $V(z) = 16 \left[z - \frac{z^6}{6} \right]$ ossia

$V(z) = 16z - \frac{16z^6}{6}$ semplificando $V(z) = (16z - \frac{8z^6}{3})$,

riprendendo la proporzione $(*) \ V = \frac{15}{2} \cdot V(z)$, il volume è

$V = \frac{15}{2}(16z - \frac{8z^6}{3})$ *(volume)* , quindi Se $(z = 0.5)$ metri, si ha

$V = \frac{15}{2}(8 - \frac{8}{3} \cdot (\frac{1}{2})^6) \Rightarrow \ V = \frac{15}{2}(8 - \frac{8}{3} \cdot 0,015625) \Rightarrow$

$V = 59,7$, cioè a metà altezza non si raggiunge il 50% . quindi in ripercussione della forma del serbatoio privo di proporzionalità non abbiamo il 50% ma il 60%.

Risposta:

Per questo motivo l'amministratore segnala che l'indicatore del livello è del 60% , quando in realtà nel serbatoio il rifornimento è il 50%.

5.) La differenza tra il livello z e la percentuale 59,7% è dovuto alla non proporzionalità della forma del serbatoio con il livello z di riempimento del serbatoio.

L'errore della percentuale di riempimento è calcolabile con la formula (differenza d'erroe d(z) , cioè $d(z) = V - z \cdot 100$è ,

inserendo V si ha $d(z) = \frac{15}{2}(16z - \frac{8}{3}z^6) - 100z \Rightarrow$

$d(z) = \left(\frac{15}{2} \cdot 16z \right) - (\frac{15}{2} \cdot \frac{8}{3}z^6) - 100z$ semplificando

$d(z) = 120z - 20z^6 - 100z$, cioè $d(z) = 20z - 20z^6$ *(errore di valutazione)*

Il massimo della funzione (punto stazionario), errore di valutazione $d(z) = 20z - 20z^6$ si calcola con la derivata prima, derivando si ha $d'(z) = -120z^5 + 20 \geq 0 \Rightarrow$

$d'(z) = -120z^5 \geq -20$ possiamo cambiare segno alla disequazione $d'(z) = 120z^5 - 20 \leq 0$ e quindi

$d'(z) = 120z^5 \leq +20$ ossia $d'(z) = z^5 \leq \frac{20}{120}$ =>

$d'(z) = z^5 \leq \frac{1}{6}$ cioè $d'(z) = \sqrt[5]{z^5} \leq \sqrt[6]{\frac{1}{6}}$ =>

$d'(z) = z \leq 0,699$ *(massimo dell'errore)*

La funzione cresce da (0 a 0,699) e decresce da (0,699 a 1), quindi il massimo errore si ha a circa

$z \cong 0,7 \; metri$, $ovvero \; 70 \; centimetri$

Sostituendo l'errore in centimetri si ha $d(z) = 20(07) - 20(0,7)^6$ si ha $d \cong 12\%$

Risposta:

L'errore percentuale massimo si verifica quando l'altezza z è circa 0,7 metri.

Problema 2

Nella figura 1 è rappresentato il grafico Γ della funzione continua $f : [0, +\infty) \rightarrow R$, derivabile in $]0, +\infty)$, e sono indicate le coordinate di alcuni suoi punti.

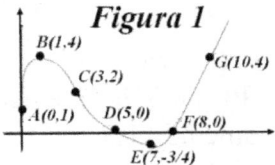

È noto che Γ è tangente all'asse y in A, che B ed E sono un punto di massimo e uno di minimo, che C è un punto di flesso con tangente di equazione $2x + y - 8 = 0$

Nel punto D la retta tangente ha equazione $x + 2y - 5 = 0$ e per $(x \geq 8)$ il grafico consiste in una semiretta passante per il punto G. Si sa inoltre che l'area della regione delimitata dall'arco $ABCD$, dall'asse x e dall'asse y vale 11, mentre l'area della regione delimitata dall'arco DEF e dall'asse x vale 1.

1.   In base alle informazioni disponibili, rappresenta indicativamente i grafici delle funzioni

$$y = f'(x) \quad \text{et} \quad F(x) = \int_0^x f(t)dt$$

Quali sono i valori di $f'(3)$ e $f'(5)$? Motiva la tua risposta.

2.   Rappresenta, indicativamente, i grafici delle seguenti

funzioni: $\begin{bmatrix} y = |f'(x)| \\ y = |f(x)|' \\ y = \frac{1}{f(x)} \end{bmatrix}$ specificando l'insieme di definizione di

ciascuna di esse

3.   Determina i valori medi di $y = f(x)$ e di $y = |f(x)|$ nell'intervallo $[0,8]$, il valore medio di
$y = f'(x)$ nell'intervallo $[1,7]$ e il valore medio di $y = f(x)$ nell'intervallo $[9,10]$.

4.   Scrivi le equazioni delle rette tangenti al grafico della funzione $F(x)$ nei suoi punti di ascisse 0 e 8, motivando le risposte.

Svolgimento:

1)   Studio delle derivate f '(x)

Osservando il grafico possiamo affermare che la funzione è definita per tutti i reali positivi nell'intervallo $]0, +\infty)$, inoltre nel punto B ($x = 1$) e nel punto E($x = 7$), rispettivamente Max e minimo, la derivata f '(x) si annulla, cioè ($y = 0$) sono rette orizzontale ai punti di stazionamento. Y è crescente da x: $[0, 1[$, mentre y è decrescente (y) da x: $[1, 7[$.

Nel punto C *(punto di flesso)* abbiamo $\begin{bmatrix} 2x + y - 8 = 0 \\ y' = -2x + 8 \\ m = -2 \end{bmatrix}$ =>

$y' = -2x + 8$. vedi grafico figura 1 , punto C(3, 2)

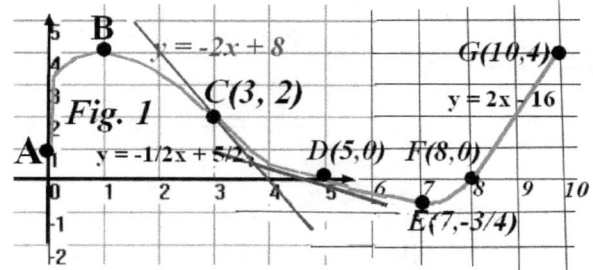

Nel punto D abbiamo $\begin{bmatrix} x + 2y - 5 = 0 \\ y' = -\frac{1}{2}x + \frac{5}{2} \\ y' = m = -\frac{1}{2} \end{bmatrix}$, vedi Fig. 1, punto D

nei punti F-G si tratta di un retta passante per due punti
$\begin{bmatrix} F(8,0) \\ G(10,4) \end{bmatrix}$ possiamo calcolarla con l'equazione della retta

passante per due punti $\frac{y-y_1}{y_2-y_1} = \frac{x-x_1}{x_2-x_1} => \frac{y-0}{4-0} = \frac{x-8}{10-8} => \frac{y}{4} = \frac{x-8}{2}$

ossia $y = 2(x - 8)$ *(equazione per i puti F e G)*

Nel punto (F G) abbiamo $\begin{bmatrix} y = 2(x - 8) \\ y = 2x - 16 \\ y' = m = 2 \end{bmatrix}$, vedi Fig. 1

Calcoliamo i valori delle derivate delle funzioni dei punti di coordinate 5 e 5 che sono i punti C e D che hanno rispettivamente le equazioni

per $f'(3)$ si ha $y = -2x + 8$ ls derivata è $f'(3) = -2$
(coefficiente angolare in C)

per $f'(5)$ si ha $y = -\frac{x}{2} + \frac{5}{2}$ ls derivata è $f'(5) = -\frac{1}{2}$
(coefficiente angolare in D)

Il grafico della funzione $y = f'(x)$ si traccia tenendo cono che a f(Max) corrisponde derivata zero e viceversa: a funzione minima corrisponde derivata massima, vedi grafico di paragone tra f(x)

grafico sopra e f '(x) grafico sotto

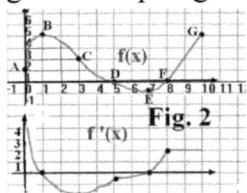

Fig. 2

Studio della funzione $y = F(x) = \int_0^x f(t)$

Utilizzando il Teorema di Torricelli possiamo trasformare le derivate in integrali per calcolare le aree e viceversa.
Osserviamo il grafico in cui risultano le aree dei rispettivi intervalli e delle rispettive aree di ciascun intervallo, vedi figura

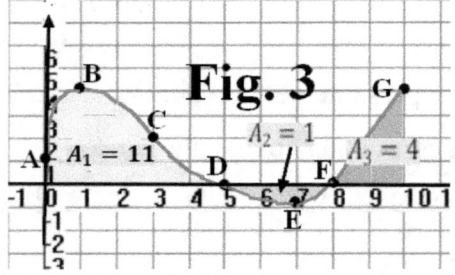

Fig. 3

F è positiva da $(y = 0)$ a $(y = 5)$ e l'area A_1 cresce dal valore 0 a 11; decrescendo da $(x = 5)$ a $(x = 8)$ e l'area passa dal valore $A_1 = 11$ ad $A_2 = 11 - 1 = 10$: da $(x = 8)$ crese a più infinito.
Considerando le aree come ordinate dei punti di tangenza orizzontale del Ma e minimo si deduce che:

$$\left[\begin{array}{l}(x = 5)\text{è } Max \, rel. \ con \ (y = 11) \\ (x = 8) \ min.\,rel.\,con \ (11 = 10)\end{array}\right.$$

Riportiamo la rappresentazione delle aree uguale y

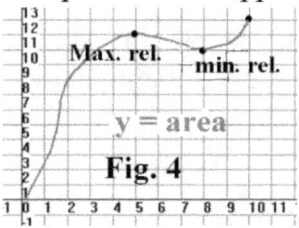

Fig. 4

2.) Studio delle derivate $y = [f'(x)]$

Il grafico delle funzioni modulo si ottiene dalle derivate
$y = f'(x)$ accettando la parte positiva e ribaltando la parte
negativa , cioè deve risultare $f'(x); (0 < x < +\infty)$, quindi
abbiamo i seguenti grafici.

Per la funzione $y = |f(x)|$ è la figura 2

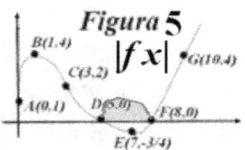

Figura 5

cioè si lascia la parte positiva cosi come si trova e si ribalta sopra
la parte negativa di ascisse (5, 8) dei punti D, F (vedi figura 2,
parte colorata).
Per lo studio delle derivate modulo $y = [f(x)]'$
si fa lo stesso ragionamento fatto in figura 2, solo che ora la
funzione è quella modulo, vedi figura 5a

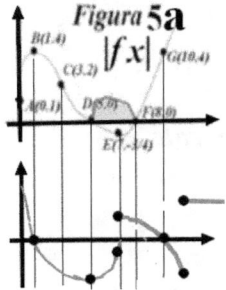

Figura 5a

Studio delle derivate modulo $y = \frac{1}{f(x)}$

Si opera come abbiamo fatto nel ribaltamento dei punti D, F ,
ascisse 5, 8, quindi basta ribaltare sull'asse x , vedi figura Per la

funzione $y = \frac{1}{f(x)}$ il grafico è il seguente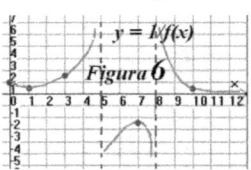

Il segno è lo stesso di f e non si annulla mai nei pundi (x = 5) e (x
= 8), vedi figura 5, si tratta degli asintoti verticali della funzione.
Il confronto con la funzione di partenza possiamo afferma che f
cresce quando f decresce e viceversa decresce quando cresce e
dove esistono Max e min si ottengono minimo e Max .

3.) Determiniamo i valori medi della funzione f(x) e di |f(x)|-
Per $y = f(x)$ in [0,8] il valore medio è l'integrale
$\int_a^b \frac{f(x)}{b-a} dx$ inserendo l'intervallo si ha $\int_0^8 \frac{f(x)}{8-0} dx \Rightarrow$
$\frac{1}{8} \cdot F(8) \Rightarrow \frac{1}{8} \cdot 10 \Rightarrow \frac{5}{4}$ *(valore medio),*

dove 10 è l'area compresa tra il grafico $y = \frac{1}{f(x)}$ e l'intervallo
della funzione
Per $y = |f(x)|$ in [0,8] il valore medio è l'integrale
$\int_a^b \frac{f(x)}{b-a} dx$ inserendo l'intervallo si ha $\int_0^8 \frac{f(x)}{8-0} dx \Rightarrow$
$\frac{1}{8} \cdot F(8) \Rightarrow \frac{1}{8} \cdot 11 + 1 \Rightarrow \frac{3}{2}$ *(valore medio),*
 dove 12 è l'area compresa tra il grafico di $y = |f(x)|$ e
l'intervallo della funzione
Per $y = f'(x)$ in [1,7] il valore medio è l'integrale
$\int_a^b \frac{f(x)}{b-a} dx$ inserendo l'intervallo si ha $\int_1^7 \frac{f(x)}{7-1} dx \Rightarrow$
$\frac{1}{6} \cdot F(8) \Rightarrow \frac{-\frac{3}{4}-4}{6} \Rightarrow -\frac{19}{24}$ *(valore medio),*
 dove 12 è l'area compresa tra il grafico di $y = |f(x)|$ e
l'intervallo della funzione

Per $y = F(x)$ in [9,10] il valore medio è l'integrale

$\int_a^b \frac{F(x)}{b-a}\,dx$ inserendo l'intervallo si ha $\int_9^{10} \frac{F(x)}{10-9}\,dx \Rightarrow \int_9^{10} \frac{F(x)}{1}\,dx$

ossia $\int_9^{10} F(x)dx \quad \frac{1}{8} \cdot F(8) \Rightarrow \frac{\frac{3}{4}-4}{6} \Rightarrow -\frac{19}{24}$ *(valore medio)*,

Ricordiamo che $F(x) = \int_0^x f(t)dt$ e che $F(8) \Rightarrow (11 - 1) =$ 10 , ricordiamo anche che per $(x > 8)$ la funzione f è la retta passante per $(8, 0)$ e $(10, 4)$, quindi l'equazione è $y = 2(x - 8)$, per cui abbiamo da risolvere $F(x) = \int_9^x f(t)dt \Rightarrow \int_0^9 f(t)dt +$ *9xftdt* ossia *F8+9x2t−8dt* portiamo fuori dall'integrale il 2 e inseriamo $(F(x) = 10)$, si ha

$10 + 2 \int_9^x t - 8\,dt$ ed integriamo in $10 + 2 \left[\frac{t^2}{2} - 8t\right]_8^x \Rightarrow$

$10 + 2\left\{\left[\frac{t^2}{2} - 8t\right]^x - \left[\frac{t^2}{2} - 8t\right]_8\right\} \Rightarrow$

dove 12 è l'area compresa tra il grafico di $y = |f(x)|$ e l'intervallo della funzione

$10 + 2\left\{\left[\frac{x^2}{2} - 8x\right] - \left[\frac{9^2}{2} - 8 \cdot 8\right]\right\} \Rightarrow 10 + 2\left\{\left[\frac{x^2}{2} - 8x\right] -$

822−8·8 $\Rightarrow$ *10+2x2−8x2−642−64* semplificando si ha

$10 + 2\left\{\left[\frac{x^2-8x}{2}\right] - \left[\frac{64}{2} - 64\right]\right\} \Rightarrow 10 + 2\left\{\left[\frac{x^2-8x}{2}\right] + 32\right\} \Rightarrow$

$10 + 2\left\{\left[\frac{x^2-8x+64}{2}\right]\right\}$ semplificando si ha $10 + x^2 - 16x + 64 \Rightarrow$

$x^2 - 16x + 74$ pertanto $\int_9^{10} F(x)dx = \left[\frac{1}{3}x^3 - 8x^2 + 74x\right]_9^{10}$

Ossia $\frac{37}{3}$ *(valore medio di F(x) in [9, 10])*.

4.) *La tangente nel punto di ascissa (x = 0)*

$y - F(0) \Rightarrow y - F'(0)(x - 0)$ ossia $\begin{bmatrix} F(0) = 0 \\ F'(0) = 1 \end{bmatrix}$ allora la

tangente ha equazione $y - 0 = 1 \cdot (x - 0)$, cioè

$y = x$ *(equazione della tangente in x = 0)*.

La tangente nel punto di ascissa (x = 8)

$y - F(8) => y - F'(0)(x - 8)$ ossia

$\begin{bmatrix} F(8) = \int_0^8 f(t)dt => (11 - 1) = 10 \\ F'(8) = 0 \end{bmatrix}$ allora la tangente ha

equazione $y - 10 = 0 \cdot (x - 8)$, cioè

$y = 10$ *(equazione della tangente in x = 8).*

Quesiti 2016 liceo scientifico

Quesito 1

E' noto che $\int_{-\infty}^{+\infty} e^{-x^2} \, dx = \sqrt{\pi}$ stabilire se il numero reale u, tale

che $\int_{-\infty}^{u} e^{-x^2} \, dx = 1$ positivo oppure negativo.

Determinare inoltre i valori dei seguenti integrali, motivando le risposte;

$$A = \int_{-u}^{u} x^3 \, e^{-x^2} \, dx \qquad B = \int_{-u}^{u} e^{-x^2} \, dx \qquad C = \int_{-\infty}^{+\infty} e^{-5x^2} \, dx$$

Svolgimento

L'integrale $\int_{-\infty}^{+\infty} e^{-x^2} \, dx = \sqrt{\pi}$, vedi grafico

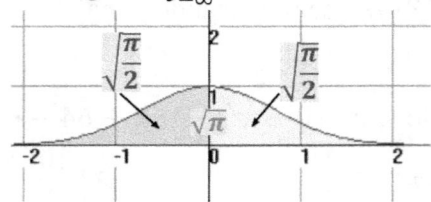

allora per la metà del grafico è $\frac{\sqrt{\pi}}{2}$. Che possiamo verificare se è

vero calcolando l'integrale proposto $\int_{-\infty}^{u} e^{-x^2} \, dx = 1$, l'integrale

viene risolto con un piccolo artificio, cioè dobbiamo renderlo come integrale del tipo prodotto di $f(x) \cdot g'(x)$, nel nostro caso $g(x) = -2x$ e la derivata è $g'(x) = -2$, allora si moltiplica l'integrale per -2 e per compensare si divide

per - ½ portandolo fuori dall'integrale, cioè l'integrale seguente

$-\frac{1}{2} \int_{-\infty}^{u} e^{-x^2} \cdot -2 \, dx = 1,$

siamo giunti al nostro intendo, l'integrale è $-\frac{1}{2}\int_{-\infty}^{u}[e^{-x^2}] = 1$,

poiché $e^{-x^2} = \sqrt{\pi}$ abbiamo

$-\frac{1}{2}\sqrt{\pi} = 1$ ossia $\frac{\sqrt{\pi}}{2} = 1$

il secondo termine tende all'infinito e non si considera, mentre e

vale $-\sqrt{\pi}$; il primo termine tende $\sqrt{\pi}$, allora si ha $-\frac{1}{2}\sqrt{\pi} = 1$

$=> -0.886 = 1$

Risposta: è un numero negativo, quindi u deve essere $(u > 0)$

L'integrale A , si osserva che la funzione ha un esponente
dispari , quindi l'integrale (algebrico) è zero, vedi figura

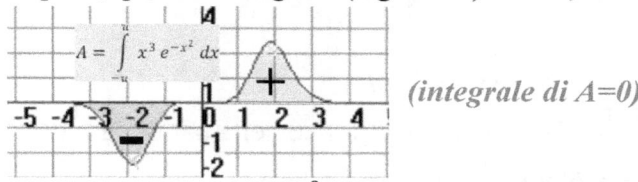

(integrale di A=0)

L'integrale B , $\int_{-u}^{u} e^{-x^2} \, dx = B$ <, se ci riferiamo

all'integrazione sinistra, intervallo $[0, -\infty]$, dobbiamo avere 2

volte l'integrale $2 \cdot \int_{0}^{u} e^{-x^2} \, dx = B$ e inserendo l'intervallo

abbiamo $2 \cdot \int_{-\infty}^{u} e^{-x^2} \, dx = B$ ossia $2 \cdot \left\{ \int_{-\infty}^{u} e^{-x^2} \, dx - \right.$

$-\infty 0 e{-}x2 \, dx{-}{=}B => 21{-}\pi 2{=}B$ ossia

$B = 2 - \sqrt{\pi}$ *(integrale di B)*

L'integrale C , $\int_{-\infty}^{+\infty} e^{-5x^2} \, dx = C$, si tratta di un integrale per

sostituzione. Si pone $\begin{bmatrix} 5x^2 = t^2 \\ allora \\ t = \sqrt{5}x \end{bmatrix}$ ed effettuando la sostituzione si

ha $\int_{-\infty}^{+\infty} e^{-t^2} \cdot \frac{1}{\sqrt{5}} dt = C$ portiamo fuori dall'integrale $\frac{1}{\sqrt{5}}$ si ha

$\frac{1}{\sqrt{5}} \int_{-\infty}^{+\infty} e^{-t^2} \, dt = C$ e sapendo che $\int_{-\infty}^{+\infty} e^{-t^2} = \sqrt{\pi}$ abbiamo

$\frac{1}{\sqrt{5}} \cdot \sqrt{\pi} = C$ allora $C = \frac{1}{\sqrt{5}}\sqrt{\pi}$ *(integrale di C)*

Quesito 2

Data una parabola di equazione $y = 1 - ax^2$, con (a > 0), si vogliono inscrivere dei rettangoli, con un lato sull'asse x, nel segmento parabolico delimitato dall'asse x. Determinare a in modo tale che il rettangolo di area massima sia anche il rettangolo di perimetro massimo.

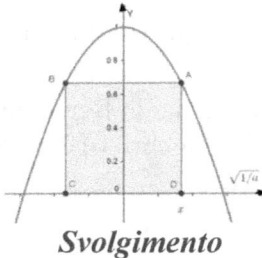

Svolgimento

Indicando con $\begin{bmatrix} x_v \\ y_v \end{bmatrix}$ le coordinate del vertice della parabola i n figura possiamo calcolare x_v mediante la derivata $f' = 1 - ax^2 = 0 \Rightarrow x_v = -2ax^2 = 0$ dalla quale $x_v = 0$.

Sostituendo ($x_v = 0$) nella funzione si calcola l'ordinata, cioè $y = 1 - a0^2 = 0$ ossia $1 = 1$

Le coordinate del vertice della parabola sono $\begin{bmatrix} x_v = 0 \\ y_v = 1 \end{bmatrix}$, vedi grafico sopra.

Osservando il grafico possiamo confermare il valore dell'ascissa della funzione $(0 \leq x \leq \sqrt{\frac{1}{a}})$

Area rettangolo è $A_{rett.} = b \cdot h$ dove $\begin{bmatrix} b = 2x \\ h = f(x) \end{bmatrix}$ allora abbiamo

$A_{rett.} = 2x \overbrace{(1 - ax^2)}^{f(x)=h}$ cioè $A_{rett.} = 2x - 2ax^3$ per conosce il valore massimo dell'area dobbiamo calcolare la derivata della funzione area, si ha f' *di* $2x - 2ax^3 \geq 0 \Rightarrow 2 - 6ax^2 \geq 0$

$-6ax^2 \geq -2$ possiamo cambiare segno e cambia la
disequazione in $6ax^2 \leq 2$ dalla quale $x^2 \leq \dfrac{2}{6a}$ cioè $x^2 \leq \dfrac{1}{3a}$ ossia

$x \leq \sqrt{\dfrac{1}{3a}}$ per cui x si troverà nell'intervallo $-\sqrt{\dfrac{1}{3a}} \leq x \leq \sqrt{\dfrac{1}{3a}}$

La funzione è crescente da o a $\sqrt{\dfrac{1}{3a}}$ e decrescente fino a $\sqrt{\dfrac{1}{a}}$,

quindi *l'area è Max se* $\sqrt{\dfrac{1}{3a}}$

Perimetro rettangolo è $P_{rett.} = 4x + 2f(y)$ =>
$$\underset{f(x)=h}{}$$

$P_{rett.} = 4x + 2\overbrace{(1 - ax^2)}$ =>
$P_{rett.} = 4x + 2 - 2ax^2$ mettiamo in evidenza
$P_{rett.} = 2(2x + 1 - ax^2)$. Poiché il perimetro sarà massimo
avremo $P_{rett.}$ è *massimo se lo è la funzione* $-ax^2 + 2x + 1$,
si tratta di una parabola con la concavità rivolta verso il basso, e il

massimo si ha in corrispondenza di $\begin{bmatrix} x_v = -\dfrac{b}{2a} \\ y_v = 1 \end{bmatrix}$ inserendo (b = 2)

si ha $\begin{bmatrix} x_v = -\dfrac{2}{2a} \\ y_v = 1 \end{bmatrix}$ ossia $\begin{bmatrix} x_v = -\dfrac{1}{a} \\ y_v = 1 \end{bmatrix}$,

$x_v max = -\dfrac{1}{a}$ *(x perimetro Max)*

Affinché le aree e il perimetro siano entrambi massimi deve

soddisfare l'equazione delle aree calcolate $\sqrt{\dfrac{1}{3a}} = \dfrac{1}{a}$ => eleviamo

al quadrato $\dfrac{1}{3a} = \dfrac{1}{a^2}$ m.c.m. è $(3a^2)$ allora si ha $a = 3$
(parametro per ottenere area e perimetro massimo).
L'equazione diviene $-3x^2 + 1$, vedi figura

403

Un recipiente sferico con raggio interno r è riempito con un
liquido fino all'altezza h.

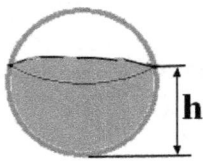

Utilizzando il calcolo integrale, dimostrare che il volume del
liquido è dato da: $V = \pi \cdot (rh^2 - \frac{h^2}{3})$.

Svolgimento.

Per ottenere il volume della sfera si ricorre allo studio della
rotazione dei corpi intorno all'asse x , e l'origine degli assi
cartesiani, nel nostro caso la sfera è posizionata con il suo centro
sugli assi cartesiani e si fa ruotare completamente intorno
all'asse x l'arco di circon0efrenza , colore rosso, di equazione
$x^2 + y^2 = r^2$ e intervallo corrisponde agli estremi
(-r, 0) e (h – r, 0).
Osservazione: la sfera è stata girata di 90° in senso orario per
comodità di presentazione di h.
Il volume di un corpo in genere è $V = S \cdot h$, vedi figura W

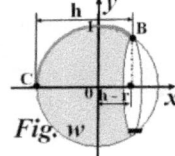

dove S è l'equazione della circonferenza h della

Fig. w

sezione nel punto B è la funzione y dell'equazione, allora il

volume è $V = \int_a^b \overbrace{\pi r^2}^{y=f(x)} \, dx$, poiché f(x) = y e l'intervallo da C al
centro della sezione, punto in cui si vuole conoscere il volume, è
[-r, (h-r)], quindi abbiamo $\int_{-r}^{h-r} \pi y^2 \, dx$ portando fuori π si ha

$\pi \int_{-r}^{h-r} y^2 \; dx$, sostituendo in essa la funzione si ha

$\pi \int_{-r}^{h-r} (r^2 - x^2) \; dx$ che integriamo in $\pi \int_{-r}^{h-r} r^2 x - \frac{x^{2+1}}{2+1}) \; dx \Rightarrow$

$\pi \int_{-r}^{h-r} r^2 x - \frac{x^3}{3}) \; dx \Rightarrow \pi \left[r^2 x - \frac{x^3}{3} \right] \begin{matrix} h - r \\ r \end{matrix} \Rightarrow$

$\pi \left\{ \left[r^2 x - \frac{x^3}{3} \right]^{h-r} - \left[r^2 x - \frac{x^3}{3} \right]_{-r} \right\}$ cioè $\pi \left\{ \left[r^2 (h - r) - \right. \right.$
(h−r)33−r2(−r)−(−r)33 $\Rightarrow$

$\pi \left\{ \left[hr^2 - r^3 - \frac{(h-r)^3}{3} \right] - \left[-r^3 + \frac{r^3}{3} \right] \right\} \Rightarrow$

$\pi \left\{ \left[\frac{3hr^2 - 3r^3 - 3(h-r)^3}{3} \right] - \left[\frac{-3r^3 + r^3}{3} \right] \right\} \Rightarrow$

$\pi \left[\frac{3hr^2 - 3r^3 - 3(h-r)^3 + 3r^3 - r^3}{3} \right]$ semplificando si ha

$\pi \left[\frac{3hr^2 - 3(h-r)^3 - r^3}{3} \right]$ risolvendo il cubo e piccoli passaggi si

giunge al risultato

$V = \pi \left(hr^2 - \frac{h^3}{3} \right)$ *(volume del liquido contenuto nella sfera)*

Risposta

Il volume del liquido nella sfera è perfettamente $V = \pi \left(hr^2 - \frac{h^3}{3} \right)$

Quesito 4
Un test è costituito da 10 domande a risposta multipla, con 4 possibili risposte di cui solo
una è esatta. Per superare il test occorre rispondere esattamente almeno a 8 domande.
Qual è la probabilità di superare il test rispondendo a caso alle domande ?.

Svolgimento

Si tratta di una distribuzione polinomiale con (n = 10) domande;

(p = 1/4) una su 4 e giusta; (q = ¾) sono le domande sbagliate, per

cui la probabilità di avere almeno 8 successi equivale alla
formula: $p = p(10,8) + p(10,9) + p(10,10)$ ossia

$$p = \binom{10}{8}\left(\frac{1}{4}\right)^8 \left(\frac{3}{4}\right)^2 + \binom{10}{9}\left(\frac{1}{4}\right)^9 \left(\frac{3}{4}\right)^1 + \binom{10}{10}\left(\frac{1}{4}\right)^{10} \left(\frac{3}{4}\right)^0 =>$$

$$p = \frac{436}{4^{10}} =>$$

Risposta

La probabilità di superare il test è $p = 0,000416$ ossia $p = 0,042\% = p(x \geq 8)$

Quesito 5

Una sfera, il cui centro è il punto $K(-2, -1, 2)$, è tangente al piano $\prod$ avente equazione $2x - 2y + z - 9 = 0$. Qual è il punto di tangenza? Qual è il raggio della sfera?

Svolgimnto

Si ricordi che le incognite dell'equazione si trasformano in parametri, cioè $\overset{2t}{\overbrace{2x}}\overset{-2t}{\overbrace{-2y}}+\overset{1\cdot t}{\overbrace{z}}$, allora si hanno 3 equazioni parametriche con i centri k(-2, -1, 2) cioè $\begin{cases} x = (k + 2t) \\ y = (k - 2t) \\ z = (k + 2t) \end{cases}$

sostituendo i rispettivi parametri direttori k si hanno le equazioni

$(*)\begin{cases} x = (-2 + 2t) \\ y = -(-1 - 2t), \\ z = (2 + t) \end{cases}$ poiché le equazioni hanno tutte lo stesso

centro vuol dire che si intersecano tutte tra loro, quindi le equazioni vanno potate tutte al primo membro, si ha
$a(-2 + 2t) + b(-1 - 2t) + c(2 + t) - 9 = 0 =>$
$2(-2 + 2t) - 2(-1 - 2t) + 1 \cdot (2 + t) - 9 = 0$ ossia
$-4 + 4t + 2 + 4t + 2 + t - 9 = 0 => 9t - 9 = 0 =>$
$9t = 9 => t = 1$

Sostituendo (t = 1) nel sistema $(*) \begin{cases} x = (-2 + 2t) \\ y = -(-1 - 2t) \\ z = (2 + t) \end{cases}$ si ha

$\begin{cases} x = (-2 + 2) \\ y = -(-1 - 2) \\ z = (2 + 1) \end{cases}$ ossia le coordinate della tangente sono

$T = (0; -3; 3)$. Il raggio della sfera si ottiene dalla formula del sistema tridimensionale $r = \sqrt{x^2 + y^2 + z^2}$, inserendo in essa le coordinate delle equazioni abbiamo:

$r = \sqrt{(-2 - 0)^2 + (-1 + 3)^2 + (2 - 3)^2}$ =>

$r = \sqrt{(-2)^2 + (2)^2 + (1)^2}$ =>

$r = \sqrt{4 + 4 + 1}$ => $r = \sqrt{9}$ ossia $r = 3$ (raggio della sfera)

Risposta
Il punto di tangenza è $T(0; -3; 3)$ e il raggio è $r = 3$

Quesito 6
Si stabilisca se la seguente affermazione è vera o falsa, giustificando la risposta: "

"Esiste un polinomio $P(x)$ tale che: $|P(x) - \cos(x)| \le 10^{-3}$,

$\forall x \in R$ " .

Sviluppo
Cerchiamo di ragionare in questo modo: un polinomio di grado (n > 0) tende a pià o meno infinito, mentre il coseno è una funzione di limite limitato, cioè oscilla tra 1 e -1 per cui non esiste alcun polinomio che possa eliminare la disuguaglianza dei limiti. Ammettendo che il polinomio fosse di grado zero $(p(x) = k)$, la relazione $|P(x) - \cos(x)| \le 10^{-3}$ non puo essere verificata per ogni x reale .

Risposta: La risposta è falsa

Quesito 7

Una pedina è collocata nella casella in basso a sinistra di una scacchiera, come in figura.

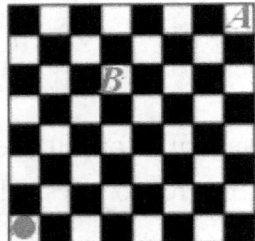

Ad ogni mossa, la pedina può essere

spostata o nella casella alla sua destra o nella casella sopra di essa. Scelto casualmente un percorso di 14 mosse che porti la pedina nella casella d'angolo opposta A, qual è la probabilità che essa passi per la casella indicata con B?

Svolgimento

La pedina spostandosi in diagonale, verso l'alto, per raggiungere la casella A deve spostarsi di 7 caselle, ciò corrisponde al calcolo delle permutazioni con ripetizioni di 14 oggetti.
Le mosse sono: 7 uguali tra di loro quando lo spostamento avviene a destra e 7 uguali tra di loro quando lo spostamento avviene in alto, quindi abbiamo la formula risolutiva:

$Numeri\ percorsi\ possibili = \dfrac{14!}{7!\cdot7!} => \dfrac{87178291200}{(5040)(5040)}$ ossia 3432

La pedina spostandosi ia destra, per raggiungere la casella B deve spostarsi di 3 caselle a destra e di 5 caselle in alto.
I possibili percorsi sono le permutazioni con ripetizioni di 8 oggetti e le mosse necessarie per raggiungere la casella B di cui 3 sono uguali fra di loro (spostamento a destra e altri 5 uguali tra di loro (spostamenti in alto).

$Numeri\ percorsi\ favorevoli\ possibili = \dfrac{8!}{3!\cdot5!} => \dfrac{40320}{(6)(120)}$ ossia

56

La pedina deve poi spostarsi da B ad A, poiché sono richieste 14 mosse e deve spostarsi di 4 caselle a destra e di 2 in alto; questi sono uguali e quindi si ha

$Numeri\ percorsi\ da\ B\ ad\ A = \frac{6!}{4!\cdot 2!} => \frac{40320}{(24)(2)}$ ossia 15

Allora il numero dei percorsi favorevoli è il prodotto
$numero\ percorsi\ favorevoli = 56 \cdot 15$ ossia 840 e la probabilità richiesta è

$\frac{Numeri\ percorsi\ pfavorevoli}{numero\ percorsi\ possibili} = \frac{840}{3432} => 0,2448$ **ossia 24, 5 %**

Quesito 8

Data la funzione $f(x)$ definita in R $f(x) = e^x(2x + x^2$, individuare la primitiva di $f(x)$ il cui grafico passa per il punto $P(1, 2e)$.

Svolgimento

Si tratta di un integrale ciclico, cioè va risolto 2 volte $\int e^x(2x + x2dx$ va risolto per parti $ex2x+x2-ex2x+x2dx$ ossia
$e^x(2x + x^2) - [e^x(2 + 2x) - \int 2e^x] =>$
$e^x(2x + x^2) - e^x(2 + 2x) + 2e^x + k => x^2e^x + k$.
La primitiva passante per $(1, 2e)$ si ottiene ponendo l'uguaglianza $2e = 1^2 \cdot e^1 + k$ dalla quale si ha $k = e$.

Risposta

La primitiva di f(x) il cui grafico passa per il punto $(1, 2e)$ ha equazione $y = x^2e^x + e$

Quesito 9

Date le rette: $\begin{cases} x = t \\ y = 2t \\ z = t \end{cases}$ ….. rette: $\begin{cases} x + y + z - 3 = 0 \\ 2x - y = 0 \end{cases}$ e il punto $P(1, 0, -2$. Determinare l'equazione del piano passante per P e parallelo alle due rette.

Svolgimento

Questo quesito è quasi identico al quesito n, 5, quindi può essere utile consultarlo in caso di dubbi.

Cerchiamo i parametri direttori della seconda retta in forma parametrica, ponendo (x = h) nella seconda equazione e otteniamo (y = 2h)   allora, dalla prima si ha (z = 3 − 3h) e la retta ha equazioni parametriche $\begin{cases} x = h \\ y = 2h \\ z = 3 - 3h \end{cases}$

I parametri direttori della prima retta sono (1, 2, 1(; quelli della seconda retta sono (1, 2, -3).

I parametri direttori del piano (a, b, c) devono soddisfare le seguenti condizionidi parallelismo retta con il piano: $\begin{cases} a + 2b + c = 0 \\ a + 2b - 3c = 0 \end{cases}$ e risolvendo si ha $\begin{cases} c = 0 \\ a = -2b \end{cases}$

Si rammenda che il piano passante per un punto con dati parametri direttori ha equazione del tipo:

$a(x - x_0) + b(y - y_0) + c(z - z_0) = 0$,

Risposta

il nostro piano è $-2b(1x - 1) + b(y - 0) + 0(z + 2) = 0$ => $2x - y - 2 = 0$

Osservazioni: b non può essere nullo, altrimenti lo sarebbe anche a e c , ciò non è possibile.

Quesito 10

Sia f la funzione così definita nell'intervallo $]2, +\infty)$:

$$f(x) = \int_e^{x^2} \frac{t}{\ln t} \, dt$$

Scrivere l'equazione della retta tangente al grafico di f nel suo punto di ascissa $\sqrt{e}$.

Svolgimento

L'ordinata y del punto si calcola con l'integrale

$f(\sqrt{e}) = \int_e^{x^2} \frac{t}{\ln t} \, dt$ e poiché il coefficiente della tangente è la derivata prima uguale a zero si ha $f'(\sqrt{e}) = \int_e^{x^2} \frac{t}{\ln t} \, dt$, ricordiamo che si tratta di un integrale di funzione composta del tipo $\int_a^{g(x)} f(t)\ dt$ allora l'integrale della derivata prima diventa

$F'(x) = \int_a^{g(x)} f(t)\ dt$ ossia $F'(x) = f(g(x)) - g'(x)$,   nel

nostro caso si ha $f'(x) = \dfrac{x^2}{\ln(x^2)} \cdot 2x$, quindi $f'(x) = 2e\sqrt{e}$,

Risposta

La tangente ha equazione: $(y - y_0) = m(x - x_0)$ =>
$y - 0 = 2e\sqrt{e}(x - \sqrt{e})$ ossia $y = 2e\sqrt{e}x - 2e^2$

Anno 2017 liceo scientifico

Problema 1

Si può pedalare agevolmente su una bicicletta a ruote quadrate? A New York, al MoMath-Museum of Mathematics si può fare, in uno dei padiglioni dedicati al divertimento matematico (figura 1).
È però necessario che il profilo della pedana su cui il lato della ruota può scorrere soddisfi alcuni requisiti.
In figura 2 è riportata una rappresentazione della situazione nel piano cartesiano Oxy: il quadrato di lato $DE = 2$ (in opportune unità di misura) e di centro C rappresenta la ruota della bicicletta, il grafico della funzione $f(x)$ rappresenta il profilo della pedana. .

Figura 1

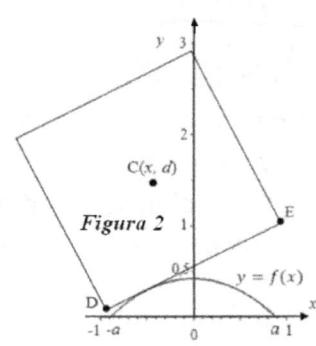

Figura 2

1. Sulla base delle informazioni ricavabili dal grafico in figura 2, mostra, con le opportune argomentazioni, che la funzione: $f(x) = \sqrt{2} - \frac{e^x + e^{-x}}{2}$ ($x \in R$)

rappresenta adeguatamente il profilo della pedana per $x \in [-a: a]$];
determina inoltre il valore degli estremi a e $-a$ dell'intervallo.

Per visualizzare il profilo completo della pedana sulla quale la bicicletta potrà muoversi, si affiancano varie copie del grafico della funzione $f(x)$ relativo all'intervallo $[-a ; a]$, come mostrato

in figura 3.　　　　*Figura 3*

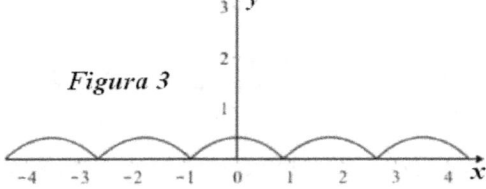

2. Perché la bicicletta possa procedere agevolmente sulla pedana è necessario che:

• a sinistra e a destra dei punti di non derivabilità i tratti del grafico siano ortogonali;

• la lunghezza del lato della ruota quadrata risulti pari alla lunghezza di una "gobba",

cioè dell'arco di curva di equazione $y = f(x)$ *per* $x \in [-a: a]$
$y = f(x)$ per $x \in [-a; a]$.

Stabilisci se tali condizioni sono verificate.1

3. Considerando la similitudine dei triangoli rettangoli ACL e ALM in figura 4, e ricordando il significato geometrico della derivata, verifica che il valore dell'ordinata d del centro della ruota si mantiene costante durante il moto. Pertanto, al ciclista sembra di muoversi su una superficie piana.

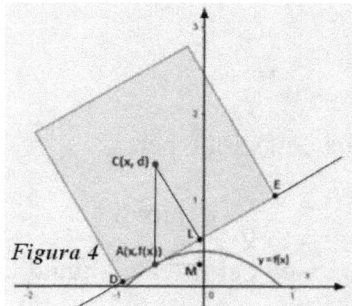

Figura 4

In generale, la lunghezza dell'arco di curva avente equazione $y = \varphi(x)$ compreso tra le ascisse x_1 e x_2 è data da $\int_{x_1}^{x_2} \sqrt{1 + (\varphi'(x))^2} \, dx$.

Anche il grafico della funzione $f(x) = \frac{2}{\sqrt{3}} - \frac{e^x + e^{-x}}{2}$ *per* $x \in \left[-\frac{\ln(3)}{2} ; \frac{\ln(3)}{2} \right]$

se replicato varie volte, può rappresentare il profilo di una pedana adatta a essere percorsa da una bicicletta con ruote molto particolari, aventi la forma di un poligono regolare.

4.) Individua tale poligono regolare, motivando la risposta.

Svolgimento

1)   Le intersezioni degli assi del grafico della funzione $f(x) = \sqrt{2} - \frac{e^x + e^{-x}}{2}$ si ha:

Se (x = 0) abbiamo $y = \sqrt{2} - \frac{e^0 + e^{-0}}{2} \Rightarrow y = \sqrt{2} - \frac{1+1}{2} \Rightarrow y = \sqrt{2} - 1$

Se (y = 0) abbiamo $0 = \sqrt{2} - \frac{e^0 + e^{-0}}{2} \Rightarrow$ m.c.m.

$0 = 2\sqrt{2} - (e^x + e^{-x}) \Rightarrow 2\sqrt{2} - e^x - e^{-x} = 0 \Rightarrow$

$2\sqrt{2} = e^x + e^{-x} \Rightarrow 2\sqrt{2} = e^x + \frac{1}{e^x}$ ossia

$2\sqrt{2}e^x = e^x \cdot e^x + 1 \Rightarrow e^{2x} - 2\sqrt{2}e^x + 1 = 0$ in evidenza

$e^x(e^x - 2\sqrt{2}) + 1 = 0$

Si hanno due equazioni $\begin{cases} e^x + 1 = 0 \\ e^x - 2\sqrt{2} + 1 = 0 \end{cases}$ =>

$\begin{cases} e^x = -1 \\ e^x - 2\sqrt{2} + 1 = 0 \end{cases}$ tralasciano la prima equazione per

calcoliamo la seconda, si ha $\begin{cases} e^x = -1 \\ e^x = \sqrt{2} + 1 = 0 \end{cases}$ e quindi

abbiamo $e^x = \sqrt{2} \pm 1$; sono due soluzione: x si trova adottando
i logaritmi , cioè

$\begin{bmatrix} x_1 = \ln(\sqrt{2} - 1) \\ x_2 = \ln(\sqrt{2} + 1) \end{bmatrix} \Rightarrow \begin{bmatrix} x_1 = \ln, 414 \\ x_2 = \ln 2,414 \end{bmatrix} \Rightarrow \begin{bmatrix} x_1 = -0,88 \\ x_2 = 0,88 \end{bmatrix}$ poiché

le ascisse sono equivalenti ai coefficienti a richiesti si afferma

che sono $\begin{bmatrix} a_1 = -0,88 \\ a_2 = 0,88 \end{bmatrix}$ e quindi l'intervallo è

$(*) \begin{bmatrix} \ln(\sqrt{2} - 1) ; \ln(\sqrt{2} + 1) \end{bmatrix}$ *(punti degli zeri della funzione)*

La tangente al grafico della curva è la sua derivata nel punto di
coordinate (-a, 0), allora deriviamo la funzione $f'(x) = \sqrt{2} -$

$\frac{e^x - e^{-x}}{2}$ si ha $f'(x) = \frac{-e^x - (-1)e^{-x}}{2}$ cambiamo i segni

$f'(x) = \frac{e^x - e^{-x}}{2}$ ora inseriamo nella derivata in coefficiente a

$f'(-a) = \frac{e^a - e^{-a}}{2}$ inseriamo i valori di a (vedi *(*)*) si ha

$f'(-a) = \frac{\sqrt{2}+1-(\sqrt{2}-1)}{2} \Rightarrow f'(-a) = \frac{\sqrt{2}+1-\sqrt{2}+1}{2} \Rightarrow$

semplificando si ha $f'(-a) = \frac{2}{2}$ ossia $f'(-a) = 1$, allora

La tangente in $A(-a, 0))$ è $tg_A = 1$ e corrisponde a 45°
d'inclinazione con l'asse x, vedi figura 4 sopra.

Quando D coincide con A il lato DE coincide con la tangente al
profilo della pista in A , e il centro della ruota si trova sulla
verticale per A.

Per cui la funzione $f'(x) = \sqrt{2} - \frac{e^x - e^{-x}}{2}$

Rappresenta un profilo della pedana abbastanza adeguato.

Per visualizzare il profilo completo della pedana sulla quale la bicicletta dovrà muoversi, dobbiamo affiancare più pedane pari all'intervallo della tangente , [-a, a] = [-1,, 1] come mostrato in Figura 3.

2.) La lunghezza dell'arco di curva compreso tra le ascisse x_1 e x_2 di equazione proposta $y => \varphi(x)$ si calcola con la nota formula integrale ,: lunghezza di un arco di curva è la formula $L = \int_b^a \sqrt{1 + (f(x)^2)} \, dx$ se consideriamo un solo lato della ruota possiamo calcolare il solo intervallo [a, 0] e moltiplicare per 2, allora si ha

$L = 2 \int_0^a \sqrt{1 + (f(x)^2)} \, dx$ inseriamo la funzione e l'intervallo

$L = 2 \int_0^a \sqrt{1 + \frac{(e^x - e^{-x})^2}{4}} \, dx \ =>$

$L = 2 \int_0^a \sqrt{1 + \frac{e^{2x} - 2e^{x-x} + e^{-2x}}{4}} \, dx \ =>$

$L = 2 \int_0^a \sqrt{1 + \frac{e^{2x} - 2e^0 + e^{-2x}}{4}} \, dx \ =>$

$L = 2 \int_0^a \sqrt{1 + (\frac{e^{2x} + e^{-2x} - 2}{4})} \, dx$ m.c.m.

$L = 2 \int_0^a \sqrt{\frac{4 + e^{2x} + e^{-2x} - 2}{4})} \, dx$ ossia $L = 2 \int_0^a \sqrt{\frac{2 + e^{2x} + e^{-2x}}{2^2})} \, dx$

portiamo fuori dalla radice e^{2x} si ha $L = \int_0^a \sqrt{\frac{2 + e^{2x} + e^{-2x}}{2^2})} \, dx$

$L = \int_0^a \sqrt{2 + e^{2x} + e^{-2x}} \, dx$ moltiplichiamo e dividiamo per e^{x^2}

si ha $L = \int_0^a \sqrt{(\frac{2e^{2x} + e^{2x} \cdot e^{2x} + e^{-2x} \cdot e^{2x})}{e^{2x}})} \, dx$

$L = \int_0^a \sqrt{(\frac{2e^{2x} + e^{4x} + 1}{e^{2x}})} \, dx$, il numeratore e denominatori sono

quadrato del binomio , allora si ha $L = \int_0^a \sqrt{(\frac{e^{2x} + 1}{e^x})^2} \, dx$ si ha

$\int_0^a \frac{e^{2x} + 1}{e^x} \, dx$ portiamo tutto al numeratore $\int_0^a e^x + e^{-x} \, dx$ che integriamo in $[e^x + e^{-x}]_0^a$ cioè $[e^x + e^{-x} \ x]^a - [e^x + e^{-x}]_0$

$\Rightarrow [e^a + e^{-a} \ x] - [e^0 + e^{-0}] \Rightarrow$

$[e^a + e^{-a}] - [1 - 1] \Rightarrow [e^a + e^{-a}]$ sostituendo in essa il valore di a calcolato precedentemente si ha $e^{\ln\sqrt{2}+1} - e^{\ln\sqrt{2}-1} \Rightarrow$

$\dfrac{e^{\ln\sqrt{2}+1}}{e^{\ln\sqrt{2}-1}}$ ossia $\sqrt{2} + 1 - \sqrt{2} - 1 \Rightarrow 2$ *(lato della ruota quadrata).*

3.) Per la risoluzione del punto 3 riportiamo la figura

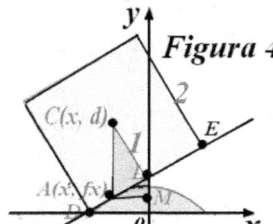

Figura 4

alla quale faremo sempre riferimento a

quanto segue: ci due triangoli ACL e ALM (verde e arancione) sono simili l'angolo L e l'angolo M sono di 90° ciascuno, allora considerando che la tangente è comune ai due triangoli e il Teorema della similitudine possiamo calcolare la tangente $(\frac{sen}{cos})$

di ciascun rettangolo, esempio $\begin{bmatrix} tg(\alpha) = \dfrac{LM}{AM} \\ tg(\alpha) = \dfrac{AL}{CL} \end{bmatrix}$ poiché abbiamo già

calcolato che il lato del quadrato è (L=2) il lato maggiore del triangolo CL è uguale a 1, e il lato AL è uguale alla derivata

$f'(x) = \dfrac{e^x - e^{-x}}{2}$ le formule sopra diventano $\begin{bmatrix} tg(\alpha) = \dfrac{LM}{AM} \\ tg(\alpha) = \dfrac{AL}{1} \end{bmatrix}$.

Osservando la figura il lato AL si calcola con il Teorema di Pitagora $AL = \sqrt{(d - fx)^2 - 1^2}$ allora si ha l'uguaglianza delle due tangenti

$AL = \sqrt{(d - fx)^2 - 1^2} = f'(x)$, sostituendo in essa la funzione derivata si ha

416

$AL = \sqrt{(d - fx)^2 - 1^2} = \frac{e^x - e^{-x}}{2}$ elevando al quadrato ambo i membri si elimina la radice quadrata

$(d - fx)^2 - 1 = \left(\frac{e^x - e^{-x}}{2}\right)^2 \;\Rightarrow\; (d - fx)^2 - 1 = \frac{e^{-x} - e^x - 2}{4} \Rightarrow$

$(d - fx)^2 = 1 + \frac{e^{-x} - e^x - 2}{4} \;\Rightarrow\; (d - fx)^2 = \frac{4 + e^{-x} - e^x - 2}{4}$ ossia

$(d - fx)^2 = \frac{2 + e^{-x} - e^x}{4}$ il 2° membro è un quadrato e possiamo

riscrivere in $(d - fx)^2 = \left(\frac{e^{-x} - e^x}{2}\right)^2$ ed eliminare i quadrati si ha

$d - f(x) = \left(\frac{e^{-x} - e^x}{2}\right)$, calcoliamo d dall'espressione

$d = f(x) + \left(\frac{e^{-x} - e^x}{2}\right)$ poiché $f(x) = \sqrt{2} - \frac{e^x + e^{-x}}{2}$ andiamo a

sostituirlo $d = \sqrt{2} - \frac{e^x + e^{-x}}{2} + \left(\frac{e^{-x} - e^x}{2}\right)$ e quindi semplificando si

ha $\boxed{d = \sqrt{2}}$ *(ordinata CM)*

Risposta

l'ordinata del centro della ruota è costante e vale $\sqrt{2}$

Anche il grafico della funzione: $f(x) = \frac{2}{\sqrt{3}} - \left(\frac{e^{-x} - e^x}{2}\right)$ per $x \in \left[-\frac{\ln(3)}{2}; \frac{\ln(3)}{2}\right]$ se replicato più volte, può essere una pedana percorsa da una bicicletta con ruote particolari, aventi la forma di un poligono regolare.

4.) Individua tale poligono regolare, motivando la risposta.

Con lo stesso criterio, funzione e derivata si equivalgono con la derivata logaritmica, cioè

$f'(x) = - \overbrace{\frac{e^{-x} - e^x}{2}}^{\text{derivata della funzione}} = \frac{e^{-x} - e^x}{2}$ è uguale a

$$f'(-\frac{\ln(3)}{2}) = \frac{\overbrace{e^{\frac{\ln(2)}{2}}-e^{\frac{-\ln(2)}{2}}}^{\text{derivata logaritmica}}}{e^{\ln\sqrt{2}-1}} \quad \text{ossia}$$

$\dfrac{(e^{\ln(3)})^{\frac{1}{2}}-(e^{\ln(3)})^{-\frac{1}{2}}}{2}$ facendo i calcoli con i logaritmi si ha $\dfrac{\sqrt{3}-\frac{1}{\sqrt{3}}}{2} =>$

$\dfrac{\frac{2}{3}\sqrt{3}}{2} => \dfrac{\sqrt{3}}{3}$ *(valore della tangente)*

$\dfrac{\sqrt{3}}{3}$ corrisponde all'angolo di 30° e a 150° la sua simmetria.

Quindi la tangente destra nel punto di coordinate $(-\dfrac{\ln(3)}{2}, 0)$ + inclinata di 150°; le due tangenti formano un angolo di (180° - 60°) cioè 120° e corrisponde all'angolo interno di un esagono regolare.

Risposta

Si deduce che la ruota è un poligono regolare (esagono) con angolo di 120°, vedi figura

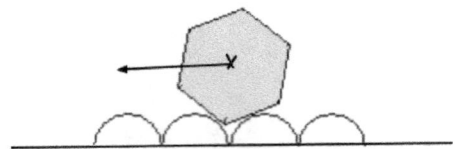

Problema 2 Consideriamo la funzione $f: \mathfrak{R} \to \mathfrak{R}$, periodica di periodo $(T = 4)$ il cui grafico, nell'intervallo [0;4], è il

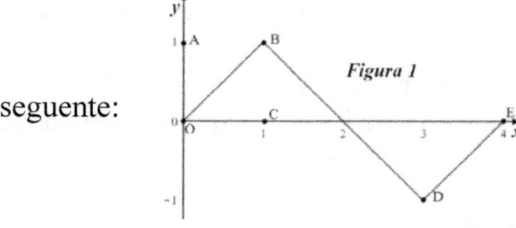

Figura 1

seguente:

Come si evince dalla figura 1, i tratti OB, BD, DE del grafico sono segmenti i cui estremi hanno coordinate: $O(0,0)$, $B(1,1)$, $D(3,-1)$, $E(4,0)$.

418

1.)　　Stabilisci in quali punti del suo insieme di definizione la funzione f è continua e in quali è derivabile e verifica l'esistenza dei limiti: $\lim_{x \to +\infty} f(x)$ e $\lim_{x \to +\infty} \frac{f(x)}{x}$; qualora esistano, determinane il valore.

Rappresenta inoltre, *per* $x \in [9; 4]$, i grafici delle funzioni:
$$\begin{bmatrix} g(x) = f'(x) \\ h(x) = \int_0^x f(t)\, dt \end{bmatrix}$$

Osservando attentamente il grafico della figura 1 si possono calcolare le equazioni delle rette passanti per 2 punti con la nota formula $\frac{y-y_1}{y_2-y_1} = \frac{x-x_1}{x_2-x_1}$ cioè

Per i punti $\overline{\overline{OB}}$ => $\begin{bmatrix} P_1(0,0) \\ P_2(1,1) \end{bmatrix}$ si ha $\frac{y-0}{1-0} = \frac{x-0}{1-0}$ =>

$y = x$ *(prima equazione)*

Per i punti $\overline{\overline{BD}}$ => $\begin{bmatrix} P_1(1,1) \\ P_2(3,-1) \end{bmatrix}$ si ha $\frac{y-1}{-1-1} = \frac{x-1}{3-1}$ =>

$\frac{y-1}{-1-1} = \frac{x-1}{3-1}$ => $\frac{y-1}{-2} = \frac{x-1}{2}$ => $2(y-1) = -2(x-1)$ =>
$2y - 2 = -2x + 2$ => $2y = -2x + 2 + 2$ =>
$2y = -2x + 4$ => $y = -\frac{2x}{2} + \frac{4}{2}$ ossia

$y = -x + 2$ *(seconda equazione)*

Per i punti $\overline{\overline{DE}}$ => $\begin{bmatrix} P_1(3,-1) \\ P_2(4,0) \end{bmatrix}$ si ha $\frac{y-(-1)}{0-(-1)} = \frac{x-3}{4-3}$ =>

$\frac{y+1}{1} = \frac{x-3}{1}$ => $y + 1 = x - 3)$ => $y = x - 3 - 1$ =>
$y = x - 4$ *(terza equazione)*

Le 3 equazioni sono $f(x) \begin{cases} y = x & per\ (0 \le x \le 1) \\ y = -x + 2 & per\ (1 \le x \le 3) \\ y = x - 4 & per\ (3 \le x \le 4) \end{cases}$

vedi grafico in figura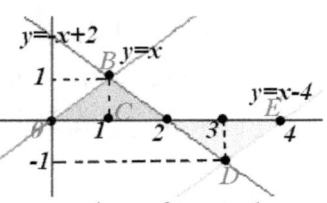

Poiché le funzioni sono rette si conferma che sono continue e derivabili e sono

$$g(x) = f'(x) \begin{cases} y' = 1 & per\ (0 \le x < 1) \\ y = -1 & per\ (1 < x < 3) \\ y = 1 & per\ (3x \le 4) \end{cases}$$ il grafico è il seguente

Lo studio della funzione $g(x) = f'(x) = h(x) = \int_0^x f(t)$ vuol

dire calcolare f(t) in 3 intervalli, $\begin{cases} per\ (0 \le x < 1) \\ per\ (1 < x < 3) \\ per\ (3x \le 4) \end{cases}$ ossia $\begin{cases} [0,1] \\ [1,3] \\ [3,4] \end{cases}$ e

gli integrali con i rispettivi intervalli sono:

$$(W) \begin{cases} (1) \Rightarrow h(x) = \overbrace{\int_0^x f(t)dt}^{1^\wedge equazione} \quad (2) \Rightarrow h(x) = \int_0^x f(t)dt \\[2mm] cioè \int_0^1 \underbrace{f(t)dt}_{1^\wedge equazione} + \int_1^x \underbrace{f(-t+2)}_{2^\wedge equazione} dt \\[2mm] (3) \Rightarrow h(x) = \int_0^x f(t)dt \ cioè \\[2mm] \int_0^1 \underbrace{f(t)dt}_{1^\wedge equazione} + \int_1^3 \underbrace{f(-t+2)dt}_{2^\wedge equazione} + \int_3^x \underbrace{f(t-4)dt}_{3^\wedge equazione} \end{cases}$$

Risolviamo gli integrali procedendo nell'ordine :

$(1) \Rightarrow \int_0^x f(t)dt \Rightarrow \left[\frac{t^{1+1}}{1+1}\right]^x \Rightarrow \left[\frac{t^2}{2}\right]^x \Rightarrow \left[\frac{1}{2}x^2\right]^x \Rightarrow$

$\frac{1}{2}x^2$ *(soluzione (1) integrale)*

$(2) => \int_0^1 f(t)dt + \int_1^x f(-t+2)dt$ cioè

$\left[\frac{t^{1+1}}{1+1}\right]_{}^1 + \left[-\frac{t^{1+1}}{1+1} + 2t\right]_{}^x - \left[-\frac{t^{1+1}}{1+1} + 2t\right]_1 => \left[\frac{1}{2}t^2\right]_{}^1 +$

$\left[-\frac{t^2}{2} + 2t\right]_{}^x - \left[-\frac{t^2}{2} + 2t\right]_1 => \left[\frac{1}{2}\right] + \left[-\frac{x^2}{2} + 2 \cdot x\right] -$

$\left[-\frac{1}{2} + 2 \cdot 1\right] => \left[\frac{1}{2}\right] + \left[-\frac{x^2}{2} + 2x\right] - \left[+\frac{3}{2}\right] => \frac{1}{2} - \frac{x^2}{2} + 2x - \frac{3}{2}$

ossia $-\frac{x^2}{2} + 2x - 1$ *(soluzione (2) integrale)*

$(3) => h(x) = \int_0^x f(t)dt + \int_1^3 f(-t+2)dt + \int_3^x f(t-4)dt$

$\left[\frac{t^{1+1}}{1+1}\right]_{}^1 + \left[-\frac{t^{1+1}}{1+1} + 2t\right]_{}^3 - \left[-\frac{t^{1+1}}{1+1} + 2t\right]_1 + \left[\frac{t^{1+1}}{1+1} - 4t\right]_{}^x -$

$\left[\frac{t^{1+1}}{1+1} - 4t\right]_3 => \left[\frac{1}{2}t^2\right]_{}^1 + \left[-\frac{1}{2}t^2 + 2t\right]_{}^3 - \left[-\frac{1}{2}t^2 + 2t\right]_1 +$

$\left[\frac{1}{2}t^2 - 4t\right]_{}^x - \left[\frac{1}{2}t^2 - 4t\right]_3 =>$

$\left[\frac{1}{2}1^2\right] + \left[-\frac{1}{2}3^2 + 2(3)\right] - \left[-\frac{1}{2}1^2 + 2(1)\right] + \left[\frac{1}{2}x^2 - 4x\right] -$

$\left[\frac{1}{2}3^2 - 4(3)\right] =>$

$\left[\frac{1}{2}\right] + \left[-\frac{9}{2} + 6\right] - \left[-\frac{1}{2} + 2\right] + \left[\frac{1}{2}x^2 - 4x\right] - \left[\frac{9}{2} + 12\right] =>$

$\left[\frac{1}{2}\right] + \left[\frac{3}{2}\right] - \left[\frac{3}{2}\right] + \left[\frac{1}{2}x^2 - 4x\right] - \left[\frac{33}{2}\right] =>$ semplificare $\left[\frac{1}{2}\right] +$

$\left[\frac{1}{2}x^2 + 4x\right] - \left[\frac{33}{2}\right] =>$

$\frac{1}{2}x^2 - 4x + \frac{32}{2} => \frac{1}{2}x^2 - 4x + 16$ dividendo per 2 ogni termine

abbiamo

$x^2 - 2x + 8$ *(soluzione (3) integrale)* , vedi figura

421

Osservazione: Le equazioni degli integrali formano il grafico arancione e verde e rappresenta una specie di campana.

2.) Considera la funzione: $s(x) = sen(bx)$ con b costante positiva; determina b in modo
$s(x) = sen(bx)$ abbia lo stesso periodo di f(x).
 Dimostra che la porzione quadrata di piano $OABC$ in figura 1 viene suddivisa dai grafici di $f(x)$ e $s(x)$ in 3 parti distinte e determina le probabilità che un punto preso a caso all'interno del quadrato $OABC$ ricada in ciascuna delle 3 parti individuate.

Poiché conosciamo che $s(x) = sen(bx)$ e il periodo è $T = 4$si deduce che il periodo del seno 2π va diviso per b, allora abbiamo $\frac{2\pi}{b} = T$ cioè $\frac{2\pi}{b} = 4$; calcoliamo che $b = \frac{\pi}{2}$ che andremo a sostituire in $s(x) = sen(bx)$, si ha $s(x) = (\frac{\pi}{2}x)$ *(funzione)*.
Lçe parti richieste $(R_1;\ R_2;\ R_3)$ in figura

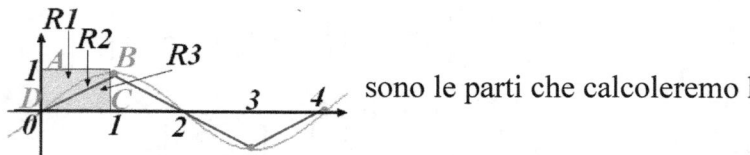

sono le parti che calcoleremo le aree

mediante integrali con i rispettivi intervalli $\begin{cases} [1,0] \\ [1,0] \\ [1,0] \end{cases}$. Si fa notare
che l'area R_3 è calcolabile algebricamente, cioè è la metà dell'area del quadrato, quindi
(Area = 1; la prima area è 1 meno il rispettivo l'integrale;
(Area = 2) + ½ del quadrato meno il rispettivo integrale.

$A_{R1} = 1 - \int_0^1 sen\left(\frac{\pi}{2}x\right) dx => 1 - \left[\frac{2}{\pi}\cos(\frac{\pi}{2}x)\right]_0^1 =>$
$1 - \left[\frac{2}{\pi}\cdot\cos(\frac{\pi}{2}\cdot 1)\right]$ ossia $1 - \left[\frac{2}{\pi}\cdot\cos(0)\right] => 1 - \left[\frac{2}{\pi}\cdot 1\right] =>$
$1 - \frac{2}{\pi}$ *(prima area)*

$$A_{R2} = \frac{1}{2} - \int_0^1 sen\left(\frac{\pi}{2}x\right)dx => \frac{1}{2} - \left[\frac{2}{\pi}\cos\left(\frac{\pi}{2}x\right)\right]_0^1 =>$$

$$\frac{1}{2} - \left[\frac{2}{\pi} \cdot \cos\left(\frac{\pi}{2} \cdot 1\right)\right] \text{ ossia } \frac{1}{2} - \left[\frac{2}{\pi} \cdot \cos(0)\right] => \frac{1}{2} - \left[\frac{2}{\pi} \cdot 1\right] =>$$

$$\frac{1}{2} - \frac{2}{\pi} \text{ (seconda area)}$$

$$A_{R3} = \frac{1}{2} area\ quadrato => => \frac{1}{2} \text{ (terza area)}$$

Le probabilità richieste sono i rapporti di ciascuna area calcolata con quella del quadrato:

$$p_1 = \frac{A_{R1}}{Aq} => p_1 = \frac{(1-\frac{2}{\pi})}{1} => 0,36 \text{ ossia } p_1\ 36\%$$

$$p_2 = \frac{A_{R2}}{Aq} => p_2 = \frac{(\frac{2-\frac{1}{2}}{\pi})}{1} => 0,14 \text{ ossia } p_2\ 14\%$$

$$p_3 = \frac{A_{R3}}{Aq} => p_3 = \frac{\frac{1}{2}}{1} => 0,5 \text{ ossia } p_3\ 50\%$$

3.)

Considerando ora le funzioni: $f(x)^2$ e $s(x)^2$ discuti, anche con argomentazioni qualitative, le variazioni (in aumento o in diminuzione) dei 3 valori di probabilità determinati al punto precedente.

Dai calcoli sopra si deduce che f(x) e s(x) sono nell'intervallo [0, 1] cioè numeri minore di 1 e i loro quadrati sono sempre inferiori al quadrato e quindi si ha $f(x)^2 \leq s(x)^2$ e di conseguenza $s \leq 1$, quindi considerando l'intervallo [0, 1], posti i loro quadrati in forma integrale si ha l'uguaglianza $\int_0^1 [s^2(x) = \int_0^1 f^2(x)]\,dx$ e quindi si ha $p_2 = \int_0^1 [s^2(x)dx - \int_0^1 f(x)^2]\,dx$, sostituendo le funzioni al quadrato $p_2 = \begin{bmatrix} s^2(x) = sen^2(\frac{\pi}{2}x) \\ f^2(x) = x^2 \end{bmatrix}$ e considerando gli intervalli uguali in un solo integrale,

$$p_2 = \int_0^1 [s^2\left(\frac{\pi}{2}x\right) - (x)^2] \, dx \text{ ossia } p_2 = \int_0^1 \overbrace{\frac{1-\cos(\pi x)}{2}}^{(*)} - x^2] \, dx$$

possiamo integrare

$$p_2 = \int_0^1 \overbrace{\frac{-1-sen(\pi x)+\pi x}{2\pi}}^{(*)} - \frac{x^{2+1}}{2+1} \text{ possiamo sdoppiare il primo}$$

membro in

$$p_2 = \int_0^1 = \left[\frac{1}{2}x - \frac{1}{2\pi}sen(\pi x) - \frac{x^3}{3}\right]_0^1 =>$$

$$p_2 = \int_0^1 \left[\frac{1}{2}x - \frac{1}{2\pi}sen(\pi x) - \frac{1}{3}x^3\right]^1 \text{ ossia}$$

$$p_2 = \int_0^1 \left[\frac{1}{2}(1) - \frac{1}{2\pi}sen(\pi \cdot 1) - \frac{1}{3}(1)^3\right]^1 \text{ cioè}$$

$$p_2 = \left[\frac{1}{2} - \frac{1}{2\pi}sen(\pi) - \frac{1}{3}\right] =>$$

$$p_2 = \frac{1}{2} - 0 - \frac{1}{3} => p_2 = \frac{1}{2} - \frac{1}{3} => \frac{3-2}{6} => p_2 = \frac{1}{6} =>$$

$$p_2 = 0.17 \text{ (probabilità)}.$$

La probabilità $p_2 = 0,17$ è aumentato rispetto a quella precedente $p_3 50\%$

Riportiamo il nuovo grafico per osservare la differenza tra la funzione s(x) e la funzione $[s(x)]^2$ riportato con il colore blu e grafico colore rosso, vedi figura seguente.

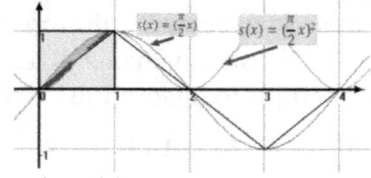 L'area col rosso e aumenta col il

colore blu.
4) Determina infine il volume del solido generato dalla rotazione attorno all'asse y della porzione di piano compresa tra il grafico della funzione h per $per \ x \in [0; 3]$ e l'asse delle x.

L'area che si chiede corrisponde a due funzioni perché l'intervallo ascisse [1, 3] sono due funzioni $\left[\begin{array}{l} f(x) = x \\ f(x) = -\frac{1}{2}x^2 + 2x - 1 \end{array}\right]$ (vedi punto 1.) integrali (2) della lettera *(W)*

Quindi gli integrali saranno due; vedi figura vedi figura

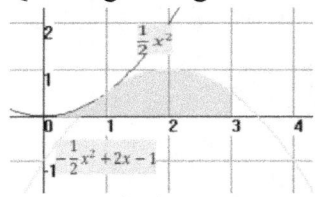 è la rappresentazione delle due

equazioni che assieme ruotano intorno all'asse y descrivendo un solido convesso la cui formula, per calcolare l'area dei solidi di rotazione è l'integrale: della circonferenza per altezza, cioè $A = 2\pi x \cdot h$ dove x è il raggio e h è la funzione, allora si ha $A = \int 2\pi x \cdot h(f(x))$, detto ciò proseguiamo con il calcolo dei due integrali, si ha

(1) $\int_0^1 2\pi x \cdot h(f(x))\, dx$ + (2) $\int_1^3 2\pi x \cdot h\big(f(x)\big)dx$ inserendo in esse le funzioni si ha

(1) $\int_0^1 2\pi x \cdot \frac{1}{2}x^2\, dx$ + (2) $\int_1^3 2\pi x \cdot -\frac{1}{2}x^2 + 2x - 1 dx$

portiamo fuori $\frac{2}{\pi}$ si ha

(1)$2\pi \int_0^1 x \cdot \frac{1}{2}x^2\, dx$ + (2)$\frac{2}{\pi}\int_1^3 x \cdot (-\frac{1}{2}x^2 + 2x - 1)dx$ e risolviamo il prodotto

(1)$2\pi \int_0^1 \frac{1}{2}x^3\, dx$ + (2)$\frac{2}{\pi}\int_1^3 (-\frac{1}{2}x^3 + 2x^2 - x)dx$

(1)*integrale*

$A_1 = 2\pi \int_0^1 \frac{1}{2} \cdot \frac{x^{3+1}}{3+1}$ => $A_1 = 2\pi \int_0^1 \frac{1}{2} \cdot \frac{x^4}{4}$ => $A_1 = 2\pi \left[\frac{x^4}{8}\right]^1$ =>

$A_1 = 2\pi \left[\frac{1^4}{8}\right]$ => $A_1 = \frac{\pi}{4}$ *(area primo integrale)*

(2)*integrale*

$A_2 = 2\pi \int_1^3 x \cdot \left(-\frac{1}{2}x^2 + 2x - 1\right) dx$ sviluppiamo in $A_2 =$ $2\pi \int_1^3 -\frac{1}{2}x^3 + 2x^2 - x)dx$ =>

$$A_2 = 2\pi \int_1^3 -\frac{1}{2} \cdot \frac{x^{3+1}}{3+1} + 2\frac{x^{2+1}}{2+1} - \frac{x^{1+1}}{1+1}) \implies A_2 = 2\pi \left[-\frac{1}{2} \cdot \frac{x^4}{4} + \right.$$

$2x33 - x2231 \implies A2 = 2\pi - 18 \cdot x4 + 23x3 - 12x231$ ossia

$$A_2 = 2\pi \left\{ \left[-\frac{1}{8} \cdot x^4 + \frac{2}{3}x^3 - \frac{1}{2}x^2 \right]^3 - \left[-\frac{1}{8} \cdot x^4 + \frac{2}{3}x^3 - \frac{1}{2}x^2 \right]_1 \right\};$$

$$A_2 = 2\pi \left\{ \left[-\frac{1}{8} \cdot 3^4 + \frac{2}{3}3^3 - \frac{1}{2}3^2 \right] - \left[-\frac{1}{8} \cdot 1^4 + \frac{2}{3}1^3 - \frac{1}{2}1^2 \right] \right\} \implies$$

$$A_2 = 2\pi \left\{ \left[-\frac{81}{8} + \frac{54}{3} - \frac{9}{2} \right] - \left[-\frac{1}{8} + \frac{2}{3} - \frac{1}{2} \right] \right\} \implies$$

$$A_2 = 2\pi \left\{ \left[\frac{-243 + 432 - 108}{24} \right] - \left[\frac{-3 + 16 - 12}{24} \right] \right\} \implies$$

$$A_2 = 2\pi \left\{ \left[\frac{81}{24} \right] - \left[\frac{1}{24} \right] \right\} \implies A_2 = 2\pi \left\{ \left[\frac{80}{24} \right] \right\} \implies$$

$A_2 = \frac{80\pi}{12}$ *(area secondo integrale)*

$A = A_1 + A_2 = \frac{\pi}{4} + \frac{80\pi}{12} \implies A = \frac{3\pi + 80\pi}{12} \implies$

$A = \frac{83\pi}{12}$ semplificando si ha

$A = 21,729$ *(area dei due integrali: risultato voluto)*

Quesiti 2017 Liceo scientifico

Quesito 1

Definito il numero E come: $E = \int_0^1 xe^x \, dx$, dimostrare che

risulta: $\int_0^1 x^2 e^x \, dx = e - 2E$

esprimere $\int_0^1 x^2 e^x \, dx$ in termini di e ed E.

Svolgimento

• Calcoliamo il valore di E risolvendo l'integrale

$\int_0^1 xe^x \, dx = E$ si tratta di un integrale per parti la cui regola

seguente ➔ $\int uv \, dx = u \cdot \widetilde{v} - \int \widetilde{u} \cdot \widetilde{v} \, dx$ ← cioè

int.   der. int.

$\int_0^1 xe^x \, dx \Rightarrow x \cdot e^x - \int 1 \cdot e^x dx = E$ $\Rightarrow$

$x \cdot e^x - \int e^x dx = E$ che integriamo in

$[xe^x - e^x]1 = E$ sostituendo l'intervallo si ha $\quad [1e^1 - e^1] = E$
$\Rightarrow$

$[e - e] = E$ ossia $\boxed{E = 1}$ *(risultato dell'integrale)*

- La dimostrazione che si chiede: che sia

$\int_0^1 x^2 e^x \, dx = e - 2E$ è un identico integrale da risolvere per parti con la regola sopra esposta, per cui calcoliamo prima lì integrale indefinito come segue:

$x^2 \cdot e^x - \int 2x \cdot e^x dx \Rightarrow x^2 \cdot e^x - \int 2x \cdot e^x dx$ portiamo fuori la costante 2 cioè $\quad x^2 \cdot e^x - 2 \cdot \int xe^x \, dx$, siamo nuovamente a risolvere un integrale per parti, *si tratta di un integrale ciclico,* che lo risolveremo ancora con la formula $u \cdot \overset{int.}{\widetilde{v}} - \int \overset{der.}{\widetilde{u}} \cdot \overset{int.}{\widetilde{v}} \, dx$, si ha $\quad [x^2 \cdot e^x] - 2 \cdot [x \cdot e^x - \int 1 \cdot e^x dx] \quad \Rightarrow \quad [x^2 \cdot e^x] - 2 \cdot [x \cdot e^x - \int e^x dx]$, cioè $[x^2 \cdot e^x] - 2 \cdot [x \cdot e^x - e^x]$, si ha $x^2 \cdot e^x - 2(x \cdot e^x - e^x)$ cioè $x^2 \cdot e^x - 2x \cdot e^x + 2e^x$ ossia

$\boxed{e^x(x^2 - 2x + 2) + C}$ *(risultato integrale)*

Calcolato l'integrale indefinito passiamo al calcolo di quello finito nell'intervallo $[0, 1]$ si ha $[e^x(x^2 - 2x + 2]_0^1 = e - 2E$ allora si ha $[e^x(x^2 - 2x + 2)]^1 - [e^x(x^2 - 2x + 2)]_0 = e - 2E$ risolviamo $[e^1(1^2 - 2 \cdot 1 + 2)] - [e^0(0^2 - 2 \cdot 0 + 2)] = e - 2E$ $\Rightarrow [e^1(1)] - [1(2)] = e - 2E$ ossia $e - 2 = e - 2E$ ponendo $(E = 1)$ calcolato precedentemente si ha $e - 2 = e - 2 \cdot 1$ ossia $\boxed{e - 2 = e - 2}$ *(verifica perfetta, abbiamo dimostrato la corrispondenza di uguaglianza)*

Quesito 2

Una torta di forma cilindrica è collocata sotto una cupola di plastica di forma semisferica. Dimostrare che la torta occupa meno dei 3/5 del volume della semisfera.

Svolgimento

Costruiamo il grafico della torta nella cupola semisferica

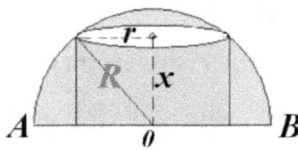

Indichiamo con R il raggio della sfera, con r il raggio del cilindro e con x l'altezza del cilindro e quindi risulta che $(0 \leq x \leq R)$.
Il volume della semi sfera in figura è ½ allora si ha

$$\underbrace{V_{sfera} = \frac{1}{2}(\frac{4}{3}\pi R^2)}_{\substack{volume \\ sfera}} \text{ ossia } \underbrace{V_{sfera} = \frac{2}{3}\pi R^2}_{\substack{volume \\ semi\ sfera}}$$

Il volume del cilindro in figura è $\quad V_{cilindro} = \underbrace{\pi r^2 x}_{\substack{volume \\ semi\ sfera}}\quad$, applicando il Teorema di Pitagora calcoliamo che $(r^2 = R^2 - x^2)$, vedi figura, allora il volume del cilindro diventa

$$V_{cilindro} = \pi \overbrace{(R^2 - x^2)}^{funzione} x$$, e poiché vogliamo il massimo volume poniamo la funzione $y = (R^2 - x^2)x = Max$
Il massimo e minimo di una funzione si ottiene con la derivata prima uguale a zero cioè (f'(x)=0), cioè $y' = (R^2 - x^2)x$
si tratta di una derivata prodotto
$[D'(R^2 - x^2 =] \cdot x + [D'x] \cdot (R^2 - x^2) = 0 =>$
$-2x \cdot x + 1(R^2 - x^2) = 0$ ossia
$-2x^2 + R^2 - x^2 = 0 \quad$ si ha $-3x^2 + R^2 = 0$ cioè $-3x^2 = -R^2$
$=> x^2 = \frac{-R^2}{-3} => x^2 = \frac{R^2}{3} \quad$ e quindi $x = \frac{\sqrt{R^2}}{\sqrt{3}} => x = \frac{R}{\sqrt{3}}$

radicalizzando si ha $x = R\frac{\sqrt{3}}{3}$ *(altezza massima del cilindro)*

Il volume massimo del cilindro si ha sostituendo l'altezza massima calcolata testé, nel volume massimo sopra definito

$$y = \pi(R^2 - x^2)x \; V(Max) \qquad \text{poiché} \quad \text{sappiamo} \quad \begin{bmatrix} x = R\frac{\sqrt{3}}{3} \\ x^2 = \frac{1}{3}R^3 \end{bmatrix}$$

sostituiamo nell'equazione $y = \pi(R^2 - \frac{1}{3}R^2) \cdot R\frac{\sqrt{3}}{3}$ =>

$y = (\pi R^2 - \frac{1}{3}\pi R^2) \cdot R\frac{\sqrt{3}}{3} => \frac{3\pi R^2 - \pi\sqrt{2}R^2}{3} \cdot R\frac{\sqrt{3}}{3} => \frac{2\pi\sqrt{3}R^2}{3} \cdot R\frac{\sqrt{3}}{3}$

ossia $\frac{2}{9}\pi\sqrt{3}R^3$ *(volume della semisfera)*

Calcoliamo i 3/5 del volume della semi sfera sopra calcolato

$V_{semi\;sfera} = \frac{2}{3}\pi R^2$ allora i 3/5 sono $\frac{3(\frac{2}{3}\pi R^2)}{5} => \frac{2\pi R^3}{5}$ *(3/5 del volume della semi sfera)*

Ora verifichiamo che il volume della torta sia minore al volume dei 3/5, si ha la disequazione: $\frac{2}{9}\pi\sqrt{3}R^3 < \frac{2\pi R^3}{5}$ semplificando si ha $\frac{2}{9}\sqrt{3} < \frac{2}{5} => 10\sqrt{3} < 18$ semplificando $5\sqrt{3} < 9$ ossia $8,66 < 9$ *(verifica perfetta. Il volume della torta è minore alla semisfera)*

Quesito 3

Sapendo che: $\lim_{x \to 0} \frac{\sqrt{ax+2b}-6}{x} = 1$ determinare i valori di a e b.

Svolgimento

Calcoliamo per prima i coefficienti della funzione $\lim_{x \to 0} =$
$\sqrt{ax + 2b} - 6 = 1 \cdot x => \lim_{x \to 0} = \sqrt{ax + 2b} = 6 + x$, sostituiamo (x = 0) si ha $\lim_{x \to 0} \sqrt{a \cdot 0 + 2b} = 6 + 0$ ossia $\sqrt{2b} = 6$, elevando al quadrato si ha $2b = 36 => b = \frac{36}{2} =>$ $b = 18$ *(1° coefficiente)*

Sostituiamo (b = 18) nel limite assegnato

$\lim_{x \to 0} \frac{\sqrt{ax+2\cdot18}-6}{x} = 1 => \lim_{x \to 0} \frac{\sqrt{ax+36}-6}{x} = 1$

Moltiplichiamo e dividiamo per 36 il contenuto della radice

quadrata $\lim_{x\to 0} \dfrac{\sqrt{36(\frac{ax}{36}+\frac{36}{36})}-6}{x} = 1$ e portiamo fuori radice 36 si ha

$\lim_{x\to 0} \dfrac{6\sqrt{\frac{ax}{36}+1}-6}{x} = 1$ mettiamo in evidenza il 6, si ha

$\lim_{x\to 0} \dfrac{6(\sqrt{\frac{ax}{36}+1}-1)}{x} = 1$ moltiplichiamo per $\dfrac{a}{36}$ si ha $\lim_{x\to 0} 6 \cdot$

a36(ax36+1−1)ax36=1 cioè *limx→0a6(ax36+1−1)ax36=1*
Il limite della frazione va risolto con il Teorema di De l'Hopital,
calcolando il rapporto delle derivate (numeratore e denominatore
facendo le derivate si ha:

Numeratore $=> [D(\frac{ax}{36} + 1)^{\frac{1}{2}} - 1 => \frac{a}{36^2}$
Numeratore $=> [D\frac{ax}{36} => \frac{a}{36}$

Il loro rapporto è $\dfrac{\frac{a}{36^2}}{\frac{a}{36}}$ cioè $\dfrac{a}{36^2} \cdot \dfrac{36}{a}$ semplificando si ha $\dfrac{1}{2}$ che

sostituiremo in $\lim_{x\to 0} \dfrac{a}{6} \dfrac{(\sqrt{\frac{ax}{36}+1}-1)}{\frac{ax}{36}} = 1$ per cui si ha $\lim_{x\to 0} \dfrac{a}{6} \cdot$

12=1 => a12=1 => a=12

Risposta: I valori richiesti sono $\begin{bmatrix} a = 12 \\ b = 18 \end{bmatrix}$

Quesito 4
Per sorteggiare numeri reali nell'intervallo [0, 2] viene realizzato
un generatore di numeri casuali che fornisce numeri distribuiti, in
tale intervallo, con densità di probabilità data dalla funzione:
$f(x) = \frac{3}{2}x^2 - \frac{3}{4}x^3$.
Quale sarà il valore medio dei numeri generati?
Qual è la probabilità che il primo numero estratto sia $\frac{4}{3}$?

Qual è la probabilità che il secondo numero estratto sia minore di 1?

Svolgimento

- Il valore medio per l'intervallo $[0, 2]$ è $V_{medio} = x \cdot f(x)$

e corrisponde all'integrale $\int_0^2 x \cdot f(x)dx$ per cui si ha

$\int_0^2 x(\frac{3}{2}x^2 - \frac{3}{4}x^3)dx$ risolviamo il prodotto in

$\int_0^2 (\frac{3}{2}x^3 - \frac{3}{4}x^4)dx \Rightarrow \left[\frac{3}{2}x^3 - \frac{3}{4}x^4\right]^2 \Rightarrow \left[\frac{3}{2} \cdot \frac{x^{3+1}}{3+1} - \frac{3}{4} \cdot \frac{x^{4+1}}{4+1}\right]^2 \Rightarrow$

$\left[\frac{3}{2} \cdot \frac{x^4}{4} - \frac{3}{4} \cdot \frac{x^5}{5}\right]^2 \Rightarrow \left[\frac{3}{8} \cdot x^4 - \frac{3}{20}x^5\right]^2 \Rightarrow \left[\frac{3}{8} \cdot 2^4 - \frac{3}{20} \cdot 2^5\right] \Rightarrow$

$\left[\frac{3}{8} \cdot 16 - \frac{3}{20} \cdot 32\right]$ semplificando si ha $\left[6 - \frac{24}{5}\right]$ ossia

$\frac{6}{5}$ *(valore medio)*

- La probabilità che il secondo numero sia $(x < 1)$

nell'intervallo $[0, 2]$ è l'integrale

- $p = 1 \cdot f(x)$ e corrisponde all'integrale $\int_0^2 1 \cdot f(x)dx$ per

cui si ha $\int_0^2 1 \cdot (\frac{3}{2}x^2 - \frac{3}{4}x^3)dx$ risolviamo in

$\int_0^2 (\frac{3}{2}x^2 - \frac{3}{4}x^3)dx \Rightarrow \left[\frac{3}{2} \cdot \frac{x^{2+1}}{3} - \frac{3}{4} \cdot \frac{x^{3+1}}{4}\right]^1 \Rightarrow$

$\left[\frac{1}{2} \cdot x^3 - \frac{3}{16} \cdot x^4\right]^1 \Rightarrow \left[\frac{1}{2} \cdot 1^3 - \frac{3}{16} \cdot 1^4\right] \Rightarrow \left[\frac{1}{2} - \frac{3}{16}\right] \Rightarrow \left[\frac{8-3}{16}\right] \Rightarrow$

$\frac{5}{16}$ *(probabilità che il secondo numero sia < 1)*

Quesito 5

Dati i punti $A(-2,3,1)$, $B(3,0,-1)$, $C(2,2,-3)$, determinare l'equazione della retta r passante per A e per B e l'equazione del piano π perpendicolare ad r e passante per C.

Svolgimento

I parametri direttori (a; b; c) della retta AB sono $\begin{bmatrix} a = 3 - (-2) \\ b = 0 - 3 \\ c = -1 - 1 \end{bmatrix}$

ossia $\begin{bmatrix} a = 5) \\ b = -3 \\ c = -2 \end{bmatrix}$ e i parametri t sono $\begin{bmatrix} 5t \\ -3t \\ c = -2t \end{bmatrix}$ e riferiti alle

incognite (x; y; z) sono $r: \begin{bmatrix} x = -2 + 5t \\ y = 3 - 3t \\ z = 1 - 2t \end{bmatrix}$

Un piano perpendicolare ad r ha gli stessi parametri direttori, quindi l'equazione di π corrisponde assegnando a t dei parametri direttori le incognite (x; y; z) si ha $5x - 3y - 2z + d$ e passante per C si ha $5x - 3y - 2z + d = 0$ e imponendo il passaggio per $C(2; 2; -3)$ abbiamo $=> 5 \cdot 2 - 3 \cdot y - 2 \cdot -3 + d = 0 =>$ $10 - 6 + 6 + d = 0$ semplificando si ha $10 + d = 0$ ossia $d = -10$. Sostituendo (d = -10) nell'equazione $5x - 3y - 2z + d = 0$ si ha $5x - 3y - 2z - 10 = 0$ *(equazione richiesta)*

Quesito 6
Determinare il numero reale a in modo che il valore di $\lim_{x \to 0} \frac{sen(x) - x}{x^a}$ sia un numero reale non nullo.

Svolgimento
Considerando che i numeri sono i reali R il limite da calcolare è il limite destro 0^+ , allora utilizziamo lo sviluppo della serie di McLaurin di ordine 3, cioè

$$\overbrace{f(x) = f'(0)x + \frac{1}{2!}f''(0)x^2 + \frac{1}{3!}f'''(o)x^3 + \cdots \ldots + \frac{1}{n!}f^n(0)x^n + ox^n}^{\text{serie di McLaurin}}$$

Nel nostro caso abbiamo $sen(x) = x - \frac{x^3}{3!} + o(x^3)$ cioè

$\lim_{x \to 0} \frac{sen(x) - x}{x^a} = \lim_{x \to 0} \frac{x - \frac{x^3}{3!} + o(x^3) - x}{x^a} => \lim_{x \to 0} \frac{\frac{x^3}{3!}}{x^a} =>$

$\lim_{x\to 0} \dfrac{-\frac{x^3}{6}}{x^a} \Rightarrow \lim_{x\to 0} \dfrac{\frac{1}{6}x^3}{x^a}$ portiamo fuori dal limite -1/6 si ha

$-\dfrac{1}{6}\lim_{x\to 0} \dfrac{x^3}{x^a} \Rightarrow \dfrac{1}{6}\lim_{x\to 0} x^{3-a}$-

Se (3-a)=0 si ha (a = 3) abbiamo $-\dfrac{1}{6}\lim_{x\to 0} x^{3-3} \Rightarrow \dfrac{1}{6}\lim_{x\to 0} x^0$

ossia $-\dfrac{1}{6}\lim_{x\to 0} 1$ allora

Il limite 1 è un numero reale non nullo (accettabile), e quindi avendo posto (a = 3) il limite ha risultato $L = -\dfrac{1}{6}$

Un altro metodo per calcolare il limite è la regola di De L'Hopital, facendo il rapporto delle derivate del numeratore e denominatore, quindi derivando abbiamo $lim_{x\to 0} \dfrac{cos(x)-1}{ax^{a-1}}$ che possiamo moltiplicare numeratore e denominatore per il coniugato del numeratore cioè $lim_{x\to 0} \dfrac{(cos(x)-1)(cos(x)+1)}{ax^{a-1}(cos(x)+1)} \Rightarrow$

$lim_{x\to 0} \dfrac{cos(x)^2-1^2}{ax^{a-1}(cos(x)+1)}$ e ponendo $cos(x)^2 - 1^2 = (sen(x))^2$ si

ha $lim_{x\to 0} \dfrac{-sen(x)^2}{ax^{a-1}(cos(x)+1)}$ ponendo al denominatore $(x = 1)$ si ha

$lim_{x\to 0} \dfrac{-sen(x)^2}{ax^{a-1}(1+1)} \Rightarrow lim_{x\to 0} \dfrac{-sen(x)^2}{ax^{a-1}\cdot 2}$ portiamo fuori dal limite

$-\dfrac{1}{2a}$ cioè $\cdot\dfrac{1}{2a} lim_{x\to 0} \dfrac{-sen(x)^2}{x^{a-1}}$ Il limite è finito se $(2 = a - 1)$ da cui troviamo $(2 + 1 = a)$ ossia $(a = 3)$

In conclusione il limite vale $L = -\dfrac{1}{2a} = -\dfrac{1}{6}$ *(caso in cui a = 3)*

Quesito 7

Determinare le coordinate dei centri delle sfere di raggio $\sqrt{6}$ tangenti al piano π di equazione:
$x + 2y - z + 1 = 0$ nel suo punto P di coordinate $(1; 0; 2)$

Svolgimento

Le sfere sono due con centro sulla normale al piano P che dista $\sqrt{6}$ dal piano stesso.

Le equazioni della normale P sono. I parametri vettoriali

dell'equazione sono $\overbrace{\begin{bmatrix} per\ x = 1 + t \\ per\ y = 2t \\ per\ z = 2 - t \end{bmatrix}}^{parametri\ (t)}$

Che forniscono 3 equazioni n: $\begin{bmatrix} \overbrace{x = 1 + t}^{incognite\ (x;y;z)} \\ y = 2t \\ z = 2 - t \end{bmatrix}$. Il raggio delle

sfere r^2 è facilmente calcolabile in $r^2 = (\sqrt{6})^2$ ossia $r^2 = 6$, quindi la distanza è $CP^2 = 6$.

I centri delle sfere sono i punti C delle n equazioni con coordinate *(1; 0; 2)* che vanno sostituiti

in $\begin{bmatrix} per\ x = 1 + t \\ per\ y = 2t \\ per\ z = 2 - t \end{bmatrix}$ si ha $\begin{bmatrix} \overbrace{x = 1 + t - 1}^{coordinate\ del\ centro} \\ y = 2t - 0 \\ z = 2 - t - 2 \end{bmatrix}$ => poiché le

incognite delle equazioni sono al

quadrato abbiamo $\begin{bmatrix} \overbrace{x^2 = (1 + t - 1)^2}^{\substack{Coordinate\ al\ quadrato \\ del\ centro}} \\ y^2 = (2t - 0)^2 \\ z^2 = (2 - t - 2)^2 \end{bmatrix}$ e quindi i centri delle

sfere sono l'equazione seguente: $x^2 + y^2 + z^2 = R^2$ sostituiamo le coordinate nell'equazione, si ha
$(1 + t - 1)^2 + (2t - 0)^2 + (2 - t - 2)^2 = 6$ risolviamo
sostituendo (t) si ha $(t)^2 + (2t)^2 + (-t)^2 = 6 =>$
$t^2 + 4t^2 + t^2 = 6 => 6t^2 = 6 => t^2 = \frac{6}{6} => t^2 = 1 =>$
$t = \sqrt{1}$ ossia $t = \pm 1$ *(valore parametrico)*

Sostituiamo il parametro t nelle coordinate $\begin{bmatrix} x = 1 + t \\ y = 2t \\ z = 2 - t \end{bmatrix}$,

per (t = 1) si ha $\begin{bmatrix} x = 1 + 1 \\ y = 2(1) \\ z = 2 - 1 \end{bmatrix}$ ossia $\begin{bmatrix} x = 2 \\ y = 2 \\ z = 1 \end{bmatrix}$

per (t = -1) si ha $\begin{bmatrix} x = 1 - 1 \\ y = 2(-1) \\ z = 2 - (-1) \end{bmatrix}$ ossia $\begin{bmatrix} x = 0 \\ y = -2 \\ z = 3 \end{bmatrix}$

Ottenuto le coordinate definiamo due centri , cioè
$\begin{bmatrix} C_1 = (2; 2; 1) \\ C_2 = (0; -2; 3) \end{bmatrix}$

Risposta :
I centri della sfera sono $C_1 = (2; 2; 1)$ et $C_2 = (0; -2; 3)$

Quesito 8
Un dado ha la forma di un dodecaedro regolare con le facce numerate da 1 a 12. Il dado è truccato in modo che la faccia contrassegnata dal numero 3 si presenti con una probabilità p doppia rispetto a ciascun'altra faccia. Determinare il valore di p in percentuale e calcolare la probabilità che in 5 lanci del dado la faccia numero 3 esca almeno 2 volte.

Svolgimento
La probabilità che esca un numero diverso da 3 sono la metà delle probabilità dei lanci, cioè $\frac{p}{2}$ ed essendo le facce (12 - 1) si avrà $p + 11 \left(\frac{p}{2}\right) = 1$ risolviamo in $\frac{2p+11p}{2} = 1 \Rightarrow \frac{13p}{2} = 1 \Rightarrow$ $13p = 2$ calcoliamo P si ha $p = \frac{2}{13}$ e quindi $p = 15,4\%$.
La probabilità che esca un numero diverso da 3 è $\frac{1}{13}$

La probabilità che esca 3, almeno due volte, in 5 lanci si adotta la formula della distribuzione polinomiale con i seguenti dati:

$$\begin{bmatrix} n = 5 \ (\ lanci) \\ p = \frac{2}{13} \\ q = 1 \\ p = \frac{11}{13} \end{bmatrix}, \text{quindi impostiamo in}$$

$$1 - \left[\overbrace{\binom{5}{0}}^{n} p^0 q^5 + \binom{5}{1} p^1 q^4 \right] \quad \text{inserendo i dati si ha} \quad 1 -$$

$$\left[\left(\frac{11}{13}\right)^5 \cdot 1 \cdot 1 + 5 \left(\frac{2}{13}\right) \left(\frac{11}{13}\right)^4 \right] =>$$

$$1 - \left[\left(\frac{11}{13}\right)^5 + 5 \left(\frac{2}{13}\right) \left(\frac{11}{13}\right)^4 \right] \quad \text{mettiamo in evidenza} \quad \left(\frac{11}{13}\right)^4 \quad \text{si ha}$$

$$1 - \left(\frac{11}{13}\right)^4 \left[\left(\frac{11}{13}\right) + 5 \left(\frac{2}{13}\right) \right]$$

Ossia $1 - \left(\frac{11}{13}\right)^4 \left[\left(\frac{11}{13}\right) + \left(\frac{10}{13}\right) \right] => 1 - \left(\frac{11}{13}\right)^5 + \left(\frac{11}{13}\right)^4 \cdot \left(\frac{10}{13}\right) =>$

$1 - 0,43375 + 0,39432 =>$

$1 - 0,82807 => \approx 0,1719$ ossia **17,2%** *(probabilità che il 3 esce almeno 2 volte)*

Quesito 9

Dimostrare che l'equazione: $arctg(x) + x^3 + e^x = 0$ ha una e una sola soluzione reale.

Svolgimento

La funzione $arctg(x) + x^3 + e^x$ si tratta di una funzione polinomiale per cui sono sempre continue su tutto R ed il limite è

$$\begin{bmatrix} \lim_{x \to -\infty} L = -\infty \\ \lim_{x \to +\infty} L = +\infty \end{bmatrix}$$ questo sta a dimostrare che la funzione oltre

che continua, per portarli da un limite $-\infty$ ad un limite $+\infty$ deve comunque intersecare l'asse delle ascisse in un punto della sua

derivata , vedi grafico

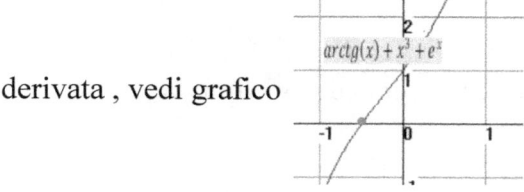

La derivata prima è $f'(x) = x^3 + e^x$ cioè $f'(x) = \overbrace{\frac{1}{1+x^2}}^{f'(atan(x))} + 3x^2 + e^x > 0$ (*per ogni x*)

La funzione è sempre crescente e taglia l'asse delle x una sola volta , pertanto l'equazione assegnata ammette una sola soluzione reale.

Quesito 10

Data la funzione: $f(x) = |4 - x^2|$ verificare che essa non soddisfa tutte le ipotesi del

teorema di Rolle nell'intervallo $[-3; 3]$ e che comunque esiste almeno un punto dell'intervallo $[-3; 3]$ in cui la derivata prima di $f(x)$ si annulla. Questo esempio contraddice il teorema di Rolle? Motivare la risposta in maniera esauriente.

Svolgimento

Il teorema di Rolle asserisce che se le funzioni dell'intervallo aperto (-3, +3) sono uguali, allora esiste di certo, nell'interno di dell'intervallo aperto, un punto (c) in cui la derivata si annulla .

Per (x = -3) la funzione è $f(-3) = -|-x^2 + 4| \Rightarrow x^2 - 4$ inserendo -3 si ha $f(-3) = (-3)^2 - 4) \Rightarrow f(-3) = 9 - 4$ ossia $f(-3) = 5$ *(funzione nel punto a)*

Per (x = 3) la funzione è $f(3) = -x^2 + 4$ inserendo 3 si ha $f(3) = -(3)^2 + 4 \Rightarrow f(3) = -9 + 4)$ ossia $f(-3) = -5$ *(funzione nel punto b)*

437

La derivata invece , è la condizione $(f'(x) = 0)$ allora si ha $-2x^2 = 0$ e quindi $x = C = 0$

Se tutto è vero si pone $y_{(c)} = f(x)$ cioè $-x^2 + 4$

Per rispondere al quesito analizzeremo due metodi; la derivata e Rolle.

Metodo della derivata:

La derivata della funzione modulo si risolve con la formula $D'[f(x)] = \frac{|f(x)|}{(f(x))} \cdot f'(x)$ cioè $D'[f(x)] = \frac{|-x^2+4|}{-x^2+4} \cdot (-2x)$ poiché il

modulo di $|-x^2 + 4| = \begin{cases} (-x^2+4)per \ x>0 \\ -(-x^2+4) \ per \ x<0 \end{cases}$ vanno sostituite al

$D'[f(x)] = \frac{-x^2+4}{-[-x^2+4]} \cdot (-2x)$ ossia $D'[f(x)] = \frac{-x^2+4}{x^2-4} \cdot (-2x)$

risolvendo il quoziente si ha $D'[f(x)] = (-x^2 + 4) \cdot (-2x) =>$
$D'[f(x)] = 2x^3 - 8x => f'(x) = x^3 - 4x$ *(derivata)*

Poniamo la derivata a zero $(f(x) = 0)$ allora $x^3 - 4x = 0$ si mette in evidenza $x(x^2 - 4) = 0$ che ammette 2 equazioni e 3

soluzioni, si ha $\begin{cases} x = 0 \\ (x^2 - 4) = 0 \end{cases}$ allora $\begin{cases} x = 0 \\ (x^2) = 4 \end{cases} => \begin{cases} x = 0 \\ x = \sqrt{4} \end{cases} =>$

$\begin{cases} x = 0 \\ x = \pm 2 \end{cases}$ le 3 soluzioni sono $\begin{cases} x_1 = 0 \\ x_2 = -2 \\ x_3 = 2 \end{cases}$ (ascisse della funzione)

Le ordinate della funzione si trovano sostituendo le ascisse per cui si ha

Per (x = -2) si ha $y_{-2} = (-2)^2 + 4 => y_{-2} = 4 - 4 => y_{-2} = 0$
(per x = -2 non è derivabile)

Per (x = +2) si ha $y_{+2} = +(+2)^2 + 4 => y_{+2} = 4 - 4 =>y_{+2} = 0$ *(per x = 2 non è derivabile)*

Per (x = 0) si ha $y_0 = (+2)^2 + 4 => y_0 = 0 + 4 => y_0 = 4$ *(è derivabile)*

Si hanno due punti angolosi non derivabile per $\begin{cases} x = -2 \\ x = +2 \end{cases}$ vedi

grafico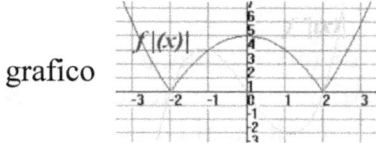

Metodo di Rolle:

La funzione $y = |-x^2 + 4|$ e l'intervallo $I = [-3, 3]$, calcoliamo le funzioni e la derivata.

Controlliamo e verifichiamo che le funzioni siano uguali, si ha

$$\begin{bmatrix} f(a) = a^2 \\ f(b) = b^2 \\ c = f'(a) = 0; \ f'(b) = 0 \end{bmatrix} \Rightarrow \begin{bmatrix} f(a) = -(-3)^2 + 4 \\ f(b) = -(+3)^2 + 4 \\ c = -2x = 0 \end{bmatrix}$$

ossia $\begin{bmatrix} f(a) = -9 + 4 \\ f(b) = -9 + 4 \\ c = -2x = 0 \end{bmatrix} \Rightarrow \begin{bmatrix} f(a) = 5 \\ f(b) = 5 \\ c = 0 \end{bmatrix}$. Sostituendo (c = 0) nella

Poiché (c = 0) si dice che la funzione non è derivabile, cioè il metodo di Rolle non ammette soluzioni, vuol dire che la funzione non è derivabile.

Conclusione:

L'applicazione del metodo della derivata ci ha dato 3 ascisse dei quali in due ascisse la derivata si annulla, cioè non sono derivabile, ha fornito almeno un punto in cui la derivata esiste ed è il punto di coordinate $P(0, 4)$, si tratta del Max della funzione.

L'applicazione del metodo di Rolle, non ha fornito alcun punto, né tantomeno il Max della funzione, quindi il metodo di Rolle non è valido in tutti i fasi, almeno per le funzioni modulo come il nostro caso, vedi grafico sopra.

Anno 2018 Liceo scientifico

Problema 1

Devi programmare il funzionamento di una macchina che viene adoperata nella produzione industriale di mattonelle per pavimenti. Le mattonelle sono di forma quadrata di lato 1 (in un'opportuna unità di misura) e le fasi di lavoro sono le seguenti:

*   Si sceglie una funzione $y = f(x)$ definita e continua nell'intervallo [0, 1], che soddisfi le condizioni:

* $f(0) = 1$
* $f(1) = 0$
* $0 < f(x) < 1$ per $0 < x < 1$

*   La macchina traccia il grafico Γ della funzione $y = f(x)$ e i grafici di simmetrici di Γ rispetto all'asse y, all'asse x e all'origine O, ottenendo in questo modo una curva chiusa A, passante per i punti (1,0); (0,1); (-1,0) : (0,-1), simmetrica rispetto agli assi cartesiani e all'origine, contenute nel quadrato Q di vertici (1,1): (-1,1) ; (-1,-1); (1,-1),

*   La macchina costruisce la mattonella colorando di grigio l'interno della curva chiusa Γ lasciando bianca la parte restante del quadrato Q: vengono quindi mostrate sul display alcune mattonelle affiancate, per dare un'idea dell'aspetto del pavimento.

Il manuale d'uso riporta un esempio del processo realizzativo di una mattonella semplice:

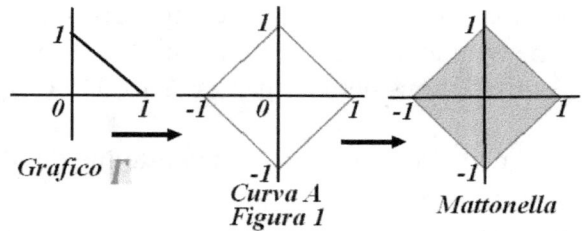

Grafico Γ

Curva A
Figura 1

Mattonella

La pavimentazione risultante è riportata di seguito:

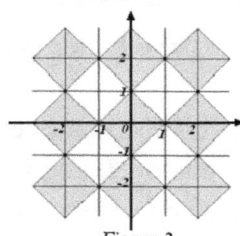

Figura 2

1.   Con riferimento all'esempio, determina l'espressione della funzione $y = f(x)$ e l'equazione della curva A, così da poter effettuare una prova e verificare il funzionamento della macchina.

Ti viene richiesto di costruire una mattonella con un disegno più elaborato che, oltre a rispettare le condizioni a), b), e c) descritte in precedenza, abbia $f'(0) = 0$ e l'area della parte colrata pari al 55% dell'area dell'intera mattonella. A tale scopo, prendi in considerazione funzioni polinomiali di secondo grado e di terzo grado.

2.   Dopo aver verificato che non è possibile realizzare quanto richiesto adoperando una funzione polinomiale di secondo grado, determina i coefficienti a, b, c, d $\in \Re$ della funzione f(x) polinomiale di terzo grado che soddisfi le condizioni poste. Rappresenta infine in un piano cartesiano la mattonella risultante.

Vengono proposti a un cliente due tipi diversi di disegno, derivanti rispettivamente dalle funzioni $a_n(x) = 1 - x^n$ e $b_n(x) = (1 - x)^n$, considerate per $x \in [o, 1]$ con n intero positivo.

3. Verifica che al variare di n tutte queste funzioni rispettano le condizioni a), b) e c).

Dette A_n e B_n le aree delle parti colorate delle mattonelle ottenute a partire da tali funzioni a_n e b_n calcola

$\lim_{n \to \infty} A(n)$ e $\lim_{n \to \infty} B(n)$ ed interpreta i risultati in termini geometrici.

Il cliente decide di ordinare 5000 mattonelle con il disegno derivato da $a_2(x)$ e 5000 con quello derivato da $b_2(x)$. La verniciatura viene effettuata da un braccio meccanico che, dopo aver depositato il colore, torna alla posizione iniziale sorvolando la mattonella lungo la diagonale,.

A causa di un malfunzionamento, durante la produzione delle 10.000 mattonelle si verifica con una probabilità del 20% che il braccio meccanico lasci cadere una goccia di colore in un punto a caso lungo la diagonale, macchiando così la mattonella appena prodotta.

4. Fornisci una stima motivata del numero di mattonelle che, avendo una macchia nella parte non colorata, risulteranno danneggiate al termine del ciclo di produzione.

Svolgimento

Punto 1

La funzione continua che soddisfa le condizioni $\begin{bmatrix} f(0) = 1 \\ f(1) = 0 \end{bmatrix}$ ci consente di ottenere due punti sulla mattonella, coordinate $\begin{bmatrix} P_1(0,1) \\ P_2(1,0) \end{bmatrix}$, allora l'equazione passante per i due punti è

$\frac{y-y_1}{y_2-y_1} = \frac{x-x_1}{x_2-x_1}$ inserendo in essa le coordinate dei punti si ha
$\frac{y-1}{0-1} = \frac{x-0}{1-0}$ ossia $\frac{y-1}{-1} = \frac{x}{1}$ => $(y-1)(1) = x(-1)$ =>
$y - 1 = -x$ => $y = -x + 1$ *(equazione dei 2 punti)*, vedi figura

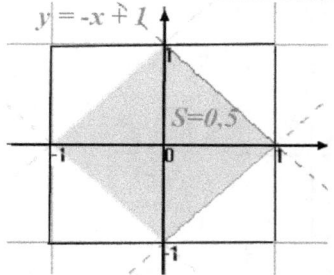

L'area del 1° quadrante, in figura è facilmente calcolabile con la
geometria $A_1 = \frac{b \cdot h}{2} = 0,5$ e per l'intera mattonella vale 4 volte,
cioè $A = 0,5 \cdot 4$ => $A = 2$, vedi figura.
Un altro modo per ottenere la mattonella in figura è l'equazione
modulo del sistema seguente

$\begin{cases} y = |x| + 1 \\ y = -|x| - 1 \end{cases}$ .vedi figura

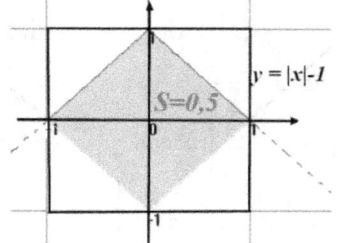

Punto 2

Per costruire un disegno elaborato con un'area racchiusa del 55%
del quadrata Q di una mattonella di lato 2 provando con una
funzione quadratica $f(x) = ax^2 + bx + c$, imponendo che essa
passi per i punti

$\begin{cases} f(0) = 1 \\ fA = 2,2 \ (area\ del\ grafico\ della\ mattonella), (1) = 0 \\ f'(x) = 0) \end{cases}$

e cioè $\begin{cases} 0 = -x^2 + 1 \\ 1 = -x^2 + 1 \\ f'(x) = -x^2 + 1 = 0 \end{cases}$ => $\begin{cases} 0 = -x^2 + 1 \\ 1 = -x^2 + 1 \\ f'(x) = -2x = 0 \end{cases}$ allora

l'equazione risulta essere $y = -x^2 + 1$, vedi figura, 1°

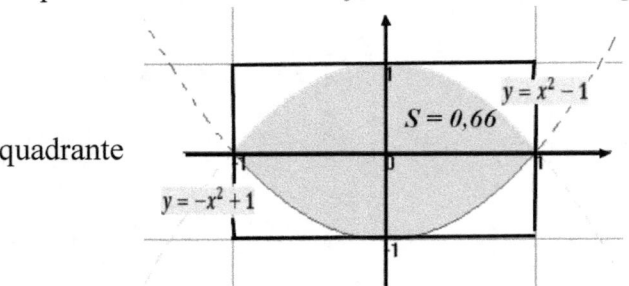

quadrante

Nota: per costruire il grafico colorato nella mattonella si sono utilizzate le seguenti equazioni, modificando i segni all'equazione

e sono: $\begin{bmatrix} y = -x^2 + 1 \\ y = x^2 - 1 \end{bmatrix}$

L'area S = 0,66 del 1° quadrante in figura, è calcolabile

con l'integrale $\int_1^{-1} -x^2 + 1 \, dx$ => $\int_1^{-1} \frac{-x^{2+1}}{2+1} + x$ => $\int_1^{-1} \frac{-x^3}{3} + x$

si ha $\left[\frac{-x^3}{3} + 1\right]^{-1} - \left[\frac{-x^3}{3} + 1\right]_1$ => $\left[\frac{-(-1)^3}{3} + 1\right] - \left[\frac{1^3}{3} + 1\right]$ =>

$\left[\frac{1}{3} + 1\right] - \left[-\frac{1}{3} + 1\right]$ => $\frac{4}{3} - \frac{2}{3}$ => $\frac{2}{3}$ ossia

$A = 0,66$ *(area intervallo [0, 1])*

Area totale, vale 4 volte, cioè $A = 0,66 \cdot 4$ =>

$A = 2,64$ (area del grafico), vedi figura

Percentuale p

Per la percentuale si calcola $\frac{Area \ del \ grafico}{area \ del \ quadrato}$, cioè $p = \frac{2,64}{4}$ =>

$p = 0,66$ ossia $p = 66\%$

La percentuale dell'area total che occupa la mattonella è

444

$p = 66\%$, nettamente superiore al 55%, quindi non può essere una funzione quadratica, dobbiamo provare con una cubica.

Allora consideriamo una polinomiale cubica

$f(x) = ax^3 + bx^2 + cx + d$, sempre le condizioni,

$$\begin{cases} f(0) = 1 \\ f(1) = 0 \\ f'(x) = 0 \end{cases}$$, imponendo l'equazione dei coefficienti a zero

$a + b + 1 = 0$ esplicitiamo b, si ha $-b = (a + 1)$, allora lì equazione diventa $f(x) = ax^3 - (a + 1)x^2 + 1$ e considerando che l'area della funzione uguaglia l'area del grafico raffigurato nella mattonella pari al 55% imponiamo l'uguaglianza

$f(x) = ax^3 - (a + 1)x^2 + 1 = \dfrac{55}{100}$ semplificando si ha

$f(x) = ax^3 - (a + 1)x^2 + 1 = \dfrac{11}{20}$.

L'area della funzione f(x) sappiamo che si calcola con gli integrali, calcolando prima i coefficienti (a e b) per poi ricalcolare l'integrale quando avremo calcolato i coefficienti. Per cui si ha

Calcolo dei coefficienti (a e b)

$\int_0^1 (ax^3 - (a + 1)x^2 + 1)\, dx = \dfrac{11}{20}$ =>>

$\int_0^1 \dfrac{ax^{3+1}}{3+1} - \dfrac{(a+1)^{2+1}}{2+1} + x = \dfrac{11}{20}$ tralasciano lo zero si ha

$\left[\dfrac{ax^4}{4} - \dfrac{(a+1)^3}{3} + x\right]^1 = \dfrac{11}{20}$ => $\left[\dfrac{a1^4}{4} - \dfrac{(a+1)^1}{3} + 1\right]^1 = \dfrac{11}{20}$ ossia

$\left[\dfrac{a}{4} - \dfrac{a+1}{3} + 1\right] = \dfrac{11}{20}$ => $\left[\dfrac{a}{4} - \dfrac{a+1}{3} + 1\right] = \dfrac{11}{20}$ =>

$\left[\dfrac{3a-4(a+1)+12}{12}\right] = \dfrac{11}{20}$ => $\left[\dfrac{3a-4a-4+12}{12}\right] = \dfrac{11}{20}$ =>

$\left[\dfrac{-a+8}{12}\right] = \dfrac{11}{20}$ m,c,m = 60; $5(-a + 8) = 33$ =>

$-5a + 40 = 33$ => $-5a = 33 - 40$ => $a = \dfrac{-40+33}{-5}$ => $a = \dfrac{-7}{-5}$

ossia $a = \dfrac{7}{5}$ *(coefficiente della x al cubo)*

Calcolo del coefficiente b

Per calcolare il coefficiente b si pone a zero i coefficienti della funzione f(x), cioè $a + b + 1 = 0$, sostituendo in esse il valore di $a = \frac{7}{5}$, si ha $\frac{7}{5} + b + 1 = 0 \Rightarrow 7 + 5b + 5 = 0 \Rightarrow$

$5b = -12 \Rightarrow b = -\frac{12}{5}$ *(coefficiente di x al quadrato).*

Risposta

I coefficienti della funzione f(x) sono $\begin{bmatrix} a = \dfrac{7}{5} \\ b = -\dfrac{12}{5} \\ c = 1 \end{bmatrix}$

Calcolo dell'area A del grafico della mattonella

La funzione f(x) si compone con i coefficienti calcolati, cioè

$$f(b - 1) = \frac{7}{5}x^3 - \frac{12}{5}x^2 + 1 \ ,$$

Per calcolare l'area S si applicano gli integrali, si ha

$\int_1^0 \frac{7}{5}x^3 - \frac{12}{5}x^2 + 1 \ dx \Rightarrow$

$\int_1^0 \frac{7}{5}\frac{x^{3+1}}{3+1} - \frac{12}{5}\frac{x^{2+1}}{2+1} + x \ \Rightarrow \ \int_1^0 \frac{7}{5} \cdot \frac{x^4}{4} - \frac{12}{5} \cdot \frac{x^3}{3} + x$ tralasciamo lo

zero si ha $\left[\frac{7}{5} \cdot \frac{x^4}{4} - \frac{12}{5} \cdot \frac{x^3}{3} + x \right]_1 \ \Rightarrow \ \left[\frac{7}{20} \cdot x^4 - \frac{12}{15} \cdot x^3 + x \right]_1$

sostituendo 1 si ha $\left[\frac{7}{20} \cdot 1^4 - \frac{12}{15} \cdot 1^3 + 1 \right] \Rightarrow \left[\frac{7}{20} - \frac{12}{15} + 1 \right]$ m.c.m.

$\frac{21-48+60}{60} \Rightarrow \frac{33}{60} \Rightarrow S = 0,55$ *(area ¼ mattonella)*

L'are complessiva è 4 volte S per cui si ha $A = 4 \cdot 0,55 \Rightarrow$

$A = 2,2$ *(area del grafico della mattonella)*,vedi grafico

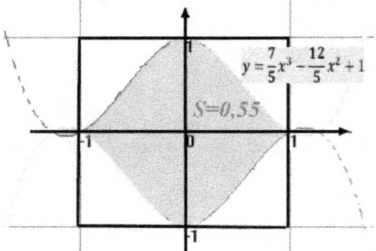

Verifica della percentuale (p)

la verifica è il rapporto $p = \dfrac{A_{quadrato}}{A_{mattonella}}$ $=> p = \dfrac{2,2}{2 \cdot 2}$ $=>$

$p = \dfrac{2,2}{4}$ ossia

$p = 0,55\,\%$ *(verifica perfetta, è quello chiesto)*.

Nota: le equazioni per comporre il grafico in figura

sono $\begin{bmatrix} y = \dfrac{7}{5}x^3 - \dfrac{12}{5}x^2 + 1 \\ y = -\dfrac{7}{5}x^3 - \dfrac{12}{5}x^2 + 1 \\ y = -\dfrac{7}{5}x^3 + \dfrac{12}{5}x^2 - 1 \\ \dfrac{7}{5}x^3 - \dfrac{12}{5}x^2 - 1 \end{bmatrix}$:

Punto 3 $a_n(x) = (1 - x)^3$

Per le proposte fatte al cliente delle funzioni $a_n(x) = 1 - x^n$ e $b_n(x) = (1 - x)^n$, per $x \in [0,1]$

•   i diversi tipi di disegni e colorazione delle mattonelle che soddisfano le condizioni Si sceglie una funzione $y = f(x)$ definita e continua nell'intervallo [0, 1], che soddisfi le condizioni:

$\begin{bmatrix} a)\, f(0) = 1 \\ b)\, f(1) = 0 \\ c)\, 0 < f(x) < 1 \ \ per \ (0 < x < 1) \end{bmatrix}$ sono

Primo gruppo di mattonelle: $\begin{bmatrix} a_n(x) = 1 - x^2 \\ e \\ a_n(x) = 1 - x^3 \end{bmatrix}$ cioè

$\begin{bmatrix} y = -x^2 + 1 \\ e \\ y = -x^3 + 1 \end{bmatrix}$ vedi figure

Seguente 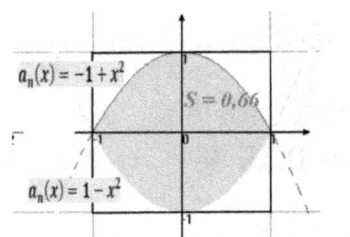 e

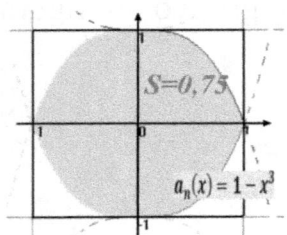

Nota: Per la costruzione del grafico le equazioni sono:

$$\left[S = 0,66 => \begin{pmatrix} y = 1 - x^2 \\ y = -1 + x^2 \end{pmatrix} \right]$$

$$\left[S = 0,75 => \begin{pmatrix} y = 1 - x^3 \\ y = -1 - x^3 \\ y = -1 + x^3 \\ y = -1 + x^3 \end{pmatrix} \right]$$

Secondo gruppo di mattonelle: $\begin{bmatrix} a_n(x) = (1-x)^2 \\ e \\ a_n(x) = (1-x)^3 \end{bmatrix}$ cioè

$\begin{bmatrix} y = (-x+1)^2 \\ e \\ y = (-x-1)^3 \end{bmatrix}$ vedi figure

448

Seguenti

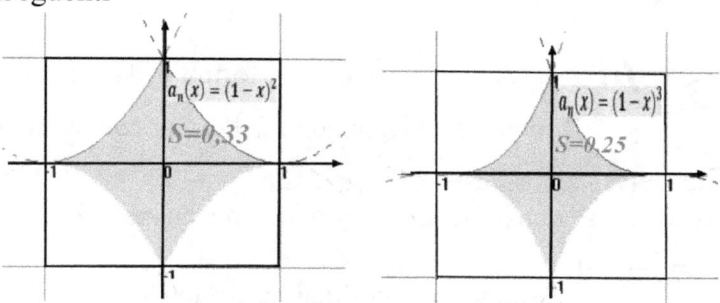

Nota: Per la costruzione del grafico le equazioni sono:

$$\left[S = 0,33 => \begin{pmatrix} y = (1-x)^2 \\ y = -(1-x)^2 \end{pmatrix} \right]$$

$$S = 0,25 => \begin{pmatrix} y = (1-x)^3 \\ y = -(1-x)^3 \\ y = (1+x)^3 \\ y = -(1+x)^3 \end{pmatrix}$$

Punto 4

Per calcolare il numero delle piastrelle che potrebbero essere danneggiate al termine del ciclo di
produzione, tracciamo una diagonale nei quadrati dei grafici sopra ottenuti nel 1° e 2° gruppo, con le rispettive aree, vedi

figure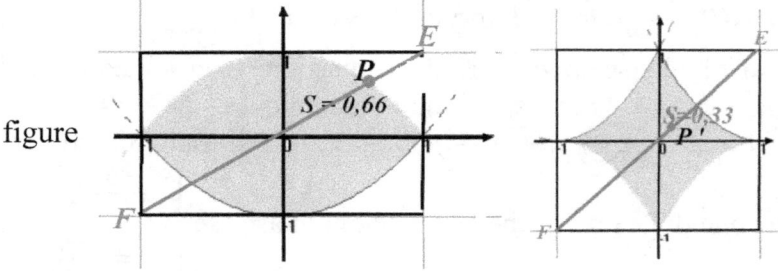

di valore (S = 0,66) e (S = 0, 33).
Osservando la parte non colorata sei due grafici, il primo ha la parte bianca minore del secondo grafico . Considerando le

449

equazioni dei grafici e quella della retta, ciascun grafico forma un sistema:

Primo grafico (S = 0,66) forma il sistema

(1) $\begin{cases} y = x \\ y = 1 - x^2 \end{cases}$ e il punto dì intersezione delle due equazioni è

la soluzione del sistema $1 - x^2 = x$ ossia $y - x^2 - x + 1$ si tratta di risolvere l'equazione di 2° grado, che ha soluzioni di

ascisse $\begin{bmatrix} x_1 = \dfrac{-1+\sqrt{5}}{2} \\ x_2 = \dfrac{-1-\sqrt{5}}{2} \end{bmatrix}$ e quindi le coordinate del punto

D'intersezione sono $P(\dfrac{-1+\sqrt{5}}{2}, \dfrac{-1+\sqrt{5}}{2})$ *(coordinate del punto P)*

Allora la probabilità che la goccia cada fuori dalla zona colorata è

$p = 1 - \dfrac{-1+\sqrt{5}}{2}$, cioè $p = 1 - \dfrac{-1+2,236}{2}$ => $p = 1 - \dfrac{1,236}{2}$ =>

$p = 0,38$ ossia $p = 38\%$ *(probabilità della goccia)*

Poiché la percentuale dell'errore macchina lungo la diagonale è del 20% le probabilità di errore si moltiplicano $p_1 = 20\% \cdot 38\%$

=> $p_1 = \dfrac{20 \cdot 38}{100}$ $p_1 = 7,6\%$ *(difettosità della mattonella)*

Il numero delle mattonelle del primo tipo che potrebbero essere difettose è $n_1 = \dfrac{500 \cdot 7,6\%}{100}$ =>

$n_1 = 380$ *(mattonelle difettose del primo caso).*

Secondo (S = 0,33) forma il sistema (1) $\begin{cases} y = x \\ y = (1-x)^2 \end{cases}$ e

il punto dì intersezione delle due equazioni è la soluzione del sistema $(1-x)^2 = x$ risolviamo il quadrato $1 - 2x + x^2 = x$ ossia $y = x^2 - 2x + 1 - x$ => $x^2 - 3x + 1$ si tratta di risolvere

l'equazione di 2° grado, che ha soluzioni di ascisse $\begin{bmatrix} x_1 \dfrac{3-\sqrt{5}}{2} \\ x_2 = \dfrac{3-\sqrt{5}}{2} \end{bmatrix}$ e

quindi le coordinate del punto

450

D'intersezione sono $P(\frac{3-\sqrt5}{2}, \frac{3-\sqrt5}{2})$ *(coordinate del punto P)*

Nota: il punto P' è simmetrico al punto P

Allora la probabilità che la goccia cada fuori dalla zona colorata è

$p = 1 - \frac{3-\sqrt5}{2}$, cioè $p = 1 - \frac{3-0,764}{2}$ => $p = 1 - \frac{0.76}{2}$ $p = 0,618$

ossia $p = 62\%$ *(probabilità della goccia)*

Poiché la percentuale dell'errore macchina lungo la diagonale è del 20% le probabilità di errore si moltiplicano $p_2 = 20\% \cdot 62\%$

=> $p_2 = \frac{20 \cdot 62}{100}$ => $p_2 = 12,,4\%$ *(difettosità della mattonella)*

Il numero delle mattonelle del primo tipo che potrebbero essere difettose è $n_1 = \frac{5000 \cdot 12,4}{100}$ =>

$n_1 = 620$ *(mattonelle difettose del secondo caso).*

Le mattonelle totale che potrebbero essere difettose quelle calcolate (380 + 620 cioè 1000.

Quindi 1000 mattonelle su 10.000 mattonelle in produzione sono difettose ossia il 10%

Problema 2

Consideriamo la funzione $f_k: \Re \to \Re$ cosi definita:

$f_k(x) = -x^3 + kx + 9$ con $k \in Z$

1.   detto Γ_k il grafico della funzione, verifica che per qualsiasi valore del parametro k la retta r_k, tangente a Γ_k nel piano di ascissa 0 e la retta S_k, tangente a Γ_k nel punto di ascissa 1, si incontrano in un punto M di ascissa $\frac{2}{3}$.

2.   Dopo aver verificato che (k = 1) è il massimo intero positivo per cui l'ordinata del punto M è minore di 10, studia l'andamento della funzione $f_1(x)$, determinandone i punti stazionari e di flesso e tracciandone il grafico.

3.   Detto T il triangolo delimitato dalle rette r_1 e s_1 e dall'asse delle ascisse, determina la probabilità che, preso a caso un punto

$P(x_p, y_p)$ all'interno di T, questo si trovi al di sopra di Γ_1 (cioè che si abbia $y_p > f_1(x)$ per tale punto P).

4.　　　Nella figura è evidenziato un punto N ε Γ_1 e un tratto del grafico Γ_1. La retta normale a Γ_1

in N (vale a dire la perpendicolare alla retta tangente a Γ_1 in quel punto) passa per l'origine degli assi 0. Il grafico Γ_1 possiede tre punti con questa proprietà.

Dimostra, più in generale, che il grafico di un qualsiasi polinomio di grado ($n > 0$) non può possedere più di $(2n - 1)$ punti nei quali la retta normale al grafico passa per l'origine.

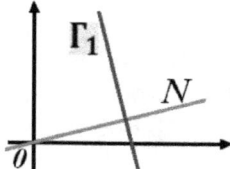

Svolgimento

Punto 1

L'equazione assegnata $f_k(x) = -x^3 + kx + 9$ con $k \in Z$ è una cubica e come tale è ovviamente continua e derivabile in tutto R e la sua derivata prima è $f'_k = -3x^2 + k$

Analizziamo ora le due rette r_k e s_k. E denominiamo i punti di tangenza rispettivamente P e Q.

■　　　*r_k con ascissa (x = 0)*

sostituiamo (x = 0) in f(x) si ha $y = -0^3 + k \cdot 0 + 9 => y = 9$, allora per la retta r_k si ha

$y - 9 = kx => y = kx + 9$ *(equazione di r_k)*

e le coordinate del punto sono *P(0, 9)* *(1° punto di tangenza)*

■　　　*s_k con ascissa (x = 1)*

Sostituiamo (x 0 1) in f(x) si ha $y = -1^3 + k \cdot 1 + 9$ =>
$y = k + 8$, allora per la retta s_k si ha $y - k - 8 = kx$ =>
$y = kx + k + 8$ *(equazione di s_k)*
e le coordinate del punto sono **Q(1, k+8)** *(2° punto di tangenza)*

■   Le due rette tangenti alla funzione si intersecano tra loro
si ha l'uguaglianza delle equazioni delle rette , $-9 = -k - 8$
portiamo tutto al 1° membro $-9 + k + 8 = 0$ => $k = 1$
Abbiamo dimostrato che entrambi le rette sono soddisfatte per (k
= 1) e di conseguenza la funzione finale diventa priva di k, cioè
$y = -x^3 + x + 9$ *(funzione di x finale)*

Vedi figura

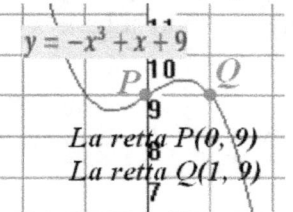

■   Per calcolare il punto d'intersezione M delle due rette ci
servono i coefficienti angolari delle rette che si ottengono
ponendo (f'(x) = 0) e poi ponendo in essa le rispettive ascisse
sopra calcolate, si ha, la derivata di : $f_k(x) = -x^3 + kx + 9$ è
$y' = -3x^2 + k$, allora:
Per la retta r_k; (x = 0)
$y' = m_r = -3 \cdot 0^2 + k$ => $m_r = k$ *(coefficiente angolare della
retta r)*
Per la retta s_k; (x = 1)
$y' = m_s = -3 \cdot 1^2 + k$ => $m_s = -3 + k$ *(coefficiente angolare
della retta r)*
Le equazioni delle rette si calcolano con la formula $y - y_0 =$
$m(x - x_0)$ e i punti P e Q
Per la retta r_k; P(0, 9)

$y - 9 = k(x - 0)$ $= y = x + 9$ => *(equazione della retta r)*
Per la retta s_k**;** *Q(1, k+8)*
$y - (-k + 8) = (-3 + k)(x - 1)$ =>
$y + k - 8 = -3x + kx + 3 - k$ =>
$y = k + 8 - 3x + kx + 3 - k$ semplifichiamo
$y = -3x + kx + 11$ ossia
$y = x(-3 + k) + 11$ *(equazione della retta s)*
■   Le due rette si intersecano in un punto M di cui dobbiamo verificare che l'ascissa sia 2/3.
Poiché le due rette si intersecano formano un sistema risolutivo
$\begin{cases} y = kx + 9 \\ y = (k - 3)x + 11 \end{cases}$ cioè $kx + 9 = (k - 3)x + 11$ =>
$kx + 9 = kx - 3x + 11$ semplificando si ha $+9 = -3x + 11$ =>
$-3x = 9 - 11$ => $x = \frac{-2}{-3}$ ossia

$x = \frac{2}{3}$ *(ascissa intersezione delle rette)*

Punto 2

Sostituendo $(x = \frac{2}{3})$ in qualsiasi equazione delle rette,
prendiamo la retta r di equazione $y = kx + 9$ ed essendo (k = 1)
si ha $y = 1 \cdot (\frac{2}{3}) + 9$ => $y = \frac{2}{3} + 9$ =>

$y = \frac{29}{9}$ *(ordinata dell'intersezione del punto M)*. Le coordinate
del punto d'intersezione M, delle

due rette, sono $M(\frac{2}{3}, \frac{29}{9})$ *ossia* $M(0,6, \ 9,6)$ vedi figura

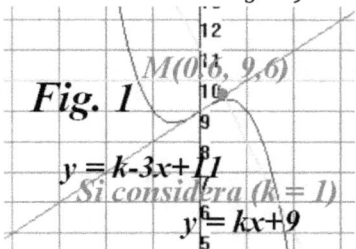

Fig. 1

Risposta

Possiamo confermare che il punto M ha ascissa $M_x = \frac{2}{3}$

(dimostrazione perfetta).

Il punto M, appartenente alla retta kx , ha equazione $y = \frac{2}{3}k + 9$
che verrà posta la condizione che sia minore di 10 allora si ha
$y = \frac{2}{3}k + 9 < 10$ ossia $\frac{2}{3}k < 10 - 9$ ossia $y = \frac{2}{3}k < 1$ e quindi
$k < 1 : \frac{2}{3} => k < \frac{3}{2}$ *(verifica perfetta)*, **vedi grafico Fig. 1 sopra**

Calcolo dei punti stazionari:

I punti stazionari della funzione che designiamo con le lettere N e
L si calcolano imponendo la derivata prima a zero inserendo in
essa la relativa ascissa nella funzione di partenza calcolata la
costante (k = 1) .
Calcoliamo la derivata di $f' = -3x^3 + x^2 + 9 = 0$ si ha
$y' = -3x^2 + x = 0$ si ha
$-3x^2 + 1 = 0$ dalla quale $-3x^2 = -1 => 3x^2 = 1 => x^2 +$
$x = 0 => x^2 = \frac{1}{3}$ ossia

$$(*) \quad \begin{bmatrix} x_1 = +\dfrac{1}{\sqrt{3}} \\ x_2 = -\dfrac{1}{\sqrt{3}} \end{bmatrix}$$ *(ascisse dei punti stazionari N e L)*

allora noto che le ascisse calcoliamo le ordinate dei punti N e L,

sapendo che $\begin{bmatrix} N = y = \frac{2}{3}x \\ L = y = \frac{2}{3}x + 9 \end{bmatrix}$, le ordinate y sono

$\begin{bmatrix} N = y = \frac{2}{3} \cdot \frac{1}{\sqrt{3}} \\ L = y = -\frac{2}{3} \cdot \frac{1}{\sqrt{3}} + 9 \end{bmatrix}$ ossia

$\begin{bmatrix} N = y = \frac{2}{3\sqrt{3}} \\ L = y = 9 - \frac{2}{3\sqrt{3}} \end{bmatrix}$ *(ordinate dei punti N e L)*

Le coordinate dei punti stazionari sono i seguenti =>

$\begin{bmatrix} N\left(-\frac{1}{\sqrt{3}}, 9 - \frac{2}{3\sqrt{3}}\right) \\ L = \left(\frac{1}{\sqrt{3}}, 9 + \frac{2}{3\sqrt{3}}\right) \end{bmatrix}$

$\begin{bmatrix} N(-0,577, \ 8,616) \\ L(0,577, \ 9,3849) \end{bmatrix}$ *(coordinate di N e L)*

Studio del massimo e minimo (y' > 0):

I due punti stazionari calcolati non sappiamo quale dei due è massimo e quale minimo, per cui si studiano i segni delle concavità imponendo la $(f'(x) > 0)$, quindi si pone $(y' > 0)$, cioè $y' = -3x^2 + x > 0$ => $-3x^2 + x > 0$ in evidenza $y' = x(-3x + 1) > 0$ si hanno 2 equazioni

$\begin{cases} x > 0 \\ -3x + 1 > 0 \end{cases}$ che risolviamo in $\begin{cases} x > 0 \\ -3x > 0 - 1 \end{cases}$ => $\begin{cases} x > 0 \\ x > \frac{1}{3} \end{cases}$,

soluzioni da portare sul grafico lineare delle concavità .
Studio delle concavità: Riportiamo le soluzione sul grafico lineare

$$(x > 0) - - - \left(\overset{N}{\overbrace{-0{,}577}} \right) - - - -(0) + + + + \overset{L}{\overbrace{(0{,}577)}} + + + + + +$$

$$\qquad \uparrow \qquad\qquad\qquad\qquad \uparrow \qquad \downarrow \qquad\qquad \downarrow \qquad\qquad \downarrow$$

$$x > \frac{1}{3} -\left(\frac{1}{3}\right) - - -$$

Osservando il grafico a sinistra e a destra del punto stazionario N le frecce sono rivolte verso l'alto e ha la concavità convessa (rivolta verso l'alto), allora N è un minimo; il punto stazionario L ha le frecce entrambi rivolte verso il basso e ha la concavità concava (verso il basso), allora il punto stazionario L è un Max.

Studio del flesso $(y'' = 0)$:

Le coordinate del flesso si trovano imponendo la condizione $(y'' = 0)$, quindi calcoliamo per una volta la derivata prima di $y' = -3x^2 + x = 0$ si ha $-6x + 1 = 0$ ossia $\quad -6x+= -1 \Rightarrow$
$x = \frac{-1}{-6}$ cioè $x = 0{,}166$ *(ascissa del flesso)*
Sostituendo l'ascissa (x =1/6) nell'equazione $y = -3x^3 + x + 9$
abbiamo $y = -3(\frac{1}{6})^3 + (\frac{1}{6}) + 9$ si ha $y = -3(\frac{1}{216}) + (\frac{1}{6}) + 9 \Rightarrow$
$y = 9{,}15$ *(ordinata del flesso)*.
Le coordinate del flesso sono $F(0.166 ,\ 0.15)$ *(coordinate del flesso)*
Si tratta di un flesso discendente (grafico sopra la tg), vedi figura in seguito

Calcolo della tangente del flesso $(y'' = 0)$:

Applichiamo la formula della retta passante per un punto $y - y_0 = m(x - x_0)$ pero non conosciamo il coefficiente angolare e possiamo calcolarlo inserendo l'ascissa del flesso nella derivata prima $y' = -3x^2 + 1$, si ha $y' = m = -3(\frac{1}{6})^2 + 1 \Rightarrow$
$m = 0{,}91\overline{6}$ *(coeffic. angolare.)*, allora l'equazione è
$y - 9{,}15 = 0{,}917(x - 0{,}166) \Rightarrow y = 0{,}917x - 0{,}152 + 9{,}15$
ossia $y = 0{,}917x + 8{,}9978$ *(equazione della tangente al flesso)*

Si tratta di un flesso, vedi figura

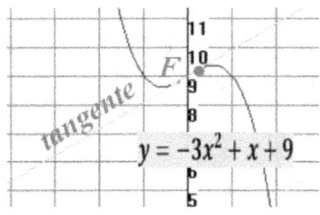

$$y = -3x^2 + x + 9$$

Punto 3

Riportiamo sui grafici seguenti i risultati ottenuti e il particolare del punto M con il grafico dei punti di tangenza N e T, vedi fig. a, inoltre in fig. b le coordinate delle rette e del punto M,

riassumendo si ha:

$$\begin{bmatrix} f(x) = -3x^3 + x + 9 \\ y_r = x + 9 \\ y_s = -2x + 11 \\ N(-\frac{1}{\sqrt{3}}, \ 9 - \frac{2\sqrt{3}}{9}) \\ L(\frac{1}{\sqrt{3}}, \frac{2\sqrt{3}}{9}) \\ T(1, 9) \\ F(0, 9) \\ M(\frac{2}{3}, \frac{29}{9}) \end{bmatrix}$$

gli intervalli da adottare

sono $\begin{bmatrix} [0, \frac{2}{3}] \\ [1, \frac{2}{3}] \\ [\frac{11}{2}, \ \alpha] \end{bmatrix}$

Fig.a   =>   Fig.b

La probabilità richiesta , in modo approssimato possiamo ottenerla con il rapporto tra la somma delle aree disegnate in giallo e blu e l'area gialla del grafico particolare $\dfrac{A_{ABM}}{(A_{MH} - A_{PB})}$,quindi si ha:

Area triangolo ABM : $A_{ABM} = \frac{b \cdot h}{2}$ ossia $A_{ABM} = \frac{(AB \cdot MH)}{2}$

$\Rightarrow A_{ABM} = \frac{(9+5,5) \cdot 9,66)}{2} \Rightarrow A_{ABM} = \frac{(9+5,5) \cdot 9,66)}{2}$

$A_{ABM} = 70,083$ *(area del triangolo arancione è blu)*

Area Z :

L'area Z (colore giallo) è calcolabile con gli integrali ed è la differenza dell'are racchiusa dalle rette r e s meno l'area della funzione nei rispettivi interavalli [2/3 , 0] e [1, 2/3] (vedi

$$\overbrace{\hspace{6cm}}^{retta\ r-f(x)}$$

intervalli sopra), $A_z = \int_0^{\frac{2}{3}} (x + 9)\ dx - (-x^3 + x + 9)\ d\,x\ +$

$$\overbrace{\hspace{5cm}}^{Retta\ n\ -f(x)}$$

$\int_{\frac{2}{3}}^{1} (-2x + 11)dx - (-x^3 + x + 9)dx$ ossia

$A_z = \left[\int_0^{\frac{2}{3}} x + 9 + x^3 - x - 9 \right] dx + \left[\int_{\frac{2}{3}}^{1} -2x + 11 + x^3 - x - \right.$

$9dx$ semplificando si ha

$$\overbrace{\hspace{3.5cm}}^{Primo\ integrale} \quad \overbrace{\hspace{4cm}}^{Secondo\ integrale}$$

$A_z = \left[\int_0^{\frac{2}{3}} x^3 dx \right] + \left[\int_{\frac{2}{3}}^{1} x^3 - 3x + 2\ dx \right]$ Si tratta di due integrali che risolviamo separatamente:

Primo integrale:

$(1) = \left[\int_0^{\frac{2}{3}} x^3 dx \right] \Rightarrow (1) = \left[\int_0^{\frac{2}{3}} \frac{x^4}{4} \right] \Rightarrow (1) = \int_0^{\frac{2}{3}} \frac{(\frac{2}{3})^4}{4} \Rightarrow$

$(1) = \frac{4}{81}$ *(primo integrale)*

Secondo membro:

$(2) = \int_{\frac{2}{3}}^{1} \left[\int_{\frac{2}{3}}^{1} x^3 - 3x + 2\ dx \right]_{\frac{2}{3}}^{1} \Rightarrow$

$(2) = \int_{\frac{2}{3}}^{1} \left[\int_{\frac{2}{3}}^{1} \frac{x^4}{4} - 3 \cdot \frac{x^2}{2} + 2x \right]_{\frac{2}{3}}^{1} \Rightarrow$

$(2) = \int_{\frac{2}{3}}^{1} \left[\frac{x^4}{4} - 3 \cdot \frac{x^2}{2} + 2x \right]^{1} - \left[\frac{x^4}{4} - 3 \cdot \frac{x^2}{2} + 2x \right]_{\frac{2}{3}} \Rightarrow$

$(2) = \int_{\frac{2}{3}}^{1} \left[\frac{1^4}{4} - 3 \cdot \frac{1^2}{2} + 2 \cdot 1 \right] - \left[\frac{(\frac{2}{3})^4}{4} - 3\frac{(\frac{2}{3})^2}{2} + 2 \cdot \frac{2}{3} \right] \Rightarrow$

$(2) = \int_{\frac{2}{3}}^{1} \left[\frac{1}{4} - \frac{3}{2} + 2 \right] - \left[\frac{4}{81} - \frac{2}{3} + \frac{4}{3} \right] \Rightarrow (2) = \left[\left(\frac{1-6+8}{4} \right) \right] -$

$\left[\left(\frac{16-216+432}{324} \right) \right] \Rightarrow (2) = \left[\frac{3}{4} - \frac{232}{324} \right] \Rightarrow (2) = \left[\frac{243-232}{324} \right] \Rightarrow$

$(2) = \frac{11}{324}$ *(secondo integrale)*

Area A_z = 1° integrale pi + 2° integrale cioè $A_z = \frac{4}{81} + \frac{11}{324}$

$\Rightarrow A_z = \frac{16+11}{324} \Rightarrow A_z = \frac{27}{324}$ sono semplificabili per 27, si ha

$A_z = \frac{1}{12}$ *(area Z colore blu)*

Area W :

L'area W (colore arancio) è calcolabile con gli integrali ed è la differenza dell'are racchiusa dalle rette s meno l'area della funzione nei rispettivi interavalli. Si fa osservare che dobbiamo calcolare in quale punto di ascissa si dovrà calcolare l'area, per cui denominiamo questa presunta ascissa con la lettera α e quiondi gli intervalli sono $[\alpha, \ 1]$ e $\left[\frac{11}{2}, \ \alpha\right]$, quindi l'integrale

$$\overbrace{}^{retta\ r-f(x)}$$

risulta essere: $A_W = \int_{1}^{\alpha} (-2x + 11)\, dx - (-x^3 + x + 9)\, d\,x +$

$$\overbrace{}^{Retta\ n\ -f(x)}$$

$\int_{\alpha}^{\frac{11}{2}} (-2x + 11)dx - x^3 + x + 9\, dx$

ossia $A_z = [\int_1^\alpha -2x + 11 + x^3 - x - 9\,]dx + [\int_\alpha^{\frac{11}{2}} -2x + 11 + $

$x3 - x - 9dx$

semplificando si ha

$$\overbrace{}^{\textit{Primo integrale}} \quad \overbrace{\phantom{[\int_\alpha^{\frac{11}{2}} x^3 - 3x + 2\,dx]}}^{\textit{Secondo integrale}}$$

$$A_z = [\int_1^\alpha x^3 - 3x + 2]dx + \left[\int_\alpha^{\frac{11}{2}} x^3 - 3x + 2\,dx\right]$$

Si tratta di due integrali che risolviamo separatamente come sopra specificato, quindi con opportuni calcoli si ha $\dfrac{a^4}{4} - \dfrac{a^2}{2} - 9a + \dfrac{59}{2}$, essendo α l'ascissa del punto p (zeri della funzione f(x), un valore approssimato, lo possiamo calcolare calcolato con il metodo della bisezione delle bisezioni detto *Teorema di Bolzano* (cedi 2° problema anno 2010 del liceo scientifico sperimenta in cui è stato analizzato un caso completo con dimostrazione, che asserisce:

■ se $f_{(x)} \in I[a,b]$ di una equazione e si verifica che

$\overbrace{f_{(a)} \cdot f_{(b)} < 0}^{\textit{funzione negativa}}$, allora si afferma che nell'intervallo [a, b] esiste almeno uno zero reale.

■ se, invece troviamo che $f_{(a)} \cdot f_{(b)} = 0$ abbiamo terminato il lavoro, lo zero reale appartiene all'intervallo [a, b].

■ Se non si verifica, che $f_{(a)} \cdot f_{(b)} = 0$ per trovare lo zero della funzione $f_{(x)}$ dobbiamo adottare *il metodo delle bisezioni*, si prendere il punto medio dell'intervallo che chiameremo $x_{m1} = \dfrac{[a,b]}{2}$ e si calcola la sua funzione $f_{(xm1)}$, se $f_{(xm1)} \cdot f_{(b)} = 0$ ci fermiamo altrimenti, se $f_{(xm1)} \cdot f_{(b)} < 0$ vuol dire che dobbiamo cercare lo zero della funzione in un altro punto medio dell'intervallo tra a e x_{m1}, cioè $x_{m2} = \dfrac{[a + x_{m1}]}{2}$ e si verifica se: $f_{(xm2)} \cdot f_{(b)} < 0$ oppure meno zero $f_{(xm2)} \cdot f_{(b)} = 0$, se non troviamo lo zero il procedimento si ripetere con altro punto medio $x_{m2} = \dfrac{[a + x_{m2}]}{2}$.

Attenzione; nel nostro si ottiene una approssimazione molto accettabile, ascissa $\alpha \sim 2,24$, quindi la probabilità (approssimata) richiesta è

$$p = \frac{\frac{1}{12} + \frac{2,24^4}{2} - \frac{2,24^2}{2} - 9(2.24) + \frac{59}{2}}{\frac{841}{12}} \text{ ossia}$$

$\sim 18,9\%$ *(probabilità approssimata)*

Punto 4

Sappiamo che una generica funzione polinomiale di grado (n > 0) equivale

$P_x = a_0 x^n + a_1 x^{n-1} + \cdots \ldots \ldots + a_{n-1} x + a_n$ allora per il punto P di ascissa $(x = \alpha)$ si ottiene

$y - p^\alpha = \frac{1}{p'^\alpha}(x - \alpha)$ dove $(p'^\alpha \neq 0)$

Scrivendo l'equazione della retta normale in forma implicita $(x - \alpha) + p'^\alpha(y - p^\alpha) = 0$ ed imponendo il passaggio della retta per gli assi cartesiani abbiamo: $-\alpha + p'^\alpha(-p^\alpha) = 0$ ossia $p^\alpha \cdot p^\alpha = -\alpha$ e quindi

$(a_0 \alpha^n + a_1 \alpha^{n-1} + \cdots \ldots \ldots + a_{n-1}\alpha + a_n) \cdot (a_0 n \alpha^{n-1} + a1n\alpha n - 2 + \ldots + an - 1 = -\alpha$.

L'equazione polinomiale ottenuta è stata ridotta di grado (2n – 1) nell'incognita α che dal Teorema fondamentale dell'algebra si afferma che le soluzione no sono al più (2n-1).

Quesiti 2018 Liceo scientifico

Quesito 1

Dimostrare che il volume di un cilindro inscritto in un cono è minore della metà del volume
del cono.

Svolgimento

Riportiamo in figura il grafico del due solidi in sezione

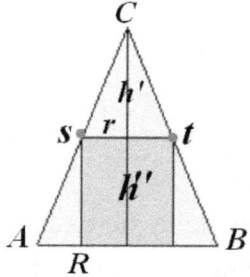

Poiché si vuole dimostrare che il volume (cilindro) inscritto nel cono è minore di ½ del volume del cono poniamo che il raggio del cono sia (r = x), allora calcoliamo l'altezza h' applicando la similitudine dei triangoli si ha $h' : x = h : r$ e calcoliamo che $h' = \frac{h}{r}x$ *(altezza della base st)*.

Nota: l'altezza del cilindro è $(h'' = h - \frac{h}{r}x)$ *(altezza del cilindro)*

Noto le formule $\begin{bmatrix} V_{cil.} = \pi r^2 \cdot h \\ V_{cono.} = \frac{\pi r^2 h}{3} \end{bmatrix}$ poiché $(h'' = h - \frac{h}{r}x)$ si ha

$\begin{bmatrix} V_{cil.} = \pi x^2 \cdot (h - \frac{h}{r}x) \\ V_{cono.} = \frac{\pi r^2 h}{3} \end{bmatrix}$

dobbiamo dimostrare che il volume del cilindro è minore della metta del volume del cono, cioè $V_{cil.} = \pi x^2 \left(h - \frac{h}{r}x \right) < \frac{\frac{\pi r^2 h}{3}}{2}$

ossia $(*)$ $\boxed{V_{cil.} = \pi x^2 \left(h - \frac{h}{r}x \right) < \frac{\pi r^2 h}{6}}$

Per ottener il volume Max del cilindro dobbiamo utilizzare la sua derivata prima , perché sappiamo che quando la derivata prima è zero la funzione del cilindro raggiunge il massimo , allora la derivata del solo cilindro è a funzione $V'_{cil.} = \pi x^2 \left(h - \frac{h}{r}x\right) > 0$

si tratta di un prodotto che risolviamo in

$V'_{cil.} = 2\pi x \cdot \left(h - \frac{h}{r}x\right) + \pi x^2 \left(-\frac{h}{r}\right) > 0 \Rightarrow$

$V'_{cil.} = 2\pi x h - \frac{2\pi h x^2}{r} - \frac{\pi h x^2}{r}) > 0$ m. c. m.

$V'_{cil.} = 2\pi x h - 3\frac{\pi h}{r}x^2 > 0$ *(derivata del cilindro)*

Calcoliamo la condizione maggiore di zero della derivata del cilindro, si ha $2\pi x h > -3\frac{\pi h}{r}x^2$ possiamo semplificare e otteniamo $2 > \frac{3}{r}x \Rightarrow 2r > 3x \Rightarrow x < \frac{2}{3}r$

Riprendiamo la disequazione

$(*)$ $V_{cil.} = \pi x^2 \left(h - \frac{h}{r}x\right) < \frac{\pi r^2 h}{6}$ e sostituiamo in essa il

raggio x del cilindro uguale $\frac{2}{3}r$, cioè $V_{cil.} = \frac{\pi (\frac{2}{3}r)^2 h}{6}$ e

risolviamo $V_{cil.} = \frac{\pi (\frac{4}{9}r^2)h}{6} \Rightarrow$

$V_{cil.} = \frac{4}{9}\pi h r^2 \cdot \frac{1}{6}$ semplificando si ha $V_{cil.} = \frac{2}{27}\pi h r^2$

Risposta

Poiché $\frac{2}{27} < \frac{1}{6}$ abbiamo dimostrato che il volume di un cilindro inscritto in un cono è minore della metà del volume del cono, cioè non può superare ½ di V_{cono}.

Quesito 2

Si dispone di due dadi uguali a forma di tetraedro regolare con le facce numerate da 1 a 4.

Lanciando ciascun dei due dadi, la probabilità che esca 1 è il doppio della probabilità che esca due, che a sua volta è il doppio della probabilità che esca 3, che a sua volta è il doppio della probabilità che esca 4. Se si lanciano i due dadi contemporaneamente , qual è la probabilità che escano due numeri uguali tra loro?.

Svolgimento

Probabilità che escano numeri diversi

Indichiamo le probabilità in
$$\begin{bmatrix} p = (che\ esca\ 4) \\ 2p = (che\ esca\ 3) \\ 4p = (che\ esca\ 2) \\ 8p = (che\ esca\ 1) \end{bmatrix}$$
e quindi

sommando le probabilità si ha $\quad p + 2p + 4p + 8p = 1 \quad \Rightarrow$

$15p = 1$ ossia $\quad p = \frac{1}{15}$. *(con numeri diversi)*

Probabilità che escano numeri uguali

Se poniamo le probabilità che i numeri non sono uguali, ma diversi, indichiamo la percentuale degli eventi incompatibili con $p(E)$: che escano (1 e 1); (2 è 2); (3 e 3); (4 e 4), allora avremo:

$$p(E) = \overbrace{\left(\frac{1}{15} \cdot \frac{1}{15}\right)}^{p} + \overbrace{\left(\frac{2}{15} \cdot \frac{2}{15}\right)}^{2p} + \overbrace{\left(\frac{4}{15} \cdot \frac{4}{15}\right)}^{4p} + \overbrace{\left(\frac{8}{15} \cdot \frac{8}{15}\right)}^{8p} \quad \text{ossia}$$

$$p(E) = \left(\frac{1+4+16+64}{225}\right) \Rightarrow$$

$$p(E) = \left(\frac{85}{225}\right) \Rightarrow p(E) = 0.3777 \text{ ossia}$$

$p(E) \approx 38\%$ *(percentuale di facce uguali)*

Quesito 3

Determinare i valori di k tali che la retta di equazione $y = -4x + k$ sia tangente alla curva d'equazione $y = x^3 - 4x^2 + 5$

Svolgimento

Poiché le due funzioni sono tangenti nello stesso punto T hanno coefficiente angolare uguale , allora prendiamo in considerazione le tangenti delle funzioni che corrispondono alle derivate di $\begin{cases} f'(x) = x^3 - 4x^2 + 5 \\ f'(r) = -4x + k \end{cases}$ ossia $\begin{cases} f'(x) = 3x^2 - 8x \\ f'(r) = -4 \end{cases}$, cioè

$3x^2 - 8x = -4$ ossia $y = 3x^2 - 8x + 4 = 0$ => $3x^2 - 8x + 4 = 0$, ora poniamo $(x = \alpha)$ e sostituiamo nell'equazione, si ha $3\alpha^2 - 8\alpha + 4 = 0$ si tratta di un'equazione di 2° grado che

ammette 2 soluzioni $\begin{bmatrix} \alpha_1 = \frac{2}{3} \\ \alpha_2 = 2 \end{bmatrix}$ *(ascisse delle funzioni).*

Sostituendo le soluzioni nelle funzioni si ha: $\boxed{Per\ \alpha_1 = \frac{2}{3}}$ =>

$T_1 = x^3 - 4x^2 + 5$ => $T_1 = 3(\frac{2}{3})^3 - 8(\frac{2}{3})^2 + 5 = 0$ =>

$T_1 = \frac{8}{27} - \frac{16}{9} + 5$ => $T_1 = \frac{95}{27}$ *(ordinata della prima tangente)*

Le coordinate del punto di tangenza sono

$T_1(\frac{2}{3}, \frac{95}{27})$ *(coordinate del punto di tangenza)*

Sostituendo le coordinate $T_1 = (\frac{2}{3}, \frac{95}{27})$ nella funzione della retta

tangente $y = -4x + k$ abbiamo $\frac{95}{27} = -4\left(\frac{2}{3}\right) + k$ =>

$\frac{95}{27} + \frac{8}{3} = k$ => $95 + 72 = 27k$ ossia

$k = \frac{167}{27}$ *(parametro k della 1^ retta)*

Per $\alpha_2 = 2$ => $T_2 = 2^3 - 4(2)^2 + 5$ => $T_2 = 8 - 16 + 5 = 0$ =>
$T_2 = -3$ *(ordinata della seconda tangente)*

Le coordinate del punto di tangenza sono $T_2(2-3)$ *(coordinate del punto di tangenza)*

Sostituendo le coordinate $T_2 = (2,3)$ nella funzione della retta
tangente $y = -4x + k$ abbiamo $-3 = -4(2) + k$ =>
$-3 = -8 + k$ => $-3 + 8 = k$ ossia
$k = 5$ *(parametro k della 2^retta)*

Le equazione delle 2 rette sono $\begin{bmatrix} r_1 = -4x + \frac{167}{27} \\ r_2 = -4x + 5 \end{bmatrix}$, vedi figura

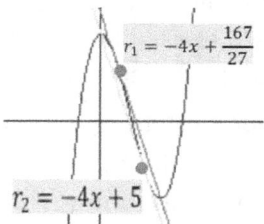

Quesito 4

Considerata la funzione $f(x) = \frac{3x - e^{senx}}{5 + e^{-x} - cosx}$, determinare, se esistono i valori di $\lim_{x \to +\infty} f(x)$,

$\lim_{x \to -\infty} f(x)$, giustificando adeguatamente le risposte fornite.

Svolgimento

Per $(x \to +\infty)$:

$f(x) = \frac{3x - e^{senx}}{5 + e^{-x} - cosx} => \lim_{x \to +\infty} \frac{3 \cdot x - e^1}{5 + \frac{1}{e^x} - 1} => \lim_{x \to +\infty} \frac{3x - e}{5 + \frac{1}{e^{\infty}} - 0} =>$

$\lim_{x \to +\infty} \frac{+\infty}{5 + 0 - 0} => \lim_{x \to +\infty} \frac{e + \infty}{5} => \lim_{x \to +\infty} \frac{+\infty}{5} =>$

$\lim_{x \to +\infty} L = +\infty$

Giustificazione:

considerando che $(-1 \le senx \le 1)$ si deduce che il numeratore $\left(\frac{1}{e} \le e^{senx} \le e \right)$ per cui il limite è $L = +\infty$

Per $(x \to -\infty)$

$f(x) = \frac{3x - e^{senx}}{5 + e^{-x} - cosx} => \lim_{x \to -\infty} \frac{3x - e^1}{5 + \frac{1}{e^x}} => \lim_{x \to -\infty} \frac{3x^{-\infty} - e}{5 + \frac{1}{e^{-\infty}} - 1} =>$

$\lim_{x \to +\infty} \frac{-\infty - e}{5 - \frac{1}{\infty} - 1} => \lim_{x \to +\infty} \frac{-\infty}{5 - \infty - 1} => \lim_{x \to +\infty} -\frac{\infty}{-\infty} =>$

$L = \frac{\infty}{\infty}$ *(forma indeterminata)*

Giustificazione:

467

Un limite indeterminato è considerato un limite assente di risultato ma applicando la degola di De l'Hopital si può testare se esistono casi in cui il limite esiste, questo avviene se esistono le derivate sia al numeratore che al den ominatore, se esistono il loro rapporto è il limite cercato, quindi calcolando le derivate, si ottiene $\lim_{x \to -\infty} f' = \frac{3 - \cos x \cdot e^{sen x}}{-e^{-x} + sen x}$ ponendo valori a x e all'angolo della funzione seno e coseno si calcola il limite.

Conclusione si passa da un limite inesistente ad limite finito.

Quesito 5

Con una staccionata lunga 2 metri si vuole recintare una superficie avente la forma di un rettangolo sormontato da una semicirconferenza , come in figura:

Determinare le dimensioni dei lati del rettangolo che consentono di recintare la superficie di are massima.

Svolgimento

Disegniamo per prima la staccionata da recintare , vedi figura

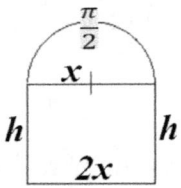

Chiamiamo il raggio x, allora il diametro è 2x e il perimetro della del contorno della semi circonferenza e rettangolo è la lunghezza della staccionata, ($l = 2$) si ha

rettangolo	semi circonferenza	lunghezza staccionata	
$\underbrace{2h + 2x}$ +	$\underbrace{\frac{2\pi x}{2}}$	= $\overbrace{2}$	=> $2h + 2x + \pi x = 2$

ossia $2h + (2 + \pi)x = 2$ => $2h = 2 - (2 + \pi)x$ => $h = \frac{2}{2} -$

$\left(\frac{2}{2} + \frac{\pi}{2}\right)x$ => $h = 1 - \left(1 + \frac{\pi}{2}\right)x$ =>

$h = 1 - x - \frac{\pi}{2}x$ *(altezza del rettangolo in funzione di x)*.

468

Quando $(x \to 0)$ l'altezza h diventa $h = 1 - 0$ ossia $h = 1$ (altezza)

Una dimostrazione analitica per la risoluzione è la figura

seguente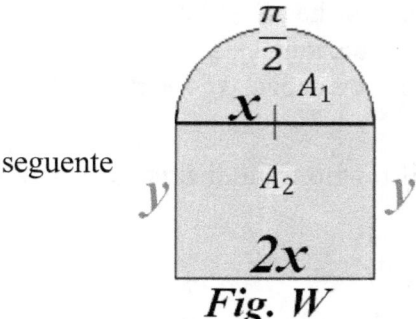

Fig. W

si denomina l'altezza con l'ordinata y, vedi figura, allora l'equazione è $2y + 2x + \pi x = 2$ ossia

$2y = -2x - \pi x = +2$ $\Rightarrow$ $y = \dfrac{2}{2} - \dfrac{2x}{2} - \dfrac{\pi x}{2}$ $\Rightarrow$ $y = 1 - x - \dfrac{\pi x}{2}$,

vedi figura

Osservando la figura si può notare quanto affermato $(x \to 0)$ l'altezza $(h \to y) = 1$

L'area da rendere massima è la somma del rettangolo e la semi circonferenza,   cioè

$A = A_2 + A_2 > 0$ ossia $A = \overbrace{2xh}^{rett.} + \overbrace{\dfrac{\pi x^2}{2}}^{circ.}$ inserendo in essa

$h = 1 - x - \dfrac{\pi}{2}x$ si ha

$A = 2x(1 - x - \dfrac{\pi}{2}x) + \dfrac{\pi x^2}{2}$ $\Rightarrow$ $A = 2x - 2x^2 - \pi x^2 + \dfrac{\pi x^2}{2}$ $\Rightarrow$

$A = 4x - 4x^2 - 2\pi x^2 + \pi x^2$ $\Rightarrow$ $A = 4x - 4x^2 - \pi x^2$

Poiché l'area Max avviene nel punto di ordinata (y = 0) dobbiamo calcolare l'ascissa x in quel punto, per cui sarà (y' > 0), quindi deriviamo l'area: $A' = 4x - 4x^2 - \pi x^2 > 0$ si ha

$4 - 8x - 2\pi x > 0$ dividiamo per 2 si ha $2 - 4x - \pi x > 0$ => cambiamo ai termini e alla disequazione $-2 + 4x + \pi x < 0$ allora $4x + \pi x < 2$ mettiamo in evidenza $x(4 + \pi) < 2$ =>

$x < \dfrac{2}{4+\pi}$ *(raggio massimo)*

La base del rettangolo è 2 volte il raggio, quindi *base $_{rett.}$* $= 2 \cdot$

$\dfrac{2}{4+\pi}$ ossia *base $_{rett.}$* $= 2 \cdot \dfrac{2}{4+\pi}$ =>

base $_{rett.}$ $= \dfrac{4}{4+\pi}$ *(base del rettangolo 2x)*

Inserendo $x < \dfrac{2}{4+\pi}$ nell'altezza $h = 1 - x - \dfrac{\pi}{2}x$ si ha

$h = 1 - \dfrac{2}{4+\pi} - \dfrac{\pi}{2}\left(\dfrac{2}{4+\pi}\right)$ => $h = 1 - \dfrac{2}{4+\pi} - \dfrac{\pi}{4+\pi}$ =>

$h = \dfrac{2+\pi}{4+\pi} - \dfrac{\pi}{4+\pi}$ => $h = \dfrac{2+\pi-\pi}{4+\pi}$ ossia

$h = \dfrac{2}{4+\pi}$ *(altezza del rettangolo)*

Risposta:

Le dimensioni della staccionata di area massima sono

$$\begin{bmatrix} Base = 0,56 \\ Altezza = 0,28 \\ Raggio = 0,28 \\ Are\ Max = 0.28 \end{bmatrix}$$

Si osservi che l'area è $\begin{bmatrix} Max\ quando\ \left(h > \frac{1}{2}\right) della\ base) \\ minima\ quando\ \left(h < \frac{1}{2}\right) della\ base) \end{bmatrix}$

, quindi l'area calcolabile con i dati su esposti è

$A = 0,56 \cdot 0,28 + \dfrac{\pi(0,28)^2}{2}$ => $A = 0,1568 + 0,12315$ =>

$A = 0,28$ *(area massima della staccionata da recintare)*

Poniamo a variare l'altezza (h = 0,1) allora è $A = 0,56 \cdot 0,1 +$

$\dfrac{\pi(0,28)^2}{2}$ => $A = 0,956 + 0,12315$ =>

$A = 0,18$ *(area massima della staccionata da recintare)*

470

Poniamo a variare l'altezza (h = 1) allora è $A = 0.56 \cdot 1 +$
$\frac{\pi(0,28)^2}{2} \Rightarrow A = 1 + 0,12315 \Rightarrow$
$A = 1,12$ *(area massima della staccionata da recintare)*

Quesito 6
Determinare l'equazione della superficie sferica S, con centro
sulla retta $r: \begin{cases} x = t \\ y = t \ (con \ t \in R) \\ z = t \end{cases}$, tangente al piano π: $3x -$
$y - 2z + 14$ nel punto $T = (-4; 0; 1)$.
.

Svolgimento
 Se la sfera è tangente al piano T il suo centro appartiene alla
retta n (perpendicolare al piano T .
La retta n ha come vettori direttori i coefficienti dell'equazione
degli assi cartesiani x, y, z e sono (3, -1, -2),, mentre i versori del
piano tridimensionale si compongono con i coefficienti
dell'equazione e con i punti di tangenza T , quindi imposteremo
tre equazioni con un parametro k da calcolare, i versori sono
$\begin{cases} u_x = (-4,3k) \\ y_y = (0,k) \\ u_z = (1,2k) \end{cases}$ quindi imposteremo tre n equazione
parametriche : $n: \begin{cases} t = -4 + 3k \\ t = -k \\ t = 1 - 2k \end{cases}$ che risolviamo sostituendo la 2^
equazione nella prima $-k = -4 + 3k \Rightarrow -k - 3k = -4 \Rightarrow$
$-4k = -4 \Rightarrow k = 1$
Sostituendo $k = 1$ nella 1^ equazione si ha $t = -4 + 3 \cdot 1 \Rightarrow$
$t = -1$ *(1^ equaz. del sistema)*
Sostituendo $k = 1$ nella 2^ equazione si ha $t = -1 \Rightarrow$
$t = -1$ *(2^ equaz. del sistema)*

Sostituendo $k = 1$ nella 3^ equazione si ha $t = 1 - 2$ =>
$t = -1$ *(terza equazione del sistema)*
Le coordinate del centro della sfera sono $C_{x,y,z} = (-1; -1; -1)$
ed il raggio è calcolabile , come noto con la formula
$r = \sqrt{x^2 + y^2 + z^2}$ ossia $r = \sqrt{3^2 + (-1)^2 + (-2)^2}$ =>
$r = \sqrt{9 + 1 + 4}$ cioè $r = \sqrt{14}$ *(raggio della sfera)*
L'equazione   è $(x - x_c)^2 + (y - y_c)^2 + (z - z_c)^2 = r^2$
sostituendo le ascisse del centro si ha
$(x - (-1))^2 + (y - (-2))^2 + (z - (-1))^2 = (\sqrt{14})^2$ ossia
$(x + 1)^2 + (y + 1)^2 + (z + 1)^2 = 14$ *(equazione della sfera)*

Quesito 7
Determinare a in modo che $\int_{\alpha}^{\alpha+1}(3x^2 + 3)\, dx$ sia uguale a 10
.

Svolgimento
Si tratta di risolvere lì integrale e trova re il valore del coefficiente a , per cui risolviamo l'integrale
$\int_{\alpha}^{\alpha+1}\left[3\frac{x^{2+1}}{2+1} + 3x\right]\begin{matrix}\alpha + 1\\ \alpha\end{matrix} = 10$ ossia
$\left[3\frac{x^3}{3} + 3x\right]^{\alpha+1} - \left[3\frac{x^3}{3} + 3x\right]_{\alpha} = 10$ => $[x^3 + 3x]^{\alpha+1} -$
$[x^3 + 3x]_{\alpha} = 10$ sostituendo l'intervallo si ha
$[(\alpha + 1)^3 + 3(\alpha + 1)] - [(\alpha)^3 + 3(\alpha)] = 10$ =>
$[(\alpha^3 + 3\alpha^2 + 3\alpha + 1 + 3\alpha + 3] - [\alpha^3 + 3\alpha] = 10$ =>
$\alpha^3 + 3\alpha^2 + 3\alpha + 1 + 3\alpha + 3 - \alpha^3 - 3\alpha = 10$ semplificando si
ha $3\alpha^2 + 3\alpha + 4 = 10$ portiamo tutto al primo membro
$3\alpha^2 + 3\alpha - 6 = 10$ si tratta di risolvere l'equazione di 2° grado
che avremo 2 soluzioni:
$\begin{bmatrix}\alpha_1 = 1\\ \alpha_2 = -2\end{bmatrix}$ *(soluzione dell'intervallo integrale).*
Ottenute le soluzioni possiamo fare una verifica se è vero che l'integrale equivale a 10, verifica bob richiesta dalla traccia, serve solo per comprendere meglio quanto richiesto.

Verifica:

per $(\alpha_1 = 1)$ l'integrale risulta $\int_1^{1+1}(3x^2 + 3)\, dx = 10$ =>

$\int_1^2 \left[3\frac{x^{2+1}}{2+1} + 3x\right] {}^{1 + 1}_{1} = 10$ ossia $\left[3\frac{x^3}{3} + 3x\right]^2 - \left[3\frac{x^3}{3} + \right.$

3x1=10 => *x3+3x2−x3+3x1=10* sostituendo l'intervallo si ha
$[(2)^3 + 3(2)] - [(1)^3 + 3(1)] = 10$ => $[8 + 6] - [1 + 3]$ =>
$14 - 4 = 10$ =>

$10 = 10$ *(verifica perfetta)*

per $(\alpha_1 = -2)$ l'integrale risulta $\int_{-2}^{-2+1}(3x^2 + 3)\, dx = 10$ =>

$\int_1^{-1} \left[3\frac{x^{2+1}}{2+1} + 3x\right] {}^{-1}_{-2} = 10$ ossia

$\left[3\frac{x^3}{3} + 3x\right]^{-1} - \left[3\frac{x^3}{3} + 3x\right]_{-2} = 10$ =>

$[x^3 + 3x]^{-1} - [x^3 + 3x]_{-2} = 10$ sostituendo l'intervallo si ha
$[(-1)^3 + 3(-1)] - [(-2)^3 + 3(-2)] = 10$ => $[-1 - 3] + 8 +$
$6 = 10$ => $-4 + 14 = 10$ => $10 = 10$ *(verifica perfetta)*

Quesito 8

In un gioco a due giocatori, ogni partita vinta frutta 1 punto e vince chi per primo raggiunge 10 punti. Due giocatori che in ciascuna partita hanno la stessa probabilità di vincere si sfidano. Qual è la probabilità che uno dei due giocatori vinca in un numero di partite minore o uguale a 12 ? .

Svolgimento

Le partite le chiameremo n e possono essere $\quad n: \begin{bmatrix} 10 \\ 11 \\ 12 \end{bmatrix}$.

Per (n =10) la probabilità che vinca uno dei due equivale alla probabilità che uno dei due le vinca tutte. Quindi, essendo $\frac{1}{2}$ la probabilità che uno dei due vinca, si ha:

$p(10, 10)$ => $\binom{10}{10} p^{10} q^0$ => $\left(\frac{1}{2}\right)^{10}$ *(se gioca 1 sola persona)*

Se giocano 2 persone si ha $p(10) = 2\left(\frac{1}{2}\right)^{10}$ ossia $p(10) =$

$2\left(\frac{1}{2^{10}}\right) => p(10) = 2 \cdot 2^{-10} => p(10) = 2^{-10+1} =>$

$p(10) = 2^{-9} => p(10) = \frac{1}{2^9}$ *(se giocano 2 persone)*

Per (n =11) la probabilità che vinca uno dei due equivale alla probabilità che uno dei due le vinca (n − 1) cioè (11 - 1 = 10).

Quindi, essendo $\frac{1}{2}$ la probabilità che uno dei due vinca, si ha:

$p(10, 11) => \binom{11}{10} p^{10}q^0 => 11 \binom{1}{2} p^{10}q^1 =>$

$p(11) = 11\left(\frac{1}{2}\right)^{10+1} => p(11) = 11\left(\frac{1}{2}\right)^{11} =>$

$p(11) = 11(\frac{1}{2^{11}}) => p(11) = 11 \cdot 2^{-11} => p(11) = \frac{11}{2^{11}} =>$

$p(11) = 0,001953$ *(se giocano 1 persone)*

Se giocano 2 persone si ha $p(11) = 2\left(\frac{10}{2}\right)^{10}$ ossia

$p(11) = 2\left(\frac{2 \cdot 5}{2^{10}}\right) => p(10) = 5 \cdot 2 \cdot 2^{-10} =>$

$p(11) = 5 \cdot 2^{-10+1} => p(11) = 5 \cdot 2^{-9} =>$

$p(11) = \frac{5}{2^9}$ *(se giocano 2 persone)*

Per (n =12) la probabilità che vinca sia uno che l'altro in un numero di partite minore o uguale a 12 è

$p(9, 11) \cdot \frac{1}{2} = \frac{1}{2}\left[10\left(\frac{10}{2}\right)\right] \cdot (\frac{1}{2})^{9+2} => p(12) = 55(\frac{1}{2})^{11} \cdot \frac{1}{2} =>$

$p(12) = 55(\frac{1}{2})^{11+1}$ ossia $p(12) = 55(\frac{1}{2})^{12}$ (se giocano 1 persone)

Se giocano 2 persone si ha $p(12) = (\frac{55}{2^{12}})$ *(se giocano 2 persone)*

Risposta

La probabilità che uno dei due giocatori vinca un numero di partite minore o uguale a 12 è la somma dei risulta delle partite $p(10) + p(11) + p(12)$ inserendo i risultati in frazione si ha

$\frac{1}{2^9} + \frac{5}{2^9} + \frac{55}{2^{11}} => \frac{2^9 + 5 \cdot 2^2 + 55}{2^{11}} => \frac{79}{2048} => 0.039$ ossia

3,9% *(prob.tà di vincita se giocano indue2)*

Quesito 9

Sono dati, nello spazio tridimensionale, i punti A(3,1,0), B(3,-1,2), C(1,1,2). Dopo aver verificato che ABC è un triangolo equilatero e che è contenuto nel piano α di equazione $x + y + z - 4 = 0$,

stabilire quali sono i punti P tali che ABCP sia un tetraedro regolare.

Svolgimento

Disegniamo il grafico dei tre vettori nello spazio, vedi figura

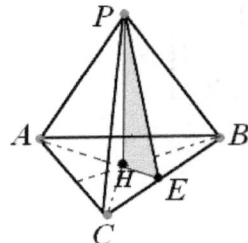

Calcolando le distanze dei lati
$$\begin{cases} AB = \sqrt{y_A{}^2 + y_B{}^2 + y_C{}^2} \\ BC = \sqrt{y_B{}^2 + y_C{}^2 + y_A{}^2} \\ AC = \sqrt{y_B{}^2 + y_A{}^2 + y_B{}^2} \end{cases}$$ ossia

$$\begin{cases} AB = \sqrt{0^2 + 2^2 + 2^2} \\ BC = \sqrt{2^2 + 2^2 + 0^2} \\ AC = \sqrt{2^2 + 0^2 + 2^2} \end{cases} =>$$

$$\begin{cases} AB = \sqrt{0 + 4 + 4} \\ BC = \sqrt{4 + 4 + 0} \\ AC = \sqrt{4 + 0 + 4} \end{cases} => \begin{cases} AB = \sqrt{8} \\ BC = \sqrt{8} \\ AC = \sqrt{8} \end{cases}, \begin{cases} AB = 2\sqrt{2} \\ BC = 2\sqrt{2} \\ AC = 2\sqrt{2} \end{cases}$$ quindi i lati

sono tutti uguali.

- *ABC è un triangolo equilatero*

Se i 3 vettori AB; BC; AC appartengono al piano α significa che appartengono all'equazione

$x + y + z - 4 = 0$, e quindi verifichiamo se è vero sostituendo in essa le coordinate dei vettori, si hanno le equazioni

$$\begin{bmatrix} A = 3 + 1 + 0 - 4 = 0 \\ B = 3 - 1 + 2 - 4 = 0 \\ C = 1 + 1 + 2 - 4 = 0 \end{bmatrix} \text{ossia} \begin{bmatrix} A = 0 \\ B = 0 \\ C = 0 \end{bmatrix} \text{ perfetto,}$$

- *ABC sono contenuti nel piano* α , (ABCP è un tetraedro regolare se i lati sono uguali.

Il punto P appartiene alla perpendicolare del baricentro del triangolo ABC e la sua altezza ha coordinate 1/3 delle coordinate del piano cioè $H = \dfrac{x_A + x_B + x_C}{3} + \dfrac{y_A + y_B + y_C}{3} + \dfrac{z_A + z_B + z_C}{3}$ inseriamo

in essa le coordinate dei vettori $\begin{bmatrix} A = 3, 1, 0 \\ B = 3, -1, 2 \\ C = 1, 1, 2 \end{bmatrix}$ si ha $H =$

$\dfrac{3+3+1}{3} + \dfrac{1-1+1}{3} + \dfrac{0+2+2}{3} =>$

$(1)\ H = \left(\overset{x}{\dfrac{7}{3}} + \overset{y}{\dfrac{1}{3}} + \overset{z}{\dfrac{4}{3}} \right)$ *(coordinate dell'altezza H)*

Una retta perpendicolare al baricentro G del triangolo ha gli stessi parametri direttoti t e sono (vedi *(1)*, i seguenti :

$(*)\ n: \begin{bmatrix} x = \dfrac{7}{3} + t \\ y = \dfrac{1}{3} + t \\ z = \dfrac{4}{3} + t \end{bmatrix}$ allora il punto ha coordinate

$P = (\overset{x}{\dfrac{7}{3} + t} ; \overset{y}{\dfrac{1}{3} + t} ; \overset{z}{\dfrac{4}{3} + t}) => P = (\overset{x}{\dfrac{7}{3} + t} ; \overset{y}{\dfrac{1}{3} + t} ; \overset{z}{\dfrac{4}{3} + t})$ ossia

$PH^2 = t^2 + t^2 + t^2$ cioè $PH^2 = 3t^2$ *(perpendicolare alla base).*

La base del tetraedro è un triangolo equilatero per cui dal teorema di Pitagora calcoliamo la mediana della base:

$$AE^2 = AC^2 - (\tfrac{CB}{2})^2 => AE^2 = (2\sqrt{2})^2 - (\tfrac{2\sqrt{2}}{2})^2 =>$$
$$AE^2 = 8 - 2 => AE^2 = 6 \text{ cioe}$$
$$\begin{bmatrix} AE^2 = 6 \\ AE = \sqrt{6} \end{bmatrix} \textit{(mediana o altezza di BC)}$$

Calcolato la mediana AE possiamo ottenere: (2) $\begin{bmatrix} HE = \tfrac{1}{3}\sqrt{6} \\ AH = \tfrac{2}{3}\sqrt{6} \end{bmatrix}$

Calcoliamo anche PA (uguale ai lati), si ha (3) $\begin{bmatrix} PA = 2\sqrt{2} \\ PA^2 = 8 \end{bmatrix}$ *(lato PA)*

Inoltre, essendo il triangolo APH rettangolo in H calcoliamo la perpendicolare di PA, cioè $PH^2 = PA^2 - AH^2$ inserendo i dadi sopra calcolati sui ha $3t^2 = 8 - (\tfrac{2}{3}\sqrt{6})^2 => 3t^2 = 8 - (\tfrac{2}{3}\sqrt{6})^2$
$$=> 3t^2 = 8 - \tfrac{24}{9} => 3t^2 = 8 - \tfrac{8}{3} => 3t^2 = \tfrac{16}{3} => 9t^2 = 16 =>$$

$t^2 = \tfrac{16}{9}$ ossia $t = \sqrt{\tfrac{16}{9}} => t = \pm\tfrac{4}{3}$ *(Parametro dei vettori)*

Calcoliamo le coordinate degli n vettori sostituendo $t = \pm\tfrac{4}{3}$ nelle

incognite (∗) $n: \begin{bmatrix} x = \tfrac{7}{3} + t \\ y = \tfrac{1}{3} + t \\ z = \tfrac{4}{3} + t \end{bmatrix}$ si ha

Per $t = +\tfrac{4}{3}$ si hanno tre punti $n: \begin{bmatrix} x = \tfrac{7}{3} + \tfrac{4}{3} \\ y = \tfrac{1}{3} + \tfrac{4}{3} \\ z = \tfrac{4}{3} + \tfrac{4}{3} \end{bmatrix}$ ossia $n: \begin{bmatrix} x = \tfrac{11}{3} \\ y = \tfrac{5}{3} \\ z = \tfrac{8}{3} \end{bmatrix}$

Per $t = \tfrac{4}{3}$ si hanno tre punti $n: \begin{bmatrix} x = \tfrac{7}{3} - \tfrac{4}{3} \\ y = \tfrac{1}{3} - \tfrac{4}{3} \\ z = \tfrac{4}{3} - \tfrac{4}{3} \end{bmatrix}$ ossia $n: \begin{bmatrix} x = 1 \\ y = -1 \\ z = 0 \end{bmatrix}$

Quesito 10

Determinare quali sono i valori del parametro $(k \in R)$ per cui la funzione $y = 2e^{kx+2}$ è soluzione dell'equazione differenziale $y'' - 2y' - 3y = 0$

Svolgimento

Calcoliamo la e derivata prima e derivata seconda della funzione $y = 2e^{kx+2}$, si ha

$$\begin{bmatrix} y' = 2k \cdot e^{kx+2} \\ y'' = 2k^2 e^{kx+2} \end{bmatrix}$$ quindi noto le derivate si costruisce

l'equazione dei coefficienti , cioè si pone a zero la funzione e le derivate $y'' - y' - y = 0$ => $2k^2 e^{kx+2} - 2ke^{kx+2} - 2 \cdot e^{kx+2} = 0$

Poi si moltiplicano i coefficienti dell'equazione differenziale assegnata $y'' - 2y' - 3y = 0$ che sono (y' = 2) e (y'' = 3), quindi sostituiamo $2k^2 e^{kx+2} - 4ke^{kx+2} - 6e^{kx+2} = 0$ allora si prendono solo i coefficienti $2k^2 - 4k - 6 = 0$ cioè , si tratta di un'equazione di 2° grado che ammette soluzioni

$$\begin{bmatrix} k_1 = k = 3 \\ k_2 = k - 1 \end{bmatrix}$$ *(soluzione dei parametri k)*

478

Indice generale

Fine testo

www.ingramcontent.com/pod-product-compliance
Lightning Source LLC
Chambersburg PA
CBHW071409180526
45170CB00001B/24